11G101 系列图集应用详解与实例丛书

11G101－1　12G101－4
现浇混凝土框架、剪力墙、梁、板
剪力墙边缘构件应用详解与实例

主　编　戴惠良　张建新

副主编　钟　晖

主　审　李　辉

中国建材工业出版社

图书在版编目（CIP）数据

11G101-1、12G101-4现浇混凝土框架、剪力墙、梁、板，剪力墙边缘构件应用详解与实例/戴惠良主编．—北京：中国建材工业出版社，2016.1

（11G101系列图集应用详解与实例丛书）

ISBN 978-7-5160-1327-4

Ⅰ.①1… Ⅱ.①戴… Ⅲ.①房屋结构-现浇混凝土施工-建筑制图-识别 Ⅳ.①TU22

中国版本图书馆CIP数据核字（2015）第295251号

内 容 简 介

本书共分为七章，主要内容包括：概述、建筑制图基本规定、柱平法识图及构造、剪力墙平法识图及构造、梁平法识图及构造、有梁（无梁）楼盖平法识图及构造、楼板相关构造制图及识图和剪力墙边缘构件平法施工图制图及识图。

本书根据11G101-1、12G101-4系列图集进行编写，对其中的内容进行讲解，并穿插识图实例进行强化，内容具体、全面，对学习、应用11G101-1、12G101-4系列图集提供了参考，可供设计人员、施工技术人员、工程造价人员以及相关专业的大中专师生学习参考。

11G101-1 12G101-4现浇混凝土框架、剪力墙、梁、板剪力墙边缘构件应用详解与实例

主编 戴惠良 张建新

出版发行：中国建材工业出版社

地　　址：北京市海淀区三里河路1号

邮　　编：100044

经　　销：全国各地新华书店

印　　刷：北京鑫正大印刷有限公司

开　　本：787mm×1092mm 1/16

印　　张：17.25

字　　数：354千字

版　　次：2016年1月第1版

印　　次：2016年1月第1次

定　　价：**58.00元**

本社网址：www.jccbs.com.cn 微信公众号：zgjcgycbs

本书如出现印装质量问题，由我社网络营销部负责调换。联系电话：（010）88386906

编　委　会

主　编：戴惠良　张建新

副主编：钟　晖

主　审：李　辉

编　委：陈德军　李佳滢　张正南　王玉静

陈佳思　李长江　杨承清　高海静

葛新丽　朱思光　孙晓林　魏文彪

李芳芳　刘梦然　许春霞　张　跃

梁　燕　吕　君　闫　月　江　超

张　蔷　俞　婷　常　雪

前言

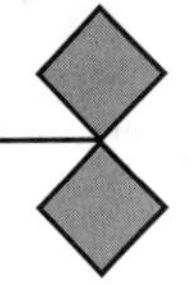

平法识图，简单地讲就是混凝土结构施工图采用建筑结构施工图平面整体设计的方法。平法的创始人陈青来教授，为了加快结构设计的速度，简化结构设计的过程，吸收国外的经验，并结合实践，创立了“平法”。平法是种通行的语言，直接在结构平面图上把构件的信息（截面、钢筋、跨度、编号等）标在旁边，整体直接表达在各类构件的结构平面布置图上，再与标准构造详图相配合，即构成一套新型完整的结构设计。平法改变了传统的那种将构件从结构平面布置图中索引出来，再逐个绘制配筋详图的烦琐方法。

“平法”是对我国原有的混凝土结构施工图的设计表示方法做了重大的改革，现已普遍应用，对现有结构设计、施工概念与方法的深刻反思和系统整合思路，不仅在工程界已经产生了巨大影响，对结构教育界、研究界的影响也逐渐显现。

11G101 系列图集于 2011 年 9 月 1 日正式实施。为便于学习 11G101 系列图集，中国建材工业出版社组织人员编写了本套丛书。本丛书依据 11G101 系列图集进行编写，并在书中穿插讲解了有关实例。本书由戴惠良、张建新任主编，钟晖任副主编；四川建筑职业技术学院李辉教授任主审。

本丛书在编写过程中，参阅和借鉴了许多优秀的书籍、图集和有关国家标准，并得到了有关领导和专家的帮助，在此一并致谢。由于编者的学识和经验有限，书中难免存在疏漏或未尽之处，恳请有关专家和读者提出宝贵意见。

编者

2016 年 1 月

中国建材工业出版社
China Building Materials Press

目 录

第一章 概　述

第一节　平法的概述

一、平法的定义与表达形式

1. 平法的定义

平法是混凝土结构施工图采用建筑结构施工图平面整体设计的方法。

2. 平法的特点

（1）平法采用标准化的构造设计，直观，施工易懂、易操作。标准构造详图集中分类、归纳、整理后编制成国家建筑标准设计图集供设计选用，可避免构造做法反复抄袭及由此产生的失误，保证节点构造在设计与施工两个方面均达到高质量。

（2）平法采用标准化的制图规则，结构施工图表达数字化、符号化，单张图纸的信息量高且集中；构件分类明确，层次清晰，表达准确，设计速度快，效率提高；易进行平衡调整、修改、校审，改图时可不牵连其他构件，易控制设计的质量；既能适应建设业主分阶段分层提图施工的要求，也可适应在主体结构开始施工后又进行大幅度调整的特殊情况。

（3）平法分结构层设计的图纸与水平逐层施工的顺序完全一致，对标准层可实现单张图纸施工，利于施工质量管理。

（4）平法大幅度降低设计成本，降低设计消耗，节约自然资源。

3. 平法的表达形式

平法的表达形式，概括来讲，是把结构构件的尺寸和配筋等，按照平面整体表示方法制图规则，整体直接表达在各类构件的结构平面布置图上，再与标准构造详图相配合，即构成一套新型完整的结构设计。

4. 平法表示方法与传统表示方法的区别

（1）平法施工图把结构构件的尺寸和配筋等，按照平面整体表示方法的制图规则，整体直接地表示在各类构件的结构布置平面图上，再与标准构造详图配合，结合成了一套新型完整的结构设计表示方法。改变了传统的那种将构件（柱、剪力墙、梁）从结构平面设计图中索引出来，再逐个绘制模板详图和配筋详图的烦琐办法。

（2）平法适用的结构构件为柱、剪力墙、梁三种。内容包括两大部分，即平面整体表示图和标准构造详图。在平面布置图上表示各种构件尺寸和配筋方式。表示方法分平面注写方式、列表注写方式和截面注写方式三种。

图 1-1 为传统表示方法与平法表示的梁构件，大家可以先对平法识图与传统识图有个初步的了解，具体内容会在后续章节中详细介绍。

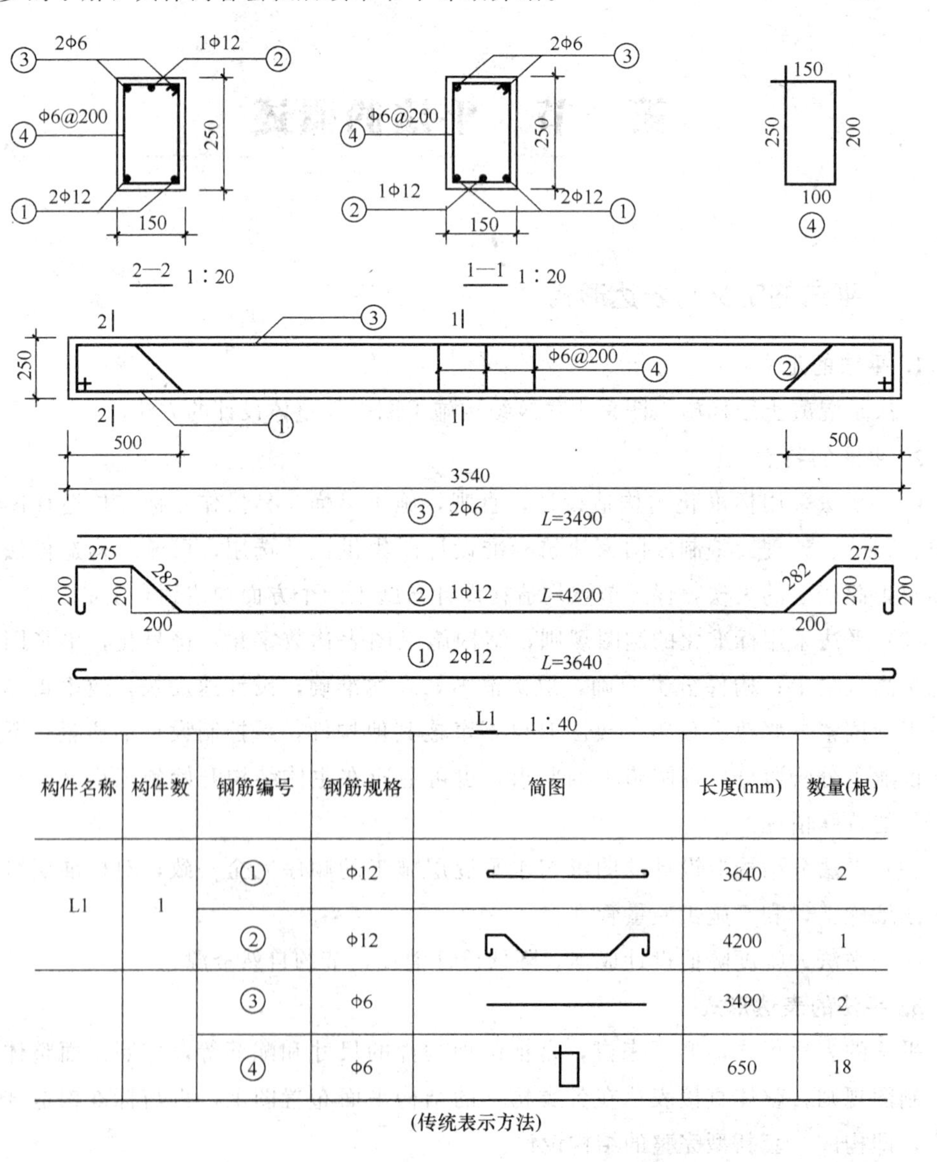

构件名称	构件数	钢筋编号	钢筋规格	简图	长度(mm)	数量(根)
L1	1	①	Φ12		3640	2
		②	Φ12		4200	1
		③	Φ6		3490	2
		④	Φ6		650	18

(传统表示方法)

图 1-1　传统表示法与平法表示的对比

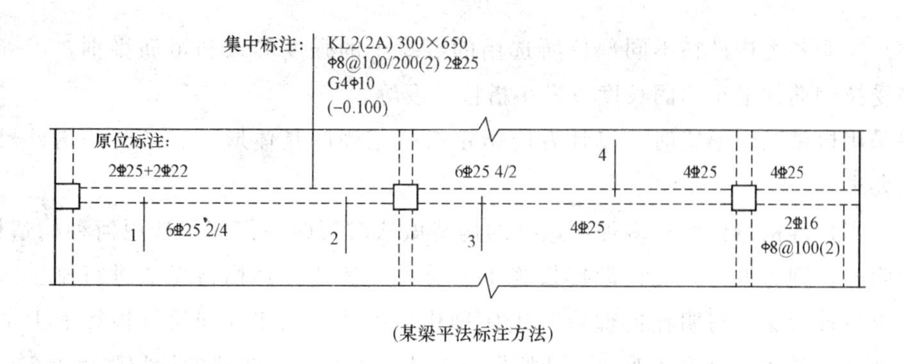

(某梁平法标注方法)

图 1-1　传统表示法与平法表示的对比（续）

二、平法系列图集的内容

平法系列图集包括：

(1)《混凝土结构施工图平面整体表示方法制图规则和构造详图（现浇混凝土框架、剪力墙、梁、板）》11G101-1；

(2)《混凝土结构施工图平面整体表示方法制图规则和构造详图（现浇混凝土板式楼梯）》11G101-2；

(3)《混凝土结构施工图平面整体表示方法制图规则和构造详图（独立基础、条形基础、筏形基础及桩基承台）》11G101-3；

(4)《混凝土结构施工图平面整体表示方法制图规则和构造详图（剪力墙边缘构件）》12G101-4。

三、平法结构施工图设计文件的组成

平法结构施工图设计文件由平法施工图和标准构造详图两部分组成：

(1) 平法施工图。平法施工图是在构件类型绘制的结构平面布置图上，根据制图规则标注每个构件的几何尺寸和配筋，并含有结构设计说明。

(2) 标准构造详图。标准构造详图是平法施工图图纸中没有表达的节点构造和构件本体构造等不需结构设计师设计和绘制的内容。

四、注意事项

为了确保施工人员准确无误地按平法施工图进行施工，在具体工程施工图中必须写明以下与平法施工图密切相关的内容：

(1) 注明所选用平法标准图的图集号，以免图集升版后在施工中用错版本。

(2) 写明混凝土结构的设计使用年限。

(3) 当抗震设计时，应写明抗震设防烈度及抗震等级，以明确选用相应抗震等级的标准构造详图；当非抗震设计时，也应注明，以明确选用非抗震的标准构造详图。

（4）写明各类构件在不同部位所选用的混凝土的强度等级和钢筋级别，以确定相应纵向受拉钢筋的最小锚固长度及最小搭接长度等。

当采用机械锚固形式时，设计者应指定机械锚固的具体形式、必要的构件尺寸以及质量要求。

（5）当标准构造详图有多种可选择的构造做法时写明在何部位选用何种构造做法。当未写明时，则为设计人员自动授权施工人员可以任选一种构造做法进行施工。某些节点要求设计者必须写明在何部位选用何种构造做法，如非框架梁（板）的上部纵向钢筋在端支座的锚固（需注明“设计按铰接”或“充分利用钢筋的抗拉强度时”）。

（6）写明柱（包括墙柱）纵筋、墙身分布筋、梁上部贯通筋等在具体工程中需接长时所采用的连接形式及有关要求。必要时，尚应注明对接头的性能要求。轴心受拉及小偏心受拉构件的纵向受力钢筋不得采用绑扎搭接，设计者应在平法施工图中注明其平面位置及层数。

（7）写明结构不同部位所处的环境类别。

（8）注明上部结构的嵌固部位位置。

（9）设置后浇带时，注明后浇带的位置、浇筑时间和后浇混凝土的强度等级以及其他特殊要求。

（10）当柱、墙或梁与填充墙需要拉结时，其构造详图应由设计者根据墙体材料和规范要求选用相关国家建筑标准设计图集或自行绘制。

（11）当具体工程需要对本图集的标准构造详图做局部变更时，应注明变更的具体内容。

（12）当具体工程中有特殊要求时，应在施工图中另加说明。

第二节　钢筋的概述

一、钢筋的基础知识

1. 钢筋牌号解释

（1）钢筋牌号中字母的含义，如下：

HRB——普通热轧带肋钢筋。

HRBF——细晶粒热轧带肋钢筋。

RRB——余热处理带肋钢筋。

HPB——热轧光圆钢筋。

（2）钢筋牌号中的数字表示强度级别。如HRB500的含义为：强度级别为500MPa的普通热轧带肋钢筋。

普通钢筋的牌号及其符号，见表 1-1。

表 1-1 普通钢筋的牌号及其符号

牌号	符号
HPB300	Φ
HRB335 HRBF335	Φ $Φ^{F}$
HRB400 HRBF400 RRB400	Φ $Φ^{F}$ $Φ^{R}$
HRB500 HRBF500	Φ $Φ^{F}$

2. 钢筋的选用

混凝土结构的钢筋应按下列规定选用：

（1）纵向受力普通钢筋宜采用 HRB400、HRB500、HRBF400、HRBF500 钢筋，也可采用 HPB300、HRB335、HRBF335、RRB400 钢筋；

（2）梁、柱纵向受力普通钢筋应采用 HRB400、HRB500、HRBF400、HRBF500 钢筋；

（3）箍筋宜采用 HRB400、HRBF400、HPB300、HRB500、HRBF500 钢筋，也可采用 HRB335、HRBF335 钢筋；

（4）预应力筋宜采用预应力钢丝、钢绞线和预应力螺纹钢筋。

二、钢筋的分类及其作用

钢筋按其在构件中所起的作用不同，通常加工成各种不同的形状。构件中常见的钢筋可分为主钢筋（纵向受力钢筋）、弯起钢筋（斜钢筋）、箍筋、架立钢筋、腰筋、拉筋和分布钢筋几种类型，如图 1-2 所示。各种钢筋在构件中的作用，见表 1-2。

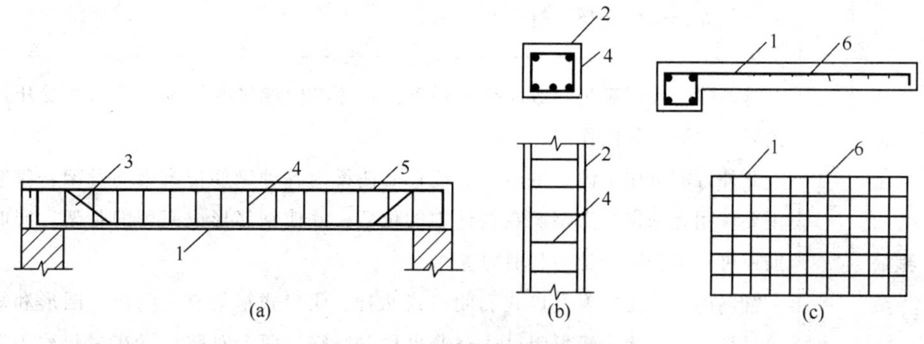

图 1-2 钢筋在构件中的种类

（a）梁；（b）柱；（c）悬臂板

1—受拉钢筋；2—受压钢筋；3—弯起钢筋；4—箍筋；5—架立钢筋；6—分布钢筋

表 1-2 各种钢筋在构件中的作用

项 目	内 容
主钢筋	主钢筋又称纵向受力钢筋，可分受拉钢筋和受压钢筋两类。 (1) 受拉钢筋配置在受弯构件的受拉区和受拉构件中承受拉力；受压钢筋配置在受弯构件的受压区和受压构件中，与混凝土共同承受压力。一般在受弯构件受压区配置主钢筋是不经济的，只有在受压区混凝土不足以承受压力时，才在受压区配置受压主钢筋以补强。受拉钢筋在构件中的位置，如图 1-3 所示。 (2) 受压钢筋是通过计算用以承受压力的钢筋，一般配置在受压构件中，例如各种柱子、桩或屋架的受压腹杆内，还有受弯构件的受压区内也需配置受压钢筋。虽然混凝土的抗压强度较大，然而钢筋的抗压强度远大于混凝土的抗压强度，在构件的受压区配置受压钢筋，帮助混凝土承受压力，就可以减小受压构件或受压区的截面尺寸。受压钢筋在构件中的位置，如图 1-4 所示
弯起钢筋	弯起钢筋是受拉钢筋的一种变化形式。 在简支梁中，为抵抗支座附近由于受弯和受剪而产生的斜向拉力，就将受拉钢筋的两端弯起来，承受这部分斜拉力，称为弯起钢筋。但在连续梁和连续板中，经实验证明受拉区是变化的：跨中受拉区在连续梁、板的下部；到接近支座的部位时，受拉区主要移到梁、板的上部。为了适应这种受力情况，受拉钢筋到一定位置就须弯起。斜钢筋一般由主钢筋弯起，当主钢筋长度不够弯起时，也可采用吊筋，但不得采用浮筋
架立钢筋	架立钢筋能够固定箍筋，并与主筋等一起连成钢筋骨架，保证受力钢筋的设计位置，使其在浇筑混凝土过程中不发生移动。架立钢筋的作用是使受力钢筋和箍筋保持正确位置，以形成骨架。 当梁的高度小于 150mm 时，可不设箍筋，在这种情况下，梁内也不设架立钢筋。架立钢筋的直径一般为 8～12mm
箍筋	箍筋除了可以满足斜截面抗剪强度外，还有使连接的受拉主钢筋和受压区的混凝土共同工作的作用。 此外，亦可用于固定主钢筋的位置而使梁内各种钢筋构成钢筋骨架。箍筋的主要作用是固定受力钢筋在构件中的位置，并使钢筋形成坚固的骨架，同时箍筋还可以承担部分拉力和剪力等。 箍筋的形式主要有开口式和闭口式两种。闭口式箍筋有三角形、圆形和矩形等多种形式。单个矩形闭口式箍筋也称双肢箍；两个双肢箍拼在一起称为四肢箍。在截面较小的梁中可使用单肢箍；在圆形或有些矩形的长条构件中也有使用螺旋形箍筋的

（m 续表）

项 目	内 容
箍筋	箍筋的构造形式，如图 1-5 所示
腰筋与拉筋	腰筋的作用是防止梁太高时，由于混凝土收缩和温度变化导致梁变形而产生的竖向裂缝，同时亦可加强钢筋骨架的刚度。 当梁的截面高度超过 700mm 时，为了保证受力钢筋与箍筋整体骨架的稳定，以及承受构件中部混凝土收缩或温度变化所产生的拉力，在梁的两侧面沿高度每隔 300～400mm 设置一根直径不小于 10mm 的纵向构造钢筋，称为腰筋。腰筋要用拉筋连系，拉筋直径采用 6～8mm。 由于安装钢筋混凝土构件的需要，在预制构件中，根据构件体形和质量，在一定位置设置有吊环钢筋。在构件和墙体连接处，部分还预埋有锚固筋等
分布钢筋	分布钢筋是指在垂直于板内主钢筋方向上布置的构造钢筋。其作用是将板面上的荷载更均匀地传递给受力钢筋，也可在施工中通过绑扎或点焊以固定主钢筋位置，还可抵抗温度应力和混凝土收缩应力

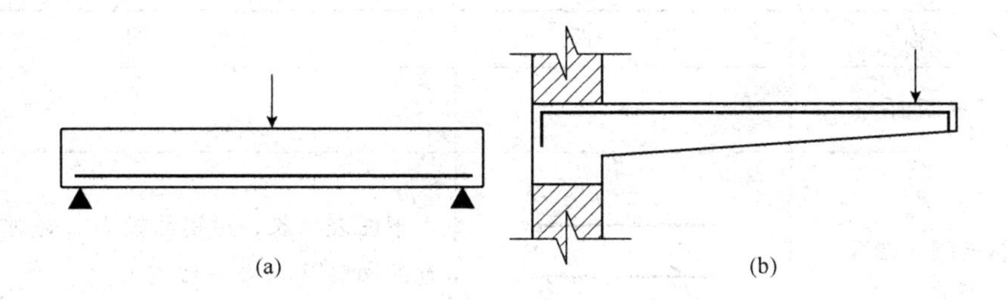

图 1-3 受拉钢筋在构件中的位置

（a）简支梁；（b）雨篷

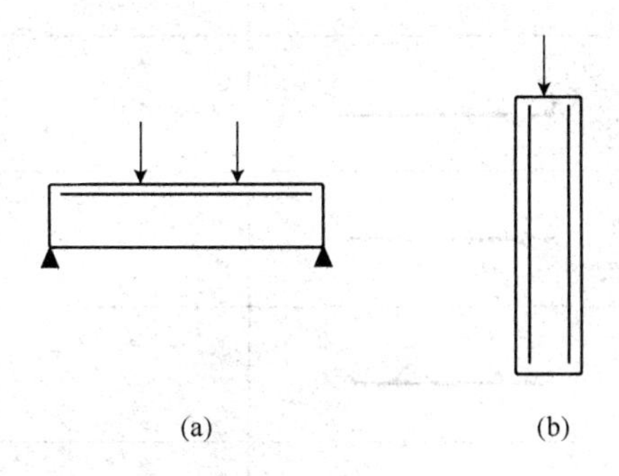

图 1-4 受压钢筋在构件中的位置

（a）梁；（b）柱

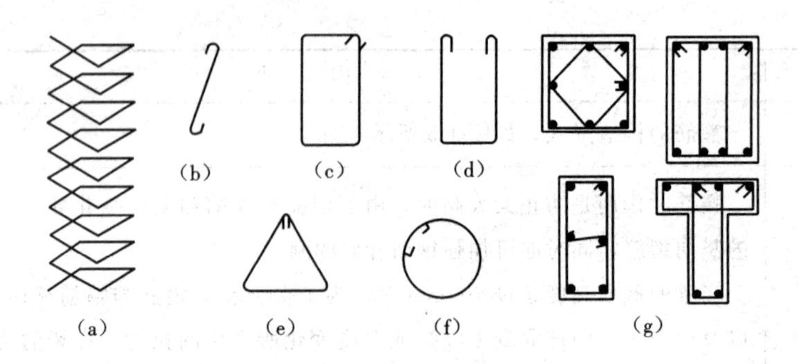

图 1-5　箍筋的构造形式

(a) 螺旋形箍筋；(b) 单肢箍；(c) 闭口双肢箍；(d) 开口双肢箍；
(e) 闭口三角箍；(f) 闭口圆形箍；(g) 各种组合箍筋

三、钢筋的表示方法及画法

1. 钢筋的表示方法

(1) 普通钢筋。普通钢筋的一般表示方法，见表 1-3。

表 1-3　普通钢筋的一般表示方法

名　　称	图　　例	说　　明
钢筋横断面		—
无弯钩的钢筋端部		下图表示长、短钢筋投影重叠时，短钢筋的端部用 45°斜画线表示
带半圆形弯钩的钢筋端部		—
带直钩的钢筋端部		—
带丝扣的钢筋端部		—
无弯钩的钢筋搭接		—
带半圆弯钩的钢筋搭接		—
带直钩的钢筋搭接		—

（续表）

名 称	图 例	说 明
花篮螺丝钢筋接头		—
机械连接的钢筋接头		用文字说明机械连接的方式（如冷挤压或直螺纹等）

（2）预应力钢筋。预应力钢筋的表示方法，见表1-4。

表1-4 预应力钢筋的表示方法

名 称	图 例
预应力钢筋或钢绞线	
后张法预应力钢筋断面无粘结预应力钢筋断面	
预应力钢筋断面	+
张拉端锚具	
固定端锚具	
锚具的端视图	
可动连接件	
固定连接件	

（3）钢筋网片。钢筋网片的表示方法，见表1-5。

表1-5 钢筋网片的表示方法

名 称	图 例
一片钢筋网平面图	W-1
一行相同的钢筋网平面图	3W-1

注：用文字注明焊接网或绑扎网片。

2. 钢筋的画法

钢筋的画法，见表1-6。

表1-6 钢筋的画法

说　　明	图　　例
在结构楼板中配置双层钢筋时，低层钢筋的弯钩应向上或向左，顶层钢筋的弯钩则向下或向右	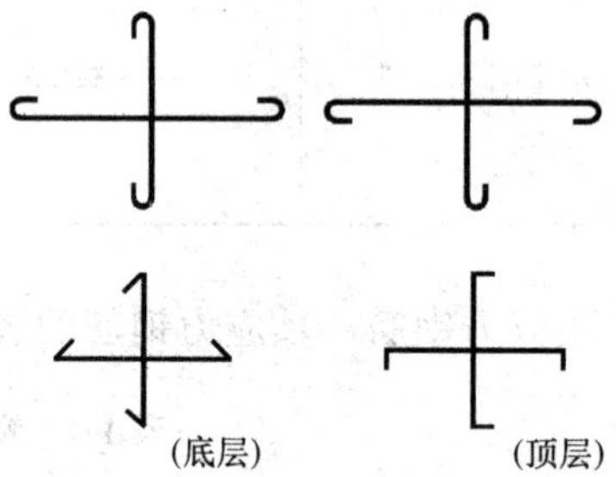 (底层)　(顶层)
钢筋混凝土墙体配双层钢筋时在配筋立面图中，远面钢筋的弯钩应向上或向左，而近面钢筋的弯钩向下或向右（JM近面，YM远面）	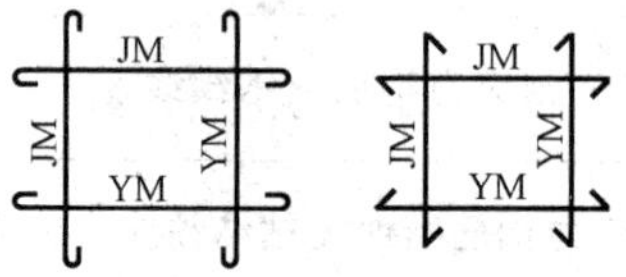 JM　YM　JM　YM
若在断面图中不能表达清楚的钢筋布置，应在断面图外增加钢筋大样图（如钢筋混凝土墙、楼梯等）	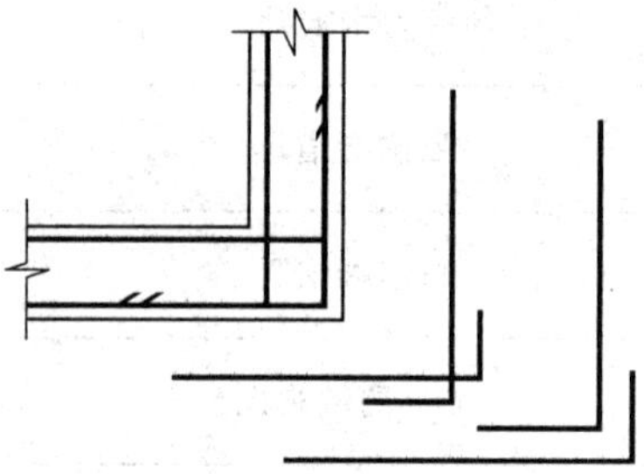
图中所表示的箍筋、环筋等若布置复杂时，可加画钢筋大样及说明	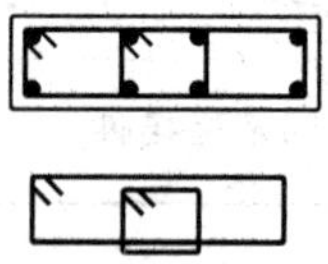
每组相同的钢筋、箍筋或环筋，可用一根粗实线表示，同时用一两端带斜短画线的横穿细线，表示其钢筋及起止范围	

四、钢筋、钢丝束、钢筋网片及钢箍尺寸的标注

1. 钢筋、钢丝束及钢筋网片的标注

钢筋、钢丝束及钢筋网片的标注，应按下列规定进行标注：

(1) 钢筋、钢丝束的说明应给出钢筋的代号、直径、数量、间距、编号及所在位

置，其说明应沿钢筋的长度标注或标注在相关钢筋的引出线上。

（2）钢筋网片的编号应标注在对角线上。网片的数量应与网片的编号标注在一起。

（3）钢筋、杆件等编号的直径宜采用 5～6mm 的细实线圆表示，其编号应采用阿拉伯数字按顺序编写。

（4）简单的构件、钢筋种类较少，可不编号。

2. 钢箍尺寸的标注

构件配筋图中箍筋的长度尺寸，应指箍筋的里皮尺寸。弯起钢筋的高度尺寸应指钢筋的外皮尺寸，如图 1-6 所示。

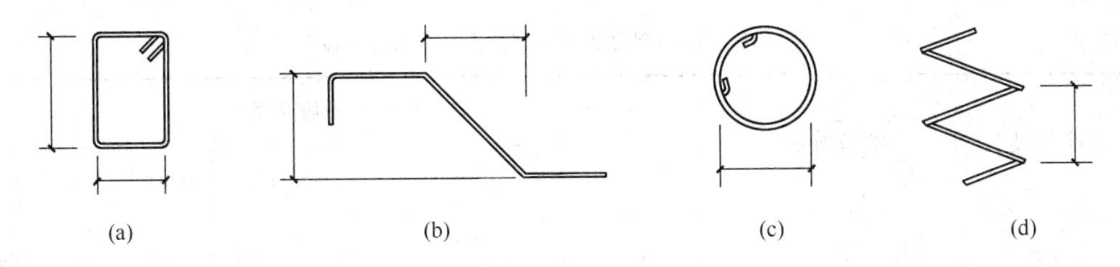

图 1-6　钢箍尺寸标注法

（a）箍筋尺寸标注；（b）弯起钢筋尺寸标注；（c）环形钢筋尺寸标注；（d）螺旋钢筋尺寸标注

五、钢筋弯钩构造与锚固

受力钢筋的机械锚固形式，由于末端弯钩形式变化多样，且量度方法的不同会产生较大误差，因此主要以弯钩机械锚固进行说明。弯钩锚固形式，如图 1-7 所示。

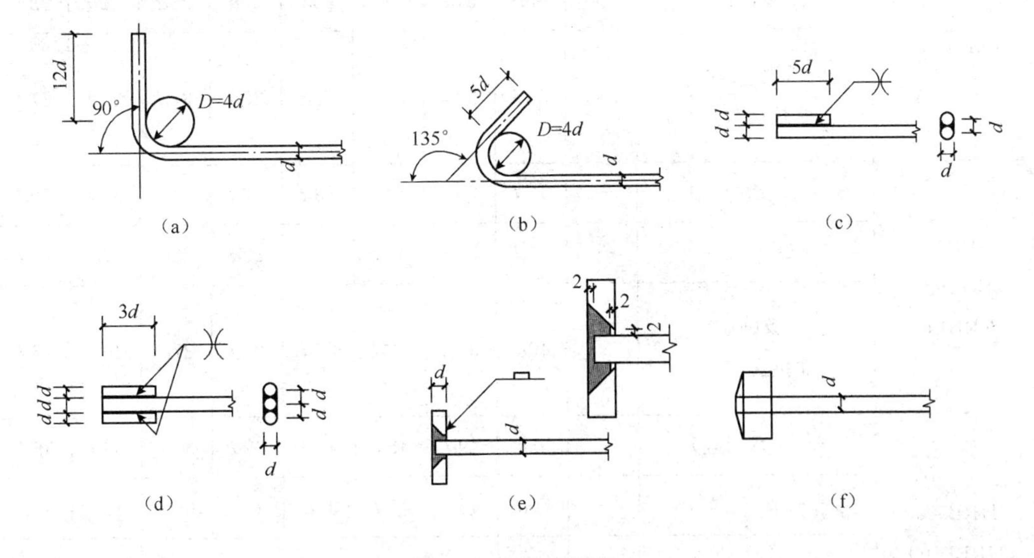

图 1-7　弯钩锚固形式

（a）末端带 90°弯钩；（b）末端带 135°弯钩；（c）末端一侧贴焊锚筋；

（d）末端两侧贴焊锚筋；（e）末端与钢板穿孔塞焊；（f）末端带螺栓锚头

对于钢筋的末端做弯钩，弯钩形式应符合设计要求；当设计无具体要求时，HPB300级钢筋制作的箍筋，其弯钩的圆弧直径应大于受力钢筋直径，且不小于箍筋直径的2.5倍，弯钩平直部分长度对一般结构不小于箍筋直径的5倍，对有抗震要求的结构，不应小于箍筋直径的10倍。下列钢筋可不做弯钩：

(1) 焊接骨架和焊接网中的光面钢筋，绑扎骨架中的受压光圆钢筋；

(2) 钢筋骨架中的受力带肋钢筋。

对于纵向受力钢筋，如果设计计算充分利用其强度，受力钢筋伸入支座的锚固长度 l_{ab}、l_{abE} 应符合基本锚固长度的要求，具体见表1-7～表1-9。

表1-7 受拉钢筋的基本锚固长度 l_{ab}、l_{abE}

钢筋种类	抗震等级	混凝土强度等级								
		C20	C25	C30	C35	C40	C45	C50	C55	≥C60
HPB300	一、二级（l_{abE}）	45d	39d	35d	32d	29d	28d	26d	25d	24d
	三级（l_{abE}）	41d	36d	32d	29d	26d	25d	24d	23d	22d
	四级（l_{abE}） 非抗震（l_{ab}）	39d	34d	30d	28d	25d	24d	23d	22d	21d
HRB335 HRBF335	一、二级（l_{abE}）	44d	38d	33d	31d	29d	26d	25d	24d	24d
	三级（l_{abE}）	40d	35d	31d	28d	26d	24d	23d	22d	22d
	四级（l_{abE}） 非抗震（l_{ab}）	38d	33d	29d	27d	25d	23d	22d	21d	21d
HRB400 HRBF400 RRB400	一、二级（l_{abE}）	—	46d	40d	37d	33d	32d	31d	30d	29d
	三级（l_{abE}）	—	42d	37d	34d	30d	29d	28d	27d	26d
	四级（l_{abE}） 非抗震（l_{ab}）	—	40d	35d	32d	29d	28d	27d	26d	25d
HRB500 HRBF500	一、二级（l_{abE}）	—	55d	49d	45d	41d	39d	37d	36d	35d
	三级（l_{abE}）	—	50d	45d	41d	38d	36d	34d	33d	32d
	四级（l_{abE}） 非抗震（l_{ab}）	—	48d	43d	39d	36d	34d	32d	31d	30d

表 1-8 受拉钢筋锚固长度 l_a、抗震锚固长度 l_{aE}

非抗震	抗震	注：
$l_a=\zeta_a l_{ab}$	$l_{aE}=\zeta_{aE} l_a$	（1）l_a 不应小于 200mm。 （2）锚固长度修正系数 ζ_a 按表 1-9 取用，当多于一项时，可按连乘计算，但不应小于 0.6。 （3）ζ_{aE} 为抗震锚固长度修正系数，对一、二级抗震等级取 1.15，对三级抗震等级取 1.05，对四级抗震等级取 1.00

注：1. HPB300 级钢筋末端应做成 180°弯钩，弯后平直段长度不应小于 $3d$；但作受压钢筋时可不做弯钩。

2. 当锚固钢筋的保护层厚度不大于 $5d$ 时，锚固钢筋长度范围内应设置横向构造钢筋，其直径不应小于 $d/4$（d 为锚固钢筋的最大直径）；对梁、柱等构件间距不应大于 $5d$，对板、墙等构件不应大于 $10d$，且均不应大于 100mm（d 为锚固钢筋的最小直径）。

表 1-9 受拉钢筋锚固长度修正系数 ζ_a

锚固条件		ζ_a	
带肋钢筋的公称直径大于 25mm		1.10	—
环氧树脂涂层带肋钢筋		1.25	
施工过程中易受扰动的钢筋		1.10	
锚固区保护层厚度	$3d$	0.80	注：中间时按内插值。 d 为锚固钢筋直径
	$5d$	0.70	

六、钢筋焊接方法的适用范围与钢筋的焊接接头的标注方法

1. 钢筋焊接方法的适用范围

钢筋焊接方法的适用范围，见表 1-10。

表 1-10 钢筋焊接方法的适用范围

焊接方法	接头形式	适用范围	
		钢筋牌号	钢筋直径（mm）
电阻点焊		HPB300	6～16
		HRB335 HRBF335	6～16
		HRB400 HRBF400	6～16
		HRB500 HRBF500	6～16
		CRB550	4～12
		CDW550	3～8

（续表）

焊接方法			接头形式	适用范围	
				钢筋牌号	钢筋直径（mm）
闪光对焊			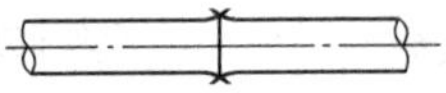	HPB300 HRB335 HRBF335 HRB400 HRBF400 HRB500 HRBF500 RRB400W	8～22 8～40 8～40 8～40 8～32
箍筋闪光对焊			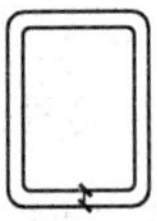	HPB300 HRB335 HRBF335 HRB400 HRBF400 HRB500 HRBF500 RRB400W	6～18 6～18 6～18 6～18 8～18
电弧焊	帮条焊	双面焊	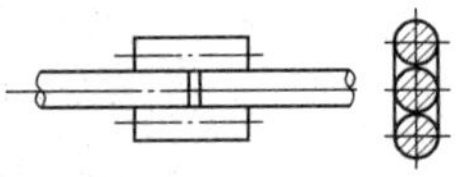	HPB300 HRB335 HRBF335 HRB400 HRBF400 HRB500 HRBF500 RRB400W	10～22 10～40 10～40 10～32 10～25
		单面焊	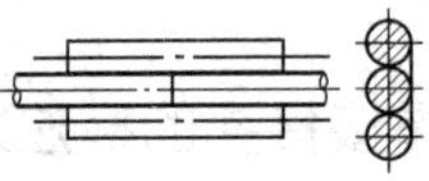	HPB300 HRB335 HRBF335 HRB400 HRBF400 HRB500 HRBF500 RRB400W	10～22 10～40 10～40 10～32 10～25
	搭接焊	双面焊	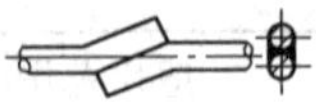	HPB300 HRB335 HRBF335 HRB400 HRBF400 HRB500 HRBF500 RRB400W	10～22 10～40 10～40 10～32 10～25
		单面焊	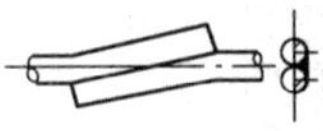	HPB300 HRB335 HRBF335 HRB400 HRBF400 HRB500 HRBF500 RRB400W	10～22 10～40 10～40 10～32 10～25

（续表）

焊接方法			接头形式	适用范围	
				钢筋牌号	钢筋直径（mm）
电弧焊	熔槽帮条焊		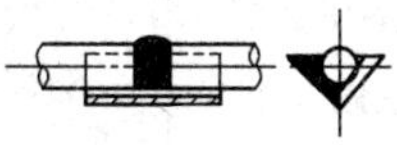	HPB300 HRB335 HRBF335 HRB400 HRBF400 HRB500 HRBF500 RRB400W	20～22 20～40 20～40 20～32 20～25
电弧焊	坡口焊	平焊		HPB300 HRB335 HRBF335 HRB400 HRBF400 HRB500 HRBF500 RRB400W	18～22 18～40 18～40 18～32 18～25
电弧焊	坡口焊	立焊	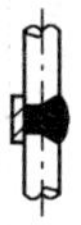	HPB300 HRB335 HRBF335 HRB400 HRBF400 HRB500 HRBF500 RRB400W	18～22 18～40 18～40 18～32 18～25
电弧焊	钢筋与钢板搭接焊		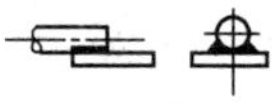	HPB300 HRB335 HRBF335 HRB400 HRBF400 HRB500 HRBF500 RRB400W	8～22 8～40 8～40 8～32 8～25
电弧焊	窄间隙焊			HPB300 HRB335 HRBF335 HRB400 HRBF400 HRB500 HRBF500 RRB400W	16～22 16～40 16～40 18～32 18～25
电弧焊	预埋件钢筋	角焊	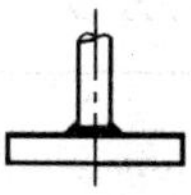	HPB300 HRB335 HRBF335 HRB400 HRBF400 HRB500 HRBF500 RRB400W	6～22 6～25 6～25 10～20 10～20

（续表）

焊接方法			接头形式	适用范围	
				钢筋牌号	钢筋直径（mm）
电弧焊	预埋件钢筋	穿孔塞焊		HPB300 HRB335　HRBF335 HRB400　HRBF400 HRB500 RRB400W	20～22 20～32 20～32 20～28 20～28
		埋弧压力焊		HPB300 HRB335　HRBF335 HRB400　HRBF400	6～22 6～28 6～28
		埋弧螺柱焊			
电渣压力焊				HPB300 HRB335 HRB400 HRB500	12～22 12～32 12～32 12～32
气压焊	固态			HPB300 HRB335 HRB400 HRB500	12～22 12～40 12～40 12～32
	熔态				

注：1. 电阻点焊时，适用范围的钢筋直径指两根不同直径钢筋交叉叠接中较小钢筋的直径。

2. 电弧焊包含焊条电弧焊和二氧化碳气体保护电弧焊两种工艺方法。

3. 在生产中，对于有较高要求的抗震结构用钢筋，在牌号后加 E，焊接工艺可按同级别热轧钢筋施焊；焊条应采用低氢型碱性焊条。

2. 钢筋的焊接接头的接头标注方法

钢筋的焊接接头的接头标注方法，见表 1-11。

表 1-11　钢筋的焊接接头的接头标注方法

名称	接头形式	标注方法
单面焊接的钢筋接头		

（续表）

名称	接头形式	标注方法
双面焊接的钢筋接头		
用帮条单面焊接的钢筋接头	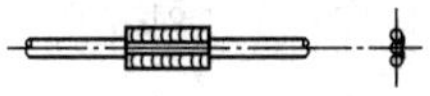	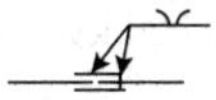
用帮条双面焊接的钢筋接头	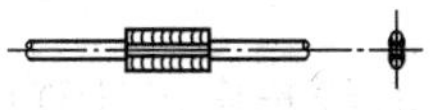	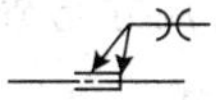
接触对焊的钢筋接头（闪光焊、压力焊）	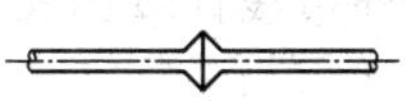	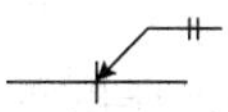
坡口平焊的钢筋接头	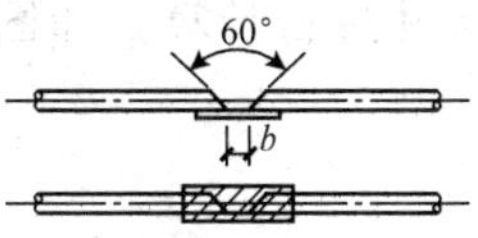 60° b	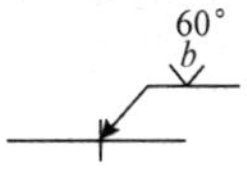 60° b
坡口立焊的钢筋接头	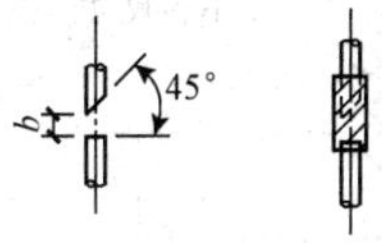 b 45°	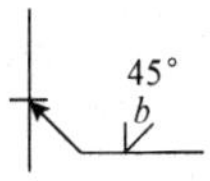 45° b
用角钢或扁钢做连接板焊接的钢筋接头	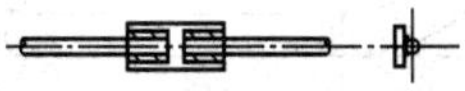	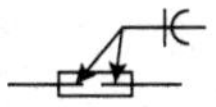
钢筋或螺（锚）栓与钢板穿孔塞焊的接头		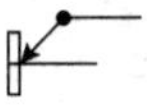

七、钢筋算量基本知识

1. 钢筋理论重量

钢的理论重量是按钢材的公称尺寸和密度（过去称为比重）计算得出的重量称之为理论重量。这与钢筋的长度尺寸、截面面积和尺寸允许偏差有直接关系。由于钢筋在制造过程中的允许偏差，因此用公式计算的理论重量与实际重量有一定出入，所以只作为估算时的参考。钢筋的实际重量是指钢材以实际称量（过磅）所得的重量，称之为实际重量。实际重量要比理论重量准确。

钢筋的重量可用下列公式：

每米的重量（kg）＝钢筋的直径（mm）×钢筋的直径（mm）×0.00617。常见钢筋理论重量如下：

Φ6＝0.222kg	Φ8＝0.395kg
Φ10＝0.617kg	Φ12＝0.888kg
Φ14＝1.21kg	Φ16＝1.58kg
Φ18＝2kg	Φ20＝2.47kg
Φ22＝3kg	Φ25＝3.86kg

2. 下料尺寸与外包尺寸

下料尺寸：是按钢筋弯曲后的中心线长度来计算的，因为弯曲后该长度不会发生变化。

外包尺寸：外包尺就是按照弯折外边线计算的长度，它是根据构件尺寸、钢筋形状及保护层的厚度等计算的。

一般情况下钢筋下料是按中心线计算即按下料长度进行切割、弯曲、成型、安装的，做预算时的钢筋工程量按外皮尺寸进行计算。如图 1-8 所示下料尺寸与外包尺寸区别。

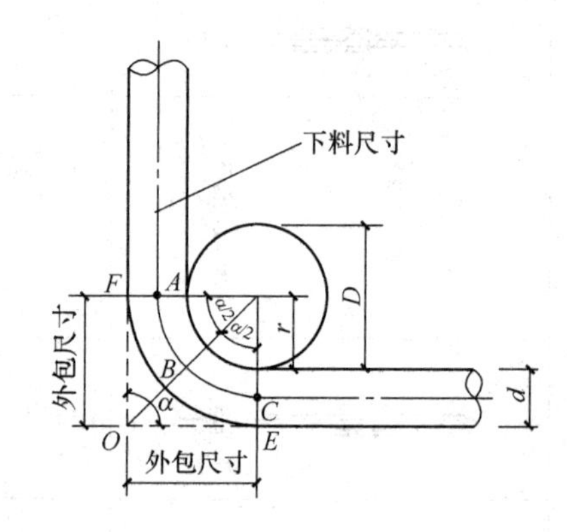

图 1-8 下料尺寸与外包尺寸示意图

3. 钢筋算量基本知识

钢筋算量的基本方法是按设计长度（外包尺寸）乘以理论重量按重量计算，通常单位为 t（吨），单构件计算时钢筋工程量较小可以用 kg（千克），待汇总时再折算为 t（吨）。具体公式如下：

钢筋重量＝钢筋外包尺寸（m）×钢筋根数（根）×钢筋理论重量（kg/m）

钢筋外包尺寸＝构件内净长

其中构件内净长可以从图上直接看出来，较为简单，理论重量通过查阅五金手册等相关资料也可以轻松得到相应数据，除此之外的锚固长度、根数和钢筋连接方式及个数是钢筋算量的难点，也是核心内容。如图 1-9 所示为某梁的钢筋三维图，其中箍筋和拉结筋根数是其核心内容，通长筋主要是对锚固和连接的考虑较为复杂。

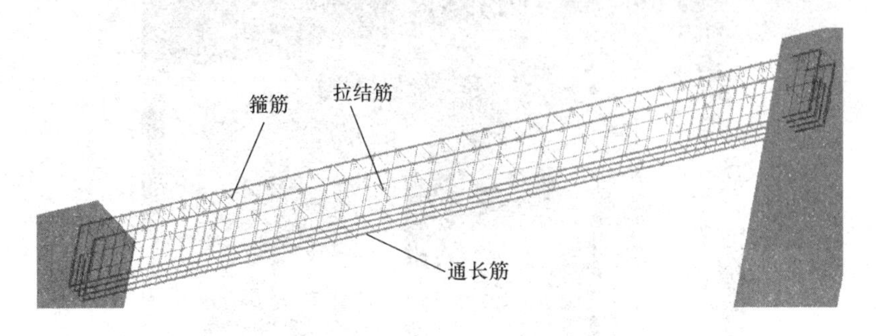

图 1-9 梁的钢筋三维示意图

第三节 主体结构构件基础知识

一、主体结构概述

建筑物的主体结构是建筑的主要承重及传力体，包括梁、柱、剪力墙、楼面板、屋面板等。此部分内容是11G101－1部分重点研究的内容，为了帮助大家对图集的学习，此处对主体结构的相关知识进行简要介绍。建筑结构体系如图1-10所示。

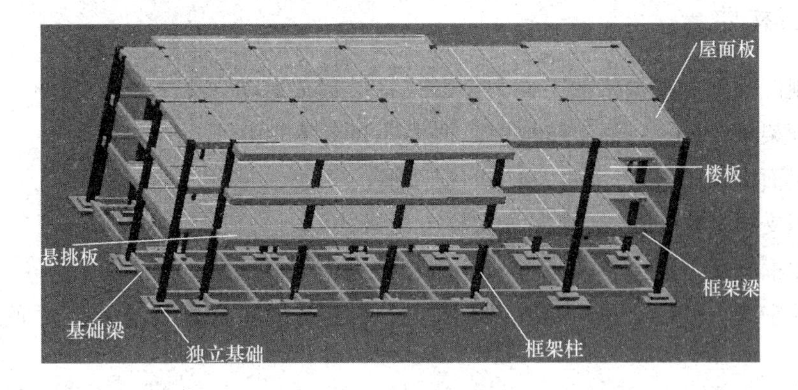

图 1-10 建筑结构体系

二、柱构件

G101图集中介绍的柱构件主要有框架柱、墙上柱、梁上柱、框支柱和芯柱，如图1-11所示。框架柱一般用KZ表示，墙上柱一般用QZ表示，梁上柱一般用LZ表示、框支柱一般用KZZ表示，芯柱一般用XZ表示。

图 1-11 柱构件

此外还有构造柱、钢柱等各种形式的柱，但是不适合 G101 图集中做介绍，此处也不做过多赘述。

三、梁构件

平法制图规则中根据梁的不同力学形式将梁定义为以下几种类别：

(1) 框架梁（KL）：框架结构中以框架柱为支座的梁；

(2) 屋面框架梁（WKL）：顶层的框架梁；

(3) 框支梁（KZL）：转换层框支柱上的梁；

(4) 非框架梁（L）：有梁板结构中以框架梁为支座的梁；

(5) 井字梁（JZL）：有梁板结构中，呈井字格状垂直排列且相互之间不为支座的梁。

四、板构件

根据楼板所在标高位置，可以将板分为楼板和屋面板；根据板的平面位置不同可分为普通板、延伸悬挑板、纯悬挑板。根据板的组成形式，可以分为有梁楼盖板和无梁楼盖板，如图 1-12 所示。

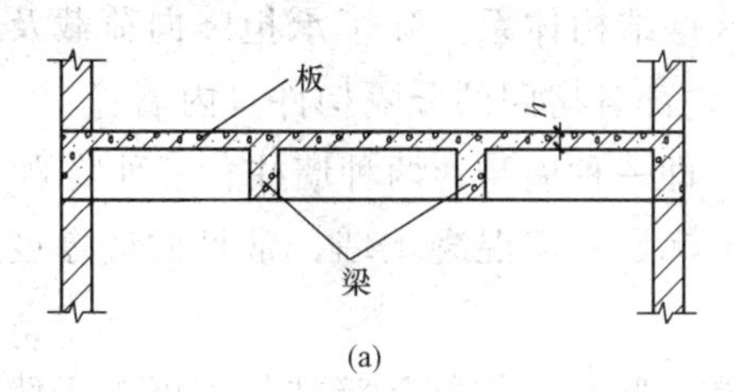

(a)

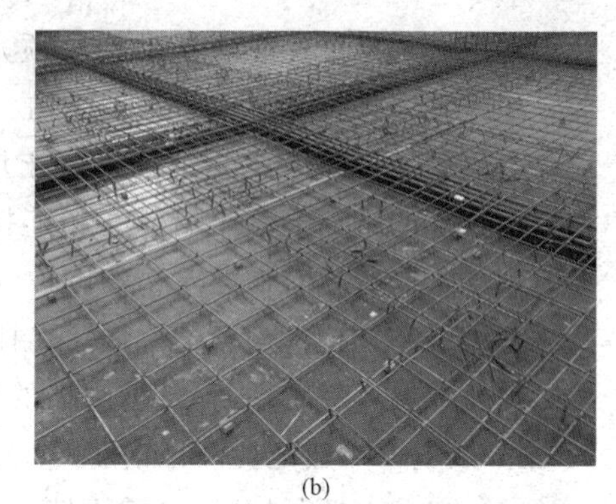

(b)

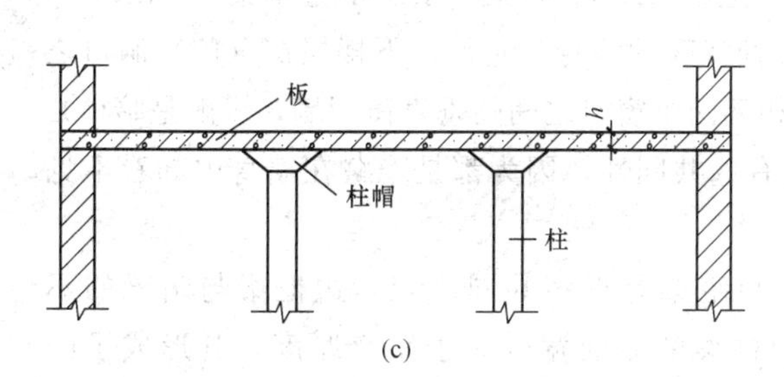

(c)

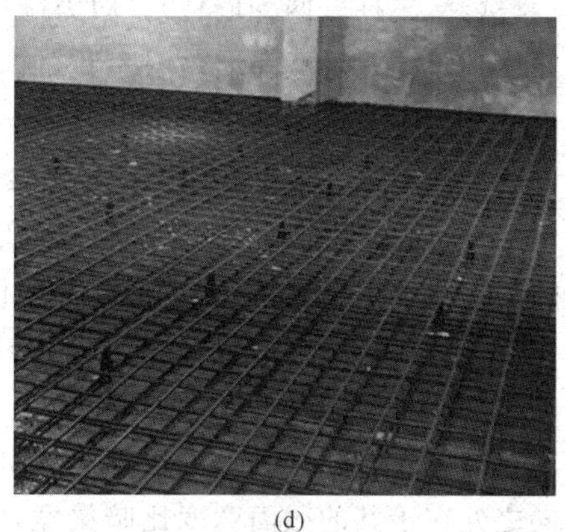

(d)

图 1-12　板的组成形式

(a) 有梁楼盖板；(b) 有梁楼盖板板钢筋；(c) 无梁楼盖板；(d) 无梁楼盖板板钢筋

五、剪力墙构件

剪力墙，是固结于基础的钢筋混凝土墙片，具有很高的抗侧移能力（沿墙体平面）。其既承担竖向荷载，又承担水平荷载（风荷载及地震作用），防止结构剪切破坏，故称为剪力墙，也称抗风墙或抗震墙、结构墙。剪力墙的结构如图 1-13 所示。

图 1-13　剪力墙结构

剪力墙的高度往往从基础到屋顶，宽度可以是房屋的全宽。剪力墙与钢筋混凝土楼、屋盖整体连接，形成剪力墙结构。

由混凝土浇筑而成的钢筋混凝土墙承重体系又称为现浇钢筋混凝土剪力墙体系。它是由现浇的钢筋混凝土墙体互相连接构成的承重结构体系。除了承担竖向荷载及水平荷载外，同时也兼作建筑物的围护（外墙）和内部各房间的分隔构件（内墙）。

剪力墙结构构件包含“一墙、二柱、三梁”，即一种墙身、两种墙柱、三种墙梁。

（1）一墙（一种墙身）。剪力墙的墙身（Q）就是一道混凝土墙，常见的墙厚度在200mm以上，一般配置两排钢筋网。

（2）二柱（两种墙柱）。剪力墙柱分成两大类：暗柱和端柱。暗柱的宽度等于墙的厚度，暗柱是隐藏在墙内看不见的。端柱的宽度比墙厚度要大，约束边缘端柱的长宽尺寸要大于或等于2倍墙厚。

（3）三梁（三种墙梁）。三种墙梁包括：连梁（LL）、暗梁（AL）和边框梁（BKL）。

1）连梁（LL）。连梁（LL）其实是一种特殊的墙身，它是上下楼层窗（门）洞口之间的那部分水平的窗间墙（至于同一楼层相邻两个窗口之间的垂直窗间墙，一般是暗柱）。

2）暗梁（AL）。暗梁（AL）与暗柱有些共同性，因为都是隐藏在墙身内部看不见的构件，都是墙身的一个组成部分。

3）边框梁（BKL）。边框梁（BKL）与暗梁有很多共同之处，边框梁与暗梁的不同之处在于其的截面宽度比暗梁宽，即边框梁的截面宽度大于墙身厚度，其形成了凸出剪力墙墙面的一个边框。因为边框梁与暗梁设置在楼板以下的部位，因此有了边框梁就可不设暗梁。

边跨梁有两种：纯剪力墙结构设置的边框梁和框剪结构中框架梁延伸入剪力墙中的边框梁。

剪力墙的主要作用是抵抗水平地震力，其主要受力方式是抗剪。剪力墙抗剪的主要受力钢筋是水平分布钢筋。剪力墙水平分布筋不是抗弯的，有抗拉作用，但主要的作用是抗剪。暗柱箍筋没有提供抵抗横向水平力的功能。因此剪力墙水平分布筋配置按总墙肢长度考虑，并未扣除暗柱长度。

剪力墙水平分布筋是剪力墙身的主筋，剪力墙的保护层是针对墙身水平分布筋而言的，也就是说剪力墙身水平分布筋放在竖向分布筋的外侧。

第四节　构件的表示方法

一、钢筋在平面、立面、剖（断）面中的表示方法

钢筋在平面、立面、剖（断）面中的表示方法，应符合下列规定：

（1）钢筋在平面图中的配置应按图 1-14 所示的方法表示。当钢筋标注的位置不够时，可采用引出线标注。引出线标注钢筋的斜短画线应为中实线或细实线。

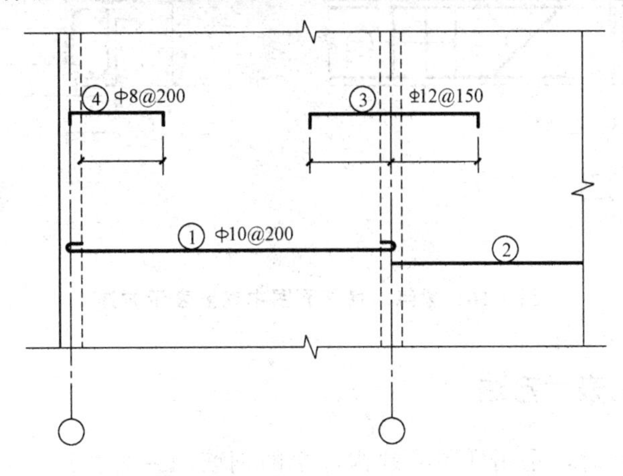

图 1-14 钢筋在楼板配筋图中的表示方法

（2）当构件布置较简单时，结构平面布置图可与板配筋平面图合并绘制。

（3）平面图中的钢筋配置较复杂时，可按表 1-3 及图 1-15 的方法绘制。

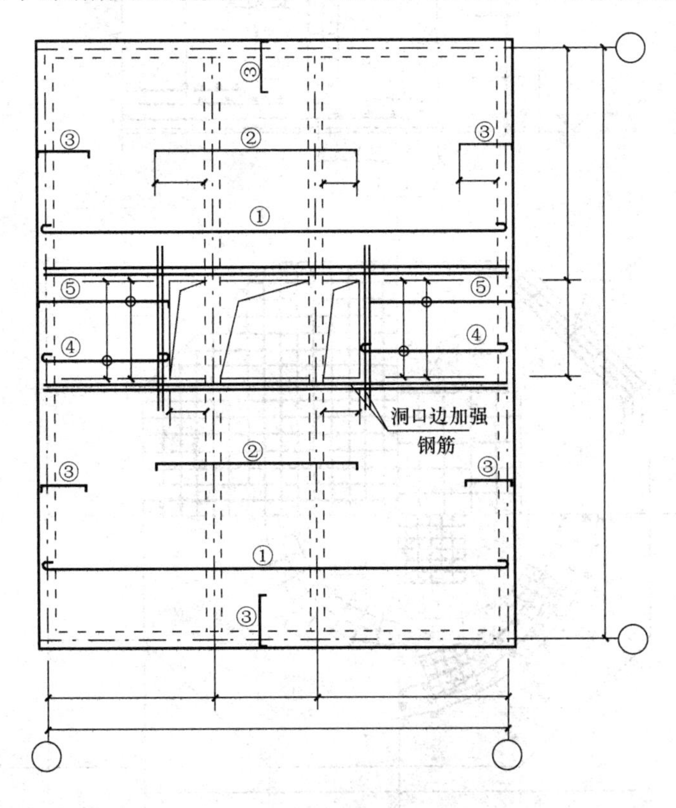

图 1-15 楼板配筋较复杂的表示方法

（4）钢筋在梁纵、横断面图中的配置，应按图 1-16 所示的方法表示。

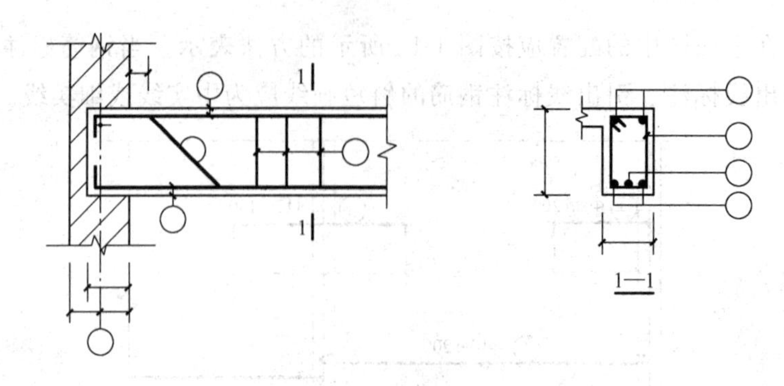

图 1-16　梁纵、横断面图中钢筋表示方法

二、钢筋简化表示方法

（1）当构件对称时，采用详图绘制构件中的钢筋网片可按图 1-17 的方法用 1/2 或 1/4 表示。

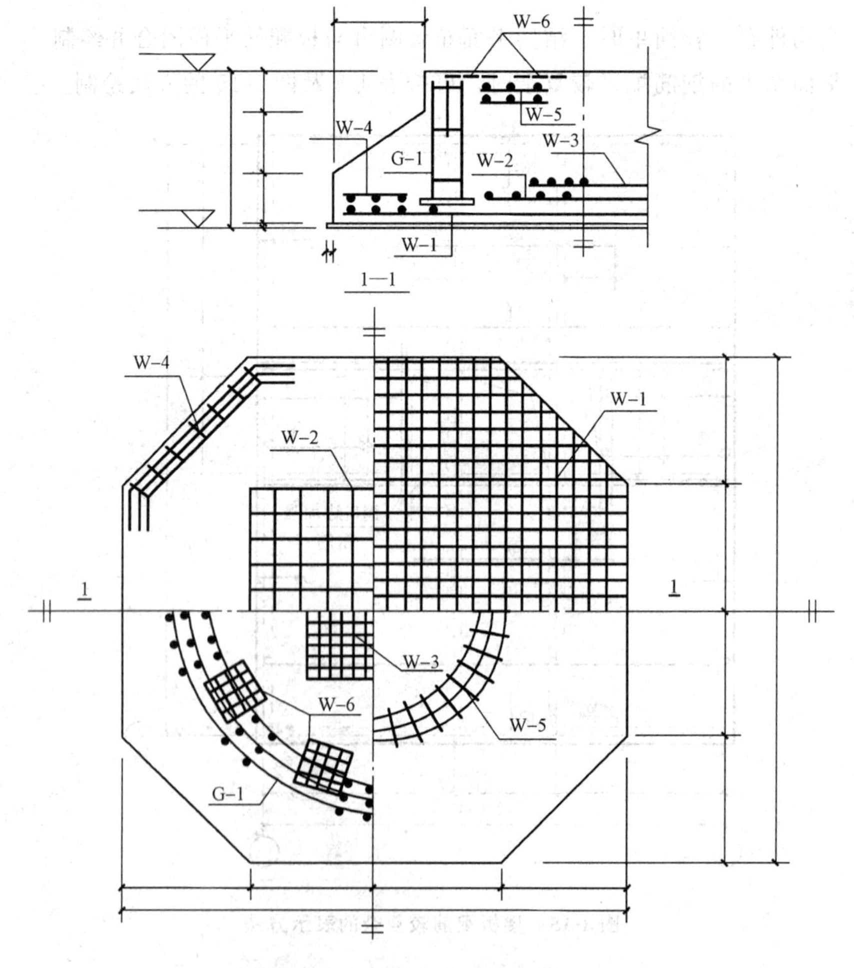

图 1-17　构件中钢筋简化表示方法

（2）钢筋混凝土构件配筋较简单时，宜按下列规定绘制配筋平面图：

1）独立基础宜按图 1-18（a）的规定在平面模板图左下角绘出波浪线，绘出钢筋并标注钢筋的直径、间距等。

2）其他构件宜按图 1-18（b）的规定在某一部位绘出波浪线，绘出钢筋并标注钢筋的直径、间距等。

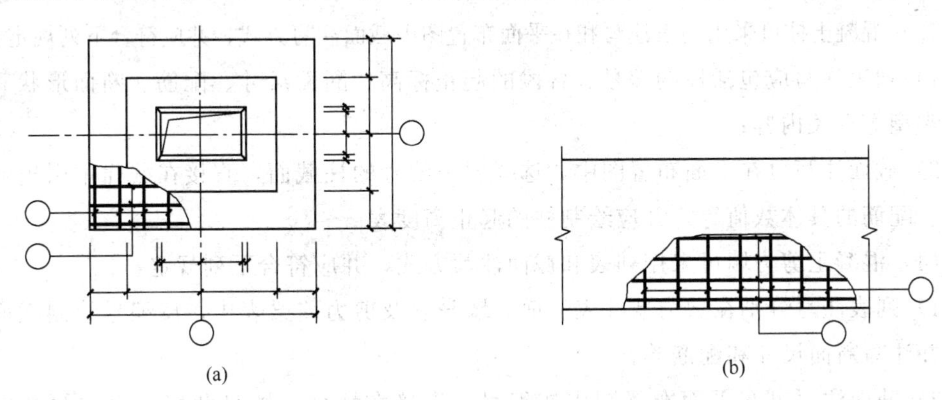

图 1-18　构件配筋简化表示方法

（a）独立基础；（b）其他构件

（3）对称的混凝土构件，宜按图 1-19 的规定在同一图样中一半表示模板，另一半表示配筋。

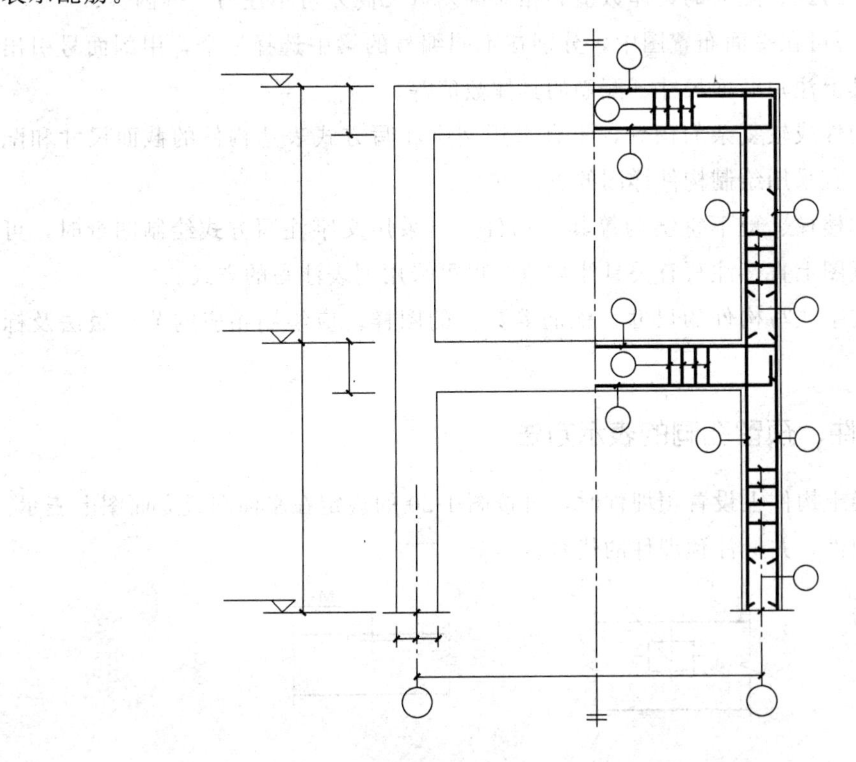

图 1-19　构件配筋简化表示方法

三、文字注写构件的表示方法

(1) 在现浇混凝土结构中，构件的截面和配筋等数值可采用文字注写方式表达。

(2) 按结构层绘制的平面布置图中，直接用文字表达各类构件的编号（编号中含有构件的类型代号和顺序号）、断面尺寸、配筋及有关数值。

(3) 混凝土柱可采用列表注写和在平面布置图中截面注写方式，并应符合下列规定：

1) 列表注写应包括柱的编号、各段的起止标高、断面尺寸、配筋、断面形状和箍筋的类型等有关内容；

2) 截面注写可在平面布置图中，选择同一编号的柱截面，直接在截面中引出断面尺寸、配筋的具体数值等，并应绘制柱的起止高度表。

(4) 混凝土剪力墙可采用列表和截面注写方式，并应符合下列规定：

1) 列表注写分别在剪力墙柱表、剪力墙身表及剪力墙梁表中，按编号绘制截面配筋图并注写断面尺寸和配筋等；

2) 截面注写可在平面布置图中按编号，直接在墙柱、墙身和墙梁上注写断面尺寸、配筋等具体数值的内容。

(5) 混凝土梁可采用在平面布置图中的平面注写和截面注写方式，并应符合下列规定：

1) 平面注写可在梁平面布置图中，分别在不同编号的梁中选择一个，直接注写编号、断面尺寸、跨数、配筋的具体数值和相对高差（无高差可不注写）等内容；

2) 截面注写可在平面布置图中，分别在不同编号的梁中选择一个，用剖面号引出截面图形并在其上注写断面尺寸、配筋的具体数值等。

(6) 重要构件或较复杂的构件，不宜采用文字注写方式表达构件的截面尺寸和配筋等有关数值，宜采用绘制构件详图的表示方法。

(7) 基础、楼梯、地下室结构等其他构件，当采用文字注写方式绘制图纸时，可采用在平面布置图上直接注写有关具体数值，也可采用列表注写的方式。

(8) 采用文字注写构件的尺寸、配筋等数值的图样，应绘制相应的节点做法及标准构造详图。

四、预埋件、预留孔洞的表示方法

(1) 在混凝土构件上设置预埋件时，可按图 1-20 的规定在平面图或立面图上表示。引出线指向预埋件，并标注预埋件的代号。

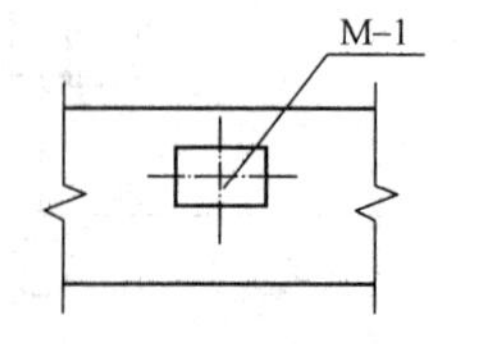

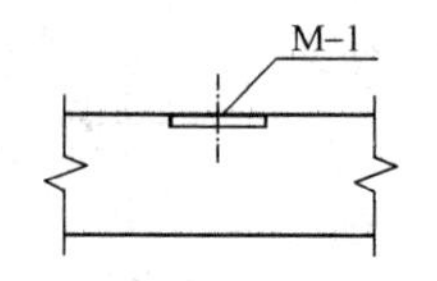

图 1-20　预埋件的表示方法

（2）在混凝土构件的正、反面同一位置均设置相同的预埋件时，可按图 1-21 的规定，引出线为一条实线和一条虚线并指向预埋件，同时在引出横线上标注预埋件的数量及代号。

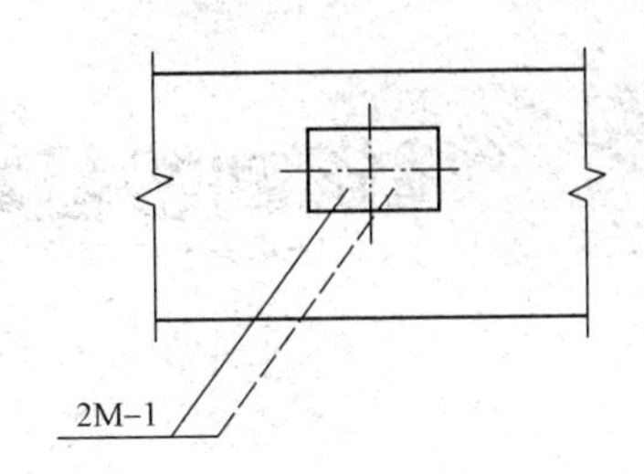

图 1-21 同一位置正、反面预埋件相同的表示方法

（3）在混凝土构件的正、反面同一位置设置编号不同的预埋件时，可按图 1-22 的规定引一条实线和一条虚线并指向预埋件。引出横线上标注正面预埋件代号，引出横线下标注反面预埋件代号。

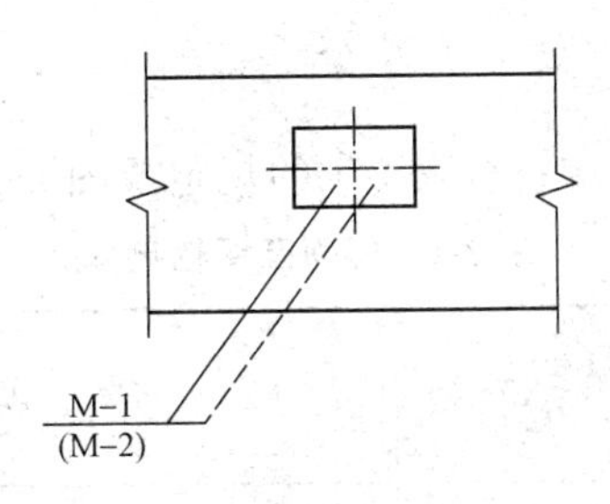

图 1-22 同一位置正、反面预埋件不相同的表示方法

（4）在构件上设置预留孔、洞或预埋套管时，可按图 1-23 的规定在平面或断面图中表示。引出线指向预留（埋）位置，引出横线上方标注预留孔、洞的尺寸，预埋套管的外径。横线下方标注孔、洞（套管）的中心标高或底标高。

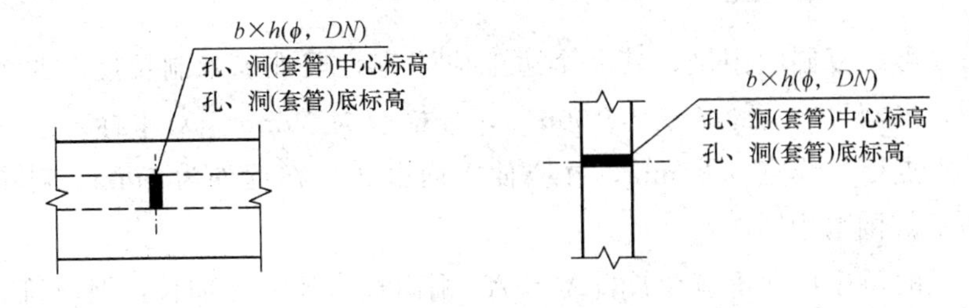

图 1-23 预留孔、洞及预埋套管的表示方法

第二章 建筑制图基本规定

第一节 图纸幅面规格

一、图纸幅面

（1）图纸幅面及图框尺寸应符合表 2-1 的规定及图 2-1～图 2-4 的格式。

表 2-1 幅面及图框尺寸 （单位：mm）

尺寸代号＼幅面代号	A0	A1	A2	A3	A4
$b\times l$	841×1 189	594×841	420×594	297×420	210×297
c	10			5	
a	25				

注：表中 b 为幅面短边尺寸，l 为幅面长边尺寸，c 为图框线与幅面线间宽度，a 为图框线与装订边间宽度。

（2）需要微缩复制的图纸，其一个边上应附有一段准确米制尺度，四个边上均附有对中标志，米制尺度的总长应为 100mm，分格应为 10mm。对中标志应画在图纸内框各边长的中点处，线宽 0.35mm，并应伸入内框边，在框外为 5mm。对中标志的线段，于 l_1 和 b_1 范围取中。

（3）图纸的短边尺寸不应加长，A0～A3 幅面长边尺寸可加长，但应符合表 2-2 的规定。

（4）图纸以短边作为垂直边应为横式，以短边作为水平边应为立式。A0～A3 图纸宜横式使用；必要时，也可立式使用。

（5）一个工程设计中，每个专业所使用的图纸，不宜多于两种幅面，不含目录及表格所采用的 A4 幅面。

表 2-2　图纸长边加长尺寸　（单位：mm）

幅面代号	长边尺寸	长边加长后的尺寸
A0	1 189	1 486（A0+1/4 l）　1 635（A0+3/8 l）　1 783（A0+1/2 l） 1 932（A0+5/8 l）　2 080（A0+3/4 l）　2 230（A0+7/8 l） 2 378（A0+l）
A1	841	1 051（A1+1/4 l）　1 261（A1+1/2 l）　1 471（A1+3/4 l） 1 682（A1+ l）　1 892（A1+5/4 l）　2 102（A1+3/2 l）
A2	594	743（A2+1/4 l）　891（A2+1/2 l）　1 041（A2+3/4 l） 1 189（A2+ l）　1 338（A2+5/4 l）　1 486（A2+3/2 l） 1 635（A2+7/4 l）　1 783（A2+2 l）　1 932（A2+9/4 l） 2 080（A2+5/2 l）
A3	420	630（A3+1/2 l）　841（A3+ l）　1 051（A3+3/2 l） 1 261（A3+2 l）　1 471（A3+5/2 l）　1 682（A3+3 l） 1 892（A3+7/2 l）

注：有特殊需要的图纸，可采用 $b\times l$ 为 841mm×891mm 与 1 189mm×1 261mm 的幅面。

二、标题栏

（1）图纸中应有标题栏、图框线、幅面线、装订边线和对中标志。图纸的标题栏及装订边的位置，应符合下列规定：

1）横式使用的图纸，应按图 2-1、图 2-2 的形式进行布置。

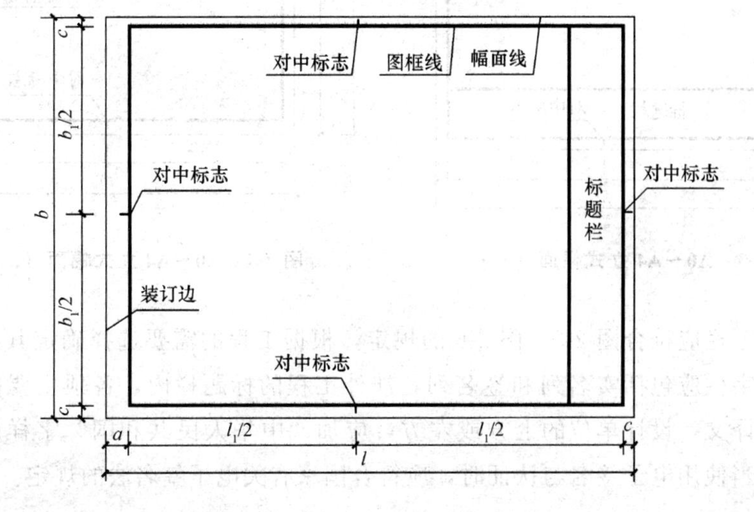

图 2-1　A0～A3 横式幅面（一）

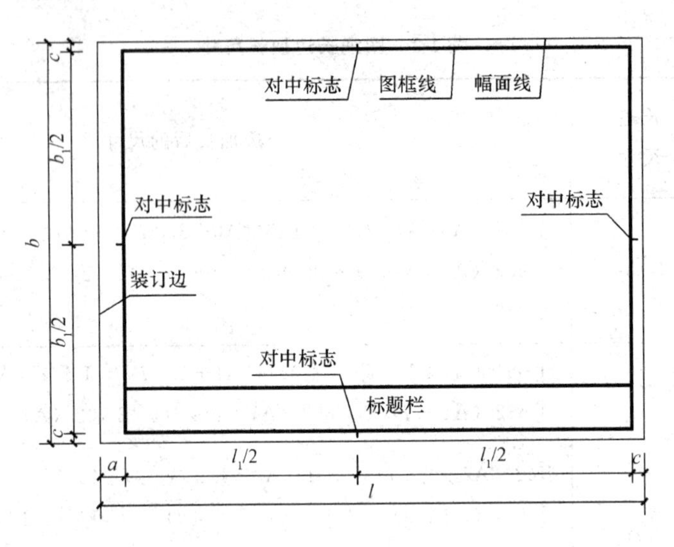

图 2-2 A0～A3 横式幅面（二）

2）立式使用的图纸，应按图 2-3、图 2-4 的形式进行布置。

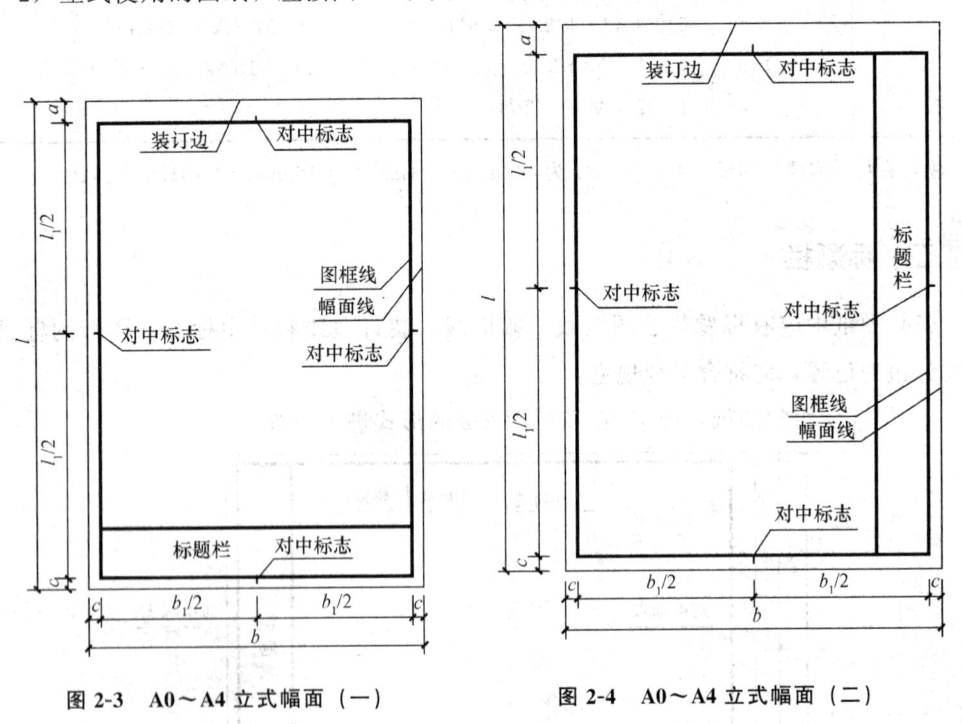

图 2-3 A0～A4 立式幅面（一）

图 2-4 A0～A4 立式幅面（二）

（2）标题栏应符合图 2-5、图 2-6 的规定，根据工程的需要选择确定其尺寸、格式及分区。签字栏应包括实名列和签名列，涉外工程的标题栏内，各项主要内容的中文下方应附有译文，设计单位的上方或左方，应加“中华人民共和国”字样；在计算机制图文件中当使用电子签名与认证时，应符合国家有关电子签名法的规定。

设计单位
名称区
注册师
签章区
项目经理
签章区
修改记录区
工程名称区
图号区
签字区
会签栏
40~70

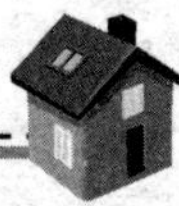

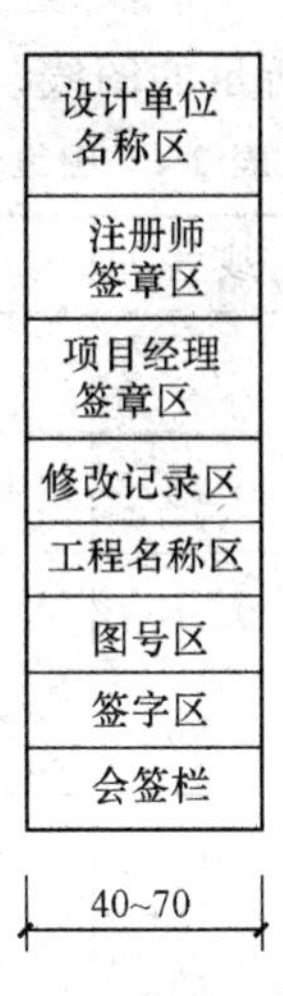

图 2-5　标题栏（一）

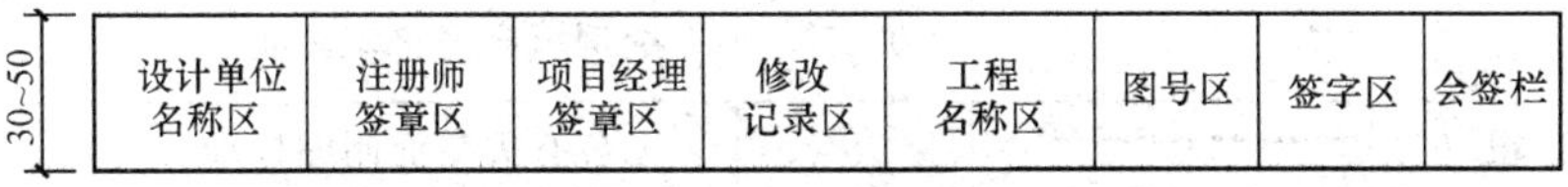

30~50
设计单位
名称区
注册师
签章区
项目经理
签章区
修改
记录区
工程
名称区
图号区
签字区
会签栏

图 2-6　标题栏（二）

第二节　图线与字体

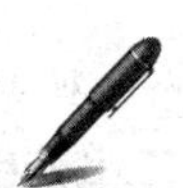

一、图线

（1）图线的宽度 *b*，宜从 1.4mm、1.0mm、0.7mm、0.5mm、0.35mm、0.25mm、0.18mm、0.13mm 线宽系列中选取。图线宽度不应小于 0.1mm。每个图样，应根据复杂程度与比例大小，先选定基本线宽 *b*，再选用表 2-3 中相应的线宽组。

表 2-3　线宽组　　（单位：mm）

线宽比	线宽组			
b	1.4	1.0	0.7	0.5
0.7*b*	1.0	0.7	0.5	0.35
0.5*b*	0.7	0.5	0.35	0.25
0.25*b*	0.35	0.25	0.18	0.13

注：1. 需要缩微的图纸，不宜采用 0.18mm 及更细的线宽。

2. 同一张图纸内，各不同线宽中的细线，可统一采用较细的线宽组的细线。

（2）工程建设制图应选用表2-4所示的图线。

表2-4 图线

名称		线型	线宽	用途
实线	粗	━━━━━	b	主要可见轮廓线
	中粗	─────	$0.7b$	可见轮廓线
	中	─────	$0.5b$	可见轮廓线、尺寸线、变更云线
	细	─────	$0.25b$	图例填充线、家具线
虚线	粗	━ ━ ━ ━	b	见各有关专业制图标准
	中粗	─ ─ ─ ─	$0.7b$	不可见轮廓线
	中	─ ─ ─ ─	$0.5b$	不可见轮廓线、图例线
	细	─ ─ ─ ─	$0.25b$	图例填充线、家具线
单点长画线	粗	━━ · ━━	b	见各有关专业制图标准
	中	── · ──	$0.5b$	见各有关专业制图标准
	细	── · ──	$0.25b$	中心线、对称线、轴线等
双点长画线	粗	━━ ·· ━━	b	见各有关专业制图标准
	中	── ·· ──	$0.5b$	见各有关专业制图标准
	细	── ·· ──	$0.25b$	假想轮廓线、成型前原始轮廓线
折断线	细	──╲╱──	$0.25b$	断开界线
波浪线	细	～～～	$0.25b$	断开界线

（3）同一张图纸内，相同比例的各图样，应选用相同的线宽组。

（4）图纸的图框和标题栏线可采用表2-5的线宽。

表2-5 图框和标题栏线的宽度 （单位：mm）

幅面代号	图框线	标题栏外框线	标题栏分格线
A0、A1	b	$0.5b$	$0.25b$
A2、A3、A4	b	$0.7b$	$0.35b$

（5）相互平行的图例线，其净间隙或线中间隙不宜小于0.2mm。

（6）虚线、单点长画线或双点长画线的线段长度和间隔，宜各自相等。

（7）单点长画线或双点长画线，当在较小图形中绘制有困难时，可用实线代替。

（8）单点长画线或双点长画线的两端，不应是点。点画线与点画线交接点或点画线与其他图线交接时，应是线段交接。

(9) 虚线与虚线交接或虚线与其他图线交接时，应是线段交接。虚线为实线的延长线时，不得与实线相接。

(10) 图线不得与文字、数字或符号重叠、混淆，不可避免时，应首先保证文字的清晰。

二、字体

(1) 图纸上所需书写的文字、数字或符号等，均应笔画清晰、字体端正、排列整齐；标点符号应清楚正确。

(2) 文字的字高应从表 2-6 中选用。字高大于 10mm 的文字宜采用 True type 字体，当需书写更大的字时，其高度应按$\sqrt{2}$的倍数递增。

表 2-6　文字的字高　（单位：mm）

字体种类	中文矢量字体	True type 字体及非中文矢量字体
字高	3.5、5、7、10、14、20	3、4、6、8、10、14、20

(3) 图样及说明中的汉字，宜采用长仿宋体或黑体，同一图纸字体种类不应超过两种。长仿宋体的高宽关系应符合表 2-7 的规定，黑体字的宽度与高度应相同。大标题、图册封面、地形图等的汉字，也可书写成其他字体，但应易于辨认。

表 2-7　长仿宋字高宽关系　（单位：mm）

字高	20	14	10	7	5	3.5
字宽	14	10	7	5	3.5	2.5

(4) 汉字的简化字书写应符合国家有关汉字简化方案的规定。

(5) 图样及说明中的拉丁字母、阿拉伯数字与罗马数字，宜采用单线简体或 ROMAN 字体。拉丁字母、阿拉伯数字与罗马数字的书写规则，应符合表 2-8 的规定。

表 2-8　拉丁字母、阿拉伯数字与罗马数字的书写规则

书写格式	字体	窄字体
大写字母高度	h	h
小写字母高度（上下均无延伸）	$7/10\ h$	$10/14\ h$
小写字母伸出的头部或尾部	$3/10\ h$	$4/14\ h$
笔画宽度	$1/10\ h$	$1/14\ h$
字母间距	$2/10\ h$	$2/14\ h$
上下行基准线的最小间距	$15/10\ h$	$21/14\ h$
词间距	$6/10\ h$	$6/14\ h$

(6) 拉丁字母、阿拉伯数字与罗马数字，当需写成斜体字时，其斜度应是从字的

底线逆时针向上倾斜75°。斜体字的高度和宽度应与相应的直体字相等。

(7) 拉丁字母、阿拉伯数字与罗马数字的字高，不应小于2.5mm。

(8) 数量的数值注写，应采用正体阿拉伯数字。各种计量单位凡前面有量值的，均应采用国家颁布的单位符号注写。单位符号应采用正体字母。

(9) 分数、百分数和比例数的注写，应采用阿拉伯数字和数学符号。

(10) 当注写的数字小于1时，应写出各位的“0”，小数点应采用圆点，齐基准线书写。

(11) 长仿宋汉字、拉丁字母、阿拉伯数字与罗马数字示例应符合现行国家标准《技术制图 字体》(GB/T 14691—1993) 的有关规定。

第三节 符号

一、剖切符号

(1) 剖视的剖切符号应由剖切位置线及剖视方向线组成，均应以粗实线绘制。剖视的剖切符号应符合下列规定：

1) 剖切位置线的长度宜为6～10mm；剖视方向线应垂直于剖切位置线，长度应短于剖切位置线，宜为4～6mm（图2-7），也可采用国际统一和常用的剖视方法，如图2-8所示。绘制时，剖视剖切符号不应与其他图线相接触。

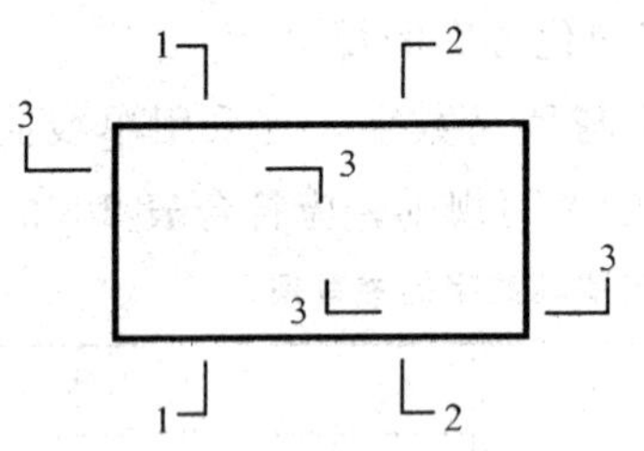

图2-7 剖视的剖切符号（一）

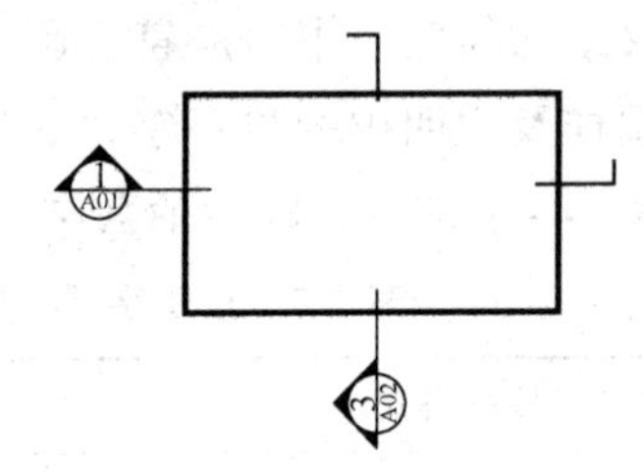

图2-8 剖视的剖切符号（二）

2) 剖视剖切符号的编号宜采用粗阿拉伯数字，按剖切顺序由左至右、由下向上连续编排，并应注写在剖视方向线的端部。

3) 需要转折的剖切位置线，应在转角的外侧加注与该符号相同的编号。

4) 建（构）筑物剖面图的剖切符号应注在±0.000标高的平面图或首层平面图上。

5) 局部剖面图（不含首层）的剖切符号应注在包含剖切部位的最下面一层的平面图上。

(2) 断面的剖切符号应符合下列规定：

1）断面的剖切符号应只用剖切位置线表示，并应以粗实线绘制，长度宜为6～10mm。

2）断面剖切符号的编号宜采用阿拉伯数字，按顺序连续编排，并应注写在剖切位置线的一侧；编号所在的一侧应为该断面的剖视方向，如图2-9所示。

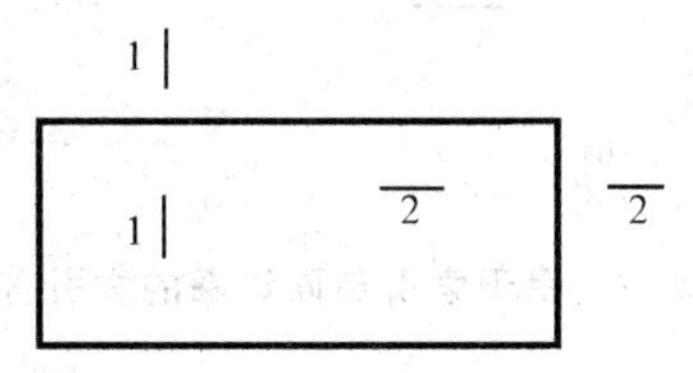

图2-9　断面的剖切符号

（3）剖面图或断面图，当与被剖切图样不在同一张图内时，应在剖切位置线的另一侧注明其所在图纸的编号，也可以在图上集中说明。

二、索引符号与详图符号

（1）图样中的某一局部或构件，如需另见详图，应以索引符号索引［图2-10（a)］。索引符号是由直径为8～10mm的圆和水平直径组成，圆及水平直径应以细实线绘制。索引符号应按下列规定编写：

1）索引出的详图，如与被索引的详图同在一张图纸内，应在索引符号的上半圆中用阿拉伯数字注明该详图的编号，并在下半圆中间画一段水平细实线［图2-10（b)］。

2）索引出的详图，如与被索引的详图不在同一张图纸内，应在索引符号的上半圆中用阿拉伯数字注明该详图的编号，在索引符号的下半圆用阿拉伯数字注明该详图所在图纸的编号［图2-10（c)］。数字较多时，可加文字标注。

3）索引出的详图，如采用标准图，应在索引符号水平直径的延长线上加注该标准图集的编号［图2-10（d)］。需要标注比例时，文字在索引符号右侧或延长线下方，与符号下对齐。

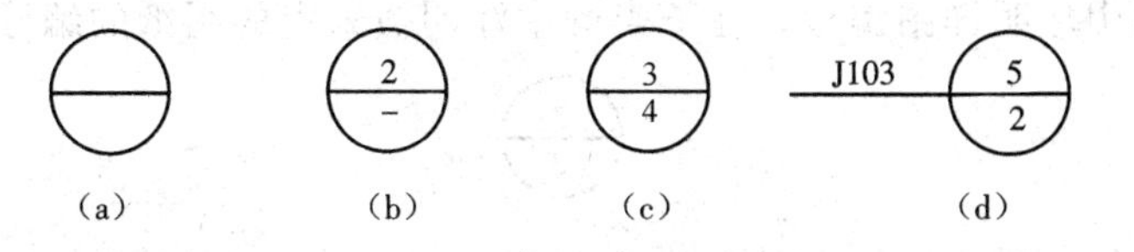

图2-10　索引符号

（2）索引符号当用于索引剖视详图，应在被剖切的部位绘制剖切位置线，并以引出线引出索引符号，引出线所在的一侧应为剖视方向。索引符号的编写应符合上述（1）的规定，如图2-11所示。

（3）零件、钢筋、杆件、设备等的编号宜以直径为5～6mm的细实线圆表示，同

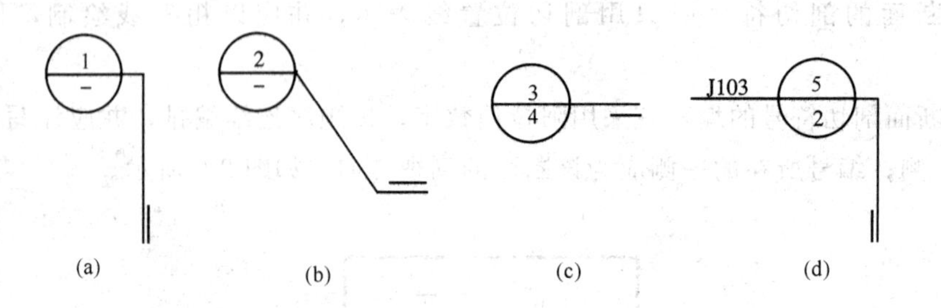

图 2-11 用于索引剖面详图的索引符号

一图样应保持一致，其编号应用阿拉伯数字按顺序编写（图 2-12）。消火栓、配电箱、管井等的索引符号，直径宜为 4～6mm。

图 2-12 零件、钢筋等的编号

（4）详图的位置和编号应以详图符号表示。详图符号的圆应以直径为 14mm 粗实线绘制。详图编号应符合下列规定：

1）详图与被索引的图样同在一张图纸内时，应在详图符号内用阿拉伯数字注明详图的编号（图 2-13）。

图 2-13 与被索引图样同在一张图纸内的详图符号

2）详图与被索引的图样不在同一张图纸内时，应用细实线在详图符号内画一水平直径，在上半圆中注明详图编号，在下半圆中注明被索引的图纸的编号（图 2-14）。

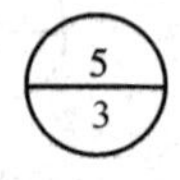

图 2-14 与被索引图样不在同一张图纸内的详图符号

三、引出线

（1）引出线应以细实线绘制，宜采用水平方向的直线，与水平方向成 30°、45°、60°、90°的直线，或经上述角度再折为水平线。文字说明宜注写在水平线的上方［图 2-15（a)］，也可注写在水平线的端部［图 2-15（b)］。索引详图的引出线，应与水平直径线相连接［图 2-15（c)］。

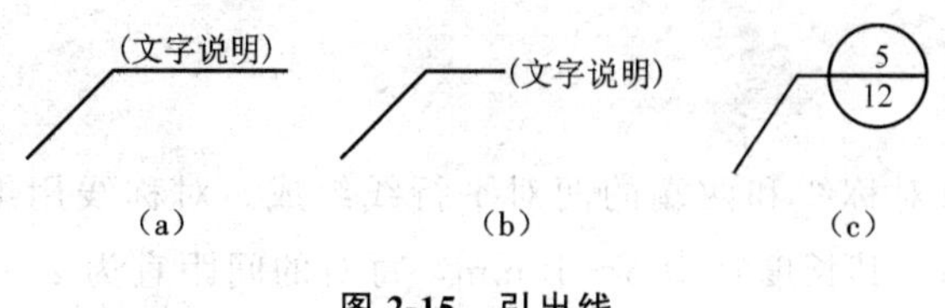

图 2-15　引出线

（2）同时引出的几个相同部分的引出线，宜互相平行［图 2-16（a）］，也可画成集中于一点的放射线［图 2-16（b）］。

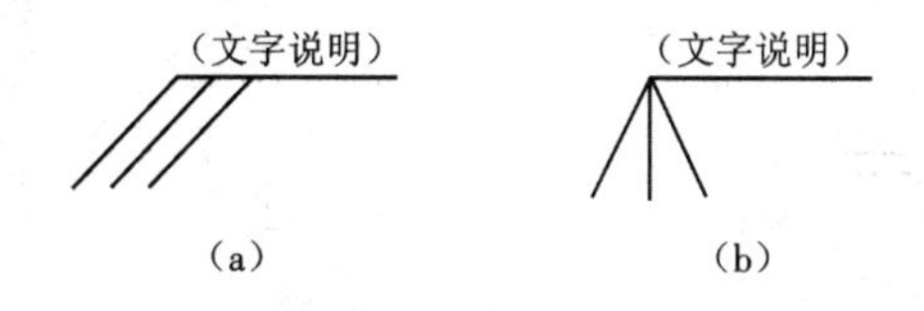

图 2-16　共用引出线

（3）多层构造或多层管道共用引出线，应通过被引出的各层，并用圆点示意对应各层次。文字说明宜注写在水平线的上方，或注写在水平线的端部，说明的顺序应由上至下，并应与被说明的层次对应一致；如层次为横向排序，则由上至下的说明顺序应与由左至右的层次对应一致，如图 2-17 所示。

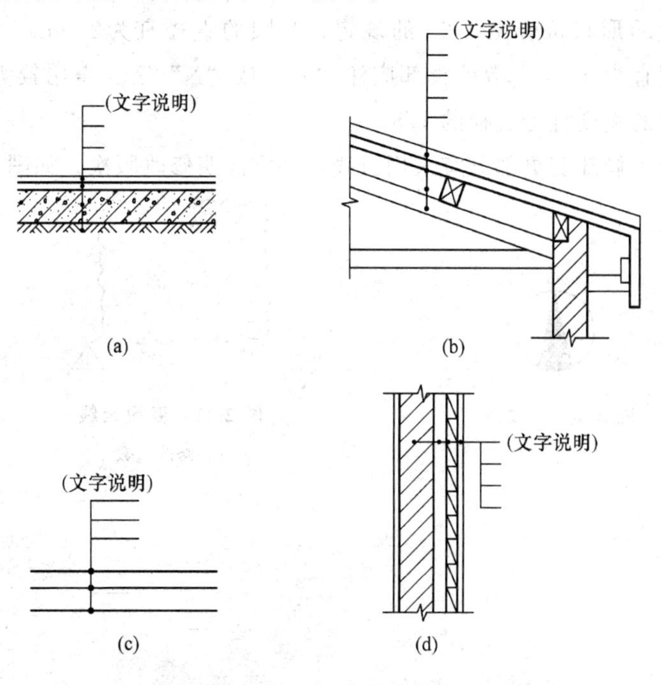

图 2-17　多层共用引出线

四、其他符号

（1）对称符号由对称线和两端的两对平行线组成。对称线用细单点长画线绘制；平行线用细实线绘制，其长度宜为6～10mm，每对的间距宜为2～3mm；对称线垂直平分于两对平行线，两端超出平行线宜为2～3mm，如图2-18所示。

（2）连接符号应以折断线表示需连接的部位。两部位相距过远时，折断线两端靠图样一侧应标注大写拉丁字母表示连接编号。两个被连接的图样应用相同的字母编号，如图2-19所示。

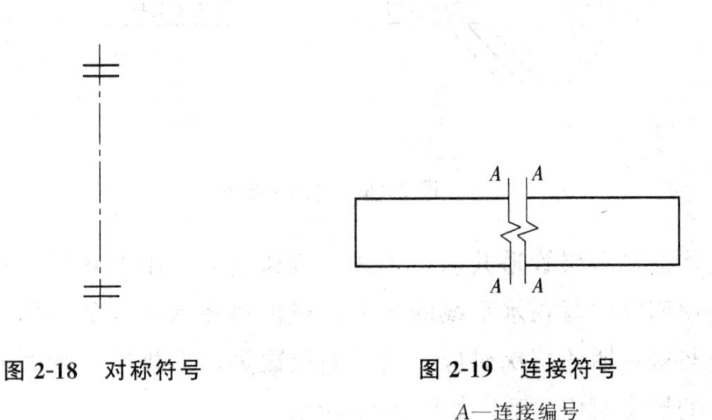

图2-18 对称符号

图2-19 连接符号

A—连接编号

（3）指北针的形状符合图2-20的规定，其圆的直径宜为24mm，用细实线绘制；指针尾部的宽度宜为3mm，指针头部应注“北”或“N”字。需用较大直径绘制指北针时，指针尾部的宽度宜为直径的1/8。

（4）对图纸中局部变更部分宜采用云线，并宜注明修改版次，如图2-21所示。

图2-20 指北针

图2-21 变更云线

1—修改次数

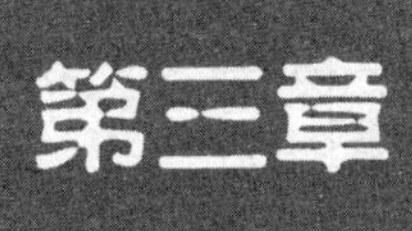

第三章 柱平法识图及构造

第一节 柱平法施工图制图规则

一、柱平法施工图的表示方法

在11G101－1图集中，柱平法施工图分为列表注写方式或截面注写方式两种，在实际工程中这两种表达方式都有应用，故本书对这两种方法都进行讲解。

柱平面布置图，可采用适当比例单独绘制，也可与剪力墙平面布置图合并绘制。

平面整体表示方法对层号有下列要求：

由于柱是一种垂直构件，因此柱纵筋的长度和箍筋的个数都与层高有关。同时，正确理解"层号"的概念，以便清楚地知道一根框架柱在哪个楼层发生"变截面"的情况，这也是框架柱以及其他垂直构件（包括剪力墙）所必须注意的问题。

故《混凝土结构施工图平面整体表示方法制图规则和构造详图（现浇混凝土框架、剪力墙、梁、板）》11G101－1图集总则第1.0.8条中要求：按平法设计绘制结构施工图时，应当用表格或其他方式注明包括地下和地上各层的结构层楼（地）面标高、结构层高及相应的结构层号。

其结构层楼面标高和结构层高在单项工程中必须统一，以保证基础、柱与墙、梁、板、楼梯等用同一标准竖向定位。为施工方便，应将统一的结构层楼面标高和结构层高分别放在柱、墙、梁等各类构件的平法施工图中。

二、柱平法施工图的列表注写方式

1. 列表注写方式

列表注写方式是在柱平面布置图上（一般只需采用适当比例绘制一张柱平面布置图，包括框架柱、框支柱、梁上柱和剪力墙上柱），分别在同一编号的柱中选择一个（有时需要选择几个）截面标注几何参数代号；在柱表中注写柱编号、柱段起止标高、几何尺寸（含柱截面对轴线的偏心情况）与配筋的具体数值，并配以各种柱截面形状及其箍筋类型图的方式，来表达柱平法施工图，如图3-1所示。

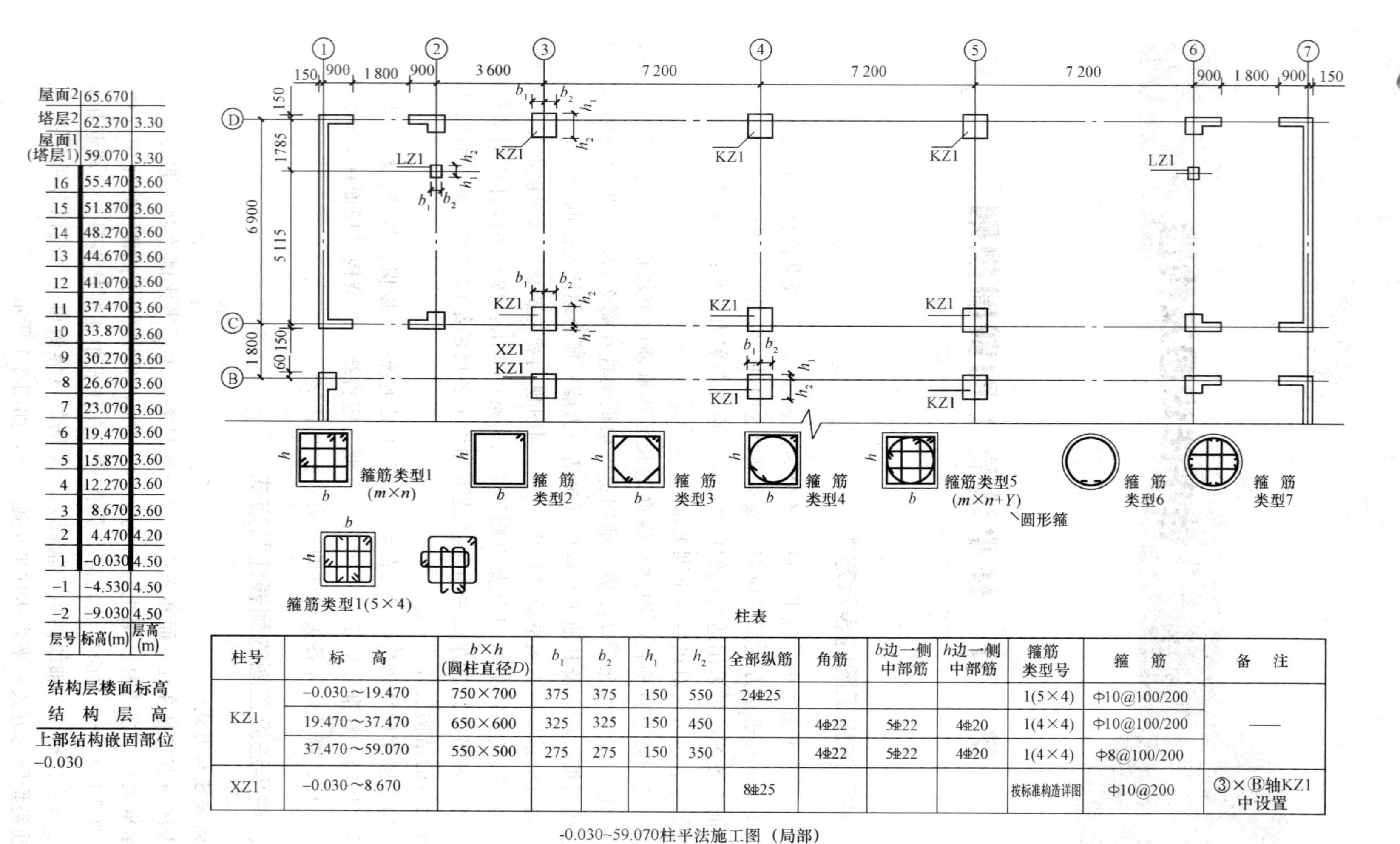

层号	标高(m)	层高(m)
屋面2	65.670	
塔层2	62.370	3.30
屋面1(塔层1)	59.070	3.30
16	55.470	3.60
15	51.870	3.60
14	48.270	3.60
13	44.670	3.60
12	41.070	3.60
11	37.470	3.60
10	33.870	3.60
9	30.270	3.60
8	26.670	3.60
7	23.070	3.60
6	19.470	3.60
5	15.870	3.60
4	12.270	3.60
3	8.670	3.60
2	4.470	4.20
1	-0.030	4.50
-1	-4.530	4.50
-2	-9.030	4.50

结构层楼面标高
结构层高
上部结构嵌固部位
-0.030

柱表

柱号	标高	$b\times h$(圆柱直径D)	b_1	b_2	h_1	h_2	全部纵筋	角筋	b边一侧中部筋	h边一侧中部筋	箍筋类型号	箍筋	备注
KZ1	-0.030～19.470	750×700	375	375	150	550	24⌀25				1(5×4)	Φ10@100/200	—
	19.470～37.470	650×600	325	325	150	450		4⌀22	5⌀22	4⌀20	1(4×4)	Φ10@100/200	
	37.470～59.070	550×500	275	275	150	350		4⌀22	5⌀22	4⌀20	1(4×4)	Φ8@100/200	
XZ1	-0.030～8.670						8⌀25				按标准构造详图	Φ10@200	③×Ⓑ轴KZ1中设置

-0.030~59.070柱平法施工图（局部）

图 3-1　柱平法施工图列表注写方式示例

图 3-1 如采用非对称配筋，需在柱表中增加相应栏目分别表示各边的中部筋。抗震设计时箍筋对纵筋至少“隔一拉一”。类型 1、5 的箍筋肢数可有多种组合，箍筋类型 1 为 5×4 的组合，其余类型为固定形式，在表中只注类型号即可。

2. 注写柱编号

柱编号由类型代号和序号组成，见表 3-1。

表 3-1　柱编号

柱类型	代号	序号
框架柱	KZ	××
框支柱	KZZ	××
芯柱	XZ	××
梁上柱	LZ	××
剪力墙上柱	QZ	××

注：编号时，当柱的总高、分段截面尺寸和配筋均对应相同，仅截面与轴线的关系不同时，仍可将其编为同一柱号，但应在图中注明截面与轴线的关系。

3. 注写各段柱的起止标高

自柱根部往上以变截面位置或截面未变但配筋改变处为界分段注写。框架柱和框支柱的根部标高系指基础顶面标高；芯柱的根部标高系指根据结构实际需要而定的起始位置标高；梁上柱的根部标高系指梁顶面标高；剪力墙上柱的根部标高为墙顶面标高。

4. 注写柱截面尺寸

对于矩形柱，注写柱截面尺寸 $b\times h$ 表示，其中 $b=b_1+b_2$，$h=h_1+h_2$。对于圆形柱截面尺寸由“d”打头注写圆形柱直径，圆柱截面与轴线的关系也用 b_1、b_2 和 h_1、h_2 表示，并使 $d=b_1+b_2=h_1+h_2$。

5. 注写柱纵筋

当柱纵筋直径相同，各边根数也相同时（包括矩形柱、圆柱和芯柱），将纵筋注写在“全部纵筋”一栏中；除此之外，柱纵筋分角筋、截面 b 边中部筋和 h 边中部筋三项分别注写（对于采用对称配筋的矩形截面柱，可仅注写一侧中部筋，对称边省略不注）。

6. 注写箍筋类型号及箍筋肢数

在箍筋类型栏内注写按《混凝土结构施工图平面整体表示方法制图规则和构造详图（现浇混凝土框架、剪力墙、梁、板）》11G101－1 第 2.2.3 条规定的箍筋类型号与肢数。

7. 注写柱箍筋

注写柱箍筋包括钢筋级别、直径与间距。当为抗震设计时，用斜线“/”区分柱端箍筋加密区与柱身非加密区长度范围内箍筋的不同间距。施工人员需根据标准构造详图的规定，在规定的几种长度值中取其最大者作为加密区长度。当框架节点核芯区内箍筋与柱端箍筋设置不同时，应在括号中注明核芯区箍筋直径及间距。

如图 3-2 所示，为某工程柱平面图，以 KZ2 为例进行识读讲解。

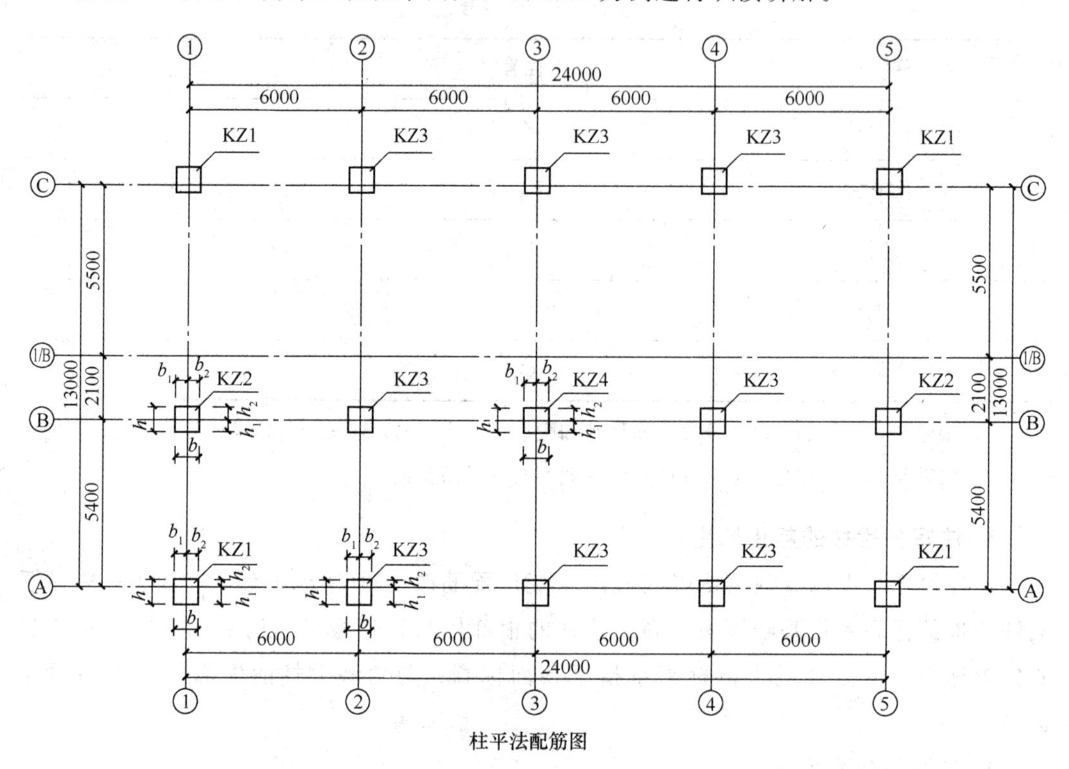

柱平法配筋图

注：柱平面参数见表3-2。

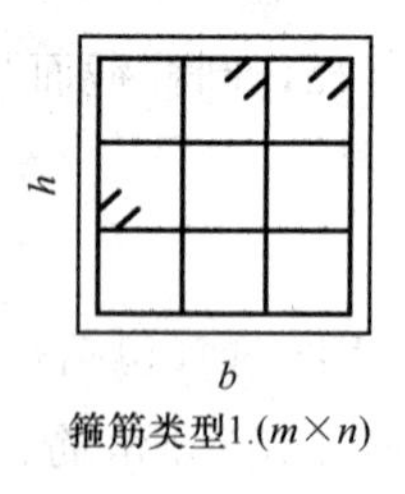

箍筋类型1.($m\times n$)

图 3-2 柱平法配筋图

表 3-2 某工程柱平面参数表

柱号	标高	$b \times h$	b_1	b_2	h_1	h_2	全部纵筋	角筋	b 边一侧中部筋	h 边一侧中部筋	箍筋类型号	箍筋
KZ1	−2.500，−4.480	800×800	400	400	600	200	28Φ32	4Φ32	6Φ32	6Φ32	116×63	Φ10@100
	4.480，−7.460	800×800	400	400	600	200	20Φ28	4Φ28	4Φ28	4Φ28	116×63	Φ10@100
	7.460，12.500	800×800	400	400	600	200	20Φ25	4Φ25	4Φ25	4Φ25	116×63	Φ10@100
KZ2	−2.500，4.480	800×800	400	400	400	400	28Φ32	4Φ32	6Φ32	6Φ32	116×63	Φ10@100/200
	4.480，7.460	800×800	400	400	400	400	20Φ28	4Φ28	4Φ28	4Φ28	116×63	Φ10@100
	7.460，12.500	800×800	400	400	400	400	20Φ25	4Φ25	4Φ25	4Φ25	116×63	Φ10@100/200
KZ3 KZ3′	−2.500，4.480	800×800	400	400	600	200	28Φ32	4Φ32	6Φ32	6Φ32	116×63	Φ10@100/200
	4.480，7.460	800×800	400	400	600	200	20Φ28	4Φ28	4Φ28	4Φ28	116×63	Φ10@100
	7.460，12.500	800×800	400	400	600	200	20Φ25	4Φ25	4Φ25	4Φ25	116×63	Φ10@100/200
KZ4	−2.500，4.480	800×800	400	400	400	400	28Φ32	4Φ32	3Φ32	6Φ32	116×63	Φ10@100/200
	4.480，7.460	800×800	400	400	400	400	26Φ28	4Φ28	6Φ28	5Φ28	116×41	Φ10@100

KZ2 中标高为−2.5～4.48m 部分，截面尺寸 $b \times h$ 为 800mm×800mm，柱全部纵筋为 28 根 HRB335 级钢筋，直径为 32mm，角筋为 4 根，b 边一侧为 6 根，h 边一侧为 6 根；箍筋形式为 6×6 的组合，Φ10@100/200，表示箍筋为 HPB300 级钢筋，直径 Φ10，加密区间距为 100mm，非加密区间距为 200mm。

三、柱平法施工图的截面注写方式

（1）柱平法施工图截面注写方式，是在柱平面布置图的柱截面上，分别在同一编号的柱中选择一个截面，以直接注写截面尺寸和配筋具体数值的方式来表达柱平法施工图。采用截面注写方式表达的柱平法施工图示例，如图 3-3 所示。

层号	标高(m)	层高(m)
屋面2	65.670	
塔层2	62.370	3.30
屋面1(塔层1)	59.070	3.30
16	55.470	3.60
15	51.870	3.60
14	48.270	3.60
13	44.670	3.60
12	41.070	3.60
11	37.470	3.60
10	33.870	3.60
9	30.270	3.60
8	26.670	3.60
7	23.070	3.60
6	19.470	3.60
5	15.870	3.60
4	12.270	3.60
3	8.670	3.60
2	4.470	4.20
1	-0.030	4.50
-1	-4.530	4.50
-2	-9.030	4.50

结构层楼面标高

结构层高

上部结构嵌固部位

-0.030

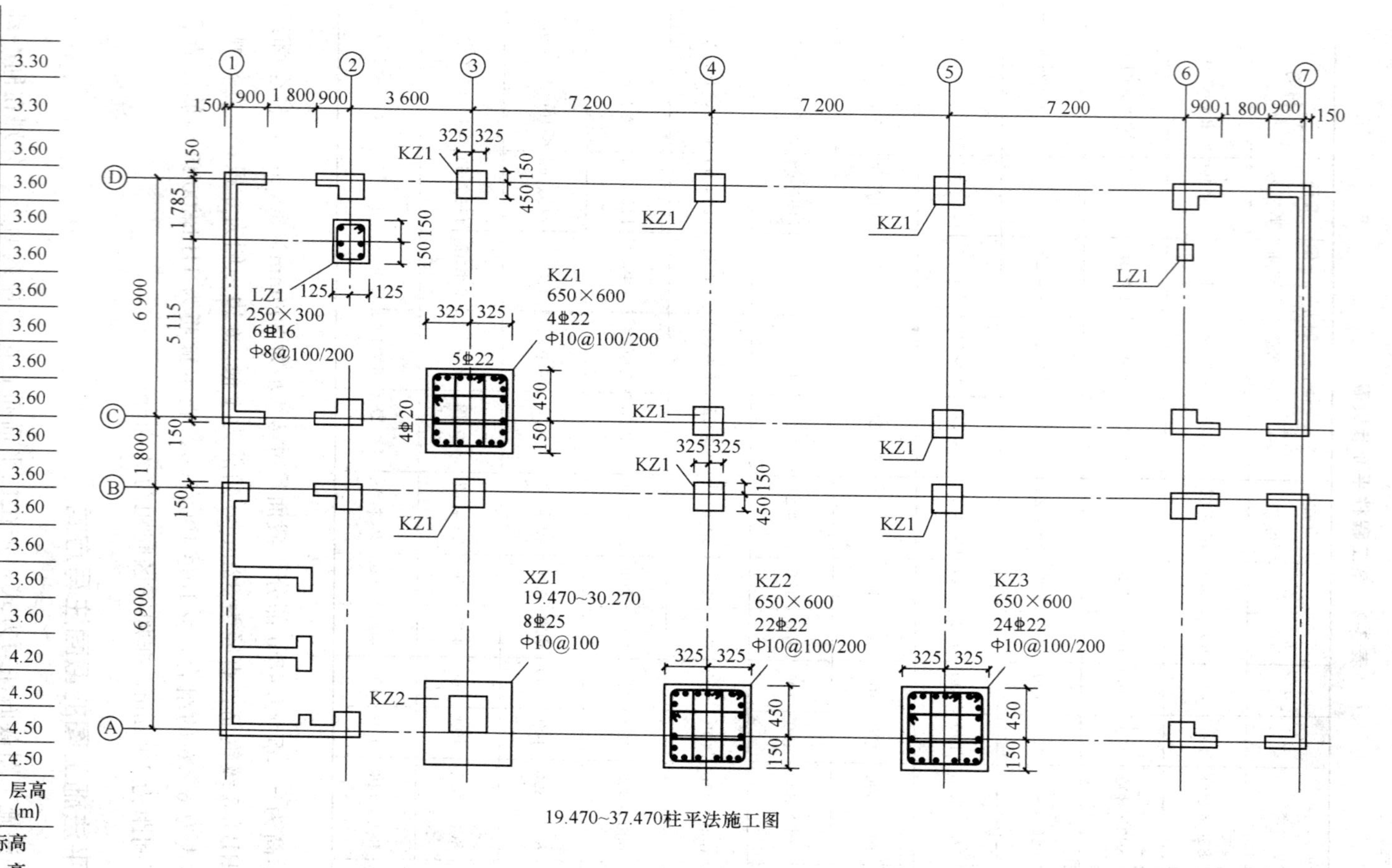

图 3-3　柱平法施工图截面注写方式示例

（2）对除芯柱之外的所有柱截面按规定进行编号，从相同编号的柱中选择一个截面，按另一种比例原位放大绘制柱截面配筋图，并在各配筋图上继其编号后再注写截面尺寸 $b \times h$、角筋或全部纵筋（当纵筋采用一种直径且能够图示清楚时）、箍筋的具体数值，以及在柱截面配筋图上标注柱截面与轴线关系 b_1、b_2、h_1、h_2 的具体数值。

当纵筋采用两种直径时，需再注写截面各边中部筋的具体数值（对于采用对称配筋的矩形截面柱，可仅在一侧注写中部筋，对称边省略不注）。

当在某些框架柱的一定高度范围内，在其内部的中心位设置芯柱时，首先按照要求注写柱编号，继其编号之后注写芯柱的起止标高、全部纵筋及箍筋的具体数值，芯柱截面尺寸按构造确定，并按标准构造详图施工，设计不注；当设计者采用与本构造详图不同的做法时，应另行注明。芯柱定位随框架柱，不需要注写其与轴线的几何关系。

（3）在截面注写方式中，如柱的分段截面尺寸和配筋均相同，仅截面与轴线的关系不同时，可将其编为同一柱号，如图 3-4 所示。但此时应在未画配筋的柱截面上注写该柱截面与轴线关系的具体尺寸。

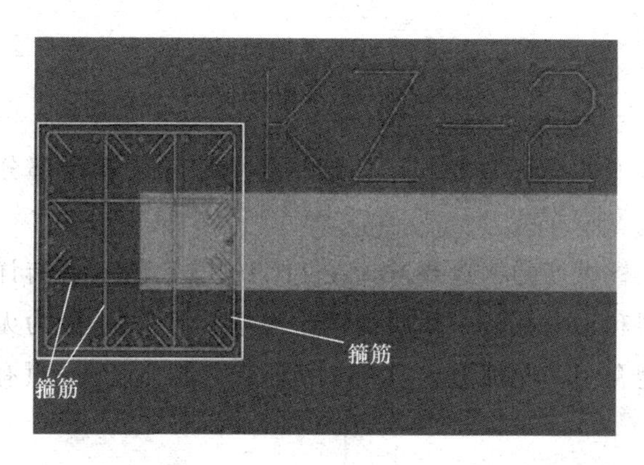

图 3-4 柱钢筋的截面注写方式

四、其他

当按规定绘制柱平面布置图时，如果局部区域发生重叠、过挤现象，可在该区域采用另外一种比例绘制予以消除。

第二节 柱平法施工图标准构造详图

一、柱构件钢筋知识体系

柱构件的钢筋构造，分布在 11G101 图集中的各册中，为了系统地学习本部分内容，本书按构件组成、钢筋组成的思路，将柱构件的钢筋总结为如下述所示的内容。

1. 柱内纵筋

（1）基础内柱插筋的构造情况主要与独立基础（图3-5）、条形基础、筏板基础、桩基承台有关，此部分内容在11G101－3第59页有详细的构造图。

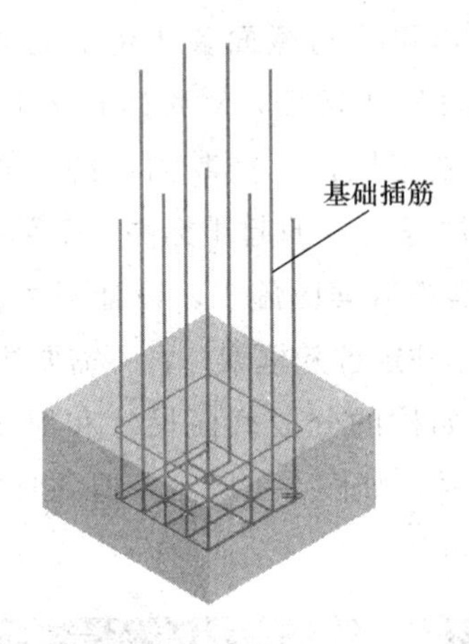

图3-5　独立基础插筋

（2）梁上柱、墙上柱插筋主要与梁、墙构件紧密相关，此部分内容在11G101－1第56页有详细介绍。

（3）地下室框架柱纵筋的构造要求，在11G101－1第56页有详细介绍。

（4）除去基础层和顶层柱，中间层柱钢筋构造（图3-6）分为无截面变化柱、变截面柱、变钢筋柱类型介绍，此部分内容在11G101－1第57、60页有详细的构造。

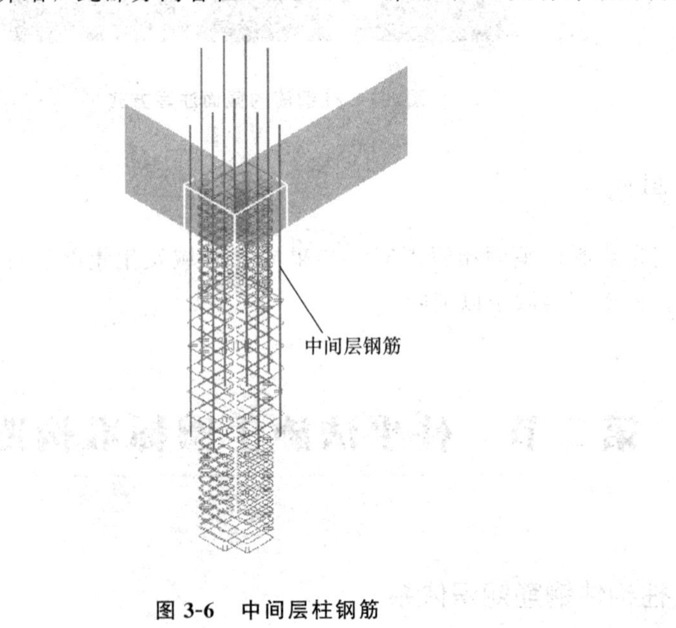

图3-6　中间层柱钢筋

(5) 顶层柱钢筋构造（图 3-7）按边柱、角柱、中柱介绍，此部分内容在 11G101－1 第 59、60 页有详细介绍。

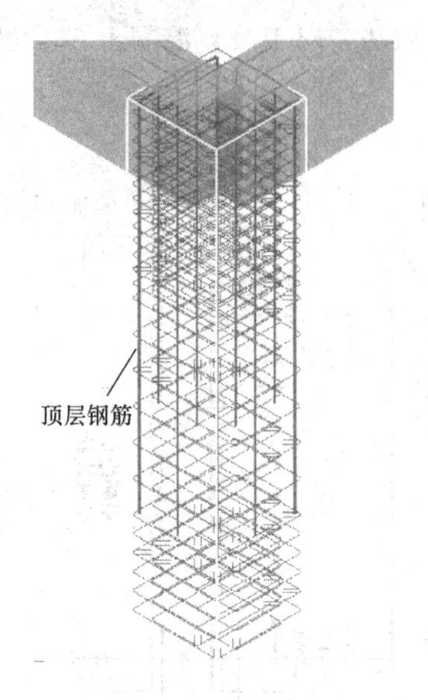

图 3-7　顶层钢筋

2. 箍筋

柱的箍筋内容主要分布在 11G101－1 第 61、62 页，对箍筋加密区范围进行了详细阐述。

二、抗震 KZ 纵向钢筋的连接构造

1. 一般连接构造

抗震 KZ 纵向钢筋一般连接构造，如图 3-8 所示。柱相邻纵向钢筋连接接头相互错开，在同一截面内钢筋接头面积百分率不宜大于 50%。图 3-8 中，h_c 为柱截面长边尺寸（圆柱为截面直径），H_n 为所在楼层的柱净高。轴心受拉及小偏心受拉柱内的纵向钢筋不得采用绑扎搭接接头，设计者应在柱平法结构施工图中注明其平面位置及层数。

图 3-8 中分别画出了柱纵筋绑扎搭接、机械连接和焊接连接三种连接方式。

(1) 绑扎连接

由于柱纵筋的绑扎搭接连接不适合在实际工程中应用，因此需要着重掌握柱纵筋的机械连接和焊接连接构造。

钢筋混凝土结构是钢筋和混凝土的对立统一体，钢筋与混凝土自身具有的优势不同，钢筋的优势在于抗拉，混凝土的优势在于抗压，钢筋混凝土结构就是把钢筋与混凝土有机地结合起来，充分发挥其自身的优势。

钢筋混凝土结构维持安全和可靠的条件是把钢筋放置在适当的位置，让混凝土 360°包裹每 1 根钢筋。传统的钢筋绑扎搭接连接是将 2 根钢筋并排地紧靠在一起，用绑丝或细铁丝绑扎起来。此时每根钢筋只有大概 270°的周长范围被混凝土包围，不能达

到混凝土被 360°包裹每 1 根钢筋的要求，从而降低了混凝土构件的强度，以至于发生破坏。为克服传统的钢筋绑扎搭接连接的缺点，出现了改进的钢筋绑扎搭接连接，即“有净距的绑扎搭接连接”的做法，对于改善混凝土 360°包裹钢筋有所帮助，但是却增加了施工难度。

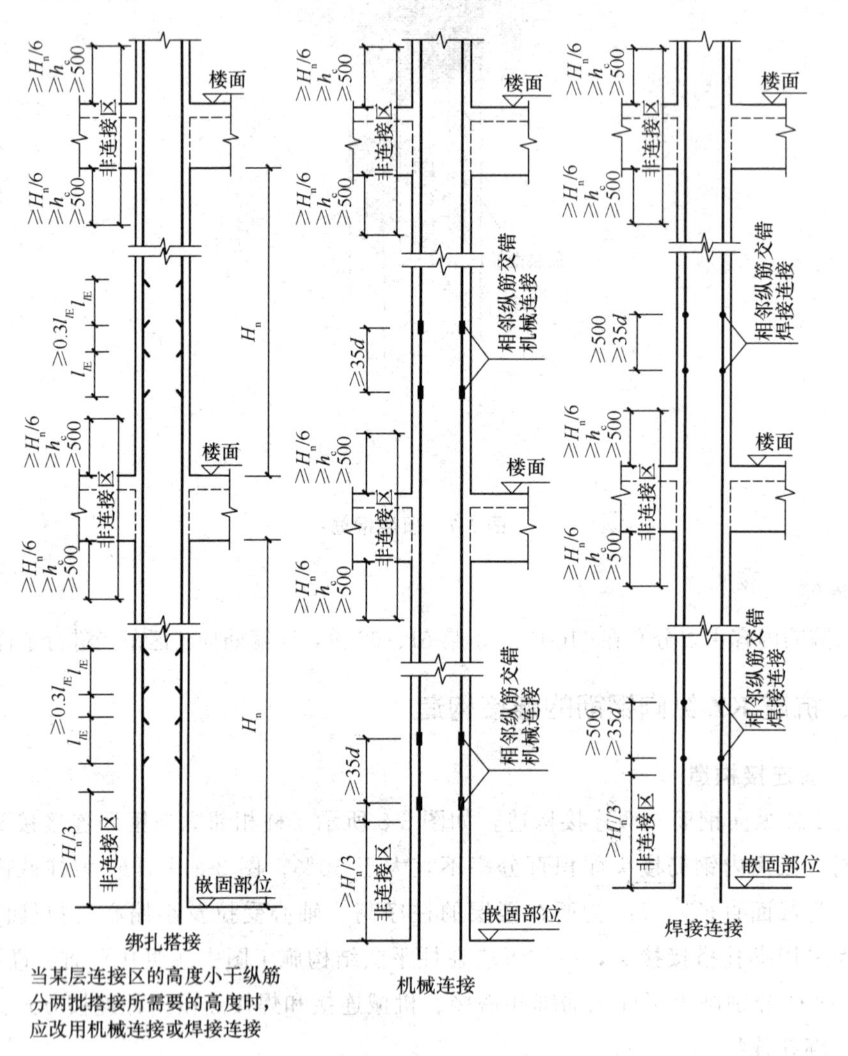

图 3-8　抗震 KZ 纵向钢筋一般连接构造

无论是传统的钢筋绑扎搭接连接，还是改进的钢筋绑扎搭接连接，都存在 2 根钢筋轴心错位的现象，而且改进后的钢筋绑扎搭接连接的做法还使 2 根钢筋产生更大的轴心错位，如果采用机械连接和焊接连接，将保证被连接的 2 根钢筋轴心相对一致。

钢筋绑扎搭接连接既不可靠、不安全，也不经济。钢筋绑扎搭接连接既浪费材料，又不能达到质量和安全的要求，因此现在很多施工单位都对钢筋绑扎搭接连接加以限制，如当钢筋直径在 14mm 以下时使用绑扎搭接连接，当钢筋直径在 14mm 以上时使

用机械连接或对焊连接。

（2）机械连接和焊接连接

1）柱纵筋的非连接区。基础顶面以上有一个“非连接区”，其长度≥$H_n/3$（H_n是从基础顶面到顶板梁底的柱的净高）。对于“≥”号，在进行工程预算或施工下料时，可以取“＝”号，即抗震框架柱的基础插筋伸出基础顶面嵌固部位的长度可取$H_n/3$。楼层梁上下部位的范围形成一个“非连接区”，其长度由三部分组成：梁底以下部分、梁中部分和梁顶以上部分。这三个部分构成一个完整的“柱纵筋非连接区”。

①梁底以下部分的非连接区长度，为下列三个数的最大值，即“三选一”：

≥$H_n/6$（H_n是所在楼层的柱净高）；

≥h_c（h_c为柱截面长边尺寸，圆柱为截面直径）；

≥500。

如果把上面三个数的最大值的“≥”号取成“＝”号，则上述的“三选一”可以用下式表示：

$$\max(H_n/6,\ h_c,\ 500)$$

②梁中部分的非连接区长度，就是梁的截面高度。

③梁顶以上部分的非连接区长度，为下列三个数的最大值，即“三选一”：

≥$H_n/6$（H_n是上一楼层的柱净高）；

≥h_c（h_c为柱截面长边尺寸，圆柱为截面直径）；

≥500。

如果把上面三个数的最大值的“≥”号取成“＝”号，则上述的“三选一”可以用下式表示：

$$\max(H_n/6,\ h_c,\ 500)$$

注：虽然①和③的“三选一”的形式一样，但内容却不一样。因为①中的H_n是当前楼层的柱净高，③中的H_n是上一楼层的柱净高。

2）非连接区的边缘。知道柱纵筋非连接区的范围，就确定柱纵筋切断点的位置，可以选定在非连接区的边缘。在进行基础施工的时候，有柱纵筋的基础插筋。以后，在进行每一楼层施工的时候，楼面上都有伸出柱纵筋的插筋。

柱端箍筋的加密区就是纵向钢筋的非连接区，包括柱上端加密区，柱下端加密区，节点核心区，通通为纵向钢筋的非连接区。“非连接区”是一个连续的区域，节点区受力复杂，应避开“非连接区”连接，框架柱在非连接区不应采用搭接连接，当无法避开时，可采用机械连接，接头率不大于50%。为保证节点区的延性，保证“强剪弱弯”。

2. 特殊的连接构造

（1）上柱钢筋比下柱多。上柱钢筋比下柱多时的连接构造，如图3-9（a）所示：

上柱多出的钢筋锚入下柱（楼面以下）$1.2l_{aE}$。

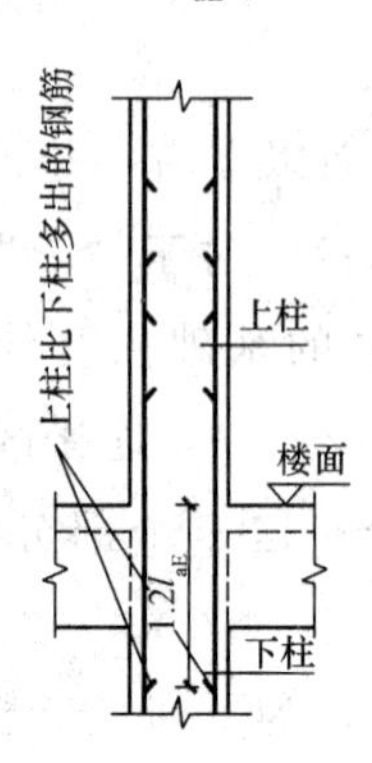

图 3-9 上柱钢筋比下柱多时的连接构造

看图 3-9 时，重点要看上柱多出的钢筋锚入下柱的做法和锚固长度。楼面以上部分，可以不去理会。因为图 3-9 在楼面以上部分画的是柱纵筋绑扎搭接连接的构造，实际应用过程中大多采用机械连接或对焊连接，很少采用绑扎搭接连接。

看图 3-9 时，主要是看楼面以下的部分，楼面以上部分要按实际工程的柱纵筋连接方式，具体连接构造还要依据图 2-8 的要求。

（2）上柱钢筋直径比下柱钢筋直径大。上柱钢筋直径比下柱钢筋直径大时的柱纵筋连接构造，如图 2-10 所示：上、下柱纵筋的连接不在楼面以上连接，而改在下柱之内进行连接。在图 3-10 中只给出了绑扎搭接连接的构造，整个绑扎搭接连接区都在下柱的“上部非连接区”之外进行。

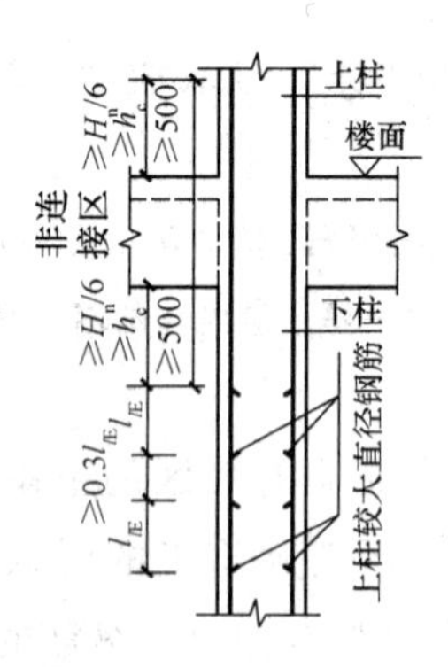

图 3-10 上柱钢筋直径比下柱钢筋直径大时的连接构造

由于在施工图设计时，出现了“上柱纵筋直径比下柱大”的情况，此时，如果还执行图 3-8 的做法（上柱纵筋和下柱纵筋在楼面之上进行连接），就会造成上柱柱根部位的柱纵筋直径小于柱中部的柱纵筋直径的不合理情况。

在水平地震力的作用下，上柱根部和下柱顶部这段范围是最容易被破坏的部位。在设计时上柱纵筋直径设计得比较大，说明已考虑了这一因素。如果在施工中把下柱

直径较小的柱纵筋伸出上柱根部以上和上柱纵筋连接，上柱根部就成为“细钢筋”，此举削弱了上柱根部的抗震能力，违背了设计意图。

因此，在遇到上柱钢筋直径比下柱大的时候，需要把上柱纵筋伸到下柱之内来进行连接。但下柱的顶部有一个非连接区，其长度就是前面讲过的“三选一”，所以必须把上柱纵筋向下伸到这个非连接区的下方，方可与下柱纵筋进行连接。

（3）下柱钢筋比上柱多。下柱钢筋比上柱多时的连接构造，如图 3-11 所示：下柱多出的钢筋伸入楼层梁，从梁底算起伸入楼层梁的长度为 $1.2l_{aE}$。如果楼层框架梁的截面高度小于 $1.2l_{aE}$，则下柱多出的钢筋可能伸出楼面以上（在计算 $1.2l_{aE}$ 的数值时，按下柱的钢筋直径计算）。

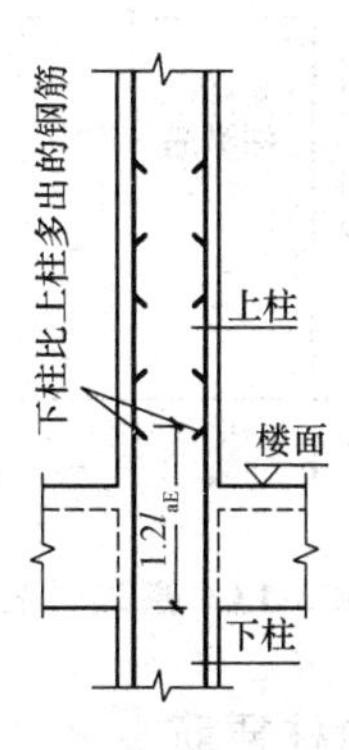

图 3-11　下柱钢筋比上柱多时的连接构造

看图 3-11 时，主要看下柱多出的钢筋锚入楼层顶梁的做法和锚固长度。下柱的其他钢筋与上柱钢筋的连接构造，则不必再看图 3-11。因为图 3-11 在楼面以上部分画的是柱纵筋“绑扎搭接连接”的构造，但实际上很少采用绑扎搭接连接，而大多采用机械连接或对焊连接。

（4）下柱钢筋直径比上柱钢筋直径大。下柱钢筋直径比上柱钢筋直径大时的连接构造，如图 3-12 所示。

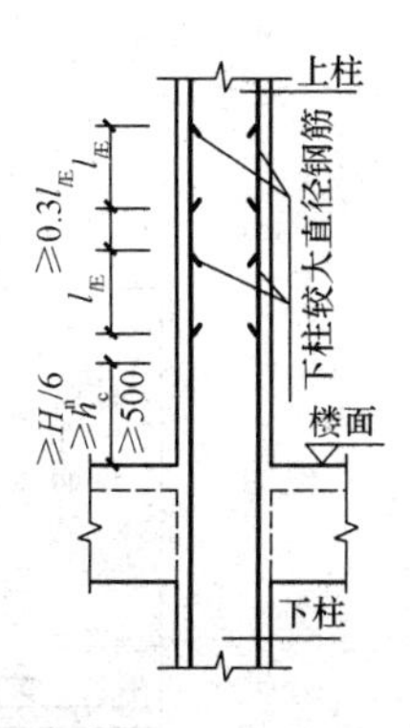

图 3-12　下柱钢筋直径比上柱钢筋直径大时的连接构造

三、框架柱基础插筋计算

1. 基础内柱的插筋

基础内柱的插筋由弯折长度、基础内长度、伸出基础非连接区高度、错开连接高度四大部分组成，如图 3-13 所示。

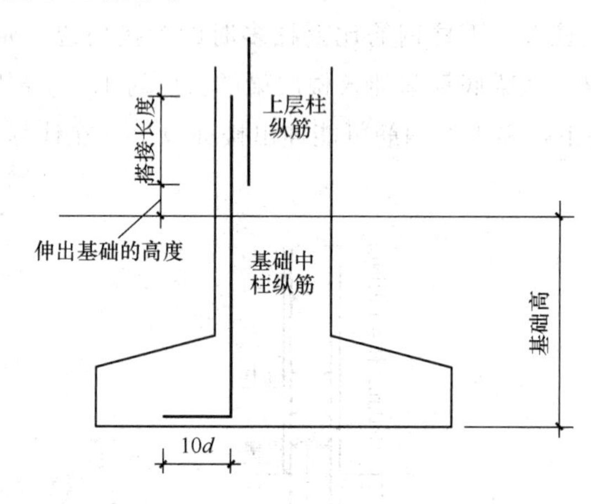

图 3-13　基础插筋

2. 独立基础、条形基础、承台内柱插筋

独立基础、条形基础、承台内柱插筋的构造要求与基础高度有关，当基础高度<1200mm 时，构造要点主要包括底部弯折长度 a、柱插筋伸到基础底部长度、伸出基础顶面非连接区高度 $H_n/3$，基础插筋长度即为此三部分之和，如图 3-14 所示。

当基础高度≥1200mm 时，柱插筋的构造要求包括柱角筋伸到基础底部弯折 a、各边中部钢筋深入基础内 l_{aE}（l_a）切断，如图 3-15 所示。

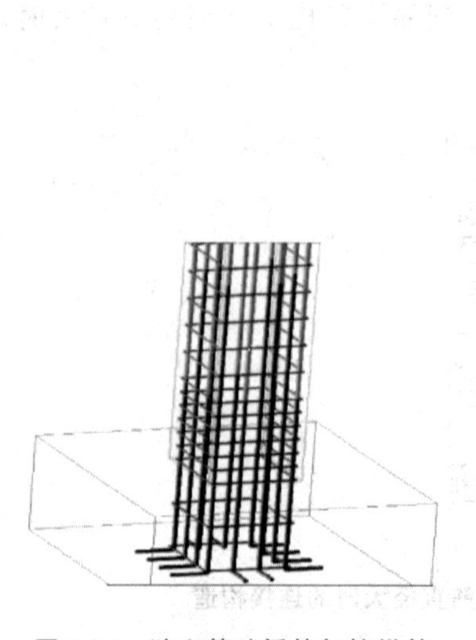

图 3-14　独立基础插筋与柱纵筋

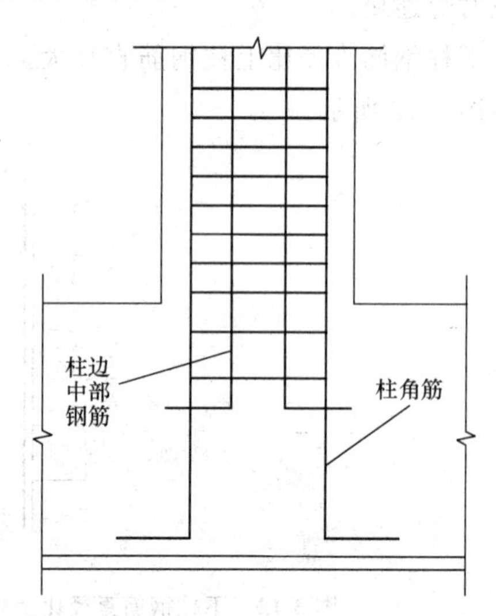

图 3-15　基础高度≥1200mm 时柱插筋

四、抗震 KZ 边柱和角柱柱顶纵向钢筋

抗震 KZ 边柱和角柱柱顶纵向钢筋的构造，如图 3-16 所示。

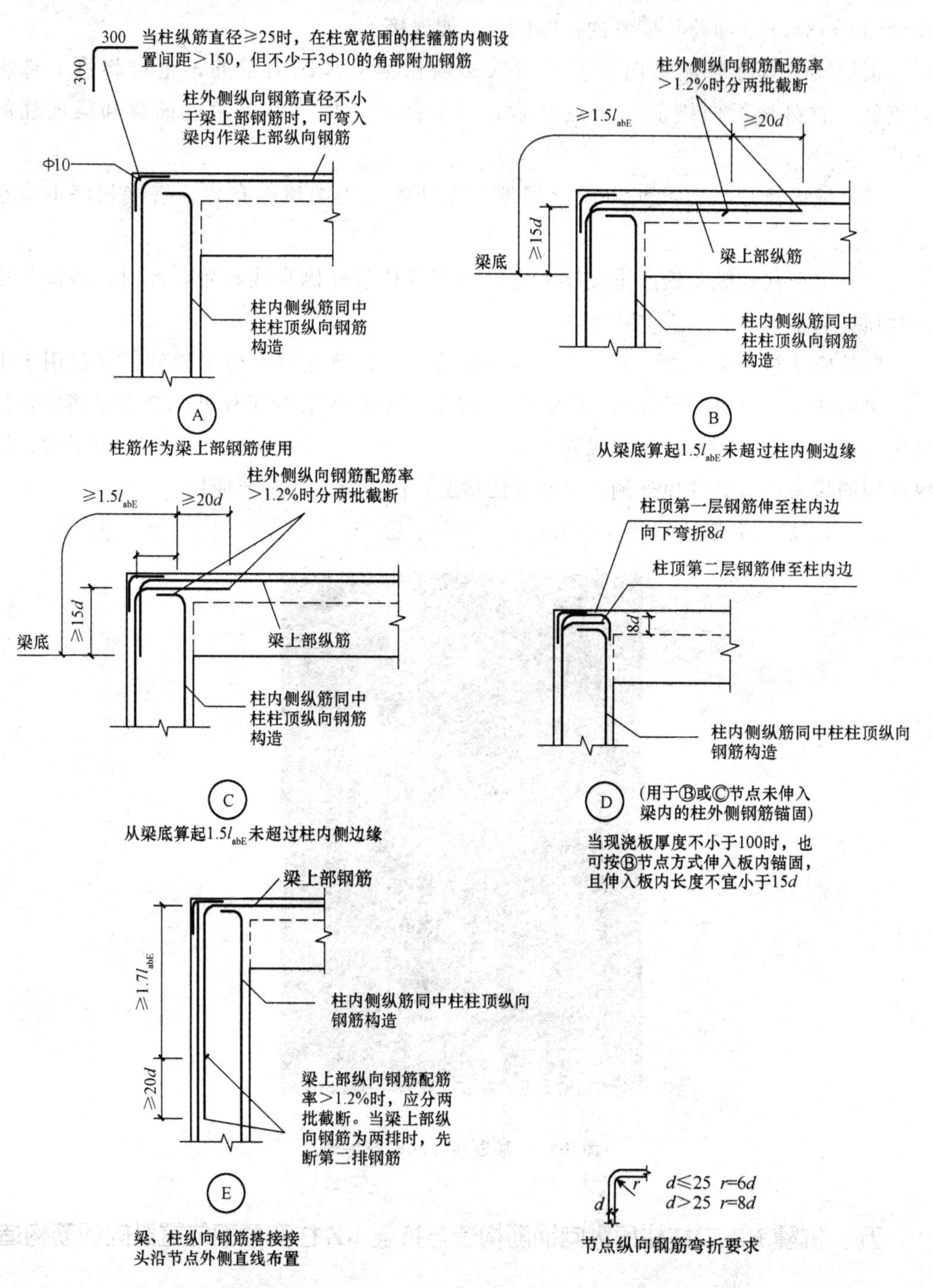

图 3-16　抗震 KZ 边柱和角柱柱顶纵向钢筋的构造

图 3-16 节点Ⓐ中的引注："柱外侧纵向钢筋直径不小于梁上部钢筋时，可弯入梁内作梁上部纵向钢筋。"此外在实际应用过程中，还要考虑钢筋定尺长度的限制：柱外侧纵筋在伸入梁内的时候，在梁柱交叉的核芯区内钢筋不能连接；在拐出柱内侧面外后，在梁的 $l_{n1}/3$（1/3 净跨长度）的范围内也不能连接。

顶层端节点柱外侧纵向钢筋可弯入梁内作梁上部纵向钢筋，也可将梁上部纵向钢筋与柱外侧纵向钢筋在节点及附近部位搭接，搭接可采用柱插梁和梁插柱的方式。

（1）柱插梁：搭接接头可沿顶层端节点外侧及梁端顶部布置，搭接长度不应小于 $1.5l_{ab}$。

（2）梁插柱：纵向钢筋搭接接头也可沿节点柱顶外侧直线布置，此时，搭接长度自柱顶算起不应小于 $1.7l_{ab}$。

此处应注意：节点Ⓐ、Ⓑ、Ⓒ、Ⓓ应配合使用，节点Ⓓ不应单独使用（仅用于未伸入梁内的柱外侧纵筋锚固），伸入梁内的柱外侧纵筋不宜少于柱外侧全部纵筋面积的 65%。可选择Ⓑ＋Ⓓ或Ⓒ＋Ⓓ或Ⓐ＋Ⓑ＋Ⓓ或Ⓐ＋Ⓒ＋Ⓓ的做法。节点Ⓔ用于梁、柱纵向钢筋接头沿节点柱顶外侧直线布置的情况，可与节点Ⓐ组合使用。

图 3-17 是某框架柱配筋效果图。

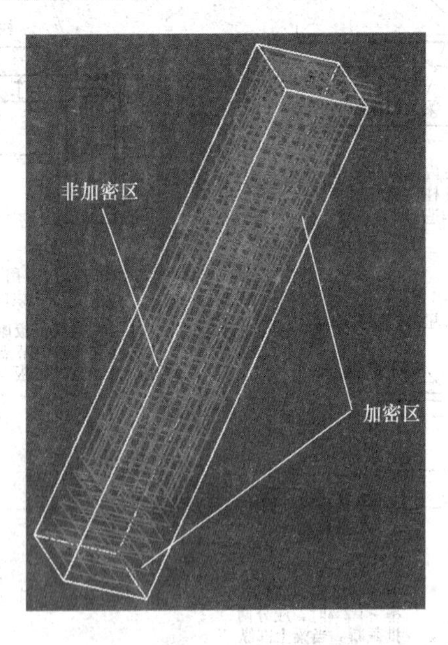

图 3-17　某框架柱配筋效果图

五、抗震 KZ 中柱柱顶纵向钢筋构造与抗震 KZ 柱变截面位置纵向钢筋构造

1. 抗震 KZ 中柱柱顶纵向钢筋构造

抗震 KZ 中柱柱顶纵向钢筋构造，如图 3-18 所示。抗震 KZ 中柱柱头纵向钢筋构造

分四种构造做法，施工人员应根据各种做法所要求的条件正确选用。

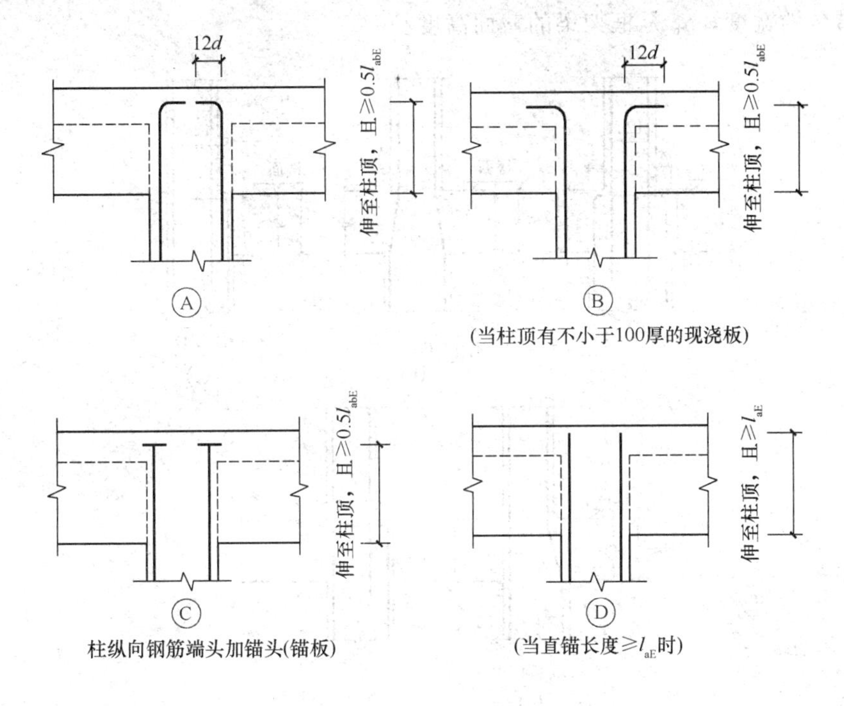

图 3-18　抗震 KZ 中柱柱顶纵向钢筋构造（Ⓐ～Ⓓ）

节点Ⓐ：当柱纵筋直锚长度<l_{aE}时，柱纵筋伸至柱顶后向内弯折 12d，但必须保证柱纵筋的伸入梁内的长度≥0.5l_{abE}。当柱顶周围没有现浇板时，不能伸入梁内的柱纵筋只能向柱内弯钩。

节点Ⓑ：当柱纵筋直锚长度<l_{aE}，且顶层为现浇混凝土板、其强度等级≥C20、板厚≥100mm 时，柱纵筋伸至柱顶后向外弯折 12d，但必须保证柱纵筋的伸入梁内的长度≥0.5l_{abE}。

节点Ⓒ：伸至柱顶，且≥0.5l_{abE}。

节点Ⓓ：当柱纵筋直锚长度≥l_{aE}时，可以直锚伸至柱顶。当直锚长度>l_{aE}时，柱纵筋可以不弯直钩，但必须通到柱顶。

节点Ⓐ与节点Ⓑ的构造做法相似，其不同之处在于节点Ⓐ的柱纵筋弯钩朝内拐，节点Ⓑ的柱纵筋弯钩朝外拐。由此可见节点Ⓑ（弯钩朝外拐）的构造做法更方便些，但要满足一定的条件：柱顶有不小于 100mm 厚的现浇板。

2. 抗震 KZ 柱变截面位置纵向钢筋构造

抗震 KZ 柱变截面位置纵向钢筋构造，如图 3-19 所示。

图 3-19（a）、（b）、（d）为变截面中柱构造，图 3-19（c）、（e）为变截面边柱构造。

图 3-19（a）、（b）、（c）、（d）介绍了变截面构造的两个做法：当“$\Delta/h_b \leqslant 1/6$”的

情形下变截面的做法；当“$\Delta/h_b>1/6$”的情形下变截面的做法。（注：Δ是上下柱同向侧面错台的宽度，h_b是框架梁的截面高度。）

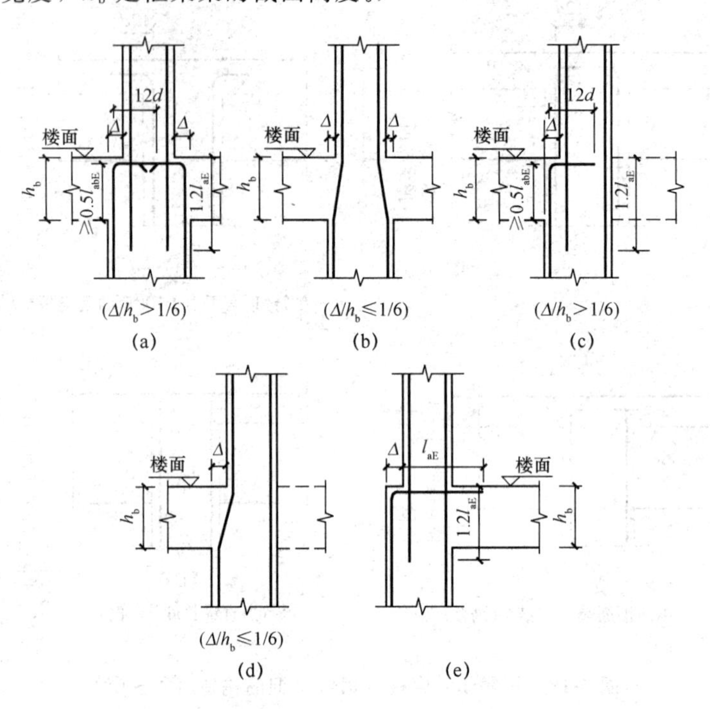

图 3-19 抗震KZ柱变截面位置纵向钢筋构造

图3-19（e）介绍的是端柱变截面，且变截面的错台在外侧。因其内侧有框架梁，故称为端柱。图3-19（e）的构造特点是：下层的柱纵筋伸至梁顶后弯锚进框架梁内，其弯折长度较长；上层柱纵筋锚入下柱1.2l_{aE}。

框架柱在变截面处纵向钢筋的锚固与连接有下列要求：

1）坡度大于6时，上柱纵向钢筋锚入下柱内1.2l_{aE}（1.2l_a）；下柱纵筋伸至梁顶面竖向长度≥0.5l_{abE}（梁高h_b大于0.5l_{abE}时，也应将锚长伸到梁上部纵筋的底部后弯12d），水平弯折后的直线段为12d。

2）坡度不大于6时，可采用弯折延伸至上柱后在非连接区外连接。

3）当中柱一侧收进时，能通的纵筋在上柱连接，不能通长的纵筋按上述1）的要求进行锚固。

4）当边柱一侧收进时，不能通长的纵筋伸至梁顶面竖向长度≥0.5l_{abE}（0.5l_{ab}），水平弯折后的直线段为l_{abE}（l_{ab}）。

六、抗震KZ、QZ、LZ箍筋加密区范围，抗震QZ、LZ纵向钢筋构造

抗震KZ、QZ、LZ箍筋加密区范围，抗震QZ、LZ纵向钢筋构造，如图3-20所示。

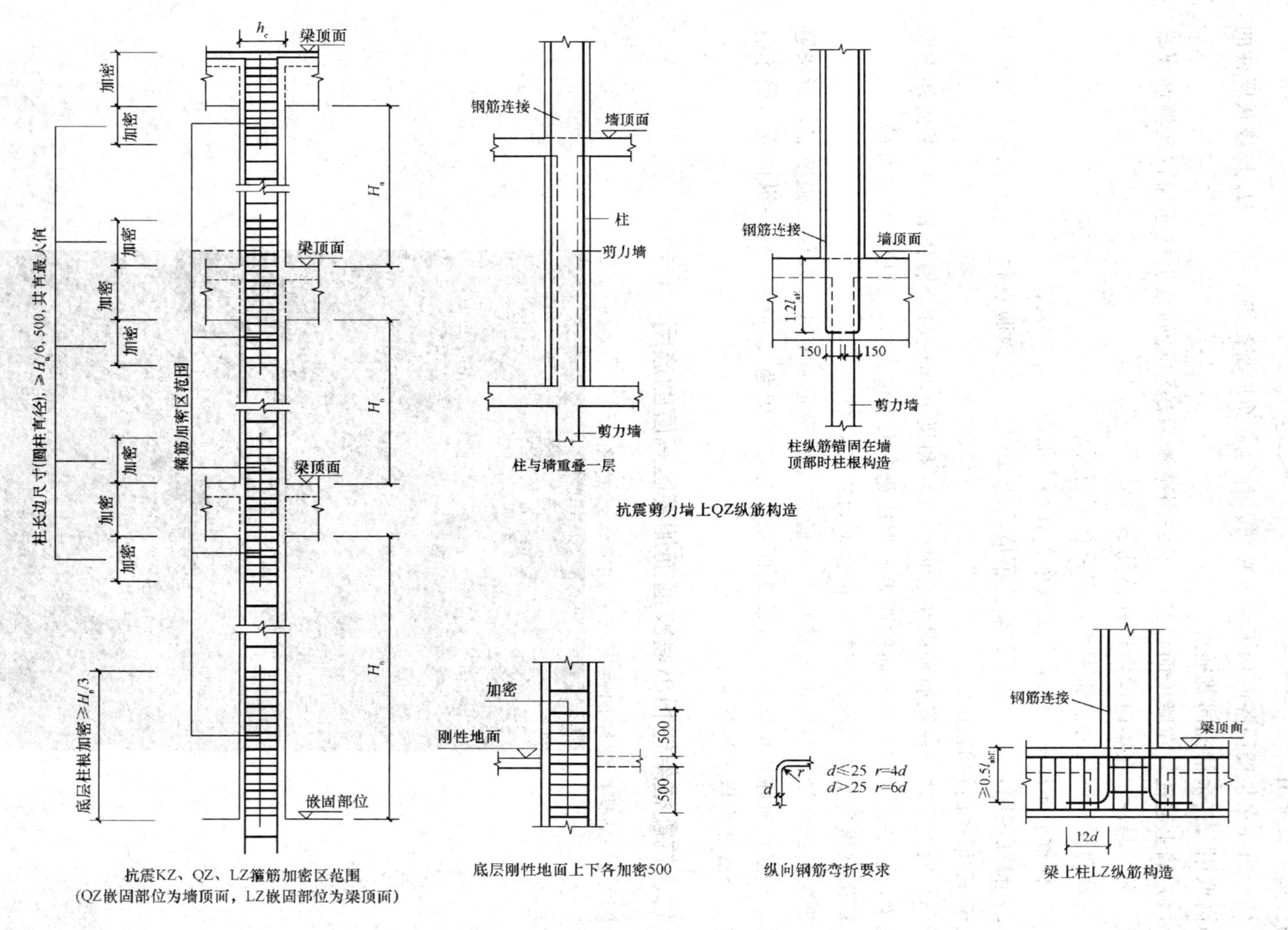

图 3-20　抗震 KZ、QZ、LZ 箍筋加密区范围，抗震 QZ、LZ 纵向钢筋构造

(1) 除具体工程设计标注有箍筋全高加密的柱外，柱箍筋加密区按图 2-20 所示。

(2) 为便于施工时确定柱箍筋加密区的高度，可按抗震框架柱和小墙肢箍筋加密区高度选用表查用。

(3) 当柱在某楼层各向均无梁连接时，计算箍筋加密范围采用的 H_n 按该跃层柱的总净高取用，其余情况同普通柱。

(4) 墙上起柱，在墙顶面标高以下锚固范围内的柱箍筋按上柱非加密区箍筋要求配置。梁上起柱，在梁内设两道柱箍筋。

柱箍筋非加密区的箍筋配置，应符合下列要求：

1) 柱箍筋非加密区的体积配箍率不宜小于加密区的 50%；

2) 箍筋间距，一、二级框架柱不应大于 10 倍纵向钢筋直径，三、四级框架柱不应大于 15 倍纵向钢筋直径。

(5) 墙上起柱（柱纵筋锚固在墙顶部时）和梁上起柱时，墙体和梁的平面外方向应设梁，以平衡柱脚在该方向的弯矩；当柱宽度大于梁宽时，梁应设水平加腋。

框架柱纵向受力钢筋的连接应符合下列要求：

框架柱纵向受力钢筋的连接接头宜避开柱端箍筋加密区，以保证强节点，无法避开时，宜采用机械连接接头，且接头面积百分率不应超过 50%，同一纵向受力筋不宜设置 2 个或 2 个以上连接接头。

七、抗震框架柱和小墙肢箍筋加密区高度的选用

图 3-21 是某框架柱加密区与非加密区示意图。

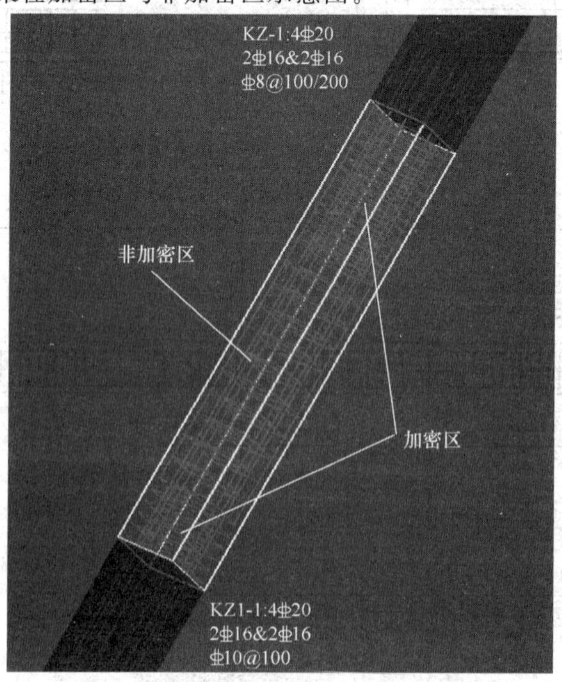

图 3-21 某框架柱加密区与非加密区示意图

抗震框架柱和小墙肢箍筋加密区高度的选用，见表 3-3。

表3-3　抗震框架柱和小墙肢箍筋加密区高度选用表　　　　(单位：mm)

柱净高 H_n	柱截面长边尺寸h_c或圆柱直径D																		
	400	450	500	550	600	650	700	750	800	850	900	950	1 000	1 050	1 100	1 150	1 200	1 250	1 300
1 500																			
1 800	500																		
2 100	500	500	500																
2 400	500	500	500	550															
2 700	500	500	500	550	600	650							箍筋全高加密						
3 000	500	500	500	550	600	650	700												
3 300	550	550	550	550	600	650	700	750	800										
3 600	600	600	600	600	600	650	700	750	800	850									
3 900	650	650	650	650	650	650	700	750	800	850	900	950							
4 200	700	700	700	700	700	700	700	750	800	850	900	950	1 000						
4 500	750	750	750	750	750	750	750	750	800	850	900	950	1 000	1 050	1 100				
4 800	800	800	800	800	800	800	800	800	800	850	900	950	1 000	1 050	1 100	1 150			
5 100	850	850	850	850	850	850	850	850	850	850	900	950	1 000	1 050	1 100	1 150	1 200	1 250	
5 400	900	900	900	900	900	900	900	900	900	900	900	950	1 000	1 050	1 100	1 150	1 200	1 250	1 300
5 700	950	950	950	950	950	950	950	950	950	950	950	950	1 000	1 050	1 100	1 150	1 200	1 250	1 300
6 000	1 000	1 000	1 000	1 000	1 000	1 000	1 000	1 000	1 000	1 000	1 000	1 000	1 000	1 050	1 100	1 150	1 200	1 250	1 300
6 300	1 050	1 050	1 050	1 050	1 050	1 050	1 050	1 050	1 050	1 050	1 050	1 050	1 050	1 050	1 100	1 150	1 200	1 250	1 300
6 600	1 100	1 100	1 100	1 100	1 100	1 100	1 100	1 100	1 100	1 100	1 100	1 100	1 100	1 100	1 100	1 150	1 200	1 250	1 300
6 900	1 150	1 150	1 150	1 150	1 150	1 150	1 150	1 150	1 150	1 150	1 150	1 150	1 150	1 150	1 150	1 150	1 200	1 250	1 300
7 200	1 200	1 200	1 200	1 200	1 200	1 200	1 200	1 200	1 200	1 200	1 200	1 200	1 200	1 200	1 200	1 200	1 200	1 250	1 300

注：1.表内数值未包括框架嵌固部位柱根部箍筋加密区范围。

2.柱净高（包括因嵌砌填充墙等形成的柱净高）与柱截面长边尺寸（圆柱为截面直径）的比值$H_n/h_c \leq 4$时，箍筋沿柱全高加密。

3.小墙肢即墙肢长度不大于墙厚4倍的剪力墙。矩形小墙肢的厚度不大于300 mm时，箍筋全高加密。

八、框架柱纵筋计算

(1) 中间层抗震框架柱纵筋计算

基础层纵筋长度＝层高－基础层非连接长度 $h_n/3$＋1 层非连接区 $h_n/3$＋搭接长度 l_{lE}

中间层柱纵筋＝层高－当前层非连接区长度＋上层非连接区长度＋搭接长度（机械连接搭接长度＝0）

式中，h_n 为中间层的净高，h_n＝层高－梁高。l_{lE} 为搭接长度，搭接率为 50%时，搭接长度 $l_{lE}=1.4l_{aE}$；搭接率为 25%时，搭接长度 $l_{lE}=1.2l_{aE}$。

（2）顶层柱纵筋计算

顶层柱因其所处位置不同，可分为中柱、边柱和角柱三类，各类柱纵筋的顶层锚固长度各不相同，下面分别介绍。

1）顶层中柱纵筋

中柱顶部四面均有梁，其纵向钢筋直接锚入顶层梁内或板内，锚入方式存在下面三种情况：

①当直锚长度$<l_{aE}$时：

顶层中柱纵筋长度＝顶层层高－顶层非连接区长度－梁高＋（梁高－保护层）＋$12d$

②当直锚长度$<l_{aE}$，且顶层为现浇板，其混凝土强度等级≥C20，板厚≥80mm时：

顶层中柱纵筋长度＝顶层层高－顶层非连接区长度－梁高＋（梁高－保护层）＋$12d$

③当直锚长度$\geq l_{aE}$时：

顶层中柱纵筋长度＝顶层层高－顶层非连接区长度－梁高＋（梁高－保护层）

2）顶层边柱纵筋

①当顶层梁宽小于柱宽，又没有现浇板时，边柱外侧纵筋只有65%锚入梁内，如图3-22所示。

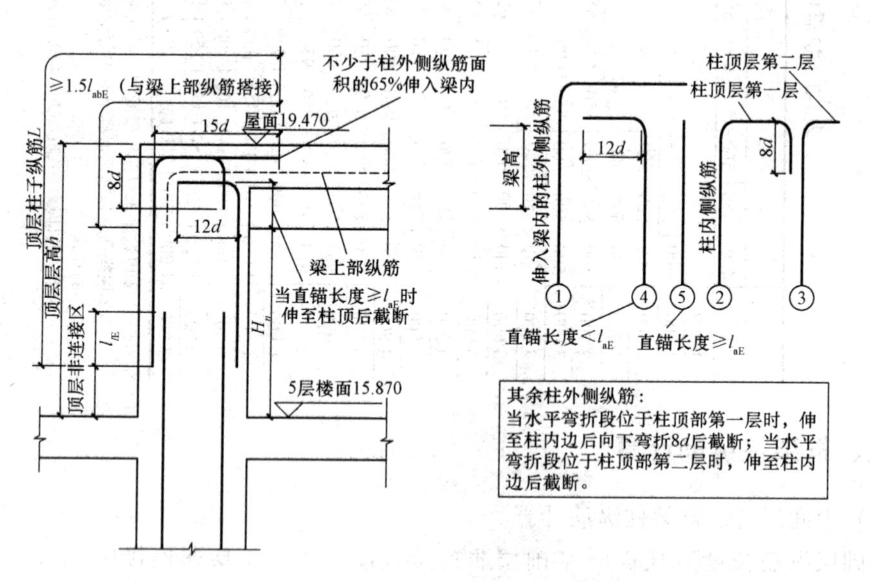

图3-22 顶层主筋计算图（65%锚入梁内）

边柱外侧纵筋根数的65%为1号钢筋，外侧纵筋根数35%为2号或3号钢筋（当外侧钢筋太密需要出现第二层用3号钢筋），其余为4号钢筋或5号钢筋（当直锚长度$\geq l_{aE}$时为5号钢筋）。

1 号纵筋长度计算。

从梁底算起 $1.5l_{abE}$ 超过柱内侧边缘。

纵筋长度＝顶层层高－顶层连接区－梁高＋$1.5l_{abE}$

从梁底算起 $1.5l_{abE}$ 未超过柱内侧边缘。

纵筋长度＝顶层层高－顶层非连接区－梁高＋max（$1.5l_{abE}$，梁高－保护层＋$15d$）

2 号纵筋长度计算。

纵筋长度＝顶层层高－顶层非连接区－梁高＋（梁高－保护层）＋（与弯折平行的柱宽－2×保护层）＋$8d$

3 号纵筋长度计算。

纵筋长度＝顶层层高－顶层非连接区－梁高＋（梁高－保护层）＋（与弯折平行的柱宽－2×保护层）

4 号纵筋长度计算。

纵筋长度＝顶层层高－顶层非连接区－梁高＋（梁高－保护层）＋$12d$

5 号纵筋长度计算。

纵筋长度＝顶层层高－顶层非连接区－梁高＋锚固长度 l_{aE}

②当柱外侧纵向钢筋配率大于 1.2%时，边柱外侧纵筋分两批锚入梁内，50%根数锚入长度为 $1.5l_{aE}$，50%根数锚入长度为 $1.5l_{aE}+20d$，如图 3-23 所示。

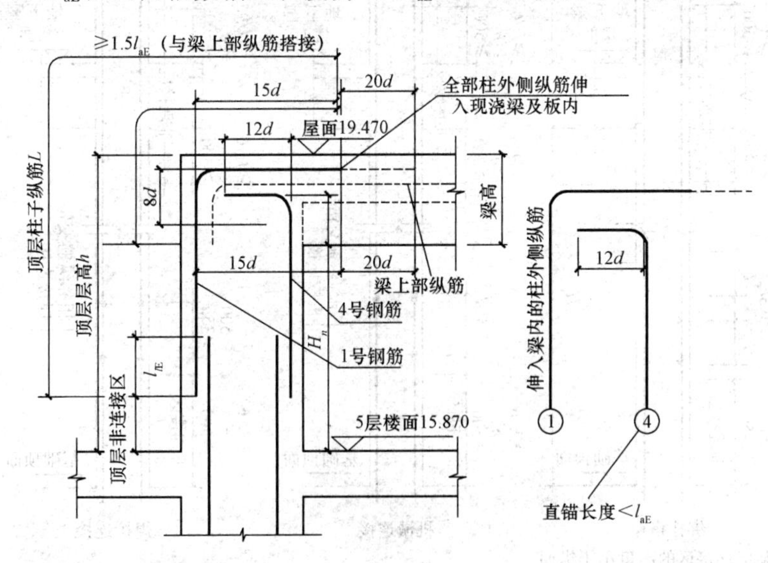

图 3-23　顶层主筋计算图（柱外侧纵向钢筋配率大于 1.2%）

1 号纵筋长度（外侧根数一半）＝顶层层高－顶层非连接区－梁高＋$1.5l_{abE}$

4 号纵筋长度＝顶层层高－顶层非连接区－梁高＋（梁高－保护层）＋$12d$

3）顶层角柱纵筋

角柱两面有梁，顶层角柱纵筋的计算方法和边柱一样，只是侧面是两个面，外侧纵筋总根数为两个外侧总根数之和。

当顶层柱纵筋直径不小于 25mm 时，纵筋弯折内径为 8d，较大的弯弧造成柱顶局部保护层过大，因此在柱宽范围内的柱箍筋内侧设置间距不大于 150mm。

九、地下室抗震 KZ

1. 地下室抗震 KZ 的纵向钢筋连接构造及箍筋加密区范围

地下室抗震 KZ 的纵向钢筋连接构造及箍筋加密区范围，如图 3-24、图 3-25 所示。

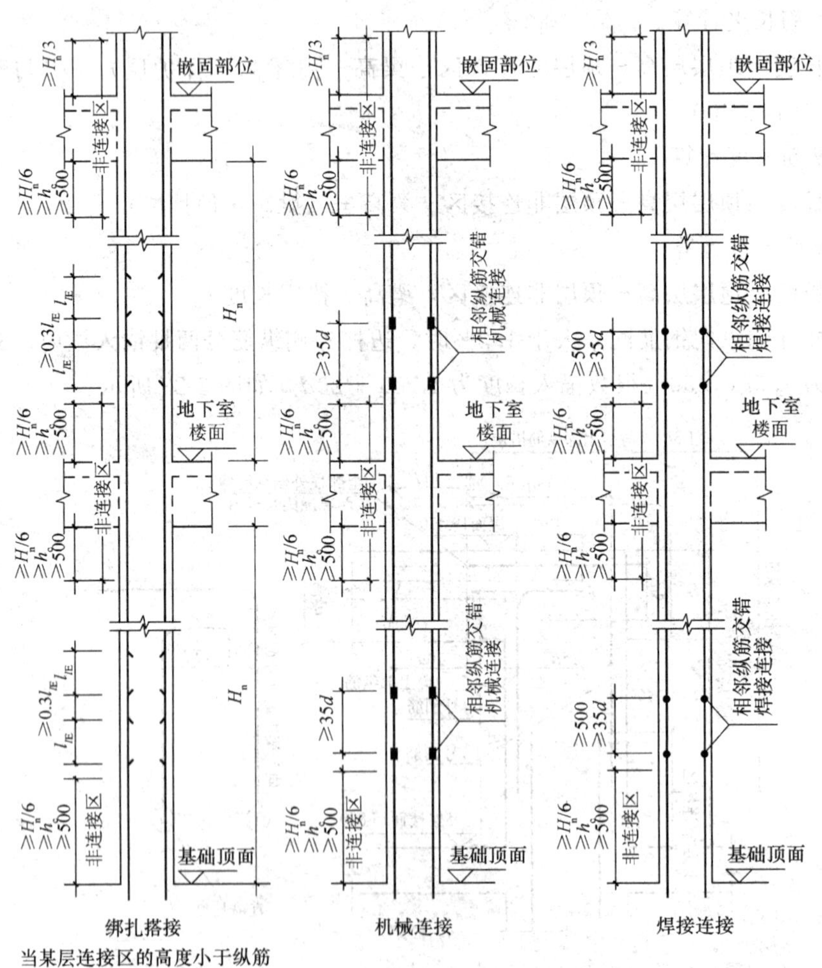

图 3-24 地下室抗震 KZ 的纵向钢筋连接构造

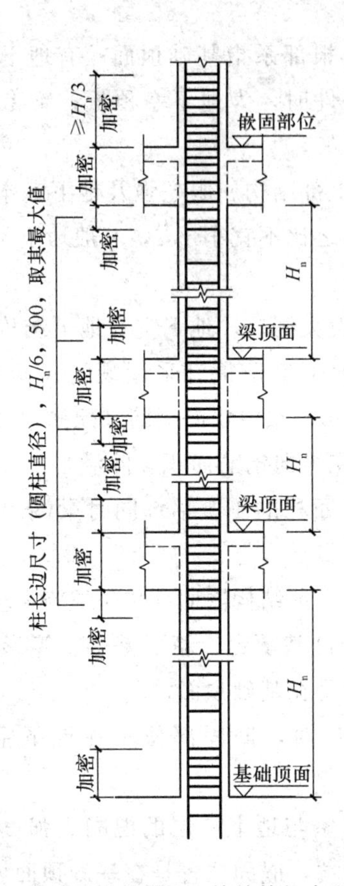

图 3-25 地下室抗震 KZ 的箍筋加密区范围

图 3-24 与图 3-8 基本相同，其不同之处为：

底部为“基础顶面”；非连接区为“三选一”，即：

max（$\geqslant H_n/6$，$\geqslant h_c$，$\geqslant 500$）；

中间为“地下室楼面”；

最上层为“嵌固部位”：其上方的非连接区为 $H_n/3$。

图 3-25 的箍筋加密区范围就是图 3-24 中的柱纵筋非连接区的范围。

钢筋连接构造（图 3-24）及柱箍筋加密区范围（图 3-25）用于嵌固部位不在基础底面情况下地下室部分（基础底面至嵌固部位）的柱。表明地下室抗震 KZ 构造的适用范围，即嵌固部位不在基础底面。嵌固部位存在两种可能性：嵌固部位在地下室顶面和地下室的中间楼层。

柱根部加密区－嵌固端应符合下列要求：

(1) 底层柱柱根以上 1/3 柱净高的范围内是箍筋加密区，其目的是考虑“强柱弱梁”，增强底层柱的抗剪能力和提高框架柱延性的构造措施。

(2) 确定柱根先要确定嵌固部位，嵌固部位是结构计算时底层柱计算长度的起始位置。

（3）无地下室情况底层柱根部系指基础顶面；有地下室时底层柱根部应按施工图设计文件规定，在满足一定条件时，为地下室顶板；梁上柱梁顶面、墙上柱墙顶面也属于结构嵌固部位。

1）地下室结构应能承受上部结构屈服超强及地下室本身的地震作用，地下室结构的侧移刚度与上部结构的刚度之比不宜小于2，一般地下室层不宜小于2层；地下室周边宜有与其顶板相连的抗震墙。

2）地下室顶板应避免开设大洞口，地下室在地上结构相关范围的顶板应采用现浇梁板结构，相关范围以外的地下室顶板宜采用现浇梁板结构；一般要求现浇板厚≥180mm，混凝土强度等级≥C30，双层双向配筋且配筋率≥0.25％。

3）地下室一层柱截面每侧纵向钢筋面积，除满足抗震计算要求外，不应小于地上一层柱对应位置每侧纵向钢筋面积的1.1倍；同时梁端顶面和底面的纵向钢筋面积均应比计算增大10％以上。

遇有下列情况时，地下室上部结构嵌固部位位置将发生变化：

①条形基础、独立基础、桩基承台、箱形基础、筏形基础有一层地下室时，嵌固部位一般不在地下室顶面，而是在基础顶面；

②地下室顶板有较大洞口时，嵌固部位不在地下室顶面，应在地下一层以下位置；

③有多层地下室，其地下室与地上一层的混凝土强度等级、层高、墙体位置厚度相同时，地下室顶板不是嵌固端，嵌固位置是在基础顶面。

由于基础顶面至首层板顶高度较大，并设置了地下框架梁，柱净高 H_n 应从地下框架梁顶面开始计算，但地下框架梁顶面以下至基础顶面箍筋全高加密。

2. 地下一层增加钢筋在嵌固部位的锚固构造

（1）地下一层增加钢筋在嵌固部位的锚固构造，如图3-26所示。图3-26仅用于按《建筑抗震设计规范》（GB 50011—2010）第6.1.14条在地下一层增加的10％钢筋。由设计指定，未指定时表示地下一层比上层柱多出的钢筋。

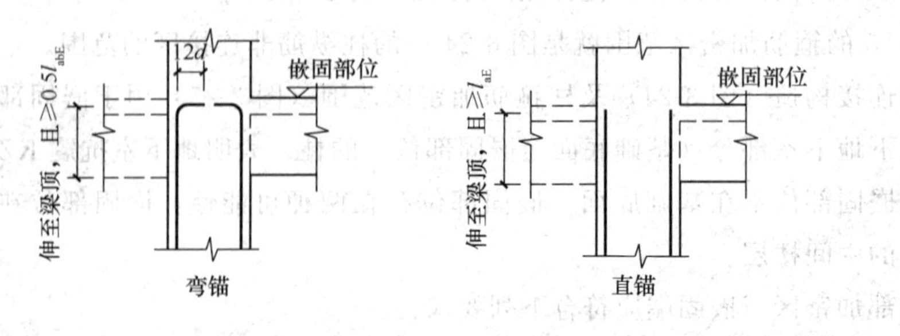

图3-26 地下一层增加钢筋在嵌固部位的锚固构造

1）伸至梁顶，且≥0.5l_{abE}时：弯锚（弯钩向内）。

2）伸至梁顶，且≥l_{aE}时：直锚。

(2)《高层建筑混凝土结构技术规程》(JGJ 3—2010) 中规定底层柱柱根以上 1/3 柱净高的范围内是箍筋加密区，其目的在于考虑“强柱弱梁”，增强底层柱的抗剪能力和提高框架柱延性的构造措施。确定柱根要先确定嵌固部位，嵌固部位是结构计算时底层柱计算长度的起始位置。

(3) 地下室结构应能承受上部结构的屈服超强及地下室本身的地震作用，地下室结构的侧移刚度与上部结构的刚度之比不宜小于 2，地下室层一般不宜小于 2 层；地下室周边宜有与其顶板相连的抗震墙。

(4) 地下室顶板应避免开设大洞口，地下室在地上结构相关范围的顶板应采用现浇梁板结构，相关范围以外的地下室顶板宜采用现浇梁板结构。现浇板厚一般应不小于 180mm，混凝土强度等级不小于 C30，双层双向配筋且配筋率不小于 0.25%。

(5) 地下室一层柱截面每侧纵向钢筋面积，除应满足抗震计算要求外，且不应小于地上一层柱对应位置的每侧纵向钢筋面积的 1.1 倍；梁端顶面和底面的纵向钢筋面积应比计算增大 10%以上。

3. 地下室柱纵筋计算

(1) 地下室柱纵筋计算方法

“地下室的柱纵筋”的计算长度：下端与伸出基础(梁)顶面的柱插筋相接，上端伸出地下室顶板以上一个“三选一”的长度，即 max ($H_n/6$，h_c，500)。

这样，“地下室的柱纵筋”的长度包括以下两个组成部分：

1) 地下室板顶以上部分的长度＝max ($H_n/6$，h_c，500)

注：这里的 H_n 是地下室以上的那个楼层(例如“一层”)的柱净高。h_c 也是地下室以上的那个楼层(例如“一层”)的柱截面长边尺寸。

2) 地下室顶板以下部分的长度为：

柱净高 H_n＋地下室顶板的框架梁截面高度－ $H_n/3$

注：上式的 H_n 是地下室的柱净高，$H_n/3$ 就是框架柱基础插筋伸出基础梁顶面以上的长度。

地下室的柱纵筋可以采用统一的长度。这个“统一的长度”与基础插筋伸出基础梁顶面的“长短筋”相接，伸到地下室顶板之上时，柱纵筋继续形成“长短筋”的两种长度。

(2) 地下室柱纵筋计算实例

【例】某一地下室层高为 4.20m，地下室的抗震框架柱 KZ1 的截面尺寸为 750×700，柱纵筋为 22⌀25。地下室顶板的框架梁截面尺寸为 300×700。地下室上一层的层高为 4.20m，地下室上一层的框架梁截面尺寸为 300×700，混凝土强度等级为 C30，二级抗震等级。地下室下面是正筏板基础，基础主梁的截面尺寸为 700×900，下部纵筋为 9⌀25。筏板的厚度为 450，筏板的纵向钢筋都是 ⌀18@200，如图 3-27 所示。试计算地下室的柱纵筋长度。

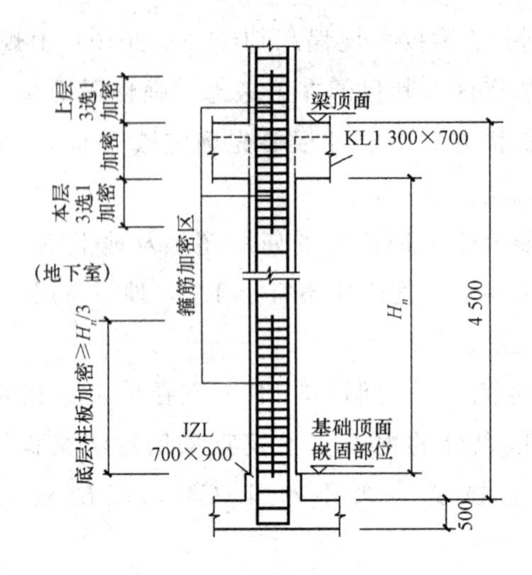

图 3-27　地下室层高示意图

1）地下室顶板以上部分的长度。

上一层楼的柱净高 H_n＝4000 － 700＝3300mm

max（$H_n/6$，h_c，500）＝max（3300/6，750，500）＝750mm

所以，H_1＝max（$H_n/6$，h_c，500）＝750mm

2）地下室顶板以下部分的长度。

地下室的柱净高 H_n＝4500 － 700 －（900 － 500）＝3400mm

H_2＝H_n＋700 － $H_n/3$＝3400＋700＋1133＝2967mm

3）地下室柱纵筋的长度。

地下室柱纵筋的长度＝H_1＋H_2＝750＋2967＝3717mm

十、非抗震 KZ

1. 非抗震 KZ 纵向钢筋连接构造形式

（1）非抗震 KZ 纵向钢筋连接构造。

非抗震 KZ 纵向钢筋连接构造，如图 3-28 所示。

1）柱相邻纵向钢筋连接接头相互错开。在同一截面内钢筋接头面积百分率不宜大于 50％。

2）轴心受拉及小偏心受拉柱内的纵向钢筋不得采用绑扎搭接接头，设计者应在柱平法结构施工图中注明其平面位置及层数。

3）非抗震 KZ 纵向钢筋连接构造与抗震 KZ 纵向钢筋连接构造非常相似，其与抗震 KZ 纵向钢筋连接构造不同之处在于：

①没有“非连接区”；

②绑扎搭接：在每层柱下端就可以搭接 l_l（l_l 是非抗震搭接长度）；

③机械连接：在每层柱下端≥500mm 处进行第一处机械连接；

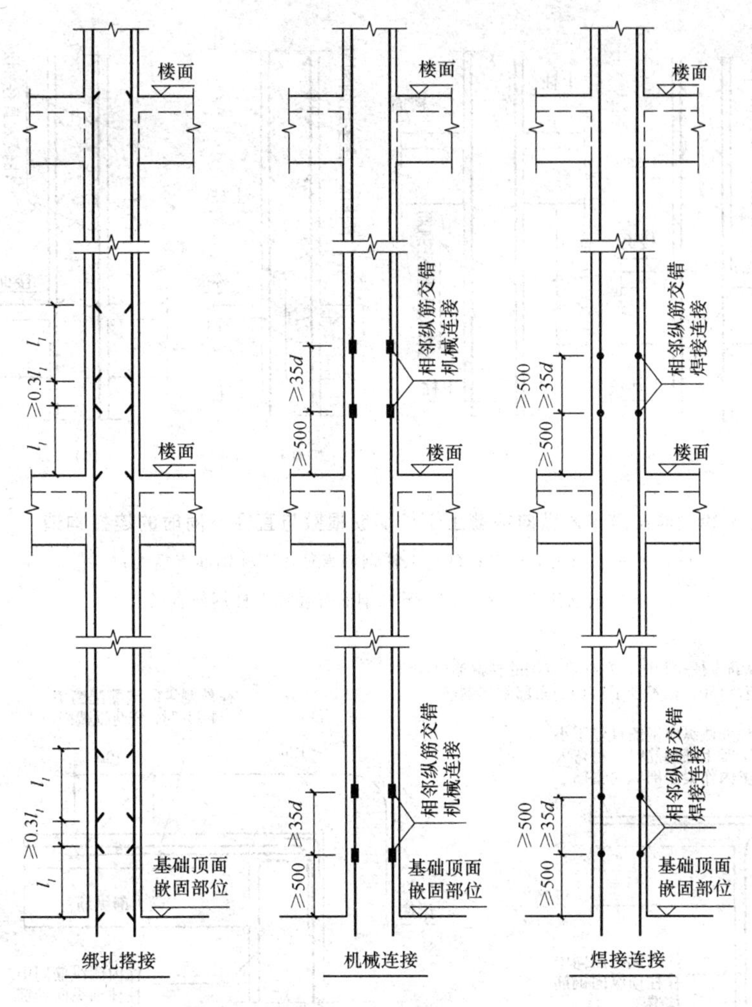

图 3-28　非抗震 KZ 纵向钢筋连接构造

④焊接连接：在每层柱下端≥500mm 处进行第一处焊接连接。

(2) 非抗震 KZ 纵向钢筋上下柱钢筋根数与直径不同时的连接构造。

非抗震 KZ 纵向钢筋上下柱钢筋根数与直径不同时的连接构造，如图 3-29 所示。图 3-29 为绑扎搭接，也可采用机械连接和焊接连接。

2. 非抗震 KZ 边柱和角柱柱顶纵向钢筋构造

非抗震 KZ 边柱和角柱柱顶纵向钢筋构造，如图 3-30 所示。非抗震 KZ 边柱和角柱柱顶纵向钢筋构造与抗震 KZ 边柱和角柱柱顶纵向钢筋构造相似，只是将 l_{abE} 换成 l_{ab}。

节点Ⓐ、Ⓑ、Ⓒ、Ⓓ应配合使用，节点Ⓓ不应单独使用（仅用于未伸入梁内的柱外侧纵筋锚固），伸入梁内的柱外侧纵筋不宜少于柱外侧全部纵筋面积的 65%。可选择Ⓑ＋Ⓓ或Ⓒ＋Ⓓ或Ⓐ＋Ⓑ＋Ⓓ或Ⓐ＋Ⓒ＋Ⓓ的做法。

节点Ⓔ用于梁、柱纵向钢筋接头沿节点柱顶外侧直线布置的情况，可与节点Ⓐ组合使用。

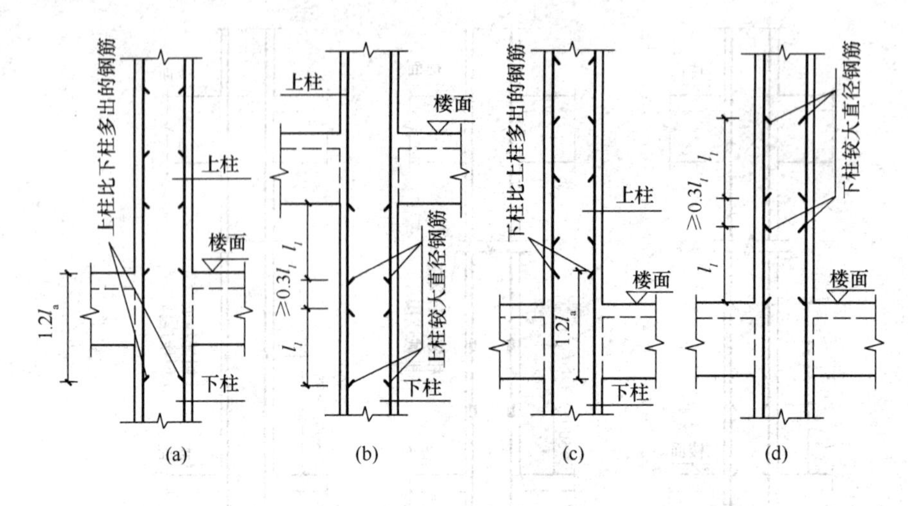

图 3-29 非抗震 KZ 纵向钢筋上下柱钢筋根数与直径不同时的连接构造

（a）上柱钢筋比下柱多；（b）上柱钢筋直径比下柱钢筋直径大；

（c）下柱钢筋比上柱多；（d）下柱钢筋直径比上柱钢筋直径大

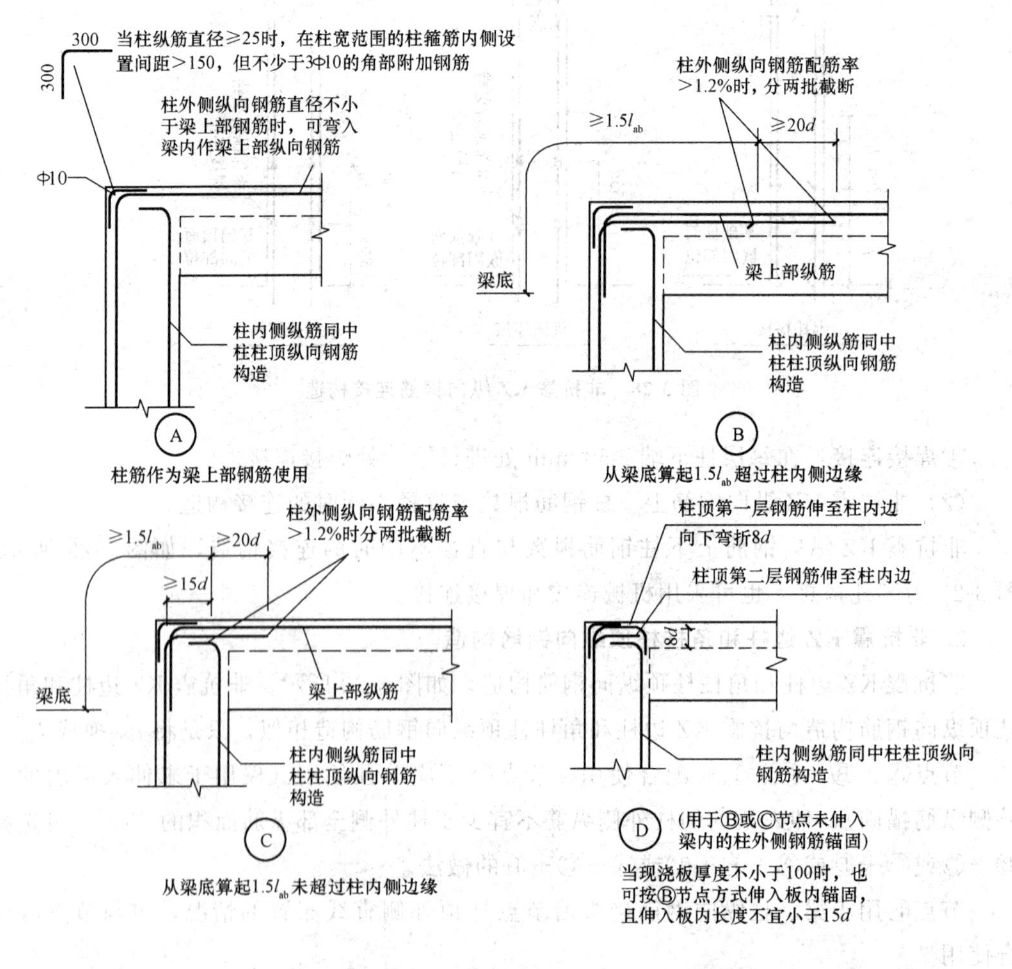

图 3-30 非抗震 KZ 边柱和角柱柱顶纵向钢筋构造

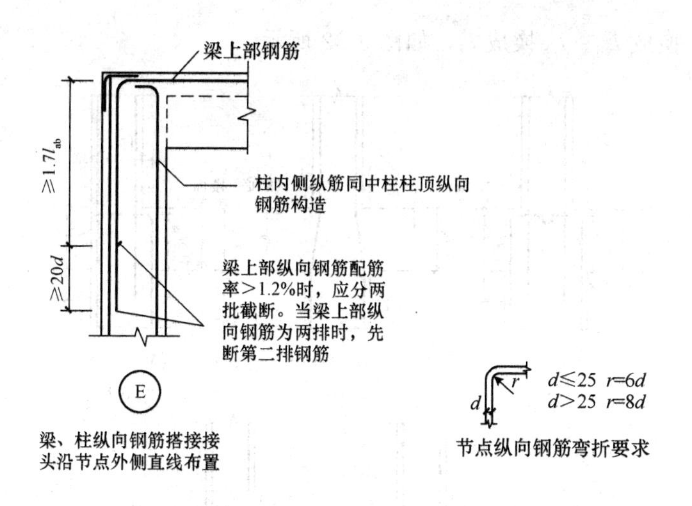

图 3-30　非抗震 KZ 边柱和角柱柱顶纵向钢筋构造（续）

3. 非抗震 KZ 中柱柱顶纵向钢筋构造与非抗震 KZ 柱变截面位置纵向钢筋构造

（1）非抗震 KZ 中柱柱顶纵向钢筋构造

非抗震 KZ 中柱柱顶纵向钢筋构造与抗震 KZ 中柱柱顶纵向钢筋构造相似，只是将 l_{abE}换成 l_{ab}、l_{aE}换成 l_a，如图 3-31 所示。非抗震 KZ 中柱柱头纵向钢筋构造也分四种构造做法，施工人员应根据各种做法所要求的条件正确应用。

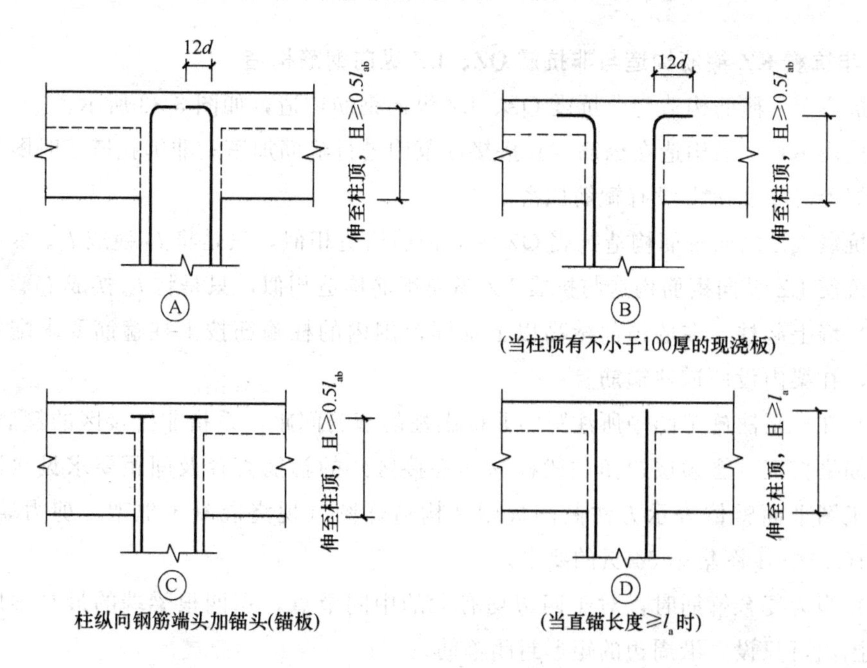

图 3-31　非抗震 KZ 中柱柱顶纵向钢筋构造（Ⓐ～Ⓓ）

（2）非抗震 KZ 柱变截面位置纵向钢筋构造

非抗震 KZ 柱变截面位置纵向钢筋构造与抗震 KZ 柱变截面位置纵向钢筋构造相

似，只是将 l_{abE} 换成 l_{ab}、l_{aE} 换成 l_a，如图 3-32 所示。

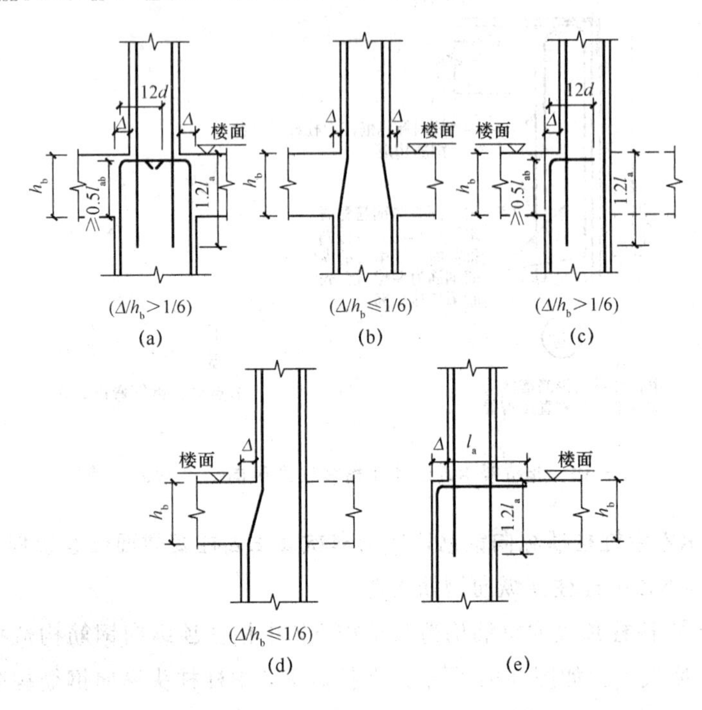

图 3-32　非抗震 KZ 柱变截面位置纵向钢筋构造

4. 非抗震 KZ 箍筋构造与非抗震 QZ、LZ 纵向钢筋构造

非抗震 KZ 箍筋构造与非抗震 QZ、LZ 纵向钢筋构造，如图 3-33 所示。

非抗震 KZ 箍筋构造在纵筋绑扎搭接区范围进行箍筋加密；非绑扎搭接时图集没有规定，但不等于实际上没有箍筋加密。

非抗震 QZ 纵向钢筋构造抗震 QZ 纵向钢筋构造相似，只是将 l_{aE} 换成 l_a。

非抗震 LZ 纵向钢筋构造与抗震 LZ 纵向钢筋构造相似，只是将 l_{aE} 换成 l_{ab}。

（1）墙上起柱，在墙顶面标高以下锚固范围内的柱箍筋按上柱箍筋要求配置。梁上起柱，在梁内设两道柱箍筋。

（2）在柱平法施工图中所注写的非抗震柱的箍筋间距，系指非搭接区的箍筋间距，在柱纵筋搭接区（含顶层边角柱梁柱纵筋搭接区）的箍筋直径及间距要求见《混凝土结构施工图平面整体表示方法制图规则和构造详图（现浇混凝土框架、剪力墙、梁、板）》11G101－1 图集第 54 页的要求。

（3）当为复合箍筋时，对于四边均有梁的中间节点，在四根梁端的最高梁底至楼板顶范围内可只设置沿周边的矩形封闭箍筋。

（4）墙上起柱（柱纵筋锚固在墙顶部时）和梁上起柱时，墙体和梁的平面外方向应设梁，以平衡柱脚在该方向的弯矩；当柱宽度大于梁宽时，梁应设水平加腋。

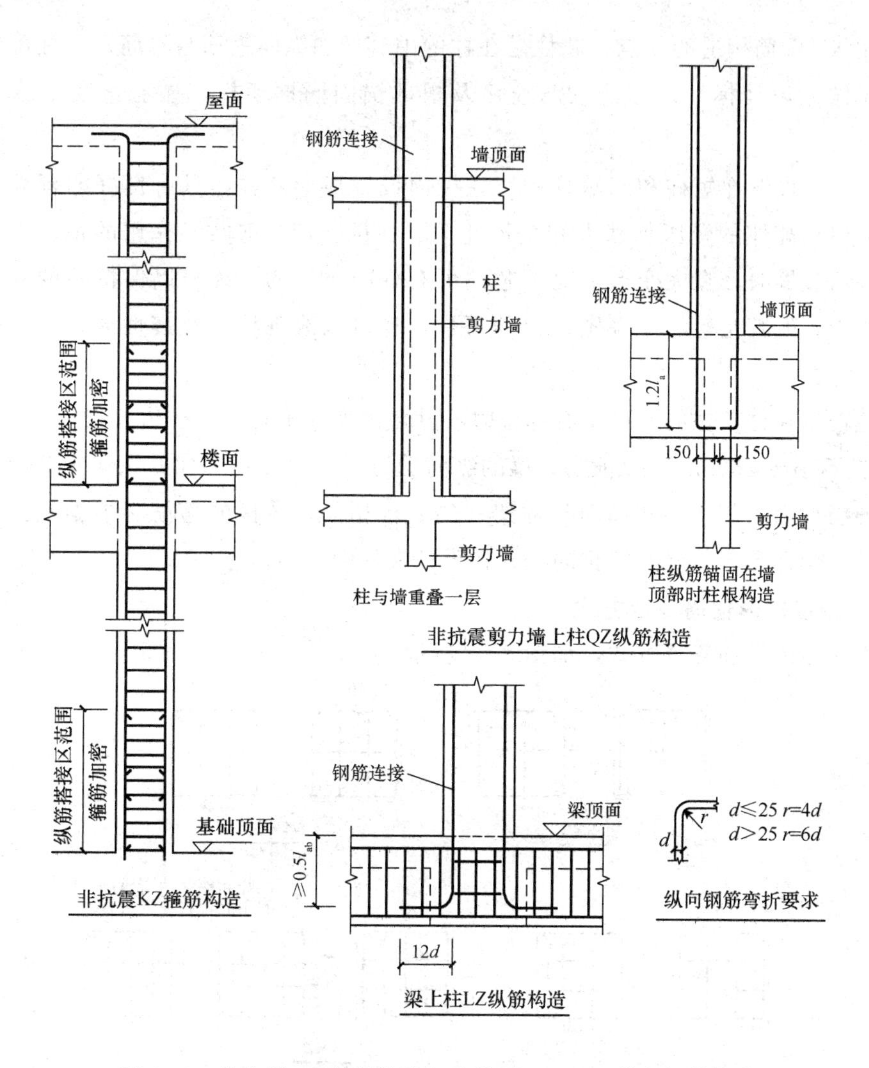

图 3-33　非抗震 KZ 箍筋构造与非抗震 QZ、LZ 纵向钢筋构造

十一、芯柱 XZ 配筋构造与非焊接矩形箍筋复合方式

1. 芯柱 XZ 配筋构造

芯柱 XZ 配筋构造，如图 3-34 所示。

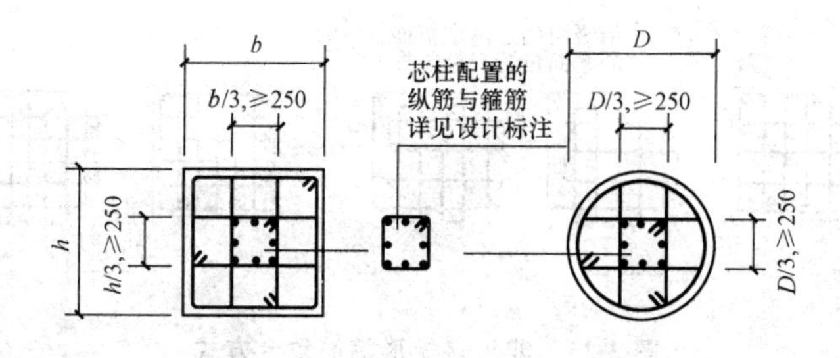

图 3-34　芯柱 XZ 配筋构造

芯柱 XZ 配筋构造的要点：芯柱是在柱的中心增加纵向钢筋与箍筋；芯柱配置的纵筋与箍筋详见设计标注；芯柱纵筋连接及根部锚固同框架柱，往上直通至芯柱柱顶标高。

芯柱一般设置在短柱和超短柱中。在柱内设置矩形芯柱，具有良好的延性和耗能能力，可以提高柱的受压承载力和变形能力。在压、弯、剪共同作用的情况下，当柱出现弯、剪裂缝时，在大变形情况下芯柱可有效减小柱的压缩，以保持柱的外形和截面承载能力，尤其是对承受高轴压比的短柱，还可以改善柱的抗震性能，提高柱的变形能力。

芯柱设置在框架柱的截面中心部位时，其截面尺寸不宜小于柱边长的 1/3（圆柱为 $D/3$），且不小于 250mm，保证框架梁的纵向受力钢筋通过；芯柱的纵向钢筋应分别锚入上、下层柱内，其连接和锚固与框架柱的要求相同；芯柱的箍筋应根据施工图要求单独设置，构造要求与框架柱相同，并在设计文件中注明。

2. 非焊接矩形箍筋复合方式

非焊接矩形箍筋复合方式，如图 3-35 所示。

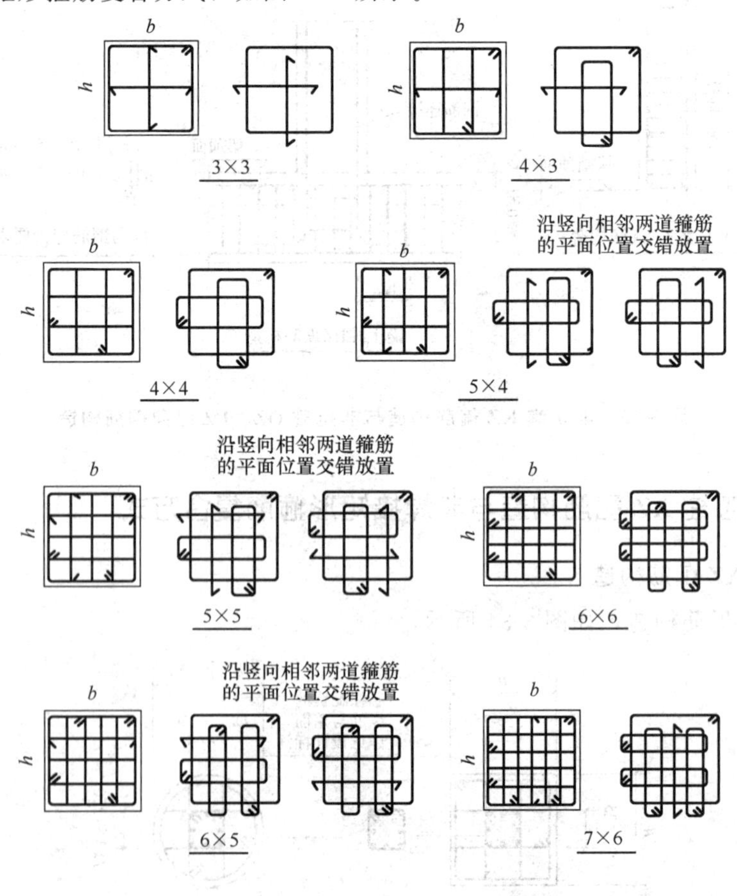

图 3-35 非焊接矩形箍筋复合方式

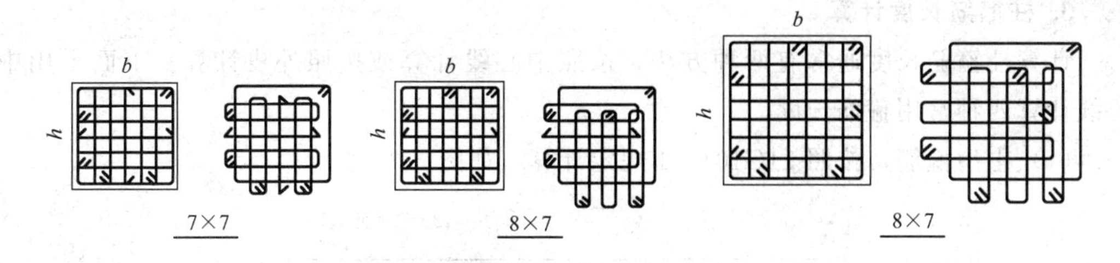

图 3-35　非焊接矩形箍筋复合方式（续）

当柱截面短边尺寸大于 400mm，且各边纵向钢筋多于 3 根时，或当截面短边尺寸不大于 400mm，但各边纵向钢筋多于 4 根时，应设置复合箍筋。

（1）矩形复合箍筋的基本复合方式

1）沿复合箍周边，箍筋局部重叠不宜多于两层。以复合箍筋最外围的封闭箍筋为基准，柱内的横向箍筋紧贴其设置在下（或在上），柱内纵向箍筋紧贴其设置在上（或在下）。

2）若在同一组内复合箍筋各肢位置不能满足对称性要求时，沿柱竖向相邻两组箍筋应交错放置。

3）矩形箍筋复合方式同样适用于芯柱。

（2）设置复合箍筋的原则

1）大箍套小箍。矩形柱的箍筋，都是采用“大箍”里面套若干“小箍”的方式。

2）内箍或拉筋的设置要满足“隔一拉一”。设置内箍的肢或拉筋时，要满足对柱纵筋至少“隔一拉一”的要求。

3）“对称性”原则。柱 h 边上箍筋的肢均应在 h 边上对称分布，柱 b 边上箍筋的肢均应在 b 边上对称分布。

4）“内箍水平段最短”原则。考虑内箍的布置方案时，应使内箍的水平段尽量最短。

5）内箍尽量做成标准格式。

6）施工时，纵横方向的内箍（小箍）要贴近大箍（外箍）放置。

图 3-36 是某框架柱配筋的示意图。

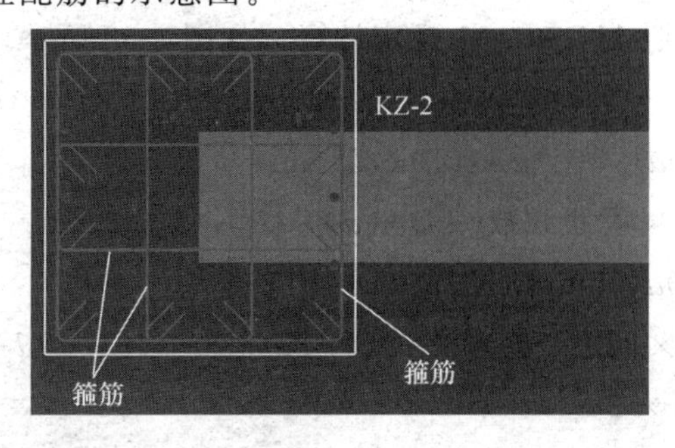

图 3-36　某框架柱配筋的示意图

3. 柱箍筋长度计算

计算柱箍筋长度通常有两种方法，按照中心线计算或按照外皮计算。下面采用中心线计算四种常用箍筋长度。

(1) Ⅰ型箍筋，按照11G101－1规定计算，如图3-37所示。

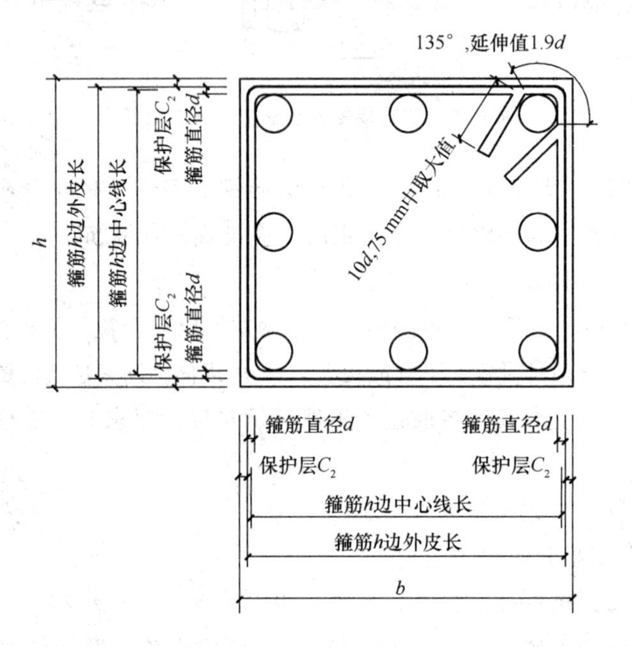

图3-37 Ⅰ型箍筋计算图

$$
\begin{aligned}
\text{箍筋长度} &= (b-2C_2-d/2\times2)\times2+(h-2C_2-d/2\times2)\times2+1.9d\times2+\max(10d,75\text{mm})\times2 \\
&= (b-2C_2-d)\times2+(h-2C_2-d)\times2+1.9d\times2+\max(10d,75\text{mm})\times2 \\
&= 2b-4C_2+2h-4C_2-4d+1.9d\times2+\max(10d,75\text{mm})\times2 \\
&= 2(b+h)-8C_2-4d+1.9d\times2+\max(10d,75\text{mm})\times2
\end{aligned}
$$

式中 C_2——保护层厚度；

d——箍筋直径。

(2) Ⅱ型箍筋，按照11G101－1规定计算，如图3-38所示。

$$
\begin{aligned}
\text{箍筋长度} &= (\text{间距}\ j\times\text{间距}\ j\ \text{数}+D/2\times2+d/2\times2)\times2+(b-2\times C_2-d/2\times2)\times2+1.9d\times2+\max(10d,75\text{mm})\times2 \\
&= \text{间距}\ j\times\text{间距}\ j\ \text{数}+D+d)\times2+(b-2\times C_2-d)\times2+1.9d\times2+\max(10d,75\text{mm})\times2 \\
&= \text{间距}\ j\times\text{间距}\ j\ \text{数}\times2+2D+2d+2b-4C_2-2d+1.9d\times2+\max(10d,75\text{mm})\times2 \\
&= \text{间距}\ j\times\text{间距}\ j\ \text{数}\times2+2D\times2b-4C_2+1.9d\times2+\max(10d,75\text{mm})\times2
\end{aligned}
$$

式中 C_2——保护层厚度；

d——箍筋直径；

D——纵筋直径。

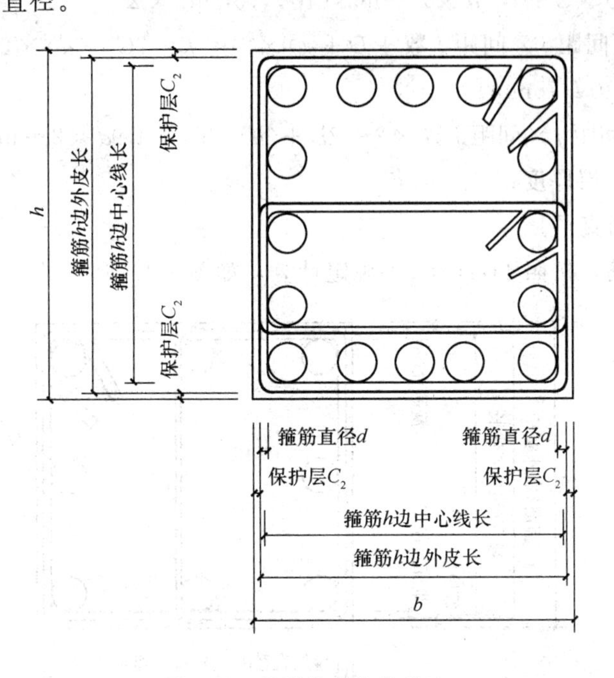

图 3-38　Ⅱ型箍筋构造做法

（3）Ⅲ型箍筋，按照 11G101－1 规定计算，如图 3-39 所示。

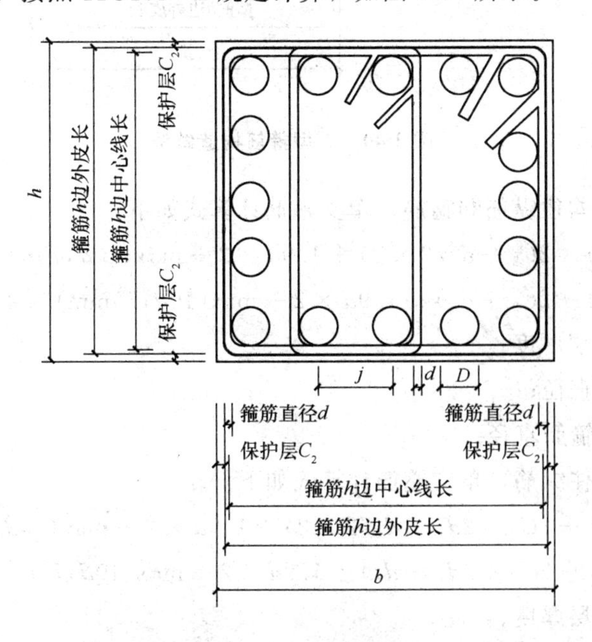

图 3-39　Ⅲ型箍筋构造做法

箍筋长度＝(间距 j × 间距 j 数 ＋ $D/2\times2+d/2\times2$)×2＋($h-2\times C_2-d/2\times2$)×2＋$1.9d\times2$＋max($10d$,75mm)×2

＝(间距 j × 间距 j 数 ＋ $D+d$)×2＋($h-2C_2-d$)×2＋$1.9d\times2$＋max($10d$,75mm)×2

＝间距 j × 间距 j 数 ×2＋$2D+2h-4C_2+1.9d\times2$＋max($10d$,75mm)×2

式中 C_2——保护层厚度；

d——箍筋直径。

(4) Ⅳ型箍筋，按照11G101－1规定计算，如图3-40所示。

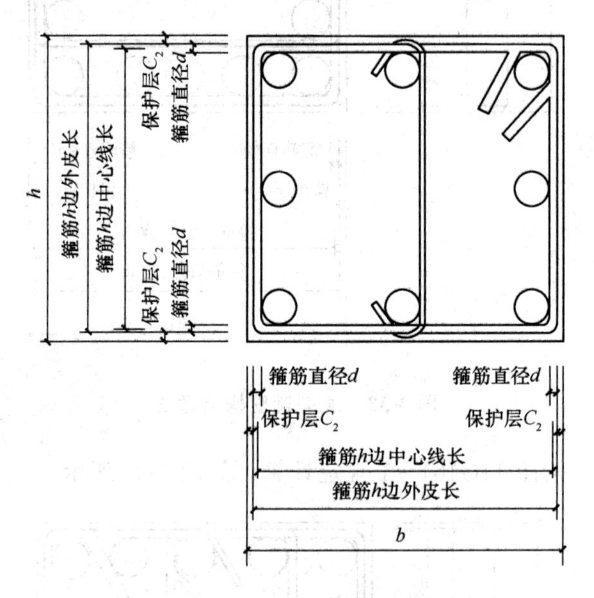

图 3-40 Ⅳ型箍筋构造做法

单支箍筋同时勾住纵筋和箍筋，单支箍筋计算式如下：

箍筋长度＝($h-2C_2+d_2/2\times2$)＋$1.9d\times2$＋max($10d$,75mm)×2

＝($h-2C_2+d_2$)＋$1.9d\times2$＋max($10d$,75mm)×2

式中 C_2——保护层厚度；

d——箍筋直径；

d_2——Ⅳ型箍筋直径。

单支箍筋只勾住纵筋，单支箍筋计算式如下：

箍筋长度＝($h-2C_2-2d_1-d_2/2\times2$)＋$1.9d\times2$＋max($10d$,75mm)×2

＝($h-2C_2-2d_1-d_2$)＋$1.9d\times2$＋max($10d$,75mm)×2

式中 C_2——保护层厚度；

d_1——箍筋直径；

d_2——Ⅳ型箍筋直径。

第三节　柱平法施工图实例

一、识读实例

1. 柱平法施工图识读步骤

（1）查看图名、比例。

（2）校核轴线编号及间距尺寸，要求必须与建筑图、基础平面图一致。

（3）与建筑图配合，明确各柱的编号、数量和位置。

（4）阅读结构设计总说明或有关说明，明确柱的混凝土强度等级。

（5）根据各柱的编号，查看图中截面标注或柱表，明确柱的标高、截面尺寸和配筋情况。再根据抗震等级、设计要求和标准构造详图确定纵向钢筋和箍筋的构造要求。

（6）图纸说明其他的有关要求。

2. 图纸实例

现以图 3-41 和图 3-42 为例，来进行柱平法施工图的识读。

图 3-41、图 3-42 为采用截面注写方式表达的柱平法施工图。截面尺寸和配筋情况如图 3-41 所示，各柱平面位置如图 3-42 所示。

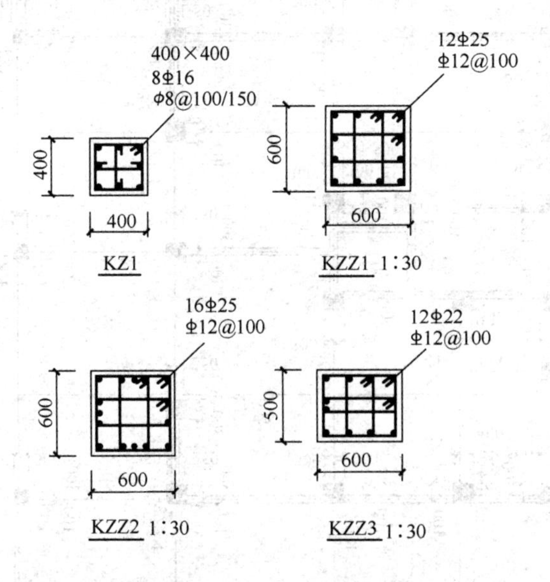

图 3-41　柱截面和配筋

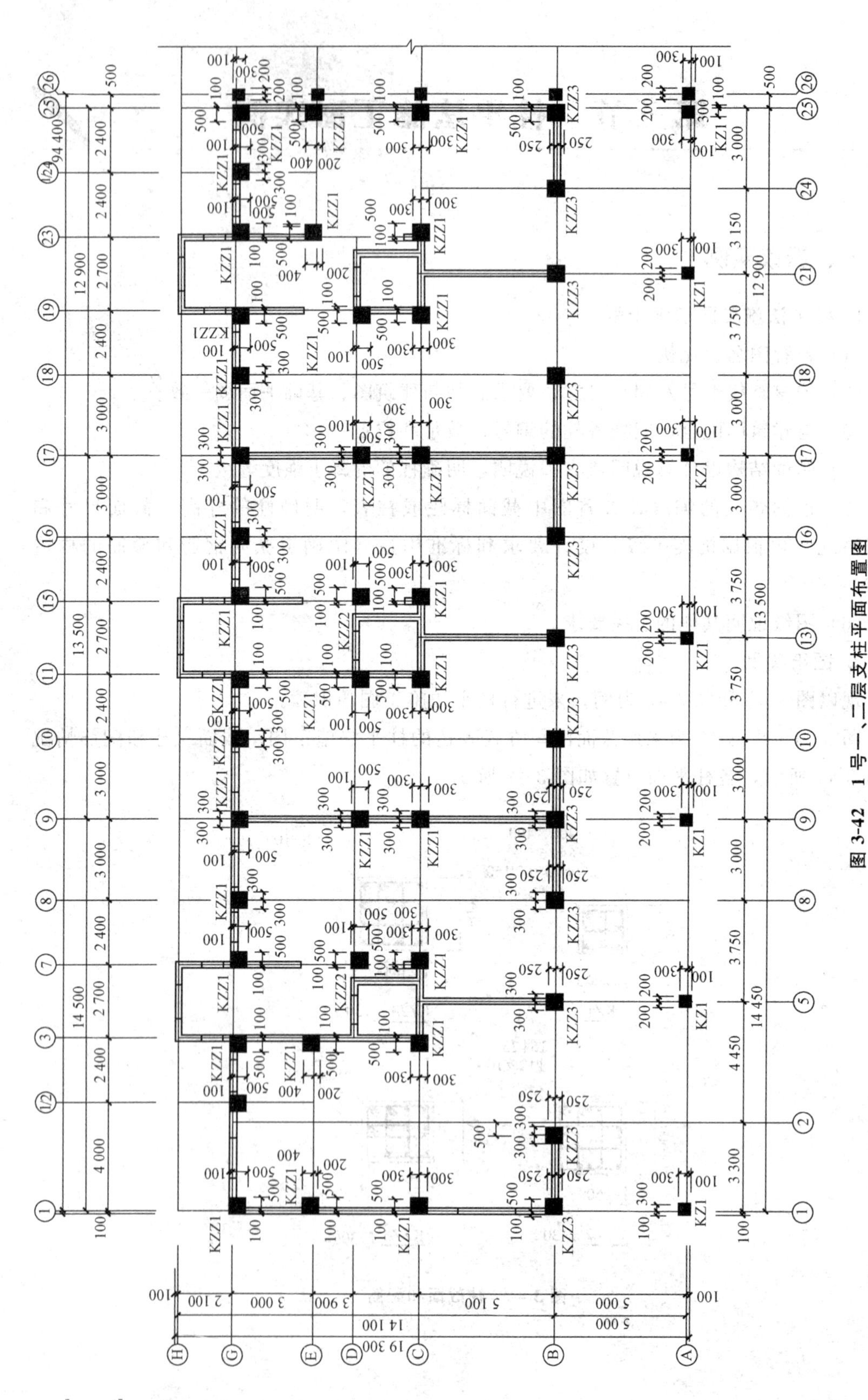

图 3-42　1号一、二层支柱平面布置图

从图中可以识读出以下内容：

图 3-42 为柱平法施工图，绘制比例为 1：100。轴线编号及其间距尺寸与建筑图、基础平面布置图一致。该柱平法施工图中的柱包含框架柱和框支柱，共有 4 种编号，其中框架柱 1 种，框支柱 3 种。7 根 KZ1，位于Ⓐ轴线上；34 根 KZZ1 分别位于Ⓒ、Ⓔ和Ⓖ轴线上；2 根 KZZ2 位于Ⓓ轴线上；13 根 KZZ3 位于Ⓑ轴线上。

本工程的结构构件抗震等级：转换层以下框架为二级，一、二层剪力墙及转换层以上两层剪力墙，抗震等级为三级，以上各层抗震等级为四级。

根据图 3-42 一、二层框支柱平面布置图可知如下内容。

KZ1：框架柱，截面尺寸为 400mm×400mm，纵向受力钢筋为 8 根直径为 16mm 的 HRB335 级钢筋；箍筋直径为 8mm 的 HPB300 级钢筋，加密区间距为 100mm，非加密区间距为 150mm。根据《混凝土结构设计规范》（GB 50010—2010）和《混凝土结构施工图平面整体表示方法制图和构造详图》（11G101）系列图集，考虑抗震要求框架柱和框支柱上、下两端箍筋应加密。箍筋加密区长度为，基础顶面以上底层柱根加密区长度不小于底层净高的 1/3；其他柱端加密区长度应取柱截面长边尺寸、柱净高的 1/6 和 500mm 中的最大值；刚性地面上、下各 500mm 的高度范围内箍筋加密。因为是二级抗震等级，根据《混凝土结构设计规范》（GB 50010—2010），角柱应沿柱全高加密箍筋。

KZZ1：框支柱，截面尺寸为 600mm×600mm，纵向受力钢筋为 12 根直径为 25mm 的 HRB335 级钢筋；箍筋直径为 12mm 的 HRB335 级钢筋，间距 100mm，全长加密。

KZZ2：框支柱，截面尺寸为 600mm×600mm，纵向受力钢筋为 16 根直径为 25mm 的 HRB335 级钢筋；箍筋直径为 12mm 的 HRB335 级钢筋，间距 100mm，全长加密。

KZZ3：框支柱，截面尺寸为 600mm×500mm，纵向受力钢筋为 12 根直径为 22mm 的 HRB335 级钢筋；箍筋直径为 12mm 的 HRB335 级钢筋，间距 100mm，全长加密。

柱纵向钢筋的连接可以采用绑扎搭接和焊接连接，框支柱宜采用机械连接，连接一般设在非箍筋加密区。连接时，柱相邻纵向钢筋接头应相互错开，为保证同一截面内钢筋接头面积百分比不大于 50%，纵向钢筋分两段连接。绑扎搭接时，图中的绑扎搭接长度为 $1.4l_{aE}$，同时在柱纵向钢筋搭接长度范围内加密箍筋，加密箍筋间距取 $5d$（d 为搭接钢筋较小直径）及 100mm 的较小值。抗震等级为二级、C30 混凝土时的 l_{aE} 为 $34d$。

框支柱在三层墙体范围内的纵向钢筋应伸入三层墙体内至三层天棚顶，其余框支柱和框架柱，KZ1 钢筋按《混凝土结构施工图平面整体表示方法制图和构造详图（现浇混凝土框架、剪力墙、梁、板）》11G101-1 图集锚入梁板内。本工程柱外侧纵向钢筋配筋率≤1.2%，且混凝土强度等级≥C20，板厚≥80mm。

二、计算实例

某框架结构，抗震等级为一级抗震，设防烈度为8度，试计算图中KZ-1中的钢筋工程量，如表3-4～表3-8和图3-43～图3-47所示。

表3-4 某框架结构表

层号	底标高标高	层高（m）	顶梁高
4	8.95	3	550
3	5.95	3	550
2	2.95	3	550
1	−0.05	3	550
基础	−1.05	基础高500	

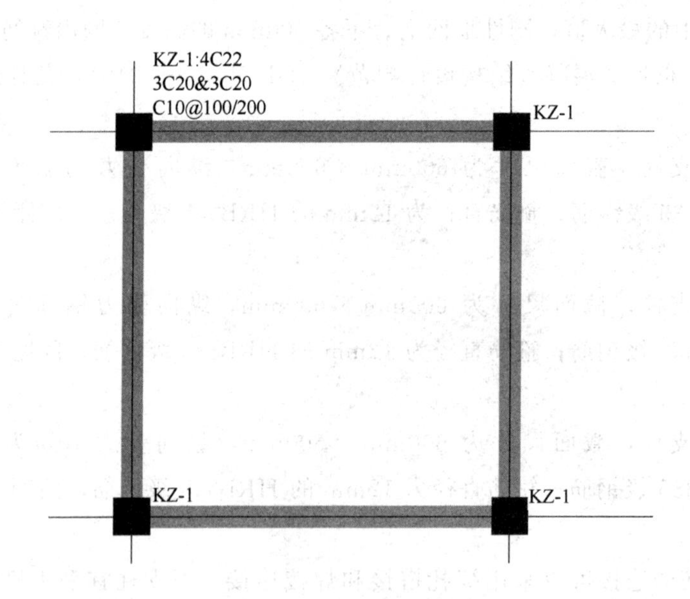

图3-43 KZ-1示意图

表 3-5 基础层钢筋参数

筋号	直径(mm)	级别	图形	计算公式	公式描述	长度(mm)	根数
B边插筋.1	20	⌀	300 ⌊ 1443	$2950/3+500-40+15\times d$	上层露出长度＋基础厚度－保护层＋计算设置设定的弯折	1743	2
B边插筋.2	20	⌀	300 ⌊ 2143	$2950/3+1\times \max(35\times d, 500)+500-40+15\times d$	上层露出长度＋错开距离＋基础厚度－保护层＋计算设置设定的弯折	2443	4
H边插筋.1	20	⌀	300 ⌊ 1443	$2950/3+500-40+15\times d$	上层露出长度＋基础厚度－保护层＋计算设置设定的弯折	1743	2
H边插筋.2	20	⌀	300 ⌊ 2143	$2950/3+1\times \max(35\times d, 500)+500-40+15\times d$	上层露出长度＋错开距离＋基础厚度－保护层＋计算设置设定弯折	2443	4
角筋插筋.1	22	⌀	330 ⌊ 2143	$2950/3+500-40+15\times d$	上层露出长度＋基础厚度－保护层＋计算设置设定的弯折	1773	4
箍筋.1	10	⌀	560 ▭560	$2\times[(600-2\times 20)+(600-2\times 20)]+2\times(11.9\times d)$		2478	2

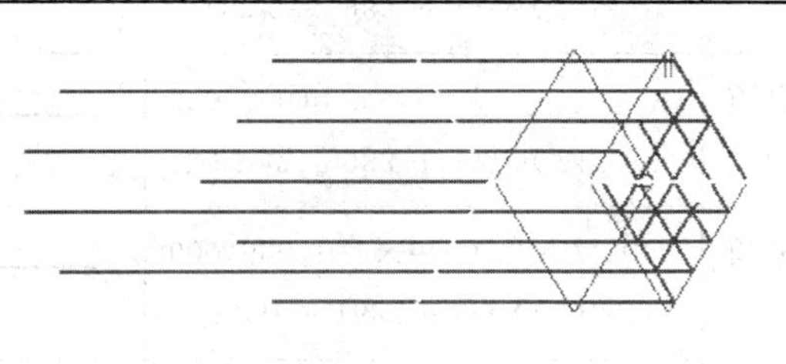

图 3-44 基础层钢筋三维图

表 3-6 首层钢筋参数

筋号	直径(mm)	级别	图形	计算公式	公式描述	长度(mm)	根数
B边纵筋.1	20	Φ	3117	3500－1683＋max(2450/6,600,500)＋1×max(35×d,500)	层高－本层的露出长度＋上层露出长度＋错开距离	3117	4
B边纵筋.2	20	Φ	3117	3500－983＋max(2450/6,600,500)	层高－本层的露出长度＋上层露出长度	3117	2
H边纵筋.1	20	Φ	3117	3500－983＋max(2450/9,600,500)	层高－本层的露出长度＋上层露出长度	3117	2
H边纵筋.2	20	Φ	3117	3500－1683＋max(2450/6,600,500)＋1×max(35×d,500)	层高－本层的露出长度＋上层露出长度＋错开距离	3117	4
角筋.1	20	Φ	3117	3500－983＋max(2450/6,600,500)	层高－本层的露出长度＋上层露出长度	3117	4
箍筋.1	10	Φ	560 560	2×[(600－2×20)＋(600－2×20)]＋2×(11.9×d)		2478	30
箍筋.2	10	Φ	560 301	2×{[(600－2×20－2×d－22)/4×2＋22＋2×d]＋(600－2×20)}＋2×(11.9×d)		1960	60

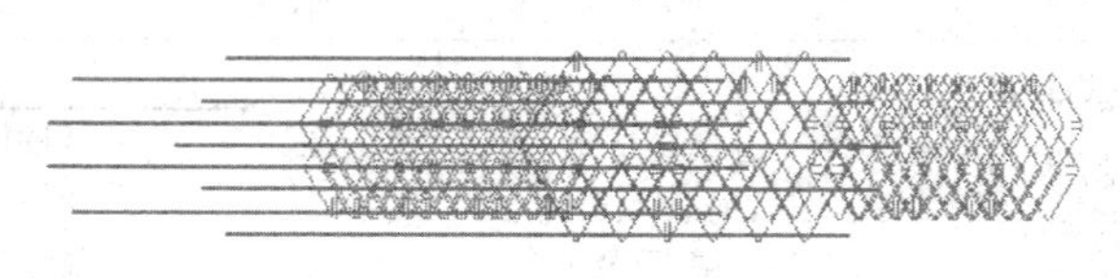

图 3-45 首层柱三维图

表 3-7 二层钢筋参数

筋号	直径(mm)	级别	图形	计算公式	公式描述	长度(mm)	根数
B边纵筋.1	20	⌀	3000	3000－1300＋max(2450/6,600,500)＋1×max(35×d,500)	层高－本层的露出长度＋上层露出长度＋错开距离	3000	4
B边纵筋.2	20	⌀	3000	3000－600＋max(2450/6,600,500)	层高－本层的露出长度＋上层露出长度	3000	2
H边纵筋.1	20	⌀	3000	3000－600＋max(2450/9,600,500)	层高－本层的露出长度＋上层露出长度	3000	2
H边纵筋.2	20	⌀	3000	3000－1300＋max(2450/9,600,500)＋1×max(35×d,500)	层高－本层的露出长度＋上层露出长度＋错开距离	3000	4
角筋.1	22	⌀	3000	3000－600＋max(2450/6,600,500)	层高－本层的露出长度＋上层露出长度	3000	4
箍筋.1	10	⌀	560 560	2×[(600－2×20)＋(600－2×20)]＋2×(11.9×d)		2478	26
箍筋.2	10	⌀	560 301	2×{[(600－2×20－2×d－22)/4×2＋22＋2×d]＋(600－2×20)}＋2×(11.9×d)		1960	52

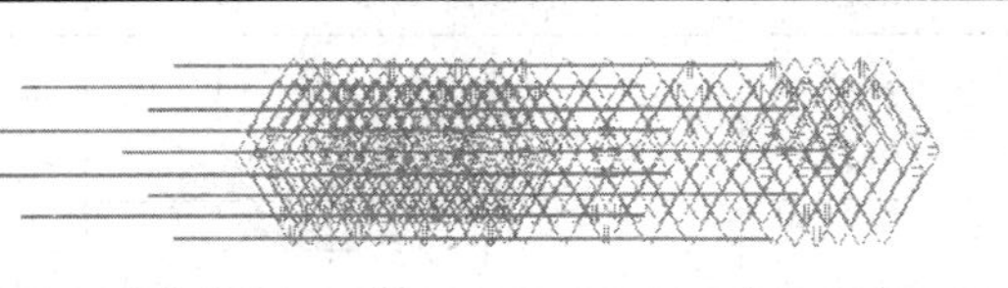

图 3-46 二层钢筋三维图

三层钢筋同二层不在赘述。

表 3-8 四层钢筋参数

筋号	直径(mm)	级别	图形	计算公式	公式描述	长度(mm)	根数
B边纵筋.1	20	Ф	240 1680	3000－1300－550＋550－20＋12×d	层高－本层的露出长度－节点高＋节点高－保护层＋节点设置中的柱纵筋顶层弯折	1920	4
B边纵筋.2	20	Ф	240 2380	3000－600－550＋550－20＋12×d	层高－本层的露出长度－节点高＋节点高－保护层＋节点设置中的柱纵筋顶层弯折	2620	2
H边纵筋.1	20	Ф	240 2380	3000－600－550＋550－20＋12×d	层高－本层的露出长度－节点高＋节点高－保护层＋节点设置中的柱纵筋顶层弯折	2620	2
H边纵筋.2	20	Ф	240 1680	3000－1300－550＋550－20＋12×d	层高－本层的露出长度－节点高＋节点高－保护层＋节点设置中的柱纵筋顶层弯折	1920	4
角筋.1	20	Ф	264 2380	3000－600－550＋550－20＋12×d	层高－本层的露出长度－节点高＋节点高－保护层＋节点设置中的柱纵筋顶层弯折	2664	4
箍筋.1	20	Ф	560 560	2×[(600－2×20)＋(600－2×20]＋2×(11.9×d)		2478	26
箍筋.2	20	Ф	560 301	2×{[(600－2×20－2×d－22)/4×2＋22＋2×d]＋(600－2×20)}＋2×(11.9×d)		1960	52

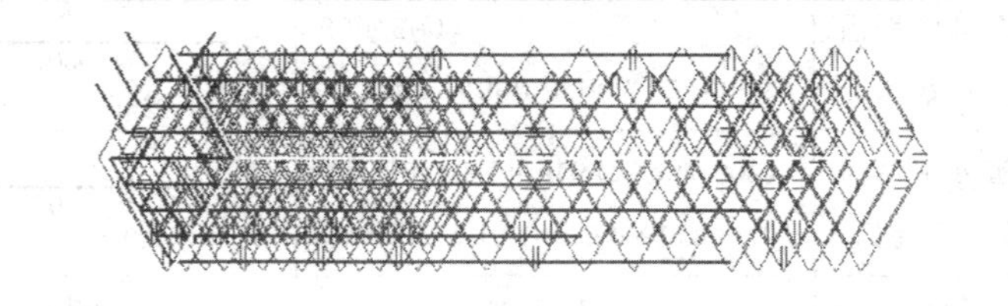

图 3-47 四层钢筋三维图

第四章 剪力墙平法识图及构造

第一节 剪力墙平法施工图制图规则

一、剪力墙平法施工图的表示方法

由第一章的知识可知，剪力墙不是一个独立的构件，而是由剪力墙身、剪力墙梁、剪力墙柱共同构成，其中剪力墙梁和剪力墙柱又可以细分，这里不做赘述，可以参考第一章中相关章节。剪力墙的平法表达方式可分为列表注写方式或截面注写方式表达。

在剪力墙平法施工图中，应按《混凝土结构施工图平面整体表示方法制图规则和构造详图（现浇混凝土框架、剪力墙、梁、板）》11G101－1图集第1.0.8条的规定注明各结构层的楼面标高、结构层高及相应的结构层号，尚应注明上部结构嵌固部位位置。

二、剪力墙平法施工图的列表注写方式

剪力墙构件的列表注写方式，是分别在剪力墙身表、剪力墙梁表、剪力墙柱表中对应剪力墙平面布置图上的编号，用绘制截面配筋图并注写几何尺寸及配筋具体数值的方式。

剪力墙列表注写方式识图方法，就把剪力墙平面图与剪力墙身表、剪力墙梁表、剪力墙柱表对照阅读，剪力墙列表注写实例如图4-1所示。

层号	标高(m)	层高(m)
屋面2	65.670	
塔层2	62.370	3.30
屋面1(塔层1)	59.070	3.30
16	55.470	3.60
15	51.870	3.60
14	48.270	3.60
13	44.670	3.60
12	41.070	3.60
11	37.470	3.60
10	33.870	3.60
9	30.270	3.60
8	26.670	3.60
7	23.070	3.60
6	19.470	3.60
5	15.870	3.60
4	12.270	3.60
3	8.670	3.60
2	4.470	4.20
1	-0.030	4.50
-1	-4.530	4.50
-2	-9.030	4.50

底部加强部位：1～3层

结构层楼面标高
结 构 层 高
上部结构嵌固部位：
-0.030

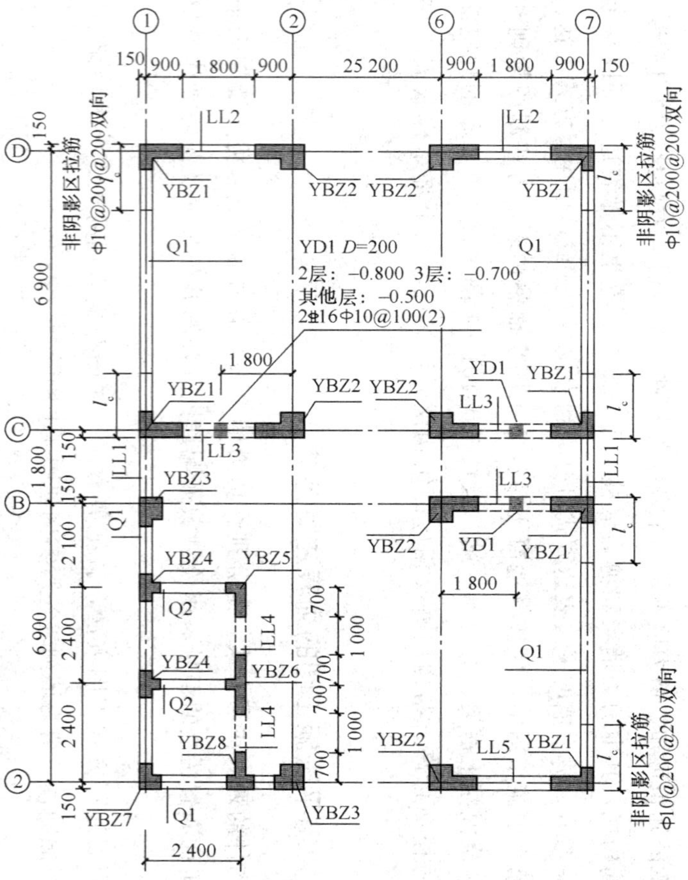

-0.030~12.270剪力墙平法施工图

剪力墙梁表

编号	所在楼层号	梁顶相对标高高差	梁截面 $b \times h$	上部纵筋	下部纵筋	箍筋
LL1	2~9	0.800	300×2 000	4Φ22	4Φ22	Ф10@100(2)
	10~16	0.800	250×2 000	4Φ20	4Φ20	Ф10@100(2)
	屋面1		250×1 200	4Φ20	4Φ20	Ф10@100(2)
LL2	3	-1.200	300×2 520	4Φ22	4Φ22	Ф10@150(2)
	4	-0.900	300×2 070	4Φ22	4Φ22	Ф10@150(2)
	5~9	-0.900	300×1 770	4Φ22	4Φ22	Ф10@150(2)
	10~屋面1	-0.900	250×1 770	3Φ22	3Φ22	Ф10@150(2)
LL3	2		300×2 070	4Φ22	4Φ22	Ф10@100(2)
	3		300×1 770	4Φ22	4Φ22	Ф10@100(2)
	4~9		300×1 170	4Φ22	4Φ22	Ф10@100(2)
	10~屋面1		250×1 170	3Φ22	3Φ22	Ф10@100(2)
LL4	2		250×2 070	3Φ20	3Φ20	Ф10@120(2)
	3		250×1 770	3Φ20	3Φ20	Ф10@120(2)
	4~屋面1		250×1 170	3Φ20	3Φ20	Ф10@120(2)
AL1	2~9		300×600	3Φ20	3Φ20	Ф8@150(2)
	10~16		250×500	3Φ18	3Φ18	Ф8@150(2)
BKL1	屋面1		500×750	4Φ22	4Φ22	Ф10@150(2)

剪力墙身表

编号	标高	墙厚	水平分布筋	垂直分布筋	拉筋(双向)
Q1	-0.030~30.270	300	Φ12@200	Φ12@200	Ф6@600@600
	30.270~59.070	250	Φ10@200	Φ10@200	Ф6@600@600
Q2	-0.030~30.270	250	Φ10@200	Φ10@200	Ф6@600@600
	30.270~59.070	200	Φ10@200	Φ10@200	Ф6@600@600

图 4-1 剪力墙平法施工图列表注写方式示例

1. 编号规定

将剪力墙按剪力墙柱、剪力墙身、剪力墙梁（简称为墙柱、墙身、墙梁）三类构件分别编号。

（1）墙身编号由墙身代号、序号以及墙身所配置的水平与竖向分布钢筋的排数组成，其中，排数注写在括号内。表达形式为：Q××（×排）。各排水平分布钢筋和竖向分布钢筋的直径与间距宜保持一致。当剪力墙配置的分布钢筋多于两排时，剪力墙拉筋两端应同时钩住外排水平纵筋和竖向纵筋，还应与剪力墙内排水平纵筋和竖向纵筋绑扎在一起。

（2）墙柱编号。由墙柱类型代号和序号组成，表达形式应符合表 4-1 的规定。

表 4-1　墙柱编号

墙柱类型	代号	序号
约束边缘构件	YBZ	××
构造边缘构件	GBZ	××
非边缘暗柱	AZ	××
扶壁柱	FBZ	××

（3）墙梁编号。由墙梁类型代号和序号组成，表达形式应符合表 4-2 的规定。

表 4-2　墙梁编号

墙梁类型	代号	序号
连梁	LL	××
连梁（对角暗撑配筋）	LL（JC）	××
连梁（交叉斜筋配筋）	LL（JX）	××
连梁（集中对角斜筋配筋）	LL（DX）	××
暗梁	AL	××
边框梁	BKL	××

注：在具体工程中，当某些墙身需设置暗梁或边框梁时，宜在剪力墙平法施工图中绘制暗梁或边框梁的平面布置图并编号，以明确其具体位置。

2. 表达的内容

（1）在剪力墙身表中表达的内容

第一，应注写墙身编号（含水平与竖向分布钢筋的排数）；第二，注写各段墙身起止标高，自墙身根部往上以变截面位置或截面未变但配筋改变处为界分段注写，墙身根部标高一般指基础顶面标高（部分框支剪力墙结构则为框支梁的顶面标高）；第三，注写水平分布钢筋、竖向分布钢筋和拉筋的具体数值，注写数值为一排水平分布钢筋和竖向分布钢筋的规格与间距，具体设置几排已经在墙身编号后面表达。

拉筋应注明布置方式“双向”或“梅花双向”，如图 4-2 所示。图中 a 表示竖向分布钢筋间距；b 表示水平分布钢筋间距；/表示拉结筋位置。

某剪力墙墙身钢筋如图 4-3 所示。

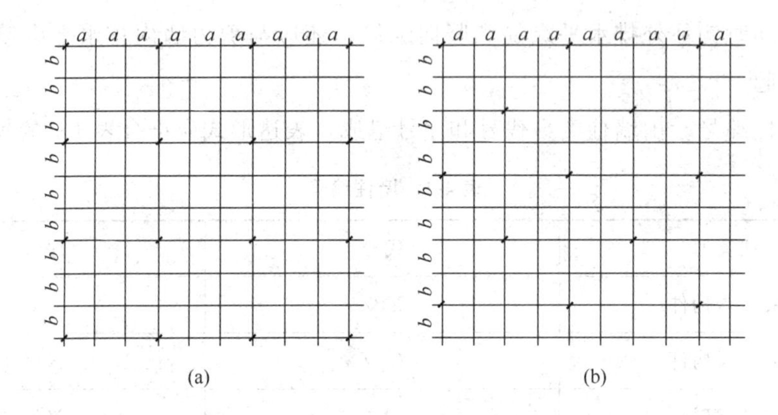

图 4-2　双向拉筋与梅花双向拉筋示意

（a）拉筋@$3a3b$ 双向（a≤200，b≤200）；（b）拉筋@$4a4b$ 梅花双向（a≤150，b≤150）

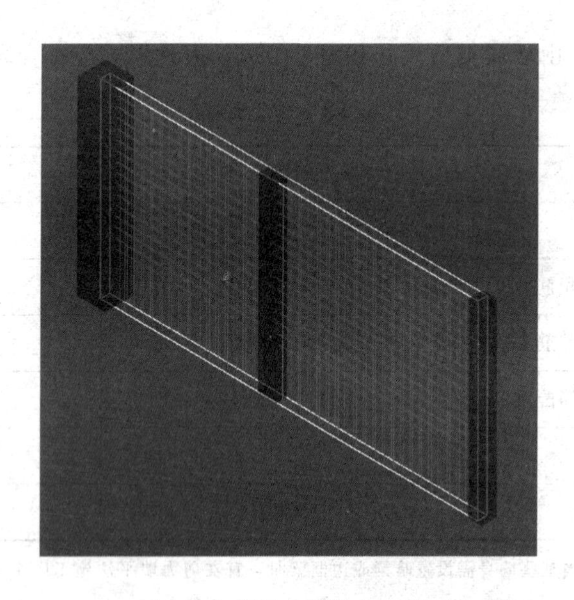

图 4-3　某剪力墙墙身钢筋

（2）在剪力墙柱表中表达的内容

第一，应注写墙柱编号（表 4-1），绘制该墙柱的截面配筋图，标注墙柱几何尺寸。第二，注写各段墙柱的起至标高，自墙柱根部往上以变截面位置或截面未变但配筋改

变处为界分段注写。墙柱根部标高一般指基础顶面标高（部分框支剪力墙结构则为框支梁顶面标高）。第三，应注写各段墙柱的纵向钢筋和箍筋，注写值应与在表中绘制的截面配筋图对应一致。纵向钢筋注总配筋值；墙柱箍筋的注写方式与柱箍筋相同。

约束边缘构件除注写阴影部位的箍筋外，尚需在剪力墙平面布置图中注写非阴影区内布置的拉筋（或箍筋）。

（3）在剪力墙梁表中表达的内容

1）注写墙梁编号，见表 4-2。

2）注写墙梁所在楼层号。

3）注写墙梁顶面标高高差，系指相对于墙梁所在结构层楼面标高的高差值。高于者为正值，低于者为负值，当无高差时不注。

4）注写墙梁截面尺寸 $b\times h$，上部纵筋，下部纵筋和箍筋的具体数值。

5）当连梁设有对角暗撑时［代号为 LL（JC）XX］，注写暗撑的截面尺寸（箍筋外皮尺寸）；注写一根暗撑的全部纵筋，并标注×2 表明有 2 根暗撑相互交叉；注写暗撑箍筋的具体数值。

6）当连梁设有交叉斜筋时［代号为 LL（JX）XX］，注写连梁一侧对角斜筋的配筋值，并标注×2 表明对称设置；注写对角斜筋在连梁端部设置的拉筋根数、规格及直径，并标注×4 表示 4 个角都设置；注写连梁一侧折线筋配筋值，并标注×2 表明对称设置。

7）当连梁设有集中对角斜筋时［代号为 LL（DX）XX］，注写一条对角线上的对角斜筋，并标注×2 表明对称设置。

三、剪力墙平法施工图的截面注写方式

（1）截面注写方式，系在分标准层绘制的剪力墙平面布置图上，以直接在墙柱、墙身、墙梁上注写截面尺寸和配筋具体数值的方式来表达剪力墙平法施工图，如图 4-4 所示。

（2）选用适当比例原位放大绘制剪力墙平面布置图，其中对墙柱绘制配筋截面图；对所有墙柱、墙身、墙梁分别按规定进行编号，并分别在相同编号的墙柱、墙身、墙梁中选择一根墙柱、一道墙身、一根墙梁进行注写，其注写方式按以下规定进行。

1）从相同编号的墙柱中选择一个截面，注明几何尺寸，标注全部纵筋及箍筋的具体数值。

注：约束边缘构件除需注明阴影部分具体尺寸外，尚需注明约束边缘构件沿墙肢长度 l_c，约束边缘翼墙中沿墙肢长度尺寸为 $2b_f$ 时可不注。除注写阴影部位的箍筋外尚需注写非阴影区内布置的拉筋（或箍筋）。当仅 l_c 不同时，可编为同一构件，但应单独注明 l_c 的具体尺寸并标注非阴影区内布置的拉筋（或箍筋）。

设计施工时应注意：当约束边缘构件体积配箍率计算中计入墙身水平分布钢筋时，设计者应注明。还应注明墙身水平分布钢筋在阴影区域内设置的拉筋。施工时，墙身水平分布钢筋应注意采用相应的构造做法。

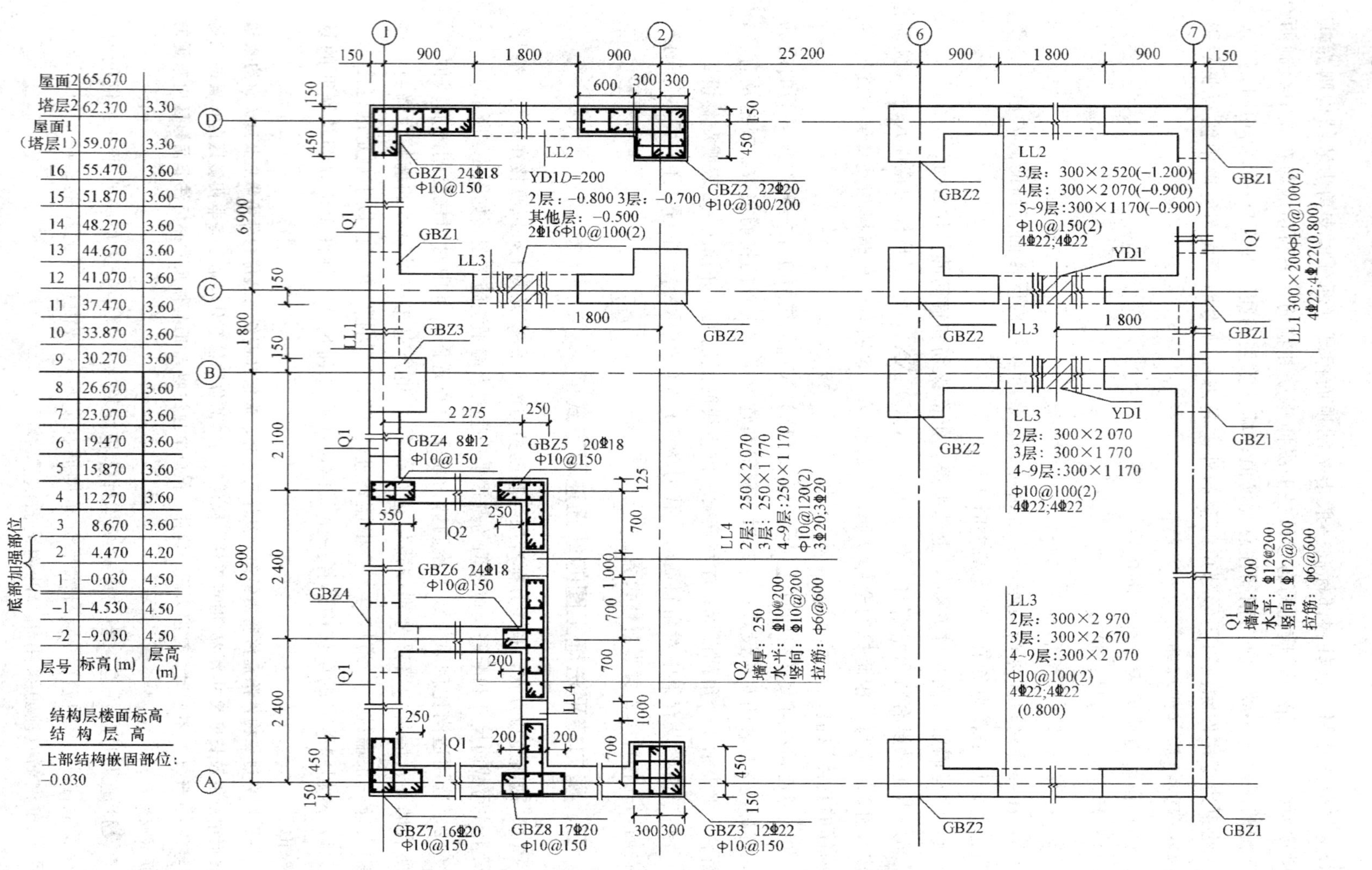

层号	标高(m)	层高(m)
屋面2	65.670	
塔层2	62.370	3.30
屋面1（塔层1）	59.070	3.30
16	55.470	3.60
15	51.870	3.60
14	48.270	3.60
13	44.670	3.60
12	41.070	3.60
11	37.470	3.60
10	33.870	3.60
9	30.270	3.60
8	26.670	3.60
7	23.070	3.60
6	19.470	3.60
5	15.870	3.60
4	12.270	3.60
3	8.670	3.60
2	4.470	4.20
1	-0.030	4.50
-1	-4.530	4.50
-2	-9.030	4.50

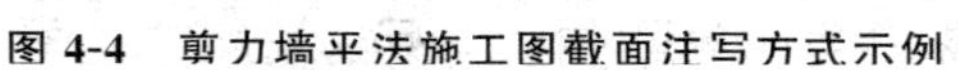

图 4-4 剪力墙平法施工图截面注写方式示例

2）从相同编号的墙身中选择一道墙身，按顺序引注的内容为：墙身编号（应包括注写在括号内墙身所配置的水平与竖向分布钢筋的排数）、墙厚尺寸，水平分布钢筋、竖向分布钢筋和拉筋的具体数值。

3）从相同编号的墙梁中选择一根墙梁，按顺序引注的内容为：

①注写墙梁编号、墙梁截面尺寸 $b\times h$、墙梁箍筋、上部纵筋、下部纵筋和墙梁顶面标高高差的具体数值。其中，墙梁顶面标高高差的注写规定同上述二、中 2 的 3）的要求。

②当连梁设有对角暗撑时［代号为 LL（JC）XX］，注写规定同上述二、中 2 的 5）的要求。

③当连梁设有交叉斜筋时［代号为 LL（JX）XX］，注写规定同上述二、中 2 的 6）的要求。

④当连梁设有集中对角斜筋时［代号为 LL（DX）XX］，注写规定同上述二、中 2 的 7）的要求。

当墙身水平分布钢筋不能满足连梁、暗梁及边框梁的梁侧面纵向构造钢筋的要求时，应补充注明梁侧面纵筋的具体数值；注写时，以大写字母 N 打头，接续注写直径与间距。其在支座内的锚固要求同连梁中受力钢筋。

【例】 N⏀10@150，表示墙梁两个侧面纵筋对称配置为：HRB400 级钢筋，直径为 10，间距为 150mm。

四、剪力墙洞口的表示方法

（1）无论采用列表注写方式还是截面注写方式，剪力墙上的洞口均可在剪力墙平面布置图上原位表达。

（2）洞口的具体表示方法。

1）在剪力墙平面布置图上绘制洞口示意，并标注洞口中心的平面定位尺寸。

2）在洞口中心位置引注。

①洞口编号：矩形洞口为 JD××（××为序号），圆形洞口为 YD××（××为序号）。

②洞口几何尺寸：矩形洞口为洞宽×洞高（$b\times h$），圆形洞口为洞口直径 D。

③洞口中心相对标高：系相对于结构层楼（地）面标高的洞口中心高度。当其高于结构层楼面时为正值，低于结构层楼面时为负值。

④洞口每边补强钢筋，分以下几种不同情况：

a. 当矩形洞口的洞宽、洞高均不大于 800mm 时，此项注写为洞口每边补强钢筋的具体数值（如果按标准构造详图设置补强钢筋时可不注）。当洞宽、洞高方向补强钢筋不一致时，分别注写洞宽方向、洞高方向补强钢筋，以“/”分隔。

【例】 JD　2　400×300＋3.100　3⏀14，表示 2 号矩形洞口，洞宽 400mm，洞高 300mm，洞口中心距本结构层楼面 3100mm，洞口每边补强钢筋为 3⏀14。

JD　3　400×300＋3.100，表示 3 号矩形洞口，洞宽 400mm，洞高 300mm，洞口中心距本结构层楼面 3100mm，洞口每边补强钢筋按构造配置。

JD 4 800×300+3.100 3⌀18/3⌀14，表示4号矩形洞口，洞宽800mm，洞高300mm，洞口中心距本结构层楼面3100mm，洞宽方向补强钢筋为3⌀18，洞高方向补强钢筋为3⌀14。

b. 当矩形或圆形洞口的洞宽或直径大于800mm时，在洞口的上、下需设置补强暗梁，此项注写为洞口上、下每边暗梁的纵筋与箍筋的具体数值（在标准构造详图中，补强暗梁梁高一律定为400mm，施工时按标准构造详图取值，设计不注。当设计者采用与该构造详图不同的做法时，应另行注明），圆形洞口时尚需注明环向加强钢筋的具体数值；当洞口上、下边为剪力墙连梁时，此项免注；洞口竖向两侧设置边缘构件时，亦不在此项表达（当洞口两侧不设置边缘构件时，设计者应给出具体做法）。

【例】 JD 5 1800×2100+1.800 6⌀20 ⌀8@150，表示5号矩形洞口，洞宽1800mm，洞高2100mm，洞口中心距本结构层楼面1800mm，洞口上下设补强暗梁，每边暗梁纵筋为6⌀20，箍筋为⌀8@150。

YD 5 1000+1.800 6⌀20 ⌀8@150 2⌀16，表示5号圆形洞口，直径1000mm，洞口中心距本结构层楼面1800mm，洞口上下设补强暗梁，每边暗梁纵筋为6⌀20，箍筋为⌀8@150，环向加强钢筋2⌀16。

c. 当圆形洞口设置在连梁中部1/3范围（且圆洞直径不应大于1/3梁高）时，需注写在圆洞上下水平设置的每边补强纵筋与箍筋。

d. 当圆形洞口设置在墙身或暗梁、边框梁位置，且洞口直径不大于300mm时，此项注写为洞口上下左右每边布置的补强纵筋的具体数值。

e. 当圆形洞口直径大于300mm，但不大于800mm时，其加强钢筋在标准构造详图中系按照圆外切正六边形的边长方向布置，设计仅需注写六边形中一边补强钢筋的具体数值。

某剪力墙及洞口示意图如图4-5所示。

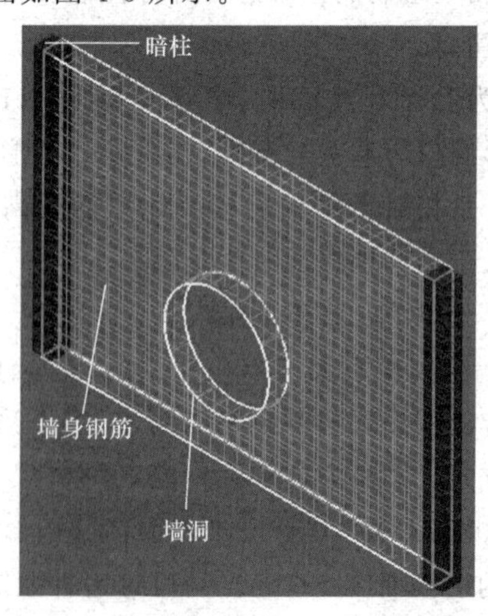

图4-5 某剪力墙及洞口示意图

五、地下室外墙的表示方法

（1）地下室外墙编号，由墙身代号、序号组成。表达为：

DWQ××

（2）地下室外墙平面注写方式，包括集中标注墙体编号、厚度、贯通筋、拉筋等和原位标注附加非贯通筋等两部分内容。当仅设置贯通筋，未设置附加非贯通筋时，则仅做集中标注。

（3）地下室外墙的集中标注。

1）注写地下室外墙编号，包括代号、序号、墙身长度（注为××～××轴）。

2）注写地下室外墙厚度 b_w＝×××。

3）注写地下室外墙的外侧、内侧贯通筋和拉筋。

①以 OS 代表外墙外侧贯通筋。其中，外侧水平贯通筋以 H 打头注写，外侧竖向贯通筋以 V 打头注写。

②以 IS 代表外墙内侧贯通筋。其中，内侧水平贯通筋以 H 打头注写，内侧竖向贯通筋以 V 打头注写。

③以 tb 打头注写拉筋直径、强度等级及间距，并注明“双向”或“梅花双向”。

【例】 DWQ2（①～⑥），b⏀w＝300

OS：H⏀18@200，V⏀20@200

IS：H⏀16@200，V⏀18@200

tbΦ6@400@400 双向

表示 2 号外墙，长度范围为①～⑥之间，墙厚为 300mm；外侧水平贯通筋为⏀18@200，竖向贯通筋为⏀20@200；内侧水平贯通筋为⏀16@200，竖向贯通筋为⏀18@200；双向拉筋为Φ6，水平间距为 400mm，竖向间距为 400mm。

（4）地下室外墙的原位标注，主要表示在外墙外侧配置的水平非贯通筋或竖向非贯通筋。

当配置水平非贯通筋时，在地下室墙体平面图上原位标注。在地下室外墙外侧绘制粗实线段代表水平非贯通筋，在其上注写钢筋编号并以 H 打头注写钢筋强度等级、直径、分布间距，以及自支座中线向两边跨内的伸出长度值。当自支座中线向两侧对称伸出时，可仅在单侧标注跨内伸出长度，另一侧不注，此种情况下非贯通筋总长度为标注长度的 2 倍。边支座处非贯通钢筋的伸出长度值从支座外边缘算起。

地下室外墙外侧非贯通筋通常采用“隔一布一”方式与集中标注的贯通筋间隔布置，其标注间距应与贯通筋相同，两者组合后的实际分布间距为各自标注间距的 1/2。

当在地下室外墙外侧底部、顶部、中层楼板位置配置竖向非贯通筋时，应补充绘制地下室外墙竖向截面轮廓图并在其上原位标注。表示方法为在地下室外墙竖向截面轮廓图外侧绘制粗实线段代表竖向非贯通筋，在其上注写钢筋编号并以 V 打头注写钢筋强度等级、直径、分布间距，以及向上（下）层的伸出长度值，并在外墙竖向截面图名下注明分布范围（××～××轴）。

注：向层内的伸出长度值注写方式：

1. 地下室外墙底部非贯通钢筋向层内的伸出长度值从基础底板顶面算起。

2. 地下室外墙顶部非贯通钢筋向层内的伸出长度值从板底面算起。

3. 中层楼板处非贯通钢筋向层内的伸出长度值从板中间算起，当上下两侧伸出长度值相同时可仅注写一侧。

地下室外墙外侧水平、竖向非贯通筋配置相同者，可仅选择一处注写，其他可仅注写编号。

当在地下室外墙顶部设置通长加强钢筋时应注明。

设计时应注意：设计者应根据具体情况判定扶壁柱或内墙是否作为墙身水平方向的支座，以选择合理的配筋方式。

（5）采用平面注写方式表达的地下室剪力墙平法施工图示例，如图 4-6 所示。

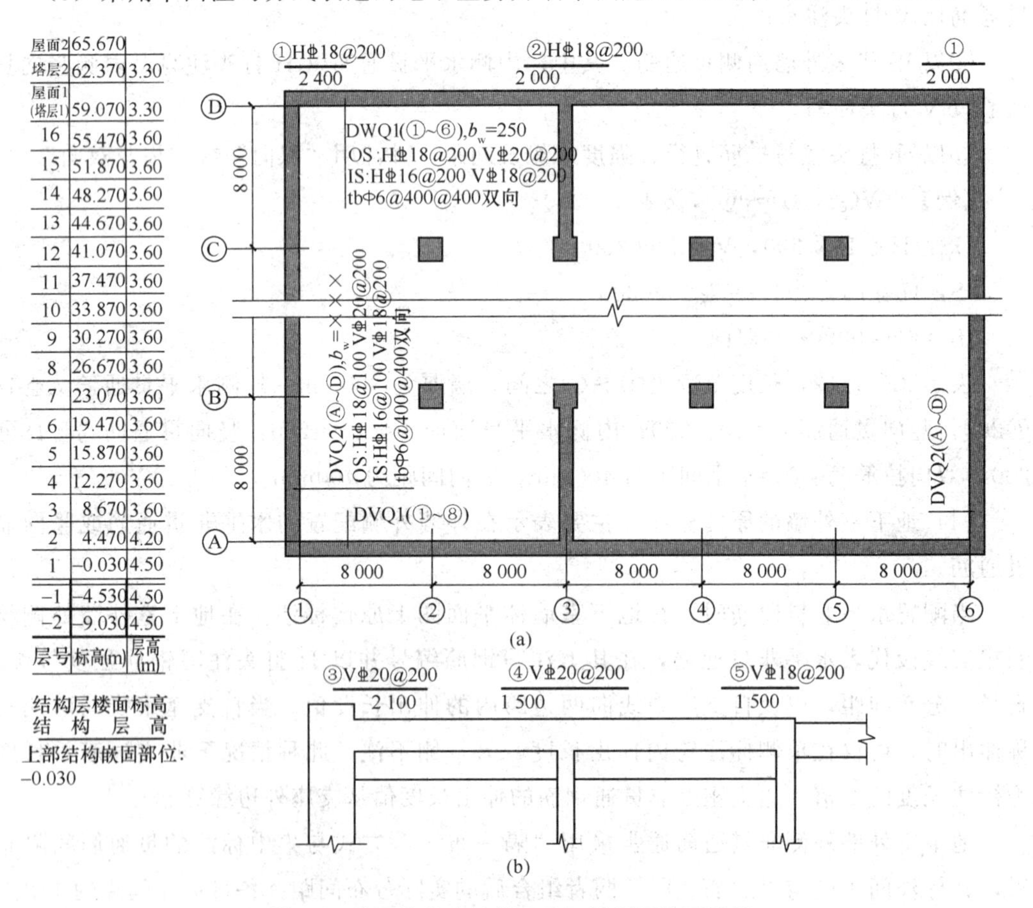

层号	标高(m)	层高(m)
屋面2	65.670	
塔层2	62.370	3.30
屋面1(塔层1)	59.070	3.30
16	55.470	3.60
15	51.870	3.60
14	48.270	3.60
13	44.670	3.60
12	41.070	3.60
11	37.470	3.60
10	33.870	3.60
9	30.270	3.60
8	26.670	3.60
7	23.070	3.60
6	19.470	3.60
5	15.870	3.60
4	12.270	3.60
3	8.670	3.60
2	4.470	4.20
1	-0.030	4.50
-1	-4.530	4.50
-2	-9.030	4.50

结构层楼面标高
结 构 层 高
上部结构嵌固部位：
-0.030

图 4-6　地下室剪力墙平法施工图平面注写示例

六、其他

（1）在抗震设计中，应注明底部加强区在剪力墙平法施工图中的所在部位及其高度范围，以便使施工人员明确在该范围内应按照加强部位的构造要求进行施工。

（2）当剪力墙中有偏心受拉墙肢时，无论采用何种直径的竖向钢筋，均应采用机械连接或焊接接长，设计者应在剪力墙平法施工图中加以注明。

七、某剪力墙平法施工图示例

某工程地下一层剪力墙平法施工图如表 4-3、表 4-4、图 4-7、图 4-8 所示。

表 4-3　剪力墙连梁表

编号	所在楼层号	梁顶相对标高高差	梁截面 $b\times h$	上部纵筋	下部纵筋	箍筋	腰筋
LL1	梁顶标高－0.120 梁顶标高－3.400		250×500	2⌀16	2⌀16	⌀8@100（2）	墙筋拉通
LL2	梁顶标高－0.120 梁顶标高－3.400		260×500	2⌀16	2⌀16	⌀8@100（2）	墙筋拉通

表 4-4　剪力墙身表

编号	墙厚	水平分布筋	垂直分布筋	拉筋
Q1	200（两排）	⌀12@200	⌀10@200	ϕ6@600
Q2	250（两排）	⌀12@200	⌀10@200	ϕ6@600

注：1. 图中未编号的墙为 Q2。

2. 墙拉筋应梅花形布置。

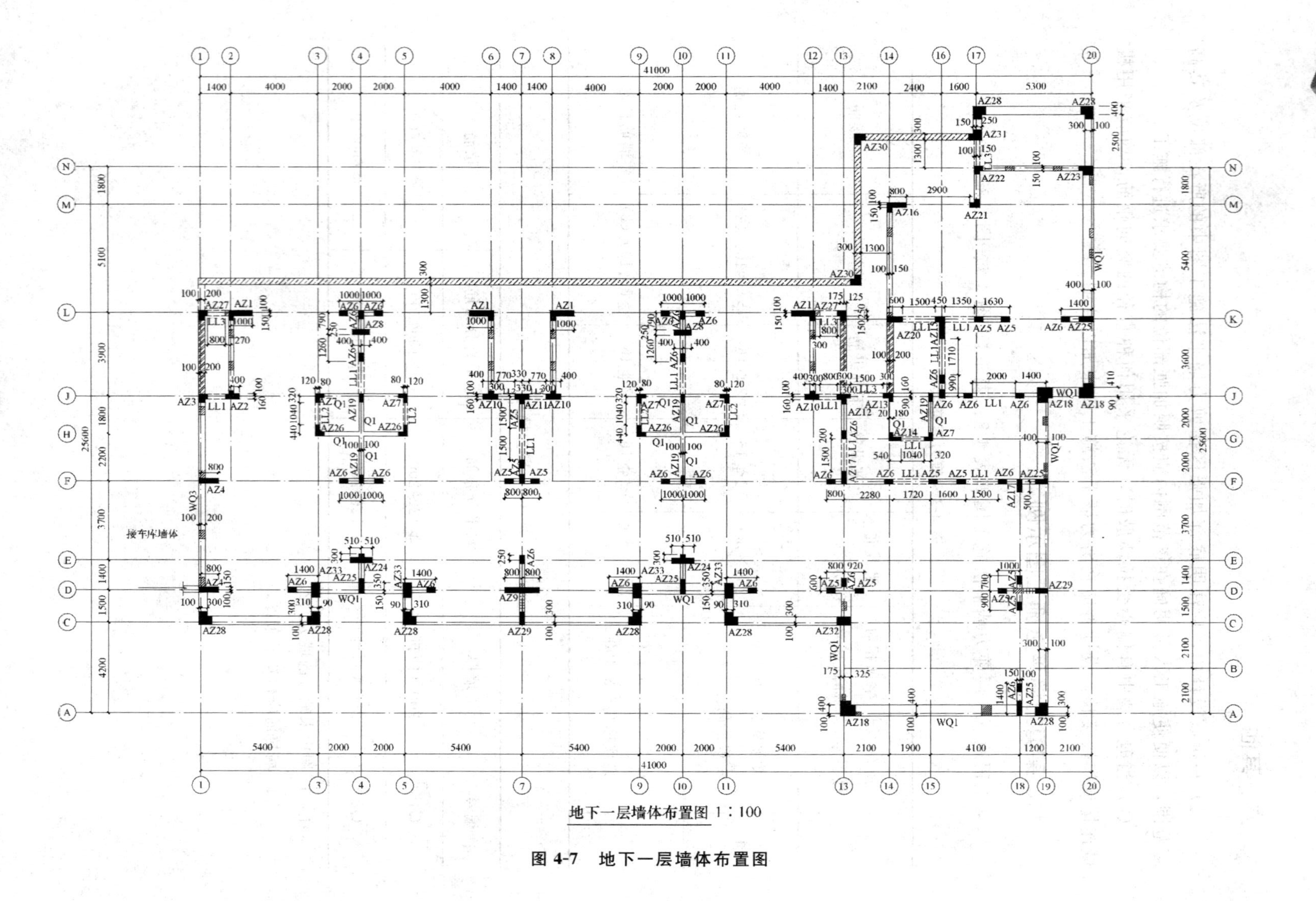

图 4-7　地下一层墙体布置图

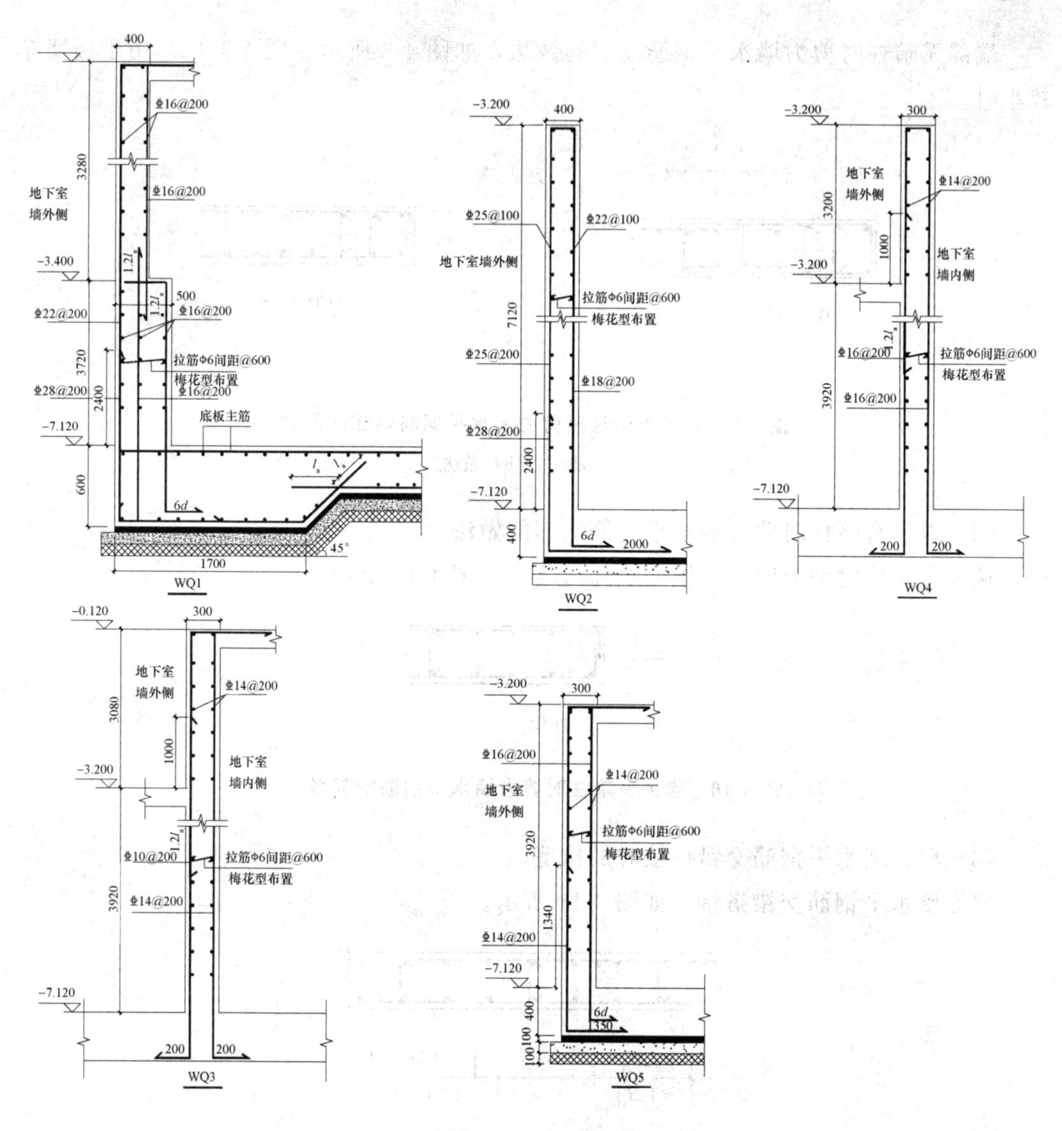

图 4-8　剪力墙图

第二节　剪力墙平法施工图标准构造详图

一、剪力墙身钢筋构造

1. 剪力墙身水平钢筋构造

（1）端部无暗柱时剪力墙水平钢筋端部的做法

端部无暗柱时剪力墙水平钢筋端部的做法，如图 4-9 所示。图 4-9（a）用于当墙厚较小时。

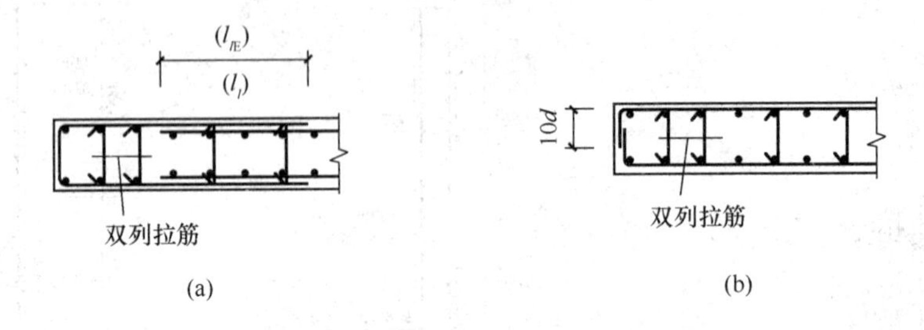

图 4-9 端部无暗柱时剪力墙水平钢筋端部的做法

（a）做法一；（b）做法二

（2）端部有暗柱时剪力墙水平钢筋端部的做法

端部有暗柱时剪力墙水平钢筋端部做法，如图 4-10 所示。

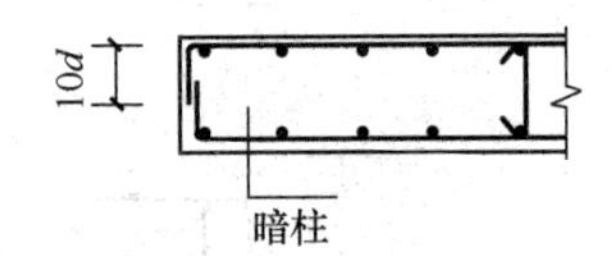

图 4-10 端部有暗柱时剪力墙水平钢筋端部做法

（3）剪力墙水平钢筋交错搭接时的构造

剪力墙水平钢筋交错搭接，如图 4-11 所示。

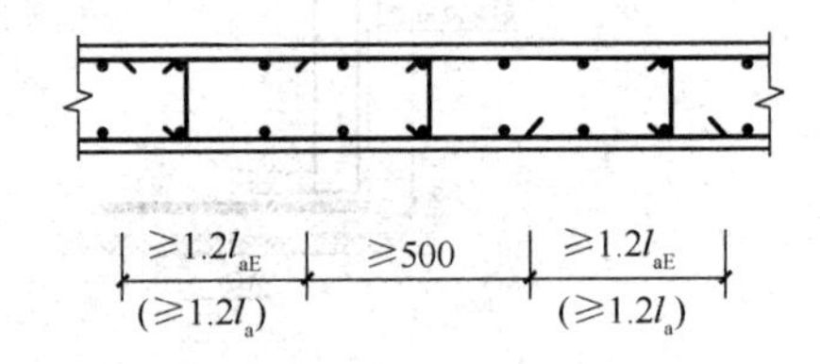

图 4-11 剪力墙水平钢筋交错搭接（沿高度每隔一根错开搭接）

（4）剪力墙水平钢筋内、外侧在转角位置搭接

暗柱中的箍筋较密，遇有剪力墙厚度较薄时，剪力墙水平分布筋在阳角处搭接的钢筋会更加密集，影响到混凝土与钢筋之间"握裹力"，承载力下降，需要通过可靠的构造措施提供保证。

1）在转角墙处，外墙外侧的水平分布钢筋应在墙端外角处弯入翼墙，并与翼墙外侧水平分布钢筋搭接，搭接长度不小于 l_{lE}（l_l），如图 4-12 所示。

2）内侧水平分布钢筋应伸至翼墙或转角边，并分别向两侧水平弯折 15d（中间排水平筋同内侧），如图 4-12 所示。

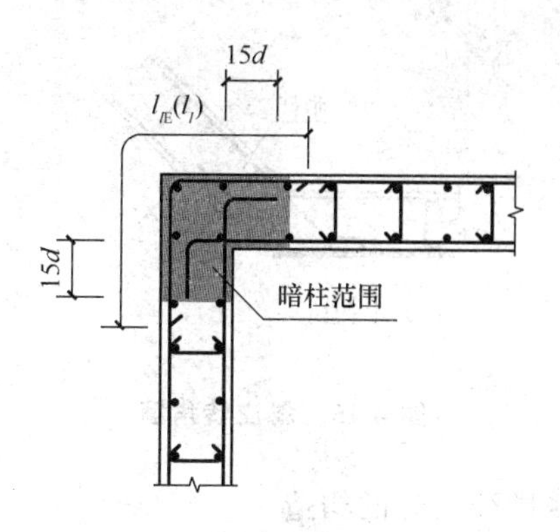

图 4-12　转角墙（一）(外侧水平筋在转角处搭接)

3）转角处水平分布钢筋应在边缘构件以外处搭接，且上下层应错开间距不小于 500mm。转角一侧搭接如图 4-13 所示，转角二侧搭接如图 4-14 所示。

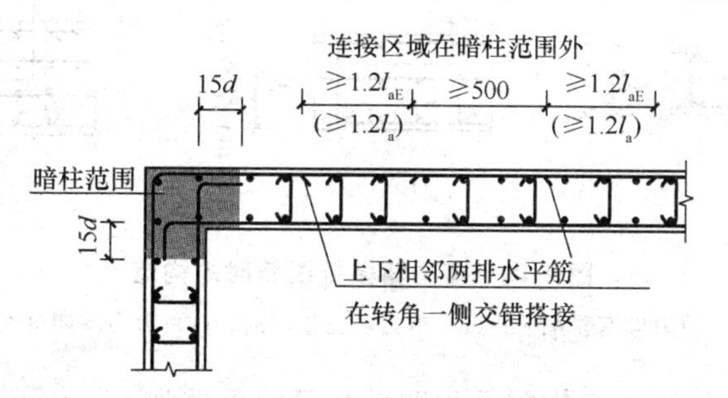

图 4-13　转角墙（二）(外侧水平筋连续通过转弯)

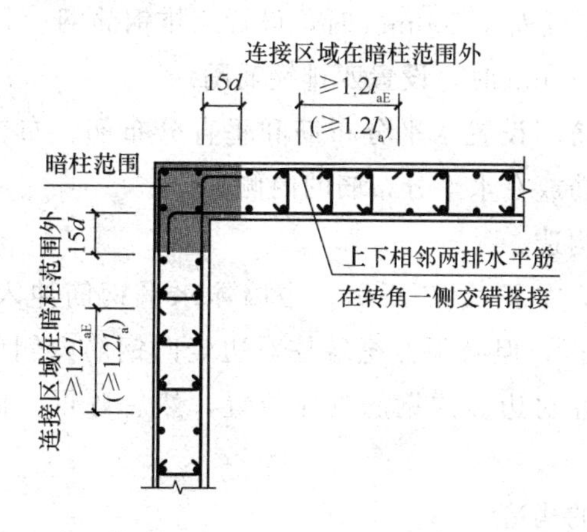

图 4-14　转角墙（二）

4）非正交时，外侧水平钢筋连续配置，其搭接位置同正交剪力墙在转角外搭接，内侧水平钢筋应伸至剪力墙的远端，水平段不小于 $15d$，如图 4-15 所示。

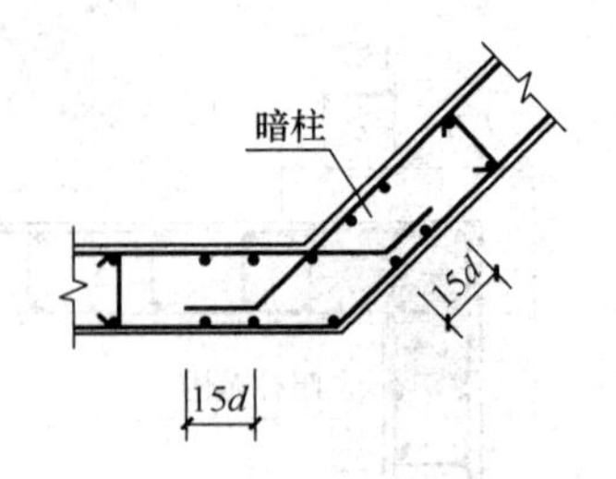

图 4-15 斜交转角墙

(5) 剪力墙水平钢筋多排配筋时的构造

剪力墙多排配筋时的构造，如图 4-16 所示。图 4-16（b）、（c）水平、竖向钢筋均匀分布，拉筋需与各排分布筋绑扎。

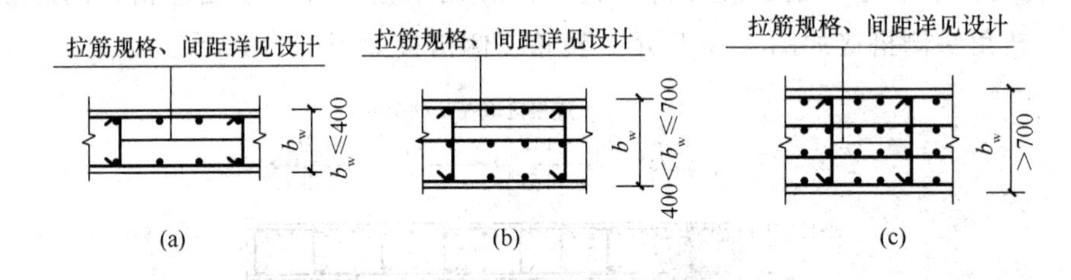

图 4-16 剪力墙多排配筋时的构造

（a）剪力墙双排配筋；（b）剪力墙三排配筋；（c）剪力墙四排配筋

剪力墙布置两排配筋、三排配筋和四排配筋的条件为：

1）当墙厚度 $b_w \leqslant 400$mm 时，设置两排钢筋网；

2）当 400mm＜墙厚度 $b_w \leqslant 700$mm 时，设置三排钢筋网；

3）当墙厚度 $b_w > 700$mm 时，设置四排钢筋网。

剪力墙身的各排钢筋网设置水平分布筋和垂直分布筋。布置钢筋时，把水平分布筋放在外侧，垂直分布筋放在水平分布筋的内侧。

(6) 端柱转角墙的构造

端柱转角墙的构造，如图 4-17 所示。当墙体水平钢筋伸入端柱的直锚长度≥l_{aE}（l_a）时，可不必上下弯折，但必须伸至端柱对边竖向钢筋内侧位置。其他情况时，墙体水平钢筋必须伸入端柱对边竖向钢筋内侧位置，然后弯折。括号内数字用于非抗震设计。

(7) 端部有翼墙时的构造

端部有翼墙的构造，如图 4-18 所示。端部有翼墙时，内墙两侧水平分布钢筋，应伸至翼墙外边并分别向两侧水平弯折 15d（向外）。

(8) 水平变截面墙水平钢筋构造

水平变截面墙水平钢筋的构造，如图 4-19 所示。

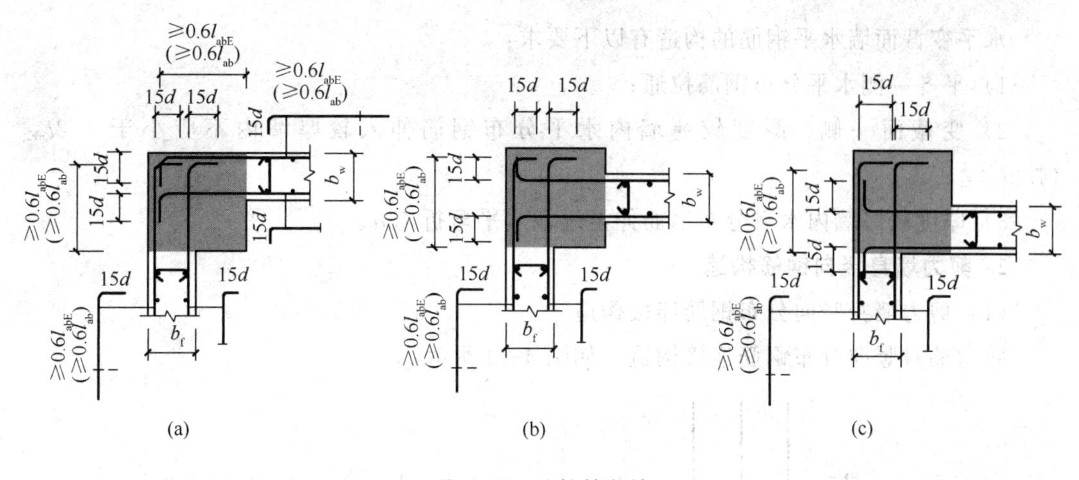

图 4-17　端柱转角墙

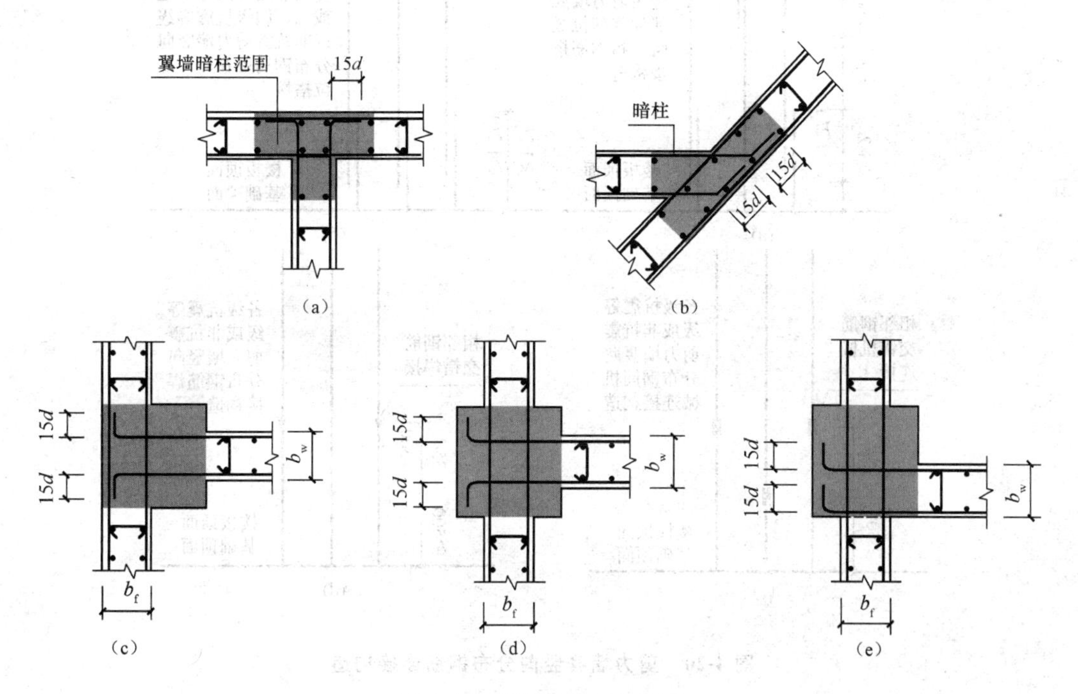

图 4-18　端部有翼墙的构造

（a）翼墙；（b）斜交翼墙；（c）端柱翼墙（一）；（d）端柱翼墙（二）；（e）端柱翼墙（三）

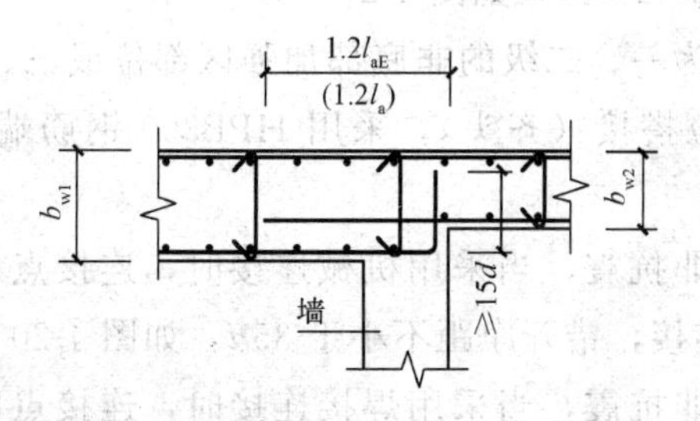

图 4-19　水平变截面墙水平钢筋的构造（$b_{w1}>b_{w2}$）

水平变截面墙水平钢筋的构造有以下要求：

1）平齐一侧水平分布钢筋拉通；

2）变截面一侧，厚度较薄墙内水平分布钢筋伸入较厚墙内不应小于 $1.2l_{aE}$（$1.2l_a$）；

3）厚度较厚墙内水平分布钢筋伸至远端水平弯折 $15d$。

2. 剪力墙身竖向钢筋构造

（1）剪力墙身竖向分布钢筋连接构造

剪力墙身竖向分布钢筋连接构造，如图 4-20 所示。

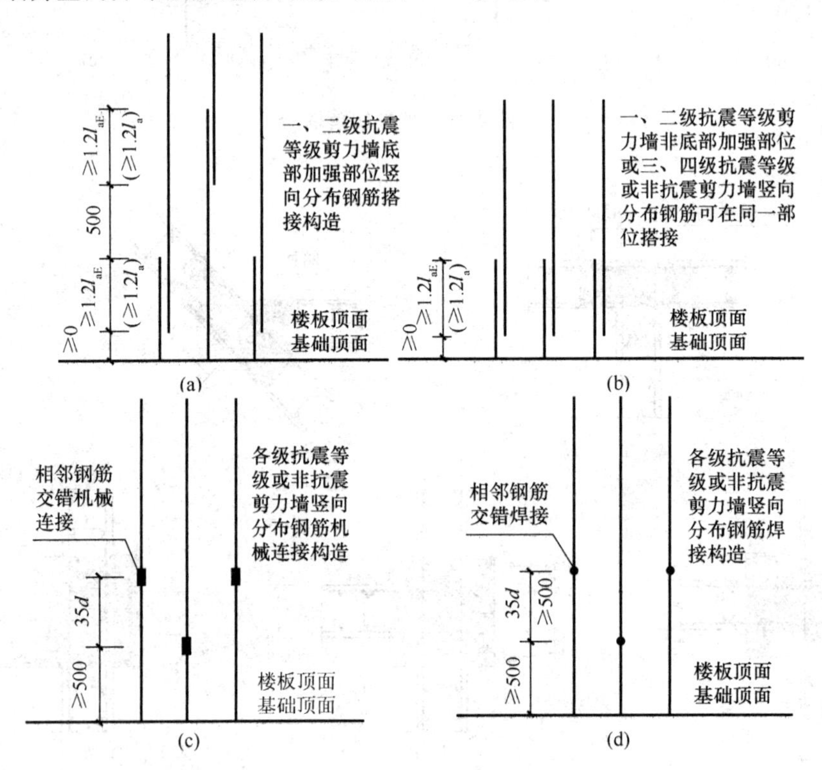

图 4-20 剪力墙身竖向分布钢筋连接构造

1）剪力墙抗震等级为一、二级时，底部加强区部位采用搭接连接，应错开搭接；采用 HPB300 钢筋端部加 180°钩，如图 4-20（a）所示。

2）剪力墙抗震等级为一、二级的非底部加强区部位或三、四级、非抗震时，采用搭接连接，可在同一部位搭接（齐头），采用 HPB300 钢筋端部加 180°钩，如图 4-20（b）所示。

3）各级抗震等级或非抗震，当采用机械连接时，连接点应在结构面 500mm 高度以上，相邻钢筋应交错连接，错开净距不小于 $35d$，如图 4-20（c）所示。

4）各级抗震等级或非抗震，当采用焊接连接时，连接点应在结构面 500mm 高度以上，相邻钢筋应交错连接，错开净距不小于 $35d$ 且不小于 500mm，如图 4-20（d）

所示。

（2）剪力墙竖向钢筋多排配筋时的构造

剪力墙竖向钢筋多排配筋构造，如图 4-21 所示。

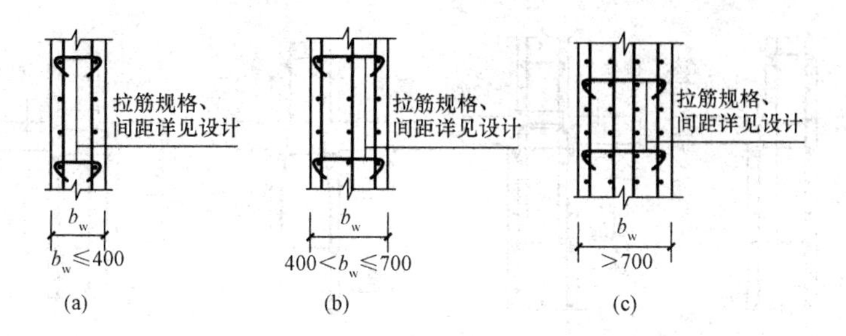

图 4-21　剪力墙竖向钢筋多排配筋构造

（a）剪力墙双排配筋；

（b）剪力墙三排配筋（水平、竖向钢筋均匀分布，拉筋需与各排分布筋绑扎）；

（c）剪力墙四排配筋（水平、竖向钢筋均匀分布，拉筋需与各排分布筋绑扎）

3. 剪力墙竖向钢筋顶部构造

剪力墙竖向钢筋顶部构造，如图 4-22 所示。

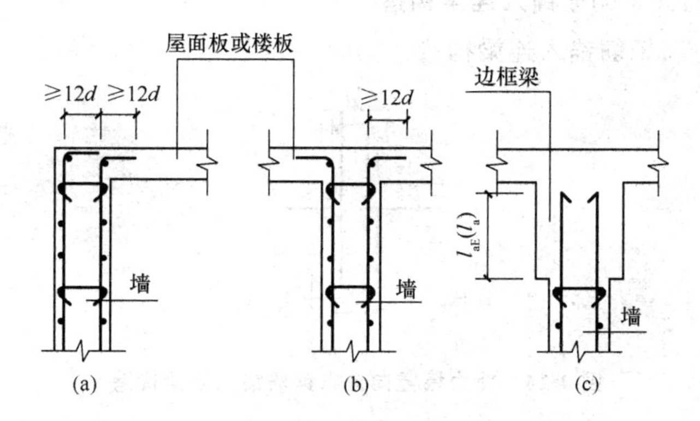

图 4-22　剪力墙竖向钢筋顶部构造

剪力墙竖向钢筋顶部构造，包括墙柱和墙身的竖向钢筋顶部构造。

图 4-22（a）为边柱或边墙的竖向钢筋顶部构造；图 4-22（b）为中柱或中墙的竖向钢筋顶部构造；图 4-22（c）为剪力墙竖向钢筋在边框梁的锚固构造［直锚 l_{aE}（l_a）］。

图 4-22（a）、（b）有一个共同点，就是剪力墙竖向钢筋伸入屋面板或楼板顶部，然后弯直钩≥12d。

4. 剪力墙变截面处竖向分布钢筋的构造

剪力墙变截面处竖向分布钢筋的构造，如图 4-23 所示。剪力墙变截面处竖向分布钢筋的构造有两种做法：墙体一侧收进和墙体两侧同时收进。

(1) 墙体一侧收进，如图 4-23 (a)、(d) 所示。平齐一侧直通，可在楼面以上按规定连接；变截面一侧，下部竖向分布钢筋伸至楼板顶部水平弯折不小于 $12d$，上部竖向钢筋锚入下部墙体不小于 $1.2l_{aE}$ ($1.2l_a$)。

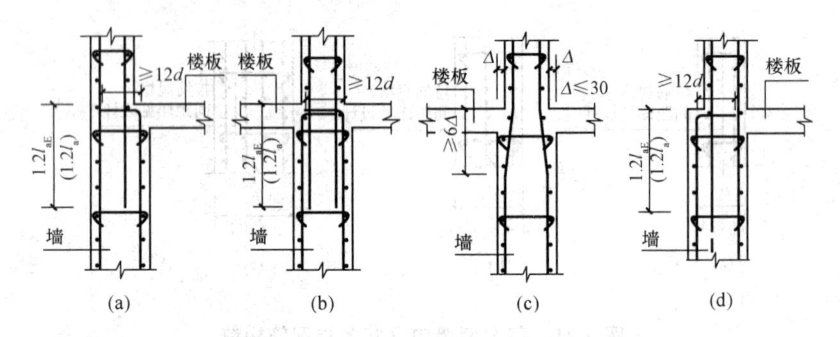

图 4-23　剪力墙变截面处竖向分布钢筋的构造

(2) 墙体两侧同时收进，如图 4-23 (b)、(c) 所示。下部竖向分布钢筋伸至楼板顶部水平弯折不小于 $12d$，上部竖向钢筋锚入下部墙体不小于 $1.2l_{aE}$ ($1.2l_a$)；采用坡度不大于 1/6 的坡度弯折通过。

5. 剪力墙竖向分布钢筋锚入连梁构造

剪力墙竖向分布钢筋锚入连梁构造，如图 4-24 所示。

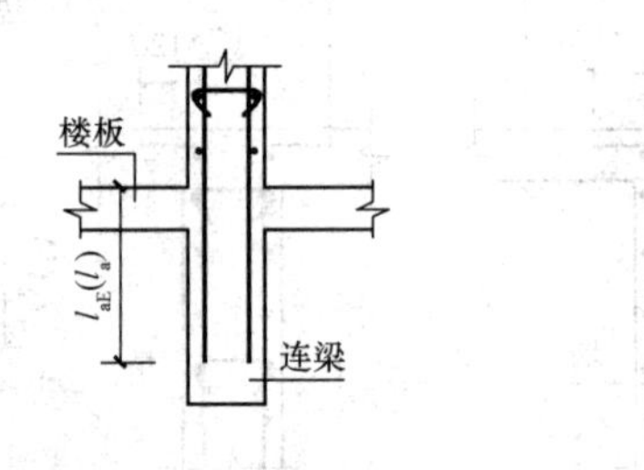

图 4-24　剪力墙竖向分布钢筋锚入连梁构造

(1) 连梁上部的剪力墙竖向钢筋在连梁内的锚固长度不小于 l_{aE} (l_a)。

(2) 当抗震等级为一级剪力墙时，应验算水平施工缝处的抗滑移（可以采用短筋形式，附加钢筋）。

6. 剪力墙身钢筋计算

(1) 水平钢筋

1) 基础层剪力墙水平钢筋计算

基础层剪力墙水平筋分内侧钢筋、中间钢筋和外侧钢筋。内侧钢筋在剪力墙转角处搭接，外侧钢筋在转角处可以连续通过，也可以断开搭接。当剪力墙端无暗柱时，墙水平筋在端头锚固 $10d$。

①墙端为暗柱时。

a. 外侧钢筋连续通过

外侧钢筋长度＝墙长－保护层厚度×2

内侧钢筋＝墙长－保护层厚度＋15d×2（弯折）

b. 外侧钢筋不连续通过

外侧钢筋长度＝墙净长＋2×l_{lE}

内侧钢筋长度＝墙长－保护层厚度＋15d×2（弯折）

②墙端为端柱时，剪力墙墙身水平钢筋在端柱中弯锚15d，当墙体水平筋伸入端柱长度大于或等于l_{aE}（l_a）时，不必上下弯折。

a. 当为端柱转角墙时

外侧钢筋长度＝墙净长＋端柱长－保护层厚度＋15d

内侧钢筋＝墙净长＋端柱长－保护层厚度＋15d

b. 当为端柱翼墙或端柱端部墙时

外侧钢筋长度＝墙净长－端柱长－保护层厚度＋15d

内侧钢筋长度＝墙净长＋端柱长－保护层厚度＋15d

如果剪力墙存在多排垂直筋和水平钢筋时，其中间水平钢筋在拐角处的锚固措施同该墙的内侧水平筋的锚固构造。

③基础层剪力墙水平筋的根数。

基础层水平钢筋根数＝层高/间距＋1

部分设计图纸，明确表示基础层剪力墙水平筋的根数，也可以根据图纸实际根数计算。

2）中间层剪力墙水平筋计算

当剪力墙中无洞口时，中间层剪力墙中水平钢筋设置同基础层，钢筋长度计算同基础层。当剪力墙墙身有洞口时，墙身水平筋在洞口左右两边截断，分别向下弯折15d。

洞口水平钢筋长度＝该层内钢筋净长＋弯折长度15d

3）顶层剪力墙水平筋计算

顶层剪力墙水平筋设置同中间层剪力墙，钢筋长度计算同中间层。

（2）竖向钢筋

1）剪力墙基础层插筋计算

剪力墙插筋是剪力墙钢筋与基础梁或基础板的锚固钢筋，包括垂直长度和锚固长度两部分。

①剪力墙插筋长度计算。

剪力墙基础插筋采用绑扎连接时，钢筋构造图如图4-20（a）、（b）所示，插筋采机械或焊接时如图4-20（c）、（d）所示。

基础层剪力墙插筋长度＝弯折长度a＋锚固竖直长度h_1＋搭接长度（1.2l_{aE}）或非连接区500mm

当采用机械连接时，钢筋搭接长度不计，剪力墙基础插筋长度为：

基础层剪力墙插筋长度＝弯折长度 a ＋锚固竖直长度 h_1 ＋钢筋伸出基础长度500mm

通常在工程预算中计算钢筋重量时，一般不考虑钢筋错层搭接问题，因为错层搭接对钢筋总重量没有影响。

②剪力墙插筋根数计算。

剪力墙基础插筋布置如图4-25所示，插筋距离暗柱边缘距离为竖筋间距的一半。

剪力墙插筋根数＝（墙净长－2×插筋间距/2）/插筋间距－

（墙长－两端暗柱截面长－2×插筋间距/2）

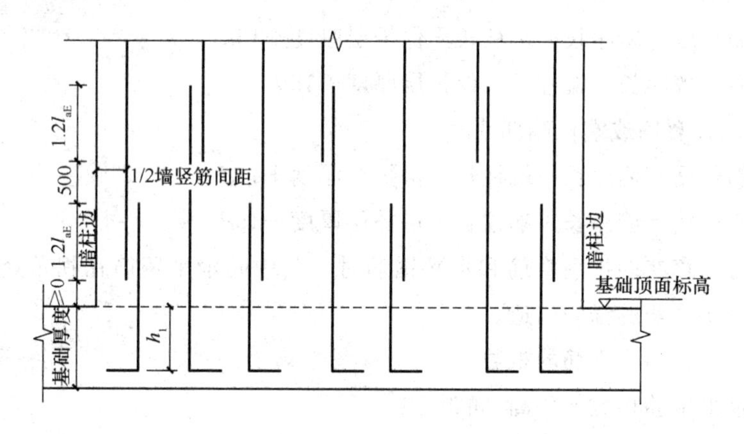

图4-25 剪力墙基础插筋布置图

2）中间层剪力墙竖向钢筋计算

中间层剪力墙竖向钢筋布置分为有洞口和无洞口两种情况。无洞口时，钢筋布置图如图4-26所示。有洞口时，钢筋布置图如图4-27所示。

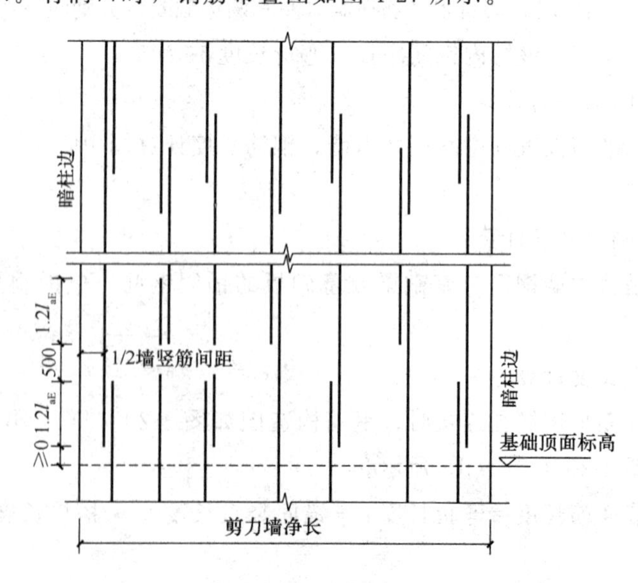

图4-26 中间层剪力墙竖向钢筋布置图

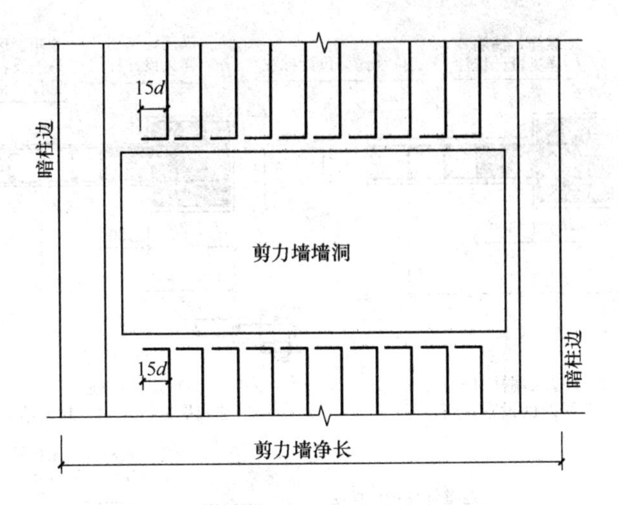

图 4-27　有洞口剪力墙竖向钢筋构造图

无洞口时，中间层竖向钢筋＝层高＋搭接长度 $1.2l_{aE}$

剪力墙墙身有洞口时，墙身竖向钢筋在洞口上下两边截断，分别横向弯折 $15d$。

竖向钢筋长度＝该层内钢筋净长＋弯折长度 $15d$＋搭接长度 $1.2l_{aE}$

3）顶层剪力墙竖向钢筋计算

顶层剪力墙竖向钢筋应在板中进行锚固，锚固长度为 $12d$，如图 4-20 所示。

顶层竖向钢筋＝层高－板厚＋锚固长度 $12d$

4）纵筋根数

根数＝墙净长×（墙长－暗柱截面长）/S＋1

式中　S—垂直筋间距。

二、边缘构件构造

1. 约束边缘构件 YBZ 的构造

约束边缘构件 YBZ 的构造，如图 4-28 所示。图 4-28 所示的拉筋、箍筋由设计人员标注，几何尺寸 l_c 见具体工程设计。

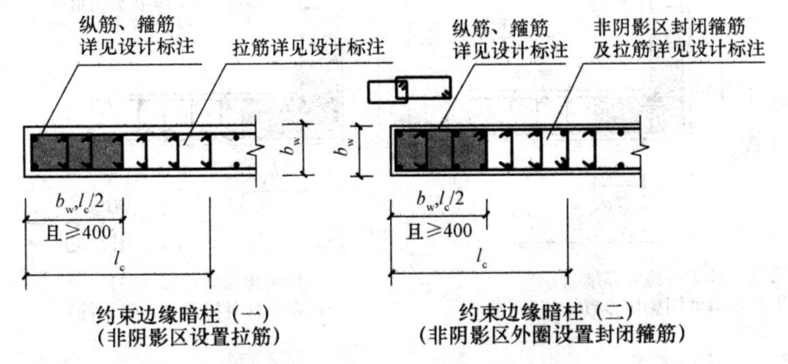

图 4-28　约束边缘构件 YBZ 的构造

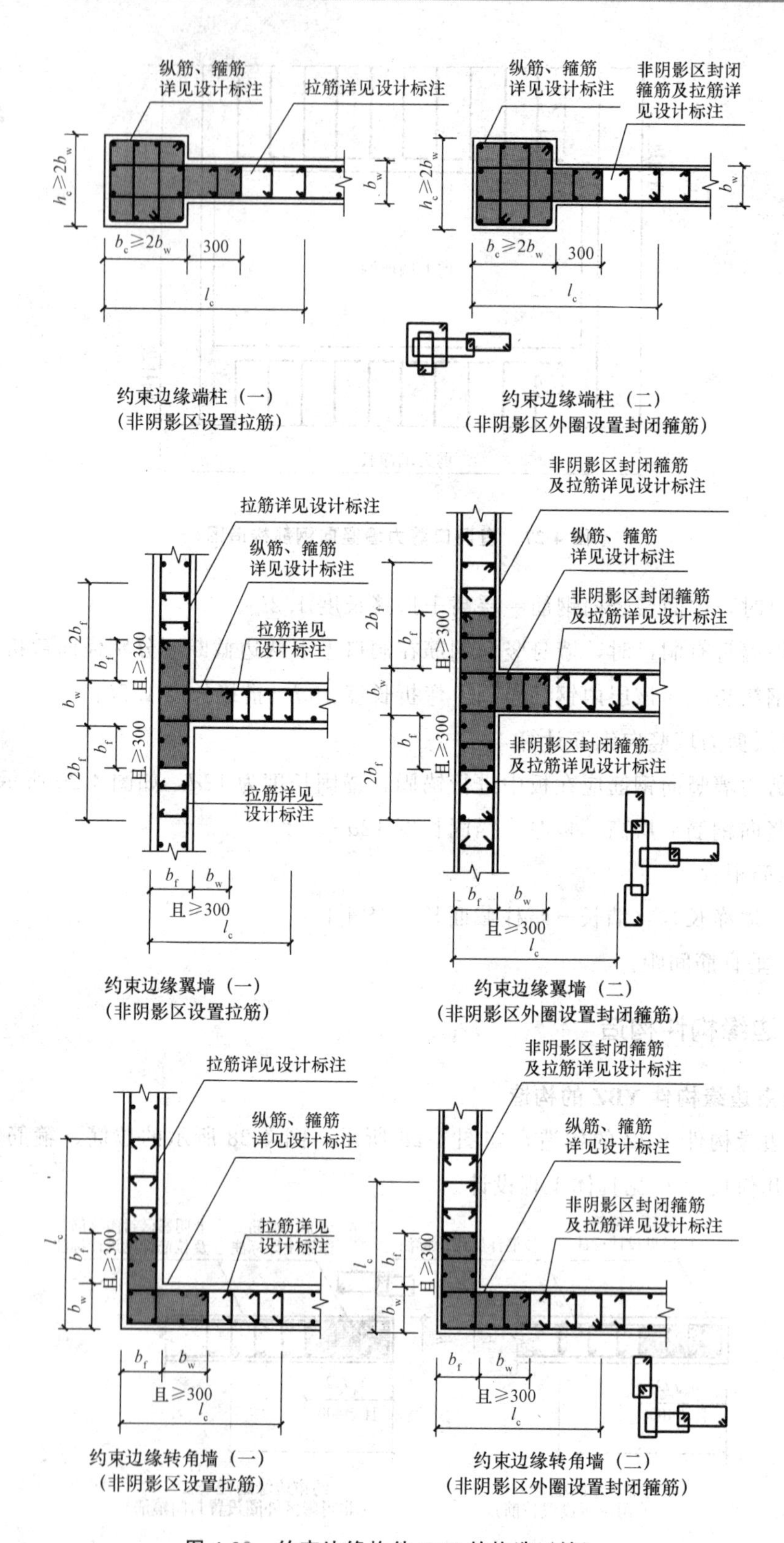

图 4-28 约束边缘构件 YBZ 的构造（续）

（1）约束边缘暗柱（一）、约束边缘端柱（一）、约束边缘翼墙（一）、约束边缘转角墙（一）（非阴影区设置拉筋）。非阴影区的配筋特点为加密拉筋：普通墙身的拉筋是“隔一拉一”或“隔二拉一”，而在这个非阴影区是每个竖向分布筋都要设置拉筋。

（2）约束边缘暗柱（二）、约束边缘端柱（二）、约束边缘翼墙（二）、约束边缘转角墙（二）（非阴影区设置封闭箍筋）。当非阴影区设置外围封闭箍筋时，该封闭箍筋伸入到阴影区内 1 倍纵向钢筋间距，并箍住该纵向钢筋。封闭箍筋内设置拉筋，拉筋应同时钩住竖向钢筋和外封闭箍筋。

图 4-29 是某暗柱配筋效果图。

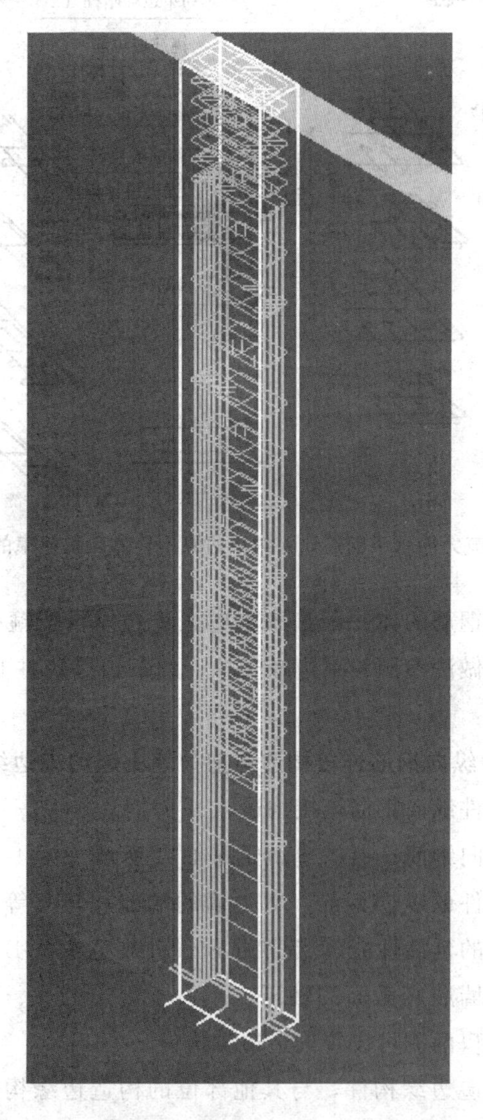

图 4-29　某暗柱配筋效果图

2. 剪力墙水平钢筋计入约束边缘构件体积配箍率的构造做法

剪力墙水平钢筋计入约束边缘构件体积配箍率的构造做法，如图 4-30 所示。

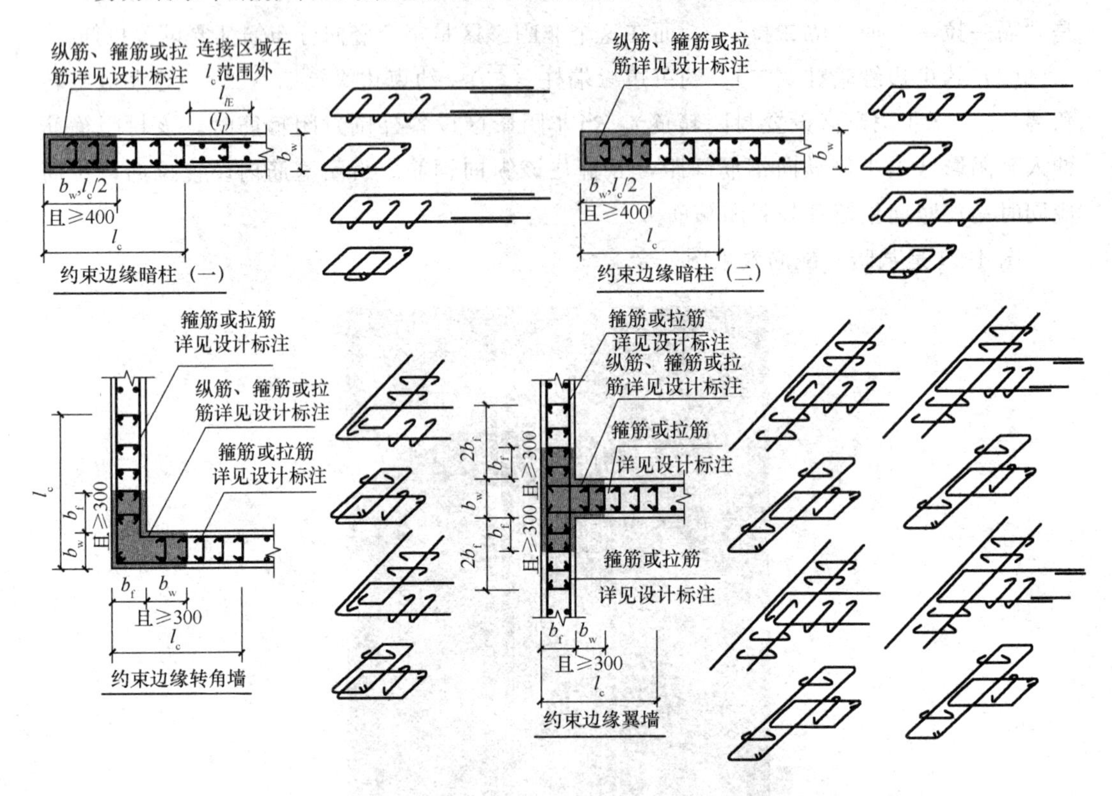

图 4-30 剪力墙水平钢筋计入约束边缘构件体积配箍率的构造做法

计入的墙水平分布钢筋的体积配箍率不应大于总体积配箍率的 30%。约束边缘端柱水平分布钢筋的构造做法参照约束边缘暗柱。约束边缘构件非阴影区部位构造做法，如图 4-28 所示。

3. 剪力墙边缘构件纵向钢筋连接构造与剪力墙上起约束边缘构件纵筋构造

（1）剪力墙边缘构件纵向钢筋连接构造

剪力墙边缘构件纵向钢筋连接构造，如图 4-31 所示。图 4-31 适用于约束边缘构件阴影部分和构造边缘构件的纵向钢筋。剪力墙的端部和转角等部位设置边缘构件，目的是为了改善剪力墙肢的延性性能。《建筑抗震设计规范》（GB 50011—2010）中规定：对于抗震墙结构，底层墙肢底截面的轴压比不大于规定的一、二、三级抗震墙及四级抗震墙，墙肢两端、洞口两侧可设置构造边缘构件。

底部加强部位的构造边缘构件，与其他部位的构造边缘构件配筋要求不同，底部加强区的剪力墙构造边缘构件配筋率为 0.7%，而其他部位的边缘约束构件的配筋率为 0.6%。

有抗震设防要求时，复杂的建筑结构中剪力墙构造边缘构件，宜采用箍筋或箍筋

和拉筋结合的形式。构造边缘构件的钢筋宜采用高强钢筋，可配箍筋与拉筋相结合的横向钢筋。

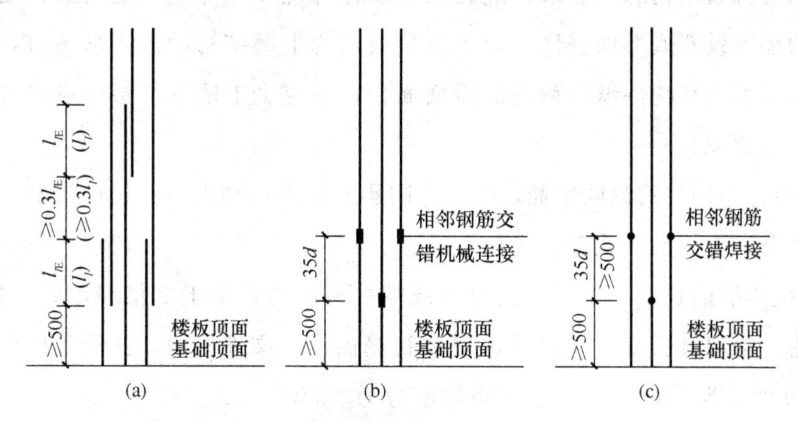

图 4-31　剪力墙边缘构件纵向钢筋连接构造

（a）绑扎搭接；（b）机械连接；（c）焊接

1）绑扎搭接，如图 4-31（a）所示。绑扎搭接连接高出结构面 500mm，连接长度为 l_{lE}（l_l），两次连接点净距≥0.3l_{lE}（≥0.3l_l）；以上连接构造适用于约束边缘构件阴影部分和构造边缘构件的纵向钢筋；搭接长度范围内，约束边缘构件阴影部分、构造边缘构件、扶壁柱及非边缘暗柱的箍筋直径应不小于纵向搭接钢筋最大直径的 0.25 倍。箍筋间距不大于纵向搭接钢筋最小直径的 5 倍，且不大于 100mm。

剪力墙边缘构件竖向分布钢筋在楼面处连接构造采用绑扎搭接区别于剪力墙竖向分布钢筋在楼面处连接构造。

2）机械连接，如图 4-31（b）所示。机械连接高出结构面 500mm，两次连接距离为 35d。

3）焊接连接，如图 4-31（c）所示。焊接连接高出结构面 500mm，两次连接距离为 35d，且≥500mm。

（2）剪力墙上起约束边缘构件纵筋构造

剪力墙上起约束边缘构件纵筋构造，如图 4-32 所示。

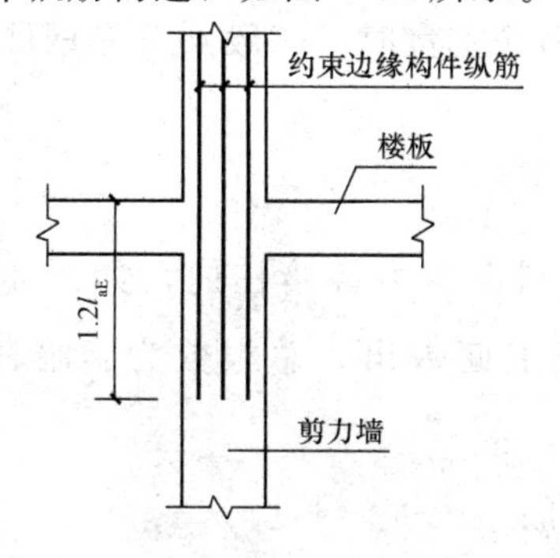

图 4-32　剪力墙上起约束边缘构件纵筋构造

1）约束边缘构件的设置。底层墙肢底截面的轴压比大于规定的一～三级抗震墙，以及部分框支抗震结构的抗震墙，应在底部加强部位及相邻上一层设置；无抗震设防要求的剪力墙不设置底部加强区。地下室顶板作为上部结构的嵌固部位时，地下一层抗震墙墙肢端部边缘构件纵向钢筋的截面面积，不应少于地下一层对应墙肢边缘构件纵向钢筋的截面积。

2）约束边缘构件的纵向钢筋，配置在阴影范围内；约束边缘构件沿墙肢长度与抗震等级、墙肢长度、构件截面形状有关。

3）当抗震墙的长度小于其3倍厚度或端柱截面边长小于2倍墙厚时，按无翼墙、无端柱考虑。沿墙肢长度 l_c 范围内箍筋或拉筋由设计文件注明，其沿竖向间距：一级抗震（8、9度）为100mm；二、三级抗震为150mm。

4）约束边缘构件墙柱的扩展部位是与剪力墙身的共有部分，其水平筋是剪力墙的水平分布筋，竖向分布筋的强度等级和直径按剪力墙身的竖向分布筋，但其间距小于竖向分布筋的间距，具体间距值相应于墙柱扩展部位设置的拉筋间距。

5）剪力墙上起约束边缘构件的纵向钢筋，应伸入下部墙体内锚固 $1.2l_{aE}$。

4. 边缘构件计算

（1）暗柱纵筋计算

1）基础层剪力墙插筋

①基础层插筋长度计算。

剪力墙暗柱插筋是剪力墙暗柱钢筋与基础梁或基础板的锚固钢筋，包括垂直长度和锚固长度两部分，剪力墙暗柱基础插筋采用绑扎连接时，暗柱基础插筋长度同剪力墙身钢筋。

基础层暗柱插筋长度＝弯折长度 a＋锚固竖直长度 h_1＋搭接长度（$1.2l_{aE}$）

当采用机械连接时，钢筋搭接长度不计，暗柱基础插筋长度为：

基础层暗柱插筋长度＝弯折长度 a＋锚固竖直长度 h_1＋钢筋出基础长度500mm

通常在工程预算中计算钢筋重量时，一般不考虑钢筋错层搭接问题，因为错层搭接对钢筋总重量没有影响。

②插筋根数计算。

基础层暗柱插筋布置范围在剪力墙暗柱内，如图4-33所示。每个基础层剪力墙插筋根数可以直接从图纸上面数出，总根数为：暗柱的数量×每根暗柱插筋的根数。

2）中间层剪力墙暗柱纵筋

中间层剪力墙暗柱纵筋布置在剪力墙暗柱内，钢筋连接方法分为绑扎连接和机械

连接两种。HPB300 钢筋端头加 180°的弯钩，受拉钢筋直径大于或等于 25mm，受压钢筋直径大于 28mm 时采用机械连接。当暗柱纵筋采用搭接连接时，应在柱纵筋搭接长度范围内均按小于或等于 $5d$ 及小于或等于 100mm 的间距加密箍筋。

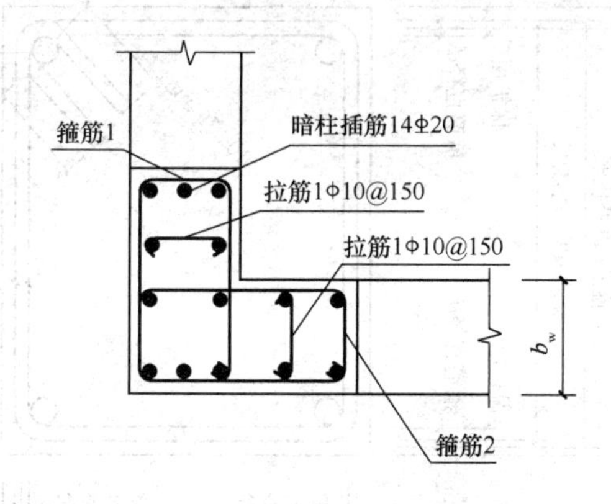

图 4-33　GJZ1 暗柱插筋构造图

①纵筋长度计算。

绑扎连接的中间层墙柱纵筋长度＝层高＋伸入上层的搭接长度－层高＋搭接长度 $1.2l_{aE}$

机械连接的中间层墙柱纵筋长度＝中间层层高

②中间层暗柱纵筋根数计算同基础层插筋根数的计算。

3）顶层剪力墙暗柱纵筋

剪力墙暗柱纵筋顶部构造，钢筋在屋面板中的锚固如图 4-34 所示。

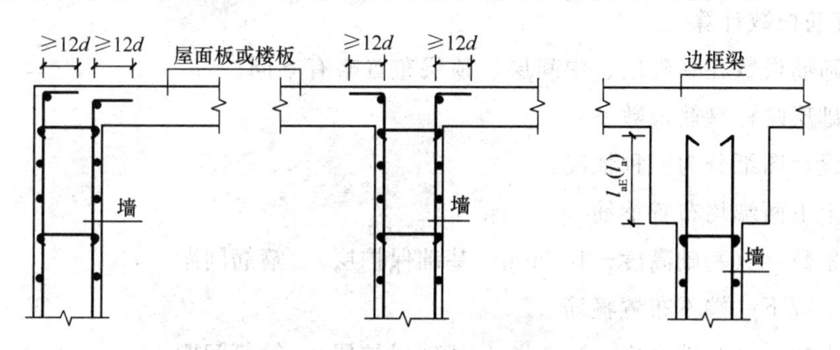

图 4-34　剪力墙暗柱竖向钢筋顶部构造

顶层墙柱纵筋长度＝顶层净高－板厚＋顶层锚固长度

如果是端柱，顶层锚固要区分边、中、角柱，要区分外侧钢筋和内侧钢筋。因为端柱可以看作是框架柱，所以其锚固也与框架柱相同。

（2）暗柱箍筋计算

剪力墙暗柱箍筋长度计算如图 4-35 所示，依据 11G101－1 规定。

1）按照箍筋中心线计算箍筋长度

箍筋长度＝（$b+h$）×2－保护层厚度×8 － $d/2$×8＋1.9d×2＋max（10d，75mm）×2

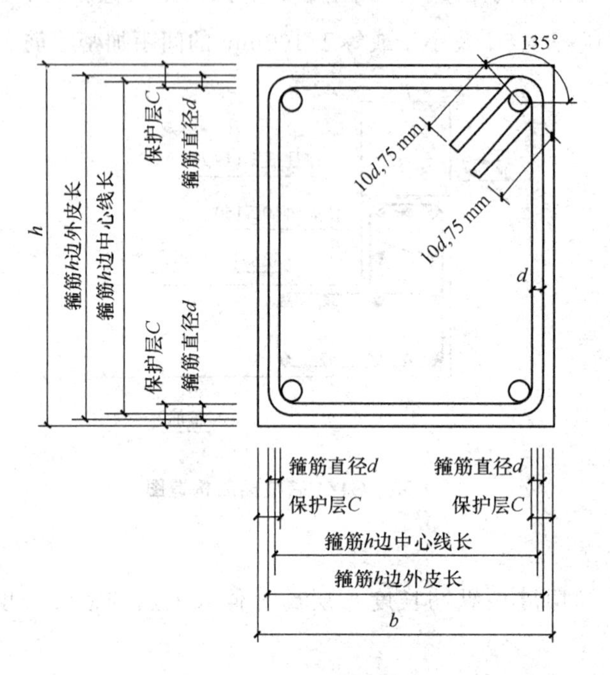

图 4-35　暗柱两肢箍筋构造图

2）按照箍筋外皮计算箍筋长度

箍筋长度＝（$b+h$）×2－保护层厚度×8＋1.9d×2＋max（10d，75mm）×2

3）箍筋根数计算

暗柱筛筋根数在基础层、中间层、顶层布置略有不同。

①基础层暗柱箍筋根数

根据设计图纸分为三种情况：

基础上下两端均布置箍筋

箍筋根数＝（基础高度－100mm－基础保护层）/箍筋间距＋1

基础上或下一端不布置箍筋

箍筋根数＝（基础高度－100mm－基础保护层）/箍筋间距

基础两端均不布置箍筋

箍筋根数＝（基础高度－基础保护层）/箍筋间距

②中间层、顶层暗柱箍筋根数

箍筋采用搭接连接时，搭接间距应≤5d 且≤100mm，箍筋根数计算如下。

拉筋根数＝（绑扎范围内加密区排数十非加密区排数）×每排拉筋个数

加密区根数＝（搭接范围－50）/间距＋1

非加密区根数＝（层高－搭接范围）/间距

采用机械连接时，箍筋根数＝（层高－50）/箍筋间距＋1

(3) 剪力墙暗柱拉筋

剪力墙暗柱拉筋设置同框架柱中拉筋，如图 4-36 所示。按照拉筋中心线长度计算拉筋长度，其分以下几种情况：按照 11G101－1 规定。

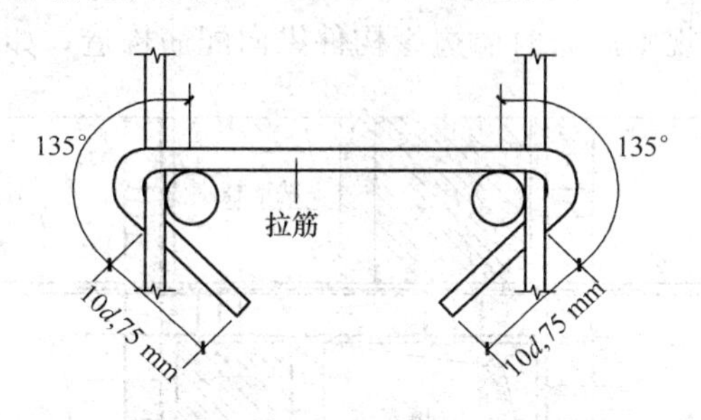

图 4-36　剪力墙暗柱拉筋构造图

1）拉筋同时勾住纵筋和箍筋

拉筋长度＝（h－保护层厚度×2－d/2×2）＋1.9d×2＋max（10d，75mm）×2

＝（h－保护层厚度×2－d）＋1.9d×2＋max（10d，75mm）×2

2）拉筋勾住纵筋

拉筋长度＝（h－保护层厚度×2－箍筋直径 d_1×2－d/2×2）＋1.9d×2＋max（10d，75mm）×2

＝（h－保护层厚度×2－箍筋直径 d_1×2－d）＋1.9d×2＋max（10d，75mm）×2

3）拉筋根数计算

暗柱拉筋根数在基础层、中间层、顶层布置略有不同，其设置及计算方法同暗柱箍筋。

①基础层暗柱拉筋根数

根据设计图纸分为三种情况：

a. 基础上下两端均布置拉筋

拉筋根数＝［（基础高度－基础保护层）/拉筋间距＋1］×每排拉筋根数

b. 基础上或下一端不布置拉筋

拉筋根数＝［（基础高度－基础保护层）/拉筋间距］×每排拉筋根数

c. 基础两端均不布置拉筋

拉筋根数＝［（基础高度－基础保护层）/拉筋间距］×每排拉筋根数

②中间层、顶层暗柱拉筋根数

a. 拉筋采用搭接连接时，根数计算如下。

拉筋根数＝（绑扎范围内加密区排数＋非加密区排数）×每排拉筋个数

加密区根数计算＝（搭接范围－50）/间距＋1

非加密区根数计算=（层高－搭接范围）/间距

b. 采用机械连接时，拉筋根数=［（层高－50）/拉筋间距＋1］×每排拉筋根数

三、剪力墙叠合错洞改规则洞口时，墙边缘构件纵向配筋构造

剪力墙叠合错洞改规则洞口时墙边缘构件纵向配筋构造，如图4-37所示。

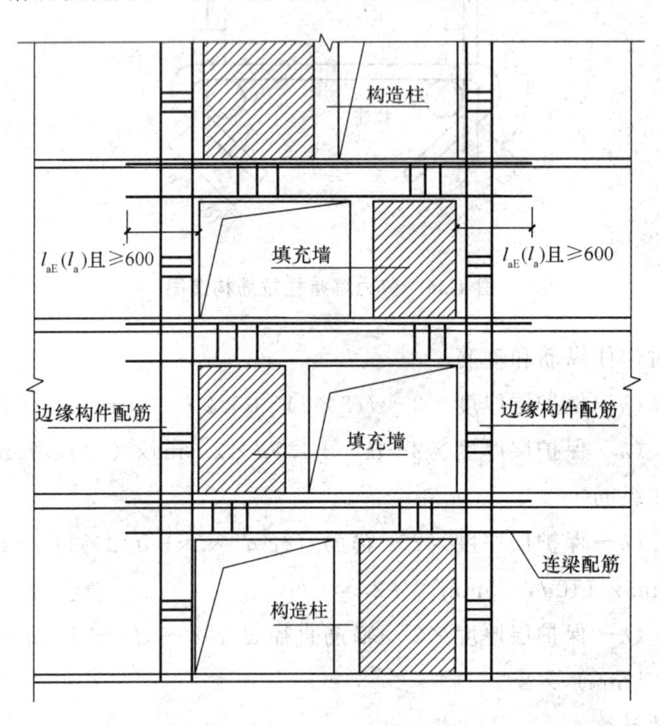

图4-37 剪力墙叠合错洞改规则洞口时墙边缘构件纵向配筋构造

剪力墙叠合错洞时会引起局部应力集中，易使剪力墙发生剪切破坏；设计时采取可靠措施保证墙肢荷载传递途径；形成规则洞口后，连梁的跨高比大于5，注意顶层连梁的支座箍筋加密；补洞采用砌体加构造柱时，砌体与结构主体应采用柔性拉结；构造柱顶部应预留20mm，防止连梁跨数的改变。

四、剪力墙叠合错洞口时，墙边缘构件纵向的配筋构造

剪力墙叠合错洞口时，墙边缘构件纵向的配筋构造，如图4-38所示。

剪力墙叠合错洞口时，墙边缘构件纵向的配筋构造，按最大洞口边边缘构件通长设置；叠合错洞口处另设置边缘构件；连梁应通长设置在最大洞口上部，在墙中形成暗框架；非贯通的边缘构件的纵向钢筋，伸入上、下层内锚固长度满足l_{aE}（l_a）的要求；连梁内的箍筋应全长加密；顶层连梁应注意在支座内箍筋的配置要求。

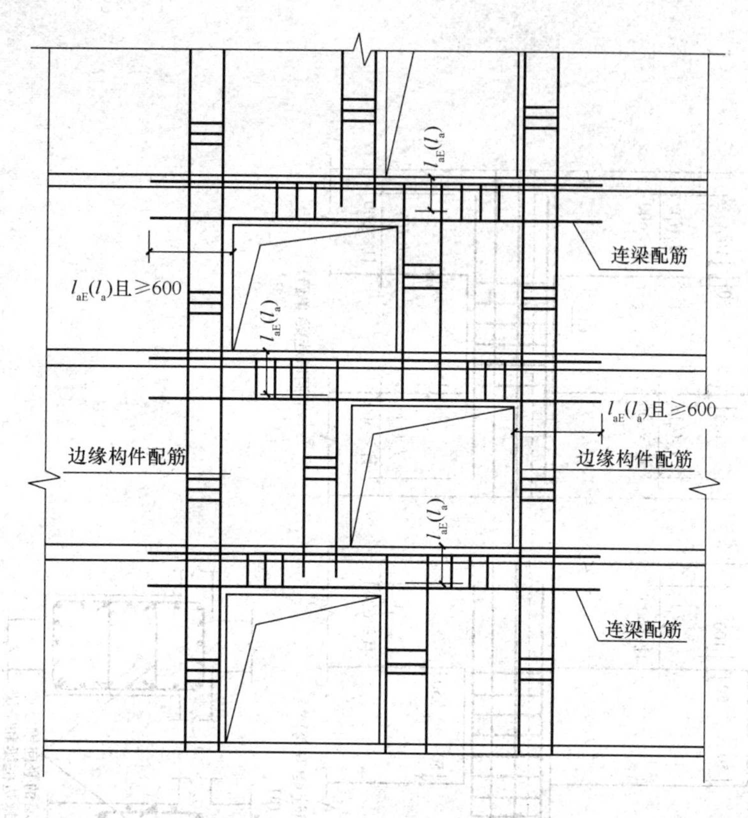

图 4-38　剪力墙叠合错洞口时，墙边缘构件纵向的配筋构造

五、剪力墙墙梁钢筋

1. 剪力墙 LL、AL、BKL 配筋构造

剪力墙 LL、AL、BKL 配筋构造，如图 4-39 所示。

图 4-39（a）中括号内为非抗震设计时连梁纵筋锚固长度；当端部洞口连梁的纵向钢筋在端支座的直锚长度≥l_{aE}（l_a）且≥600mm 时，可不必往上（下）弯折；洞口范围内的连梁箍筋详具体工程设计；连梁设有交叉斜筋，对角暗撑及集中对角斜筋的做法见《混凝土结构施工图平面整体表示方法制图规则和构造详图（现浇混凝土框架、剪力墙、梁、板）》11G101－1 图集。

图 4-39（b）中侧面纵筋详见具体工程设计；拉筋直径：当梁宽≤350mm 时为 6mm，梁宽＞350mm 时为 8mm，拉筋间距为 2 倍箍筋间距，竖向沿侧面水平筋隔一拉一。

在施工图中剪力墙连梁（LL）被标注为框架梁（KL），应符合下列要求：

（1）在剪力墙结构体系中，框架必须有框架柱、框架梁；剪力墙由于开洞而形成上部的梁不是框架梁，而是连梁。

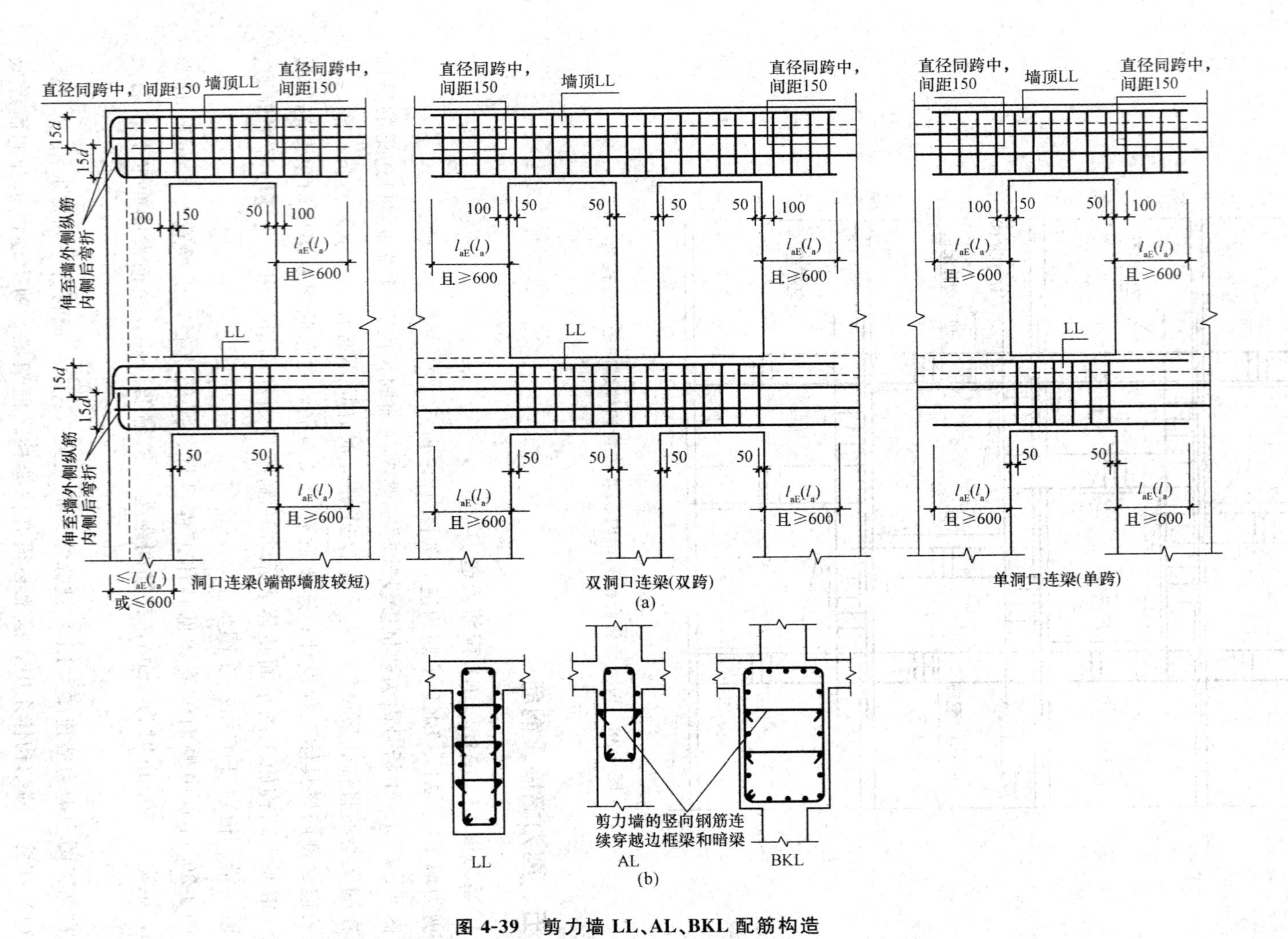

图 4-39 剪力墙 LL、AL、BKL 配筋构造

(a)连梁 LL 配筋构造；(b)连梁、暗梁和边框梁侧面纵筋和拉筋构造

（2）剪力墙的连梁（LL）被标注为框架梁（KL），也是连梁，也应按框架梁构造设计。高跨比小于5的梁按连梁设计（由于竖向荷载作用下产生的弯矩所占比例较小，水平荷载作用下产生的反弯使它对剪切变形十分敏感，容易出现斜向剪切裂缝）；高跨比不小于5的梁宜按框架梁设计（竖向荷载下作用下产生的弯矩比例较大）。

（3）按连梁标注时箍筋应全长加密。由于反复的水平荷载作用下，会出现塑性铰，因此要设置箍筋加密区，楼板的嵌固面积不应大于30%，否则应采取措施。框架梁与连梁纵向受力钢筋在支座内的锚固要求不同：洞口上边构件编号是框架梁（KL），纵向受力钢筋在支座内的锚固应按连梁（LL）的构造要求，采用直线锚固而不采用弯折锚固。

箍筋加密区的出现是因为由于反复的水平荷载作用，会出现塑性铰，楼板的嵌固面积不应大于30%，否则应采取措施，楼板在平面内的刚度非常大，可以传力，在此种情况下的框架梁与实际框架结构中的框架梁，受力情况是不一样的。

（4）顶层按框架梁标注时，要注意箍筋在支座内的构造要求。如顶层按框架梁标注时，顶层连梁和框架梁在支座内箍筋的构造要求是不同的，应按连梁构造要求施工，在支座内配置相应箍筋的加强措施，框架梁没有此项要求。到顶部，地震作用力比较大，会在洞边产生斜向破坏，所以在此要注明箍筋在支座内的构造。

2. 剪力墙BKL或AL与LL重叠时配筋构造

剪力墙BKL或AL与LL重叠时配筋构造，如图4-40所示。

当边框梁、暗梁与洞口连梁重叠时，将梁纵向钢筋重复布置，不能用边框梁、梁的纵筋替代连梁的纵筋。当连梁的宽度与边框梁等宽时连梁的箍筋可替代边框梁、暗梁的箍筋。连梁上部的纵筋当计算面积大于边框梁或暗梁时，连梁的上部纵筋需正常设置，否则可用边框梁或暗梁的上部钢筋替代，连梁的边侧筋在边框梁内可由边框梁的边侧筋代替。

（1）第一排上部纵筋为BKL或AL的上部纵筋。

（2）第二排上部纵筋为连梁上部附加纵筋，当连梁上部纵筋计算面积大于边框梁或暗梁时需设置。

（3）连梁上部附加纵筋、连梁下部纵筋的直锚长度为l_{aE}（l_a）且≥600mm。

3. 连梁交叉斜筋配筋LL（JX）、连梁集中对角斜筋配筋LL（DX）、连梁对角暗撑配筋LL（JC）构造

连梁交叉斜筋配筋LL（JX）、连梁集中对角斜筋配筋LL（DX）、连梁对角暗撑配筋LL（JC）的构造，如图4-41所示。

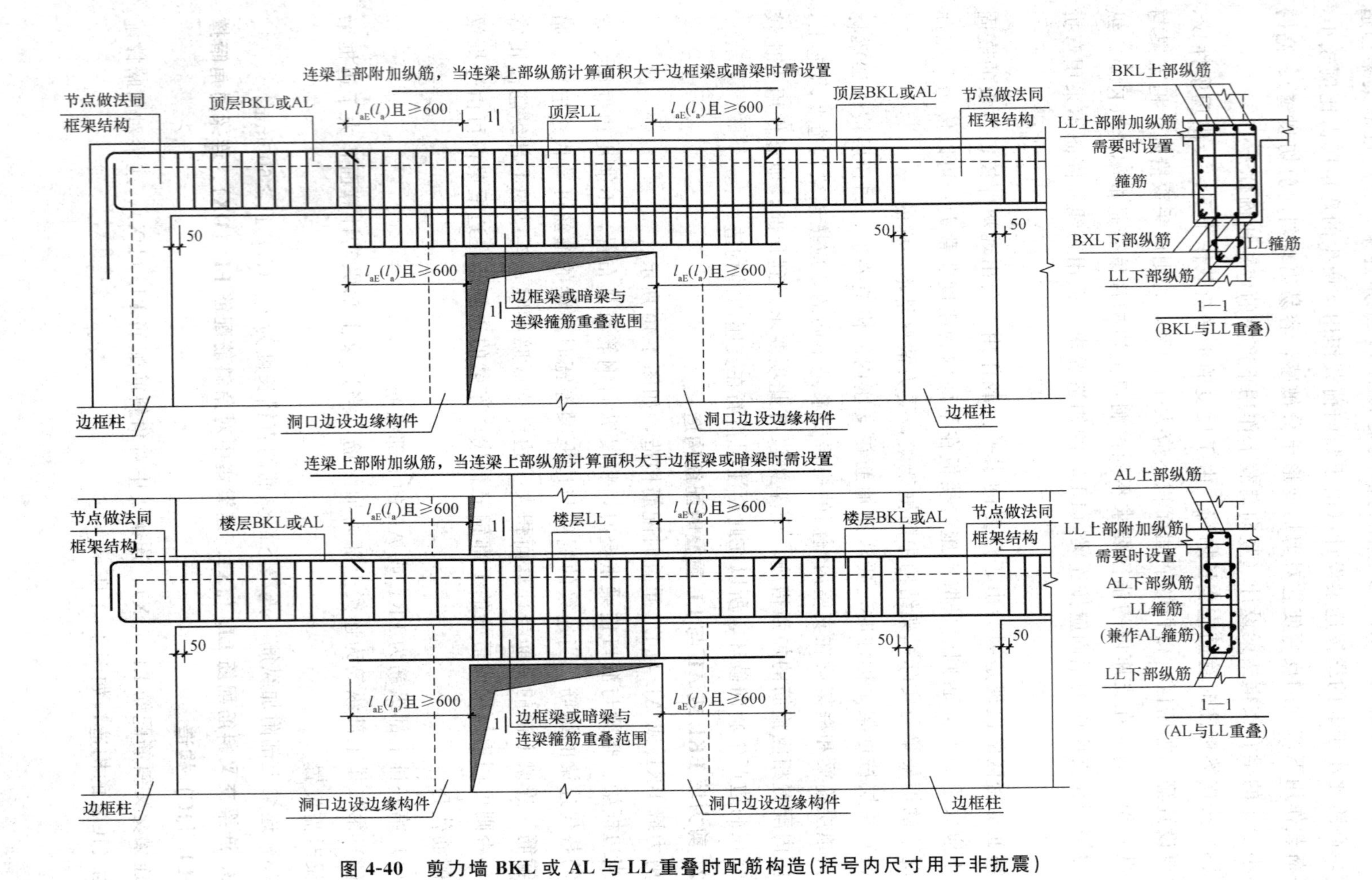

图 4-40　剪力墙 BKL 或 AL 与 LL 重叠时配筋构造（括号内尺寸用于非抗震）

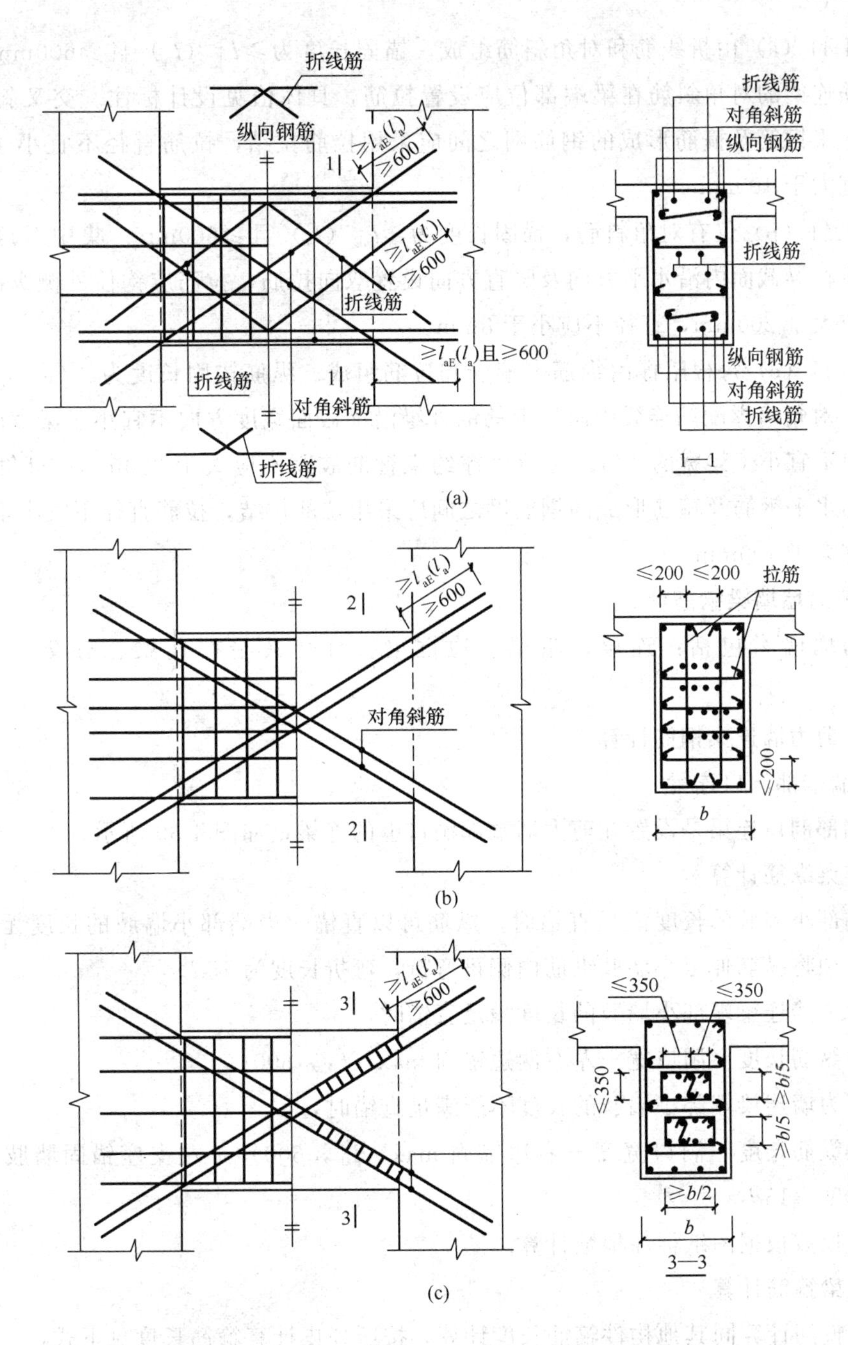

图 4-41　连梁交叉斜筋配筋 LL（JX）、连梁集中对角斜筋配筋 LL（DX）、连梁对角暗撑配筋 LL（JC）的构造

（a）连梁交叉斜筋配筋构造；（b）连梁集中对角斜筋配筋构造；

（c）连梁对角暗撑配筋构造（用于筒中筒结构时，l_{aE}均取为 $1.15l_a$）

当洞口连梁截面宽度不小于 250mm 时，可采用交叉斜筋配筋；当连梁截面宽度不小于 400mm 时，可采用集中对角斜筋配筋或对角暗撑配筋。

图 4-41（a）由折线筋和对角斜筋组成，锚固长度为$\geqslant l_{aE}$（l_a）且$\geqslant$600mm。交叉斜筋配筋连梁的对角斜筋在梁端部位应设置拉筋，具体值见设计标注。交叉斜筋配筋连梁的水平钢筋及箍筋形成的钢筋网之间应采用拉筋拉结，拉筋直径不宜小于 6mm，间距不宜大于 400mm。

图 4-41（b）仅有对角斜筋，锚固长度为$\geqslant l_{aE}$（l_a）且$\geqslant$600mm。集中对角斜筋配筋连梁应在梁截面内沿水平方向及竖直方向设置双向拉筋，拉筋应钩住外侧纵向钢筋，间距不应大于 200mm，直径不应小于 8mm。

图 4-41（c）每根暗撑由纵筋、箍筋和拉筋组成。纵筋锚固长度为$\geqslant l_{aE}$（l_a）且$\geqslant$600mm。对角暗撑配筋连梁中暗撑箍筋的外缘沿梁截面宽度方向不宜小于梁宽的一半，另一方向不宜小于梁宽的 1/5；对角暗撑约束箍筋肢距不应大于 350mm。对角暗撑配筋连梁的水平钢筋及箍筋形成的钢筋网之间应采用拉筋拉结，拉筋直径不宜小于 6mm，间距不宜大于 400mm。

4. 剪力墙墙梁钢筋计算

剪力墙墙梁包括：连梁、暗梁、边框梁、有交叉暗撑连梁、有交叉钢筋连梁等。

（1）剪力墙连梁钢筋计算

1）墙端部洞口连梁

墙端部洞口连梁是设置在剪力墙端部洞口上的连梁，如图 4-39 所示。

①连梁纵筋计算

当端部小墙肢的长度满足直锚时，纵筋可以直锚。当端部小墙肢的长度无法满足直锚时，须将纵筋伸至小墙肢纵筋内侧再弯折，弯折长度为 15d。

当剪力墙连梁端部小墙肢的长度满足直锚时，

连梁纵筋长度＝洞口宽＋左右两边锚固 max（l_{aE}，600）

当剪力墙连梁端部小墙肢的长度不能满足直锚时，

连梁纵筋长度＝洞口宽度＋右边锚固 max（l_{aE}，600）＋左支座锚固墙肢宽度－保护层厚度＋15d

纵筋根数根据图纸标注根数计算。

②连梁箍筋计算

连梁箍筋计算同其他构件箍筋长度计算，按照外皮计算箍筋长度见下式：

箍筋长度＝（梁宽 b＋梁高 h－4×保护层）×2＋1.9d×2＋max（10d，75mm）

中间层连梁箍筋根数＝（洞口宽－50×2）/箍筋配置间距＋1

顶层连梁箍筋根数＝（洞口宽－50×2）/箍筋配置间距＋1）＋

（左端连梁锚固直段长－100）/150＋1＋（右端连梁锚固直段长－100）/150＋1

2）单洞口连梁

单洞口连梁钢筋构造如图 4-39 所示。

①连梁纵筋计算

单洞口顶层连梁和中间层连梁纵筋在剪力墙中均采用直锚，两边各伸入墙中 max（l_{aE}，600），纵筋计算长度

L＝洞口宽度＋左右锚固长度－洞口宽度（l_{aE}，600）×2

纵筋根数见图纸所示。

②连梁箍筋计算

单洞口连梁箍筋计算同其他构件箍筋长度计算，按照外皮计算箍筋长度。

箍筋长度＝（梁宽 b＋梁高 h－4×保护层）×2＋1.9d×2＋max（10d，75mm）

中间层连梁箍筋根数＝（洞口宽－50×2）/箍筋配置间距＋1 顶层连梁箍筋根数＝（洞口宽－50×2）/箍筋配置间距＋1）＋（左端连梁锚固直段长－100）/150＋1＋（右端连梁锚固直段长－100）/150＋1

3）双洞口连梁

①连梁纵筋计算

双洞口顶层连梁和中间层连梁纵筋在剪力墙中均采用直锚，如图 4-39 所示，两边各伸入墙中 max（l_{aE}，600），纵筋计算长度。

L＝两洞口宽合计＋洞口间墙宽度＋左右两端锚固长度 max（l_{aE}，600）×2

纵筋根数见图纸所示。

②连梁箍筋计算

双洞口连梁箍筋计算同其他构件箍筋长度计算，按照外皮计算箍筋长度见上式。

箍筋长度＝（梁宽 b＋梁高 h－4×保护层厚度）×2＋1.9d×2＋max（10d，75mm）

中间层连梁箍筋根数＝（洞口宽－50×2）/箍筋配置间距＋1

顶层连梁箍筋根数＝（洞口宽－50×2）/箍筋配置间距＋1＋（左端连梁锚固直段长－100）/150＋1＋（右端连梁锚固直段长－100）/150＋1

4）连梁中拉筋的计算

连梁中拉筋构造如图 4-39 所示，连梁中拉筋设置应按照设计图纸布置，当设计未标注时，侧面构造纵筋同剪力墙水平分布筋布置；当梁宽≤350mm 时，拉筋直径为 6mm，梁宽＞350mm 时，为 8mm，拉筋间距为 2 倍箍筋间距，竖向沿侧面水平筋隔一拉一。

①拉筋长度以外皮计算

拉筋同时勾住梁纵筋和梁箍筋。

拉筋长度＝（b－保护层厚度×2）＋1.9d×2＋max（10d，75mm）×2

式中　d——拉筋直径；

　　b——梁宽。

②拉筋根数计算

拉筋根数＝拉筋排数×每排拉筋根数

拉筋排数＝［（连梁高－保护层厚度×2）÷水平筋间距＋1］（取整）×2

每排拉筋根数＝（连梁净长－50×2）/连梁箍筋间距的2倍＋1（取整）

5）连梁中斜向交叉暗撑、钢筋

连梁中设有斜向交叉暗撑或斜向交叉钢筋如图4-41所示。

斜向交叉暗撑纵筋长度＝洞口上部钢筋斜长＋两端锚固长度

$$=2\times\sqrt{\left(\frac{h}{2}\right)^2+\left(\frac{l^0}{2}\right)^2}+2l_{aE}\ (l_a)$$

斜向交叉钢筋长度计算同斜向交叉暗撑纵筋长度。

箍筋长度、根数计算方法同连梁箍筋计算，箍筋布置范围为洞口两端各600mm。

（2）剪力墙暗梁钢筋计算

暗梁是剪力墙的一部分，如图4-39所示。暗梁不是“梁”，而是在剪力墙身中的构造加劲条带，暗梁一般设置在各层剪力墙靠近楼板底部的位置，就像砖混结构中的圈梁那样。暗梁的作用不是抗剪，而是对剪力墙有阻止开裂的作用，暗梁的长度是整个墙肢，暗梁与墙肢等长。所以，暗梁不存在“锚固”问题，只有“收边”问题。

剪力墙洞口补强暗梁是另外一个概念。洞口暗梁应为洞口补强暗梁，箍筋分布在洞宽范围，其构造见11G101－1第78页，无必要箍筋入墙内。

暗梁钢筋包括纵筋、箍筋和拉筋，暗梁纵筋也是“水平筋”，按照11G101－1中第75页剪力墙身水平钢筋构造；暗梁纵筋构造做法同框架梁，箍筋全长设置。

墙中水平钢筋和竖向钢筋连续通过暗梁中，暗梁纵筋遇到跨层连梁时，纵筋连续通过，遇到纯剪力墙时连续通过，遇到非跨层连梁时，连梁与暗梁相冲突的纵向钢筋（一般为上部纵筋）连梁纵筋贯通，暗梁纵筋与连梁纵筋搭接；不相冲突的纵向钢筋照布（一般为暗梁的下部纵筋要贯穿连梁），暗梁钢筋与连梁钢筋搭接长度为l_{aE}（l_a）且≥600mm，如图3-38所示。

暗梁纵筋长度＝暗梁净跨或洞口净宽＋左右锚固长度

当暗梁与连梁相交时，

暗梁纵筋长度＝暗梁净跨长＋暗梁左右端部锚固长度

连梁上部附加纵筋，当连梁上部纵筋计算面积大于暗梁或边框梁时需设置。

连梁上部附加纵筋＝洞口净宽＋max（l_{aE}，600）×2

暗梁与暗柱相交，节点构造同框架结构。

暗梁箍筋长度计算同连梁计算方法。暗梁与暗柱交接时，不配置暗梁箍筋，暗梁箍筋距暗柱边框50mm，箍筋设置如图4-40所示。

箍筋根数＝［暗梁净跨（洞口宽）－50×2］/箍筋间距＋1

六、地下室外墙DWQ钢筋构造

地下室外墙DWQ钢筋构造，如图4-42所示。

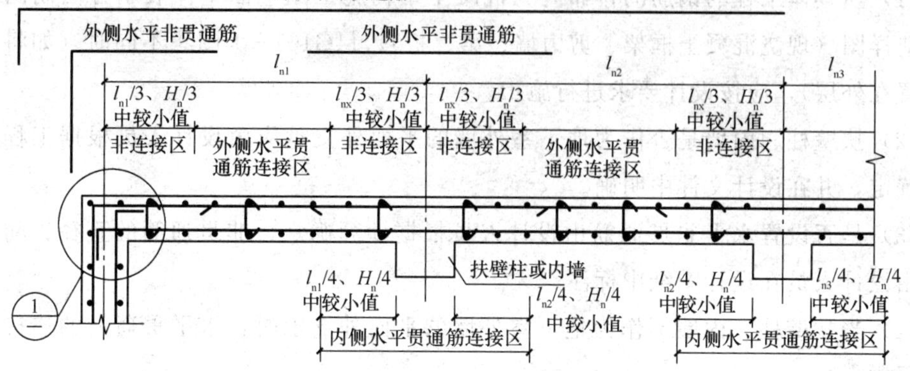

地下室外墙水平钢筋构造

l_{nx}为相邻水平跨的较大净跨值，H_n为本层层高

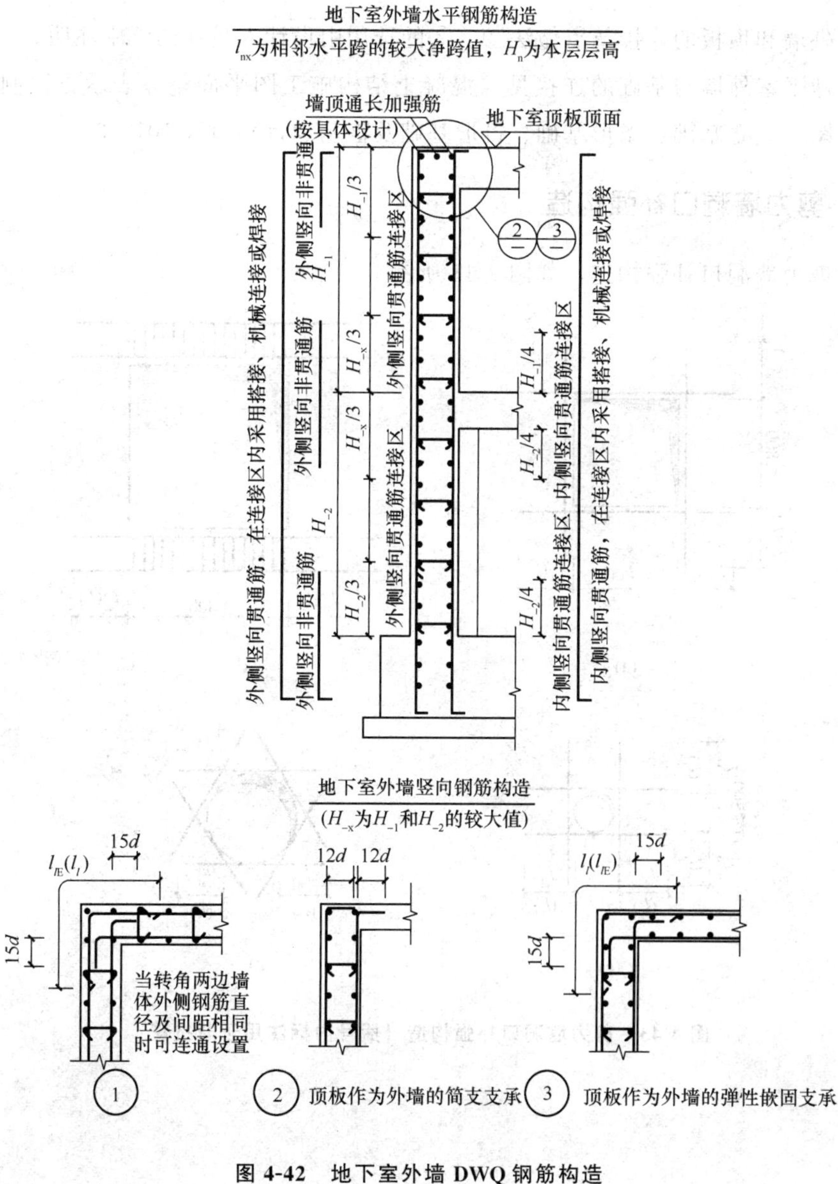

地下室外墙竖向钢筋构造

(H_{-x}为H_{-1}和H_{-2}的较大值)

图 4-42 地下室外墙 DWQ 钢筋构造

（1）当具体工程的钢筋的排布与《混凝土结构施工图平面整体表示方法制图规则和构造详图（现浇混凝土框架、剪力墙、梁、板）》11G101－1图集不同时（如将水平筋设置在外层），应按设计要求进行施工。

（2）扶壁柱、内墙是否作为地下室外墙的平面外支承应由设计人员根据工程具体情况确定，并在设计文件中明确。

（3）是否设置水平非贯通筋由设计人员根据计算确定，非贯通筋的直径、间距及长度由设计人员在设计图纸中标注。

（4）当扶壁柱、内墙不作为地下室外墙的平面外支承时，水平贯通筋的连接区域不受限制。

（5）外墙和顶板的连接节点做法②、③的选用由设计人员在图纸中注明。

（6）地下室外墙与基础的连接见《混凝土结构施工图平面整体表示方法制图规则和构造详图（独立基础、条形基础、筏形基础及桩基承台）》11G101－3。

七、剪力墙洞口补强构造

（1）剪力墙洞口补强构造，如图4-43所示。

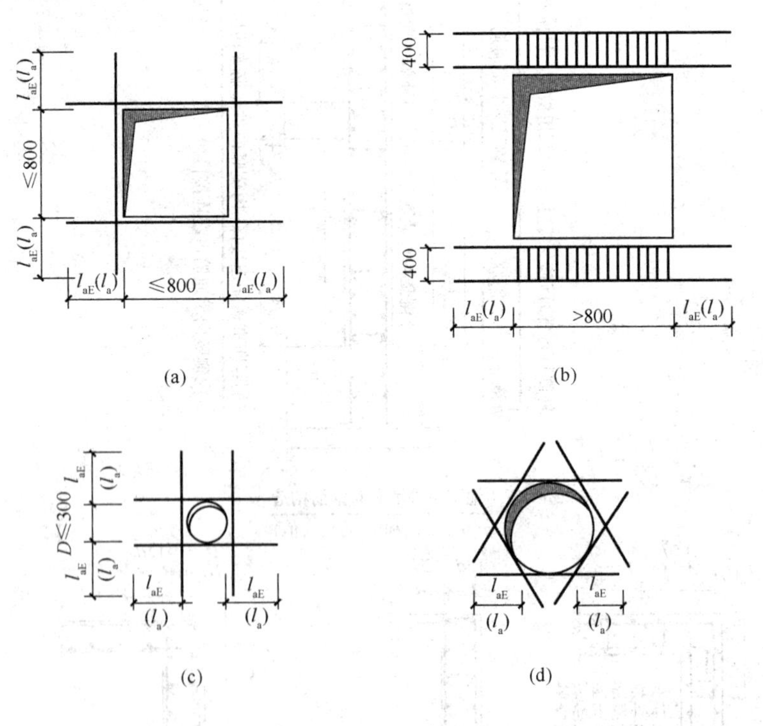

图4-43 剪力墙洞口补强构造（括号内标注用于非抗震）

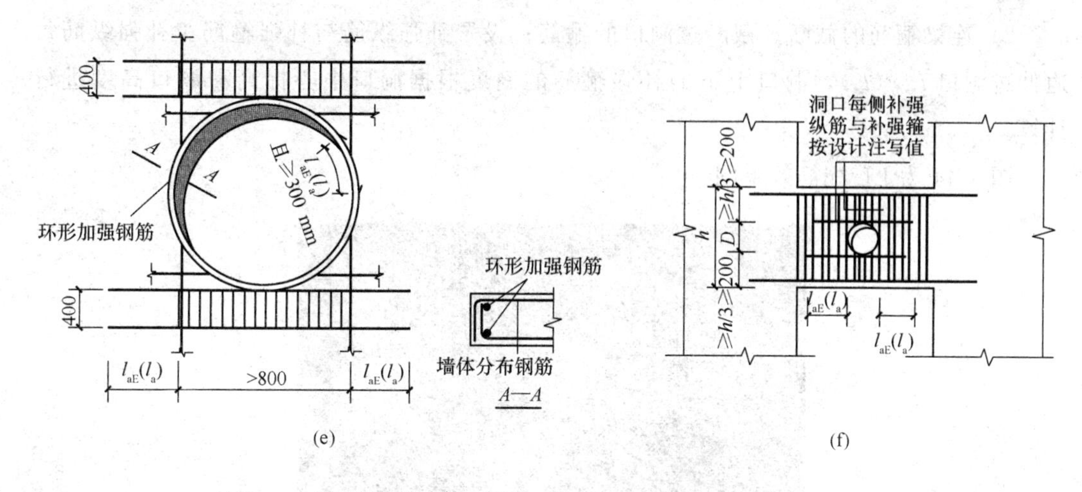

图 4-43　剪力墙洞口补强构造（括号内标注用于非抗震）（续）

（a）矩形洞宽和洞高均不大于 800mm 时洞口补强纵筋构造；

（b）矩形洞宽和洞高均大于 800mm 时洞口补强暗梁构造；

（c）剪力墙圆形洞口直径不大于 300mm 时补强纵筋构造；

（d）剪力墙圆形洞口直径大于 300mm 且小于或等于 800mm 时补强纵筋构造；

（e）剪力墙圆形洞口直径大于 800mm 时补强纵筋构造；

（f）连梁中部圆形洞口补强钢筋构造（圆形洞口预埋钢套管）

图 4-43（a），当设计注写补强纵筋时，按注写值补强；当设计未注写时，按每边配置两根直径不小于 12mm 且不小于同向被切断纵向钢筋总面积的 50%补强。补强钢筋种类与被切断钢筋相同。

图 4-43（b），洞口上下补强暗梁配筋按设计标注。当洞口上边或下边为剪力墙连梁时，不再重复设置补强暗梁。洞口竖向两侧设置剪力墙边缘构件，详见剪力墙墙柱设计。

图 4-43（c）、（d），洞口每侧补强纵筋按设计注写值。

图 4-43（e），墙体分布钢筋延伸至洞口边弯折。洞口上下补强暗梁配筋按设计标注。当洞口上边或下边为剪力墙连梁时，不再重复设置补强暗梁。洞口竖向两侧设置剪力墙边缘构件，详见剪力墙墙柱设计。

图 4-43（f），连梁圆形洞口直径不能大于 300mm 且不能大于连梁高度的 1/3，另外，连梁圆形洞口必须开在连梁的中部位置，洞口到连梁上下边缘的净距离不能小于 200mm 且不能小于梁高的 1/3。

剪力墙洞口补强构造中洞口可引起的墙身钢筋和连梁钢筋截断：

1）墙身钢筋的截断。在洞口处被截断的剪力墙水平筋和竖向筋，在洞口处打拐扣过加强筋，直钩长度≥15d 且与对边直钩交错不小于 10d 绑扎在一起。如墙厚度较小或墙水平钢筋的直径较大，应使水平设置的直钩（15d）伸出墙面时，斜放或伸至保护层位置为止。

2）连梁箍筋的截断。截断过洞口的箍筋；设置补强纵筋与补强箍筋。补强纵筋每边伸过洞口 l_{aE}（l_a），洞口上下的补强箍筋的高度根据洞口中心标高和洞口高度进行计算。

图 4-44 为 LL 配筋效果图。

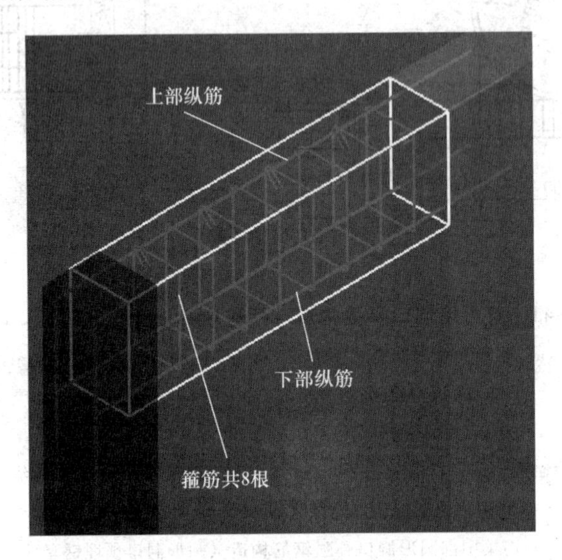

图 4-44 LL 配筋效果图

（2）剪力墙补强纵筋的长度计算。

1）矩形洞口

①洞宽、洞高均≤800mm，钢筋构造如图 4-43（a）所示。

从图中我们可以看出补强纵筋长度计算的公式，即：

水平方向补强纵筋的长度＝洞口宽度＋2×l_{aE}（l_{aE}根据抗震要求计算）

垂直方向补强纵筋的长度＝洞口高度＋2×l_{aE}（l_{aE}根据抗震要求计算）

【例】一洞口标注为 JD 1500×400 3.100 3⌀12。

3⌀12 是指洞口一侧的补强纵筋，因此，水平方向与垂直方向的补强纵筋均为 6⌀12。

水平方向补强纵筋的长度＝洞口宽度＋2×l_{aE}＝500＋2×l_{aE}

垂直方向补强纵筋的长度＝洞口高度＋2×l_{aE}＝400＋2×l_{aE}

②洞宽、洞高均＞800mm，钢筋构造如图 3-43（b）所示。

从图中可以看出，补强暗梁纵筋长度计算的公式，即：

补强暗梁的长度＝洞口宽度＋2×l_{aE}（l_{aE}根据抗震要求计算）

【例】一洞口标注为 JD1 1800×2100 1.800 6⌀20。

补强暗梁的长度＝洞口宽度＋2×l_{aE}＝1800＋2×l_{aE}

2）圆形洞口

①洞口直径≤300mm，钢筋构造如图 4-43（c）所示。

从图中可以看出，一共有两个对边，即 4 边，补强钢筋每边伸过洞口 l_{aE}。

所以：补强纵筋的长度＝洞口直径＋2×l_{aE}（l_{aE}根据抗震要求计算）

【例】一洞口标注为 YD1　300　3.100　2⏀12。

补强纵筋的长度＝洞口直径＋2×l_{aE}＝300＋2l_{aE}

②300＜洞口直径≤800，钢筋构造如图 4-43（d）所示。

从图中可以看出，一共有三个“对边”，即 6 边，补强钢筋每边直锚长度 l_{aE}。

通过解特殊直角三角形来计算补强纵筋的长度。根据特殊直角三角形的特性：

短直角边：斜边：长直角边＝1 ：2 ：$\sqrt{3}$可以得出，

正六边形边长/2 ：（圆洞口半径＋保护层）＝1 ：$\sqrt{3}$

则：正六边形边长＝2×（圆洞口半径＋保护层）/$\sqrt{3}$

从而得出：补强纵筋的长度＝正六边形边长＋2×l_{aE}＝2×（圆洞口半径＋保护层）/$\sqrt{3}$＋2×l_{aE}（l_{aE}根据抗震要求计算）

【例】一洞口标注为 YD3　400　3.100　3⏀12。

补强纵筋的长度＝2×（圆洞口半径＋保护层）/$\sqrt{3}$＋2×l_{aE}

＝2×（200＋保护层）/$\sqrt{3}$＋2×l_{aE}

③洞口直径＞800mm，钢筋构造如图 4-43（e）所示。

洞口上下补强暗梁配筋按设计标注。当洞口上边或下边为剪力墙连梁时，不再重复设置补强暗梁。

第三节　剪力墙平法施工图实例

一、识图步骤

剪力墙平法施工图应按下列步骤进行识图：

（1）查看图名、比例。

（2）先校核轴线编号及其间距尺寸，必须与建筑图、基础平面图保持一致。

（3）与建筑图配合，明确各段剪力墙的暗柱和端柱的编号、数量及位置，墙身的编号和长度，洞口的定位尺寸。

（4）阅读结构设计总说明或有关说明，明确剪力墙的混凝土强度等级。

（5）所有洞口的上方必须设置连梁，且连梁的编号应与剪力墙洞口编号对应。根据连梁的编号，查阅剪力墙梁表或图中标注，明确连梁的截面尺寸、标高和配筋情况。再根据抗震等级、设计要求和标注构造详图确定纵向钢筋和箍筋的构造要求。

（6）根据各段剪力墙端柱、暗柱和小墙肢的编号，查阅剪力墙柱表或图中截面标注等，明确端柱、暗柱和小墙肢的截面尺寸、标高和配筋情况。再根据抗震等级、设计要求和标准构造详图确定纵向钢筋的箍筋构造要求。

（7）根据各段剪力墙身的编号，查阅剪力墙身表或图中标注，明确剪力墙身的厚度、标高和配筋情况。再根据抗震等级、设计要求和标准构造详图确定水平分布筋、竖向分布筋和拉筋的构造要求等。

二、识读实例

以图 4-45 和图 4-46 为例，介绍一下怎样识读剪力墙平法施工图。

某工程标准层的剪力墙平法施工图，如图 4-45 和图 4-46 所示。

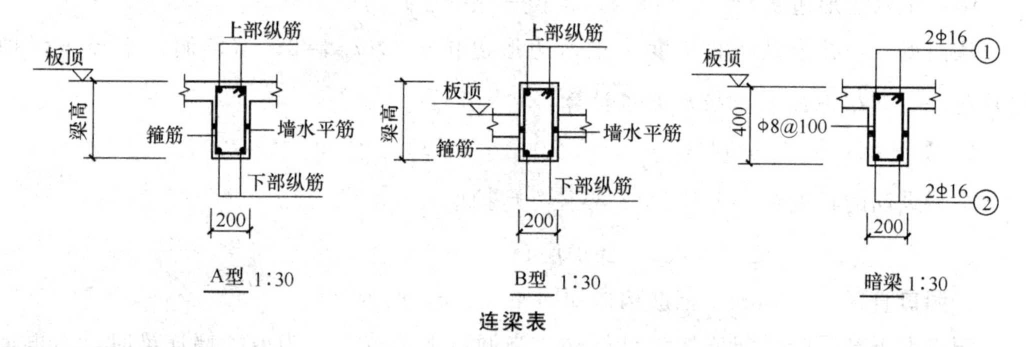

连梁表

梁号	类型	上部纵筋	下部纵筋	梁箍筋	梁宽	跨度	梁高	梁底标高（相对本层顶板结构标高，下沉为正）
LL-1	B	2 ⌀ 25	2 ⌀ 25	Φ 8@100	200	1 500	1 400	450
LL-2	A	2 ⌀ 18	2 ⌀ 18	Φ 8@100	200	900	450	450
LL-3	B	2 ⌀ 25	2 ⌀ 25	Φ 8@100	200	1 200	1 300	1 800
LL-4	B	4 ⌀ 20	4 ⌀ 20	Φ 8@100	200	800	1 800	0
LL-5	A	2 ⌀ 18	2 ⌀ 18	Φ 8@100	200	900	750	750
LL-6	A	2 ⌀ 18	2 ⌀ 18	Φ 8@100	200	1 100	580	580
LL-7	A	2 ⌀ 18	2 ⌀ 18	Φ 8@100	200	900	750	750
LL-8	B	2 ⌀ 25	2 ⌀ 25	Φ 8@100	200	900	1 800	1 350

图 4-45 连接类型和连梁表

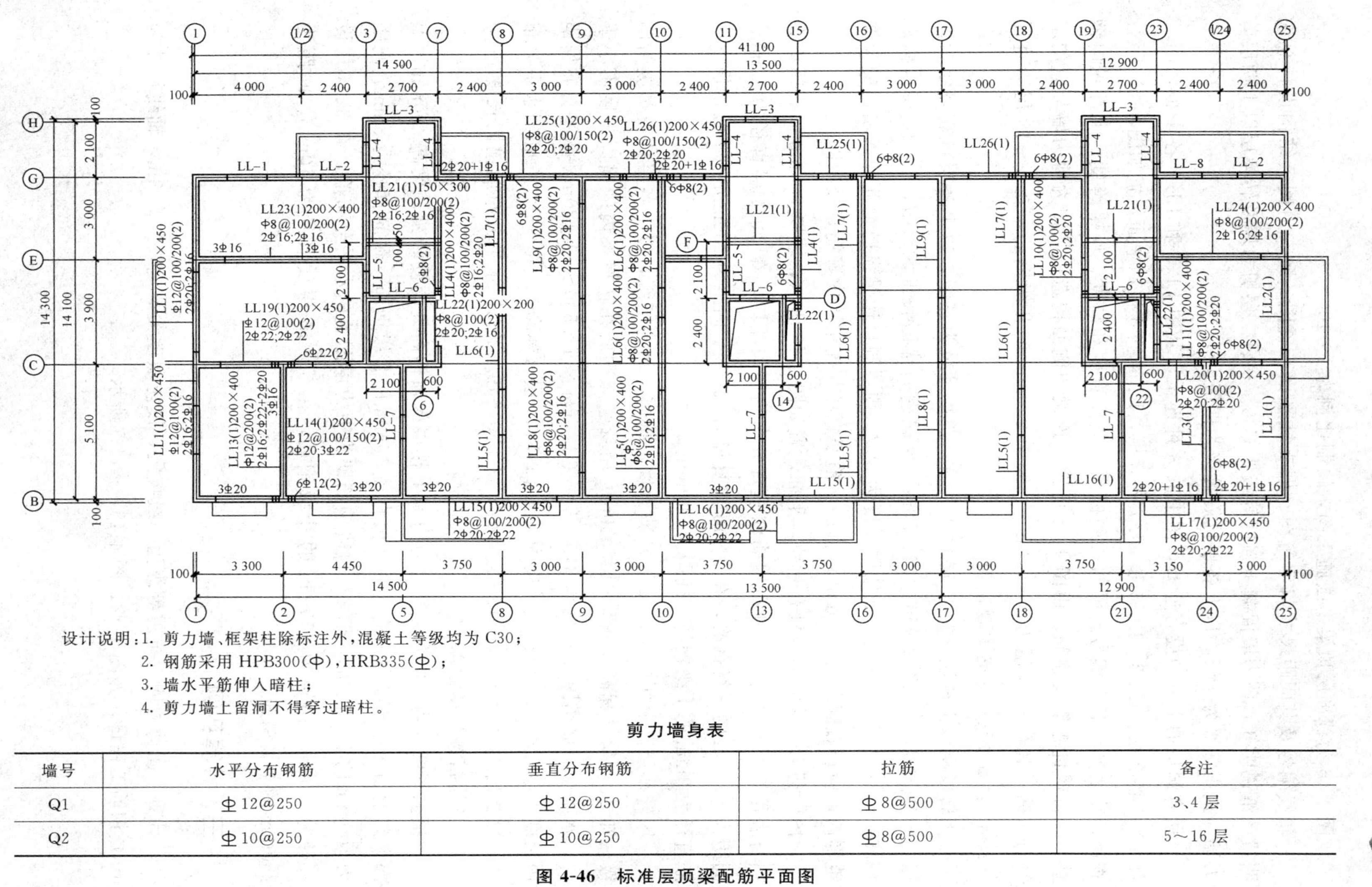

设计说明：1. 剪力墙、框架柱除标注外，混凝土等级均为 C30；

2. 钢筋采用 HPB300(Φ)，HRB335(Φ)；

3. 墙水平筋伸入暗柱；

4. 剪力墙上留洞不得穿过暗柱。

剪力墙身表

墙号	水平分布钢筋	垂直分布钢筋	拉筋	备注
Q1	Φ12@250	Φ12@250	Φ8@500	3、4层
Q2	Φ10@250	Φ10@250	Φ8@500	5～16层

图 4-46　标准层顶梁配筋平面图

图 4-46 为标准层顶梁平法施工图，绘制比例为 1∶100。

轴线编号及其间距尺寸与建筑图、框支柱平面布置图一致。由阅读结构设计总说明或图纸说明知，剪力墙混凝土强度等级为 C30。一、二层剪力墙及转换层以上两层剪力墙，抗震等级为三级，以上各层抗震等级为四级。

所有洞口的上方均设有连梁，图中共 8 种连梁，其中 LL-1 和 LL-8 各 1 根，LL-2 和 LL-5 各 2 根，LL-3、LL-6 和 LL-7 各 3 根，LL-4 共 6 根，平面位置如图 4-46 所示。查阅连梁表知，各个编号连梁的梁底标高、截面宽度和高度、连梁跨度、上部纵向钢筋、下部纵向钢筋及箍筋。由图 4-46 可知，连梁的侧面构造钢筋即为剪力墙配置的水平分布筋，其在 3、4 层为直径 12mm、间距 250mm 的Ⅱ级钢筋，在 5～16 层为直径 10mm、间距 250mm 的Ⅰ级钢筋。

因转换层以上两层（3、4 层）剪力墙，抗震等级为三级，以上各层抗震等级为四级，知 3、4 层（标高 6.950～12.550m）纵向钢筋锚固长度为 $31d$，5～16 层（标高 12.550～49.120m）纵向钢筋锚固长度为 $30d$。顶层洞口连梁纵向钢筋伸入墙内的长度范围内，应设置间距为 150mm 的箍筋，箍筋直径与连梁跨内箍筋直径相同。

图中剪力墙身的编号只有一种，平面位置如图 4-46 所示，墙厚 200mm。查阅剪力墙身表可知，剪力墙水平分布钢筋和垂直分布钢筋均相同，在 3、4 层直径为 12mm、间距为 250mm 的Ⅱ级钢筋，在 5～16 层直径为 10mm、间距为 250mm 的Ⅰ级钢筋。拉筋直径为 8mm 的Ⅰ级钢筋，间距为 500mm。

因转换层以上两层（3、4 层）剪力墙，抗震等级为三级，以上各层抗震等级为四级，知 3、4 层（标高 6.950～12.550m）墙身竖向钢筋在转换梁内的锚固长度不小于 l_{aE}，水平分布筋锚固长度 l_{aE} 为 $31d$，5～16 层（标高 12.550～49.120m）水平分布筋锚固长度 l_{aE} 为 $24d$，各层搭接长度为 $1.4l_{aE}$；3、4 层（标高 6.950～12.550m）水平分布筋锚固长度 l_{aE} 为 $31d$，5～16 层（标高 12.550～49.120m）水平分布筋锚固长度 l_{aE} 为 $24d$，各层搭接长度为 $1.6l_{aE}$。

根据图纸说明，所有混凝土剪力墙上楼层板顶标高处均设暗梁，梁高 400mm，上部纵向钢筋和下部纵向钢筋同为 2 根直径 16mm 的Ⅱ级钢筋，箍筋直径为 8mm、间距为 100mm 的Ⅰ级钢筋，梁侧面构造钢筋即为剪力墙配置的水平分布筋，在 3、4 层设直径为 12mm、间距为 250mm 的Ⅱ级钢筋，在 5～16 层设直径为 10mm、间距为 250mm 的Ⅰ级钢筋。

三、计算实例

计算下图剪力墙（抗震等级为一级抗震，设防烈度为 8 度，层高 3m，轴线尺寸为 6m）钢筋工程量，如图 4-47、图 4-48，表 4-5 所示。

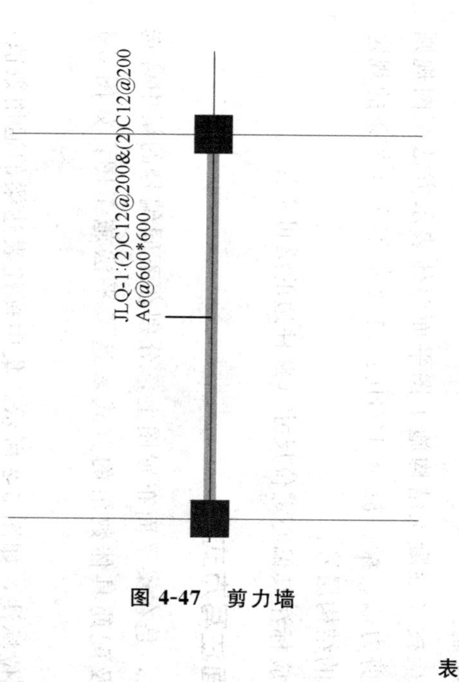

图 4-47　剪力墙

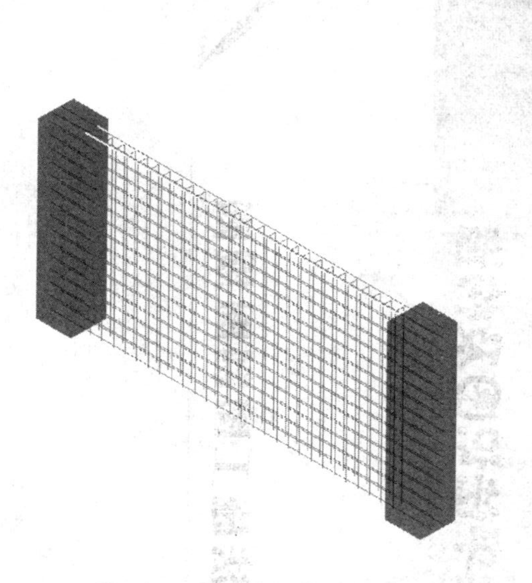

图 4-48　剪力墙钢筋三维图

表 4-5　首层钢筋参数

筋号	直径(mm)	级别	图形	计算公式	公式描述	长度(mm)	根数
墙身水平钢筋.1	12	Φ	6570	5400＋600－15＋600－15	净长＋伸入相邻构件长度＋伸入相邻构件长度	6570	32
墙身垂直钢筋.1	12	Φ	120　2985	3000－15＋10×d	墙实际高度－保护层＋设定弯折	3105	54
墙身拉筋.1	6	Φ	170	(200－2×15)＋2×(75＋1.9×d)		343	46

第五章 梁平法识图及构造

第一节 梁平法施工图制图规则

一、梁平法施工图的表示方法

(1) 梁平法表达方式分为平面注写方式或截面注写方式两种，在实际工程中，大多数都采用平面注写方式，故本书主要讲解平面注写方式，对于截面注写方式只做简要常识性介绍。

(2) 梁平面布置图，应分别按梁的不同结构层（标准层），将全部梁和与其相关联的柱、墙、板一起采用适当比例绘制。

(3) 在梁平法施工图中，尚应按《混凝土结构施工图平面整体表示方法制图规则和构造详图（现浇混凝土框架、剪力墙、梁、板）》11G101－1图集第1.0.8条的规定注明各结构层的顶面标高及相应的结构层号。

(4) 对于轴线未居中的梁，应标注其偏心定位尺寸（贴柱边的梁可不注）。

二、梁平法施工图的平面注写方式

(1) 梁构件的平面注写方式，是在梁平面布置图上，分别在不同编号的梁中各选一根梁，在其上注写截面尺寸及配筋具体数值的方式表达梁平法施工图，如图5-1所示。

平面注写包括集中标注与原位标注，如图5-2所示，集中标注表达梁的通用数值，原位标注表达梁的特殊数值。当集中标注中的某项数值不适用于梁的某部位时，则将该项数值原位标注，施工时，原位标注取值优先。

(2) 梁平法施工图平面注写方式的梁编号由梁类型代号、序号、跨数及有无悬挑代号几项组成，并应符合表5-1的规定。

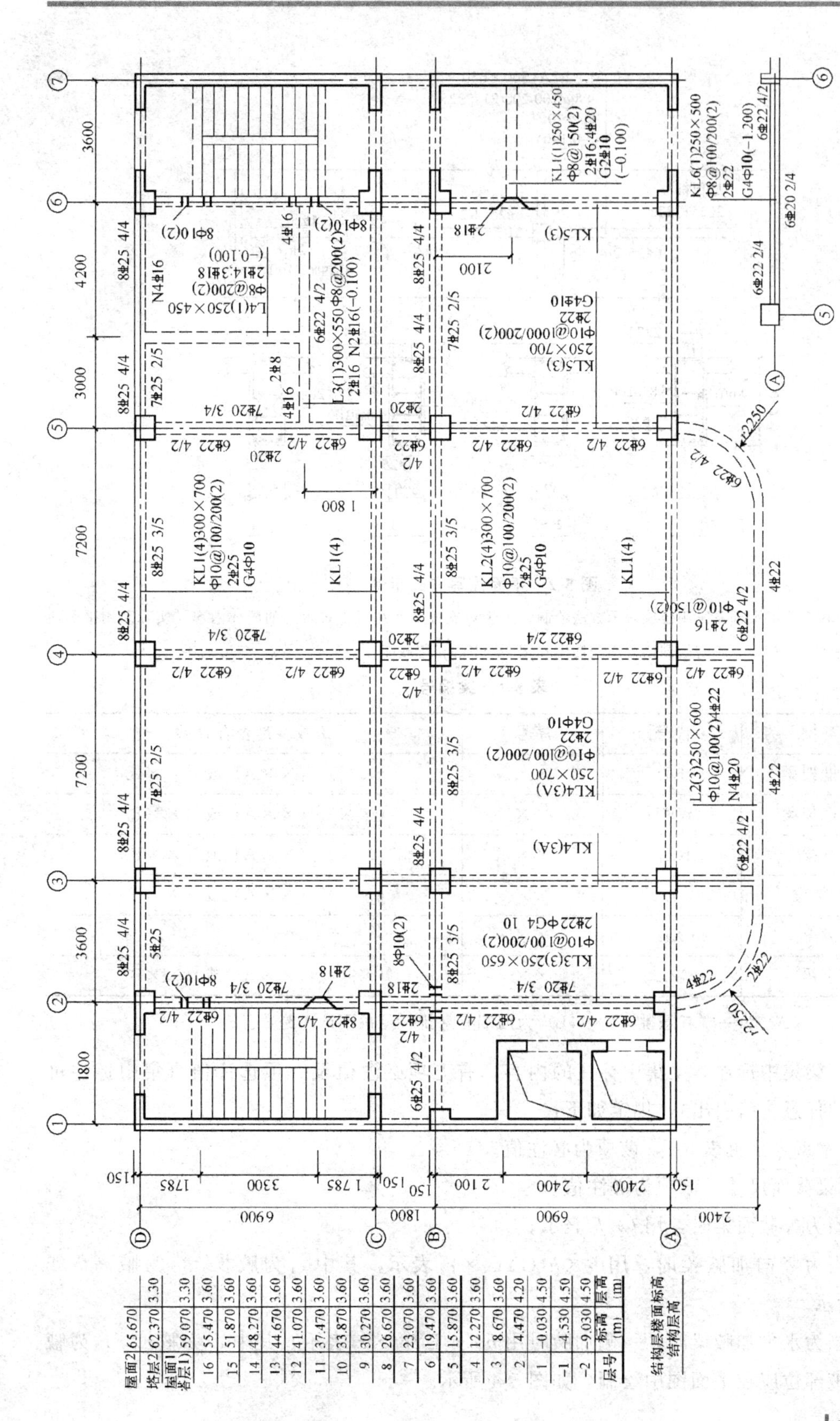

层号	标高(m)	层高(m)
屋面2	65.670	
塔层2	62.370	3.30
屋面1(塔层1)	59.070	3.30
16	55.470	3.60
15	51.870	3.60
14	48.270	3.60
13	44.670	3.60
12	41.070	3.60
11	37.470	3.60
10	33.870	3.60
9	30.270	3.60
8	26.670	3.60
7	23.070	3.60
6	19.470	3.60
5	15.870	3.60
4	12.270	3.60
3	8.670	3.60
2	4.470	4.20
1	-0.030	4.50
-1	-4.530	4.50
-2	-9.030	4.50

结构层楼面标高
结构层高

图 5-1　梁平法施工图平面注写方式示例

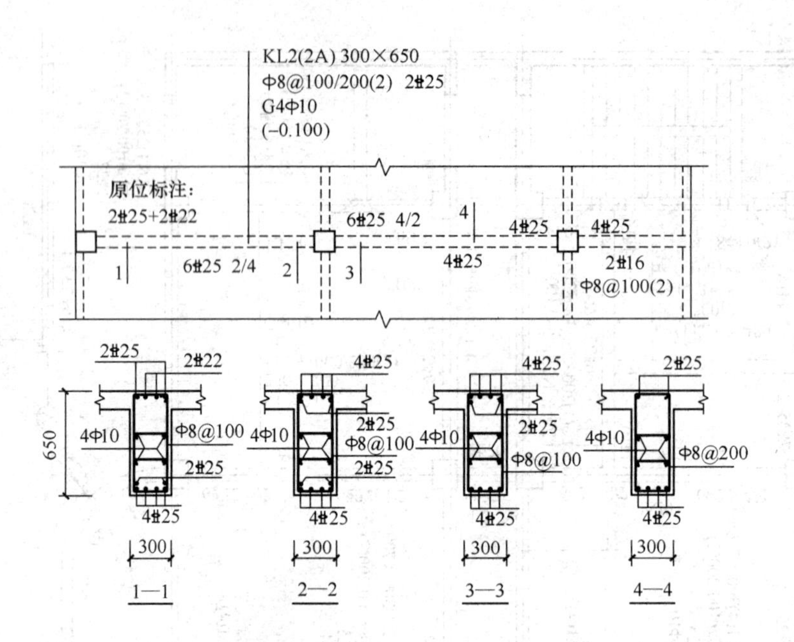

图 5-2 平面注写方式示例

注：本图四个梁截面系采用传统表示方法绘制，用于对比按平面注写方式表达的同样内容。实际采用平面注写方式表达时，不需绘制梁截面配筋图和图 5-2 中的相应截面号。

表 5-1 梁编号

梁类型	代号	序号	跨数及是否有悬挑
楼层框架梁	KL	××	(××)、(××A) 或 (××B)
屋面框架梁	WKL	××	(××)、(××A) 或 (××B)
框支梁	KZL	××	(××)、(××A) 或 (××B)
非框架梁	L	××	(××)、(××A) 或 (××B)
悬挑梁	XL	××	
井字梁	JZL	××	(××)、(××A) 或 (××B)

注：(××A) 为一端有悬挑，(××B) 为两端有悬挑，悬挑不计入跨数。

(3) 梁集中标注。梁集中标注的内容，有五项必注值及一项选注值（集中标注可以从梁的任意一跨引出），规定如下：

1) 梁编号。见表 5-1，该项为必注值。

2) 梁截面尺寸。该项为必注值。

①当为等截面梁时，用 $b\times h$ 表示。

②当为竖向加腋梁时，用 $b\times h$ GY$c_1\times c_2$ 表示，其中 c_1 为腋长，c_2 为腋高，如图 5-3所示。

③当为水平加腋梁时，一侧加腋时用 $b\times h$ PY$c_1\times c_2$ 表示，其中 c_1 为腋长，c_2 为腋宽，加腋部位应在平面图中绘制，如图 5-4 所示。

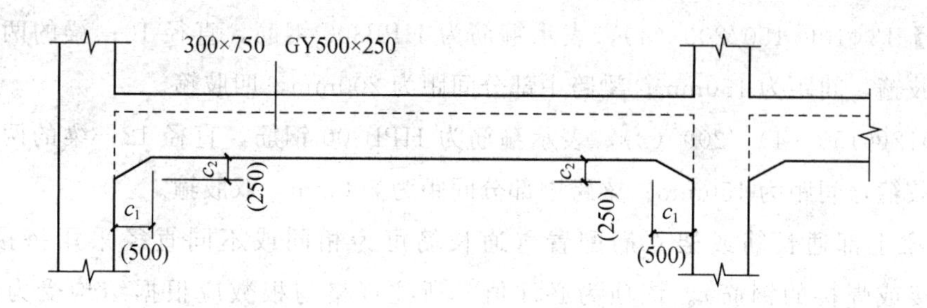

图 5-3 竖向加腋截面注写示意

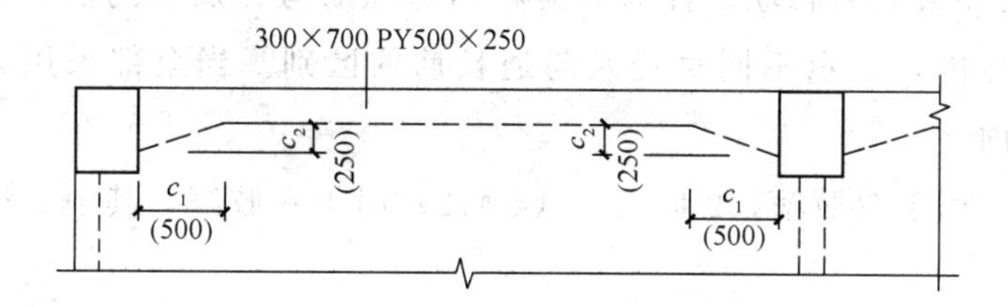

图 5-4 水平加腋截面注写示意

④当有悬挑梁且根部和端部的高度不同时，用斜线“/”分隔根部与端部的高度值，即为 $b\times h_1/h_2$，如图 5-5 所示。

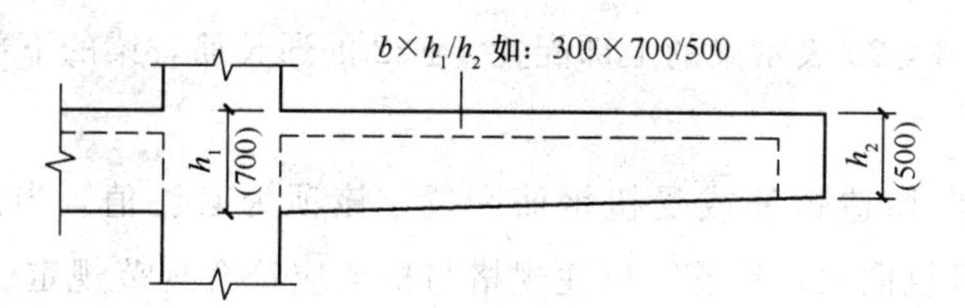

图 5-5 悬挑梁不等高截面注写示意

3）梁箍筋。包括钢筋级别、直径、加密区与非加密区间距及肢数，该项为必注值。箍筋加密区与非加密区的不同间距及肢数需用斜线“/”分隔；当梁箍筋为同一种间距及肢数时，则不需用斜线；当加密区与非加密区的箍筋肢数相同时，则将肢数注写一次；箍筋肢数应写在括号内。加密区范围见相应抗震等级的标准构造详图。

【例】ϕ10@100/200（4），表示箍筋为 HPB300 钢筋，直径 ϕ10，加密区间距为 100mm，非加密区间距为 200mm，均为四肢箍。

ϕ8@100（4）/150（2），表示箍筋为 HPB300 钢筋，直径 ϕ8，加密区间距为 100mm，四肢箍；非加密区间距为 150mm，两肢箍。

当抗震设计中的非框架梁、悬挑梁、井字梁及非抗震设计中的各类梁采用不同的箍筋间距及肢数时，也用斜线“/”将其分隔开来。注写时，先注写梁支座端部的箍筋（包括箍筋的箍数、钢筋级别、直径、间距与肢数），在斜线后注写梁跨中部分的箍筋间距及肢数。

【例】13ϕ10@150/200（4），表示箍筋为HPB300钢筋，直径10；梁的两端各有13个四肢箍，间距为150mm；梁跨中部分间距为200mm，四肢箍。

18ϕ12@150（4）/200（2），表示箍筋为HPB300钢筋，直径12；梁的两端各有18个四肢箍，间距为150mm；梁跨中部分间距为200mm，双肢箍。

4）梁上部通长筋或架立筋配置（通长筋可为相同或不同直径采用搭接连接、机械连接或焊接的钢筋）。该项为必注值。所注规格与根数应根据结构受力要求及箍筋肢数等构造要求而定。当同排纵筋中既有通长筋又有架立筋时，应用加号“＋”将通长筋和架立筋相联。注写时需将角部纵筋写在加号的前面，架立筋写在加号后面的括号内，以示不同直径及与通长筋的区别。当全部采用架立筋时，则将其写入括号内。

【例】2⌀22用于双肢箍；2⌀22＋（4ϕ12）用于六肢箍，其中2ϕ22为通长筋，4ϕ12为架立筋。

当梁的上部纵筋和下部纵筋为全跨相同，且多数跨配筋相同时，此项可加注下部纵筋的配筋值，用分号“；”将上部与下部纵筋的配筋值分隔开来，少数跨不同者，按《混凝土结构施工图平面整体表示方法制图规则和构造详图（现浇混凝土框架、剪力墙、梁、板）》11G101-1图集第4.2.1条的规定处理。

【例】3⌀22；3⌀20表示梁的上部配置3⌀22的通长筋，梁的下部配置3⌀20的通长筋。

5）梁侧面纵向构造钢筋或受扭钢筋配置，该项为必注值。当梁腹板高度$h_w \geq$ 450mm时，需配置纵向构造钢筋，所注规格与根数应符合规范规定。此项注写值以大写字母G打头，接续注写设置在梁两个侧面的总配筋值，且对称配置。

【例】G4ϕ12，表示梁的两个侧面共配置4ϕ12的纵向构造钢筋，每侧各配置2ϕ12。

当梁侧面需配置受扭纵向钢筋时，此项注写值以大写字母N打头，接续注写配置在梁两个侧面的总配筋值，且对称配置。受扭纵向钢筋应满足梁侧面纵向构造钢筋的间距要求，且不再重复配置纵向构造钢筋。

【例】N6⌀22，表示梁的两个侧面共配置6⌀22的受扭纵向钢筋，每侧各配置3⌀22。

注：1. 当为梁侧面构造钢筋时，其搭接与锚固长度可取为$15d$。

2. 当为梁侧面受扭纵向钢筋时，其搭接长度为l_l或l_{lE}，锚固长度为l_a或l_{aE}（抗震）；其锚固方式同框架梁下部纵筋。

6）梁顶面标高高差。该项为选注值。

梁顶面标高高差，系指相对于结构层楼面标高的高差值，对于位于结构夹层的梁，则指相对于结构夹层楼面标高的高差。有高差时，需将其写入括号内，无高差时不注

(注：当某梁的顶面高于所在结构层的楼面标高时，其标高高差为正值，反之为负值)。

【例】某结构标准层的楼面标高为 44.950m 和 48.250m，当某梁的梁顶面标高高差注写为（－0.050）时，即表明该梁顶面标高分别相对于 44.950m 和 48.250m 低 0.05m。

(4) 梁原位标注。

1) 梁支座上部纵筋，该部位含通长筋在内的所有纵筋。

①当上部纵筋多于一排时，用斜线“/”将各排纵筋自上而下分开。

【例】梁支座上部纵筋注写为 6⌀25 4/2，则表示上一排纵筋为 4⌀25，下一排纵筋为 2⌀25。

②当同排纵筋有两种直径时，用加号“＋”将两种直径的纵筋相联，注写时将角部纵筋写在前面。

【例】梁支座上部有四根纵筋，2⌀25 放在角部，2⌀22 放在中部，在梁支座上部应注写为 2⌀25＋2⌀22。

③当梁中间支座两边的上部纵筋不同时，须在支座两边分别标注；当梁中间支座两边的上部纵筋相同时，可仅在支座的一边标注配筋值，另一边省去不注，如图 5-6 所示。

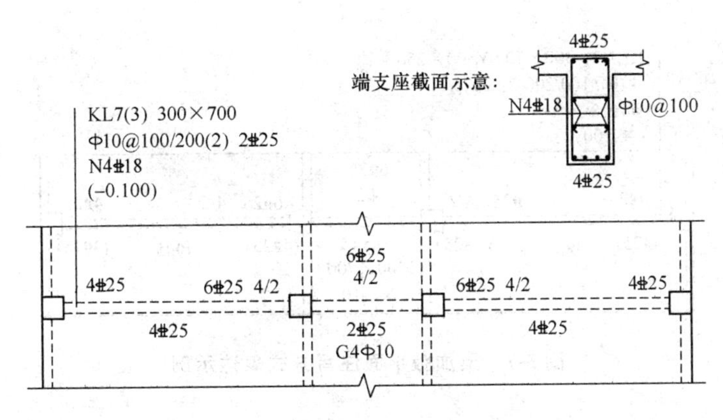

图 5-6 大小跨梁的注写示意

设计时应注意：对于支座两边不同配筋值的上部纵筋，宜尽可能选用相同直径(不同根数)，使其贯穿支座，避免支座两边不同直径的上部纵筋均在支座内锚固。对于以边柱、角柱为端支座的屋面框架梁，当能够满足配筋截面面积要求时，其梁的上部钢筋应尽可能只配置一层，以避免梁柱纵筋在柱顶处因层数过多、密度过大导致不方便施工和影响混凝土浇筑质量。

2) 梁下部纵筋。

①当下部纵筋多于一排时，用斜线“/”将各排纵筋自上而下分开。

【例】梁下部纵筋注写为 6⌀25 2/4，则表示上一排纵筋为 2⌀25，下一排纵筋为

4 ⏀25，全部伸入支座。

②当同排纵筋有两种直径时，用加号“+”将两种直径的纵筋相联，注写时角筋写在前面。

③当梁下部纵筋不全部伸入支座时，将梁支座下部纵筋减少的数量写在括号内。

【例】梁下部纵筋注写为 6 ⏀25 2（−2）/4，则表示上排纵筋为 2 ⏀25，且不伸入支座；下一排纵筋为 4 ⏀25，全部伸入支座。

④当梁的集中标注中已按上述（3）中 4）的规定分别注写了梁上部和下部均为通长的纵筋值时，则不需在梁下部重复做原位标注。

⑤当梁设置竖向加腋时，加腋部位下部斜纵筋应在支座下部以 Y 打头注写在括号内（图 5-7），《混凝土结构施工图平面整体表示方法制图规则和构造详图（现浇混凝土框架、剪力墙、梁、板)》11G101－1 图集中框架梁竖向加腋构造适用于加腋部位参与框架梁计算，其他情况设计者应另行给出构造。当梁设置水平加腋时，水平加腋内上、下部斜纵筋应在加腋支座上部以 Y 打头注写在括号内，上下部斜纵筋之间用“/”分隔，如图 5-8 所示。

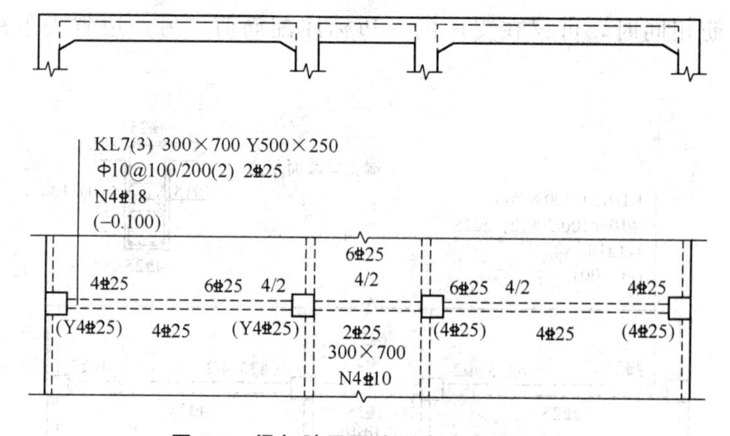

图 5-7 梁加腋平面注写方式表达示例

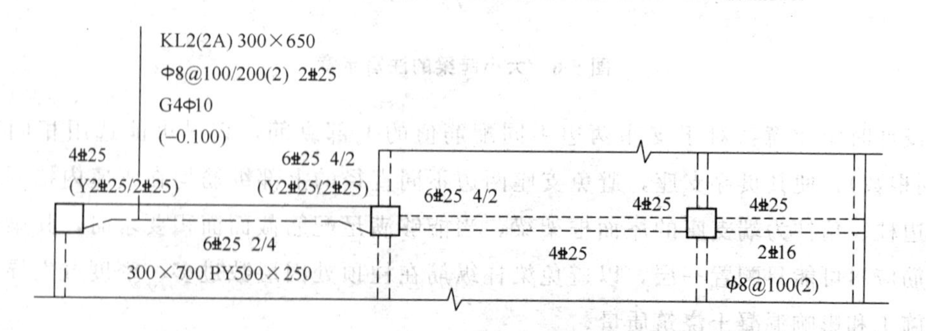

图 5-8 梁水平加腋平面注写方式表达示例

3）当在梁上集中标注的内容（即梁截面尺寸、箍筋、上部通长筋或架立筋，梁侧面纵向构造钢筋或受扭纵向钢筋，以及梁顶面标高高差中的某一项或几项数值）不适

用于某跨或某悬挑部分时，则将其不同数值原位标注在该跨或该悬挑部位，施工时应按原位标注数值取用。

当在多跨梁的集中标注中已注明加腋，而该梁某跨的根部却不需要加腋时，则应在该跨原位标注等截面的 $b \times h$，以修正集中标注中的加腋信息，如图 5-7 所示。

4）附加箍筋或吊筋，将其直接画在平面图中的主梁上，用线引注总配筋值（附加箍筋的肢数注在括号内），如图 5-9 所示。当多数附加箍筋或吊筋相同时，可在梁平法施工图上统一注明，少数与统一注明值不同时，再原位引注。

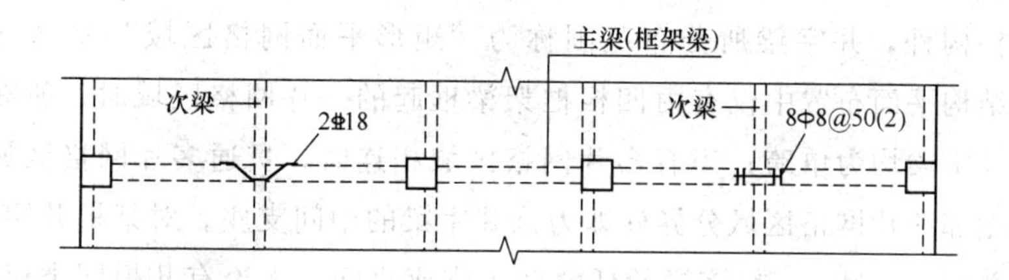

图 5-9 附加箍筋和吊筋的画法示意

施工时应注意：附加箍筋或吊筋的几何尺寸应按照标准构造详图，结合其所在位置的主梁和次梁的截面尺寸而定。

当梁的集中标注与原位标注并存时，梁的箍筋标注，如图 5-10 所示。

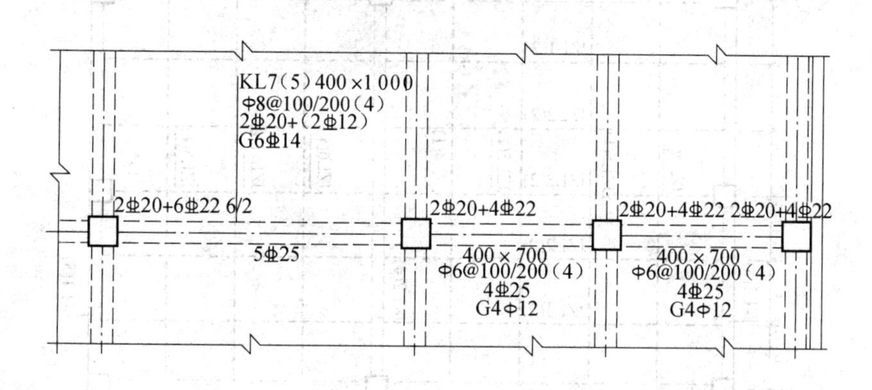

图 5-10 梁的箍筋标注

从图 5-10 中的箍筋标注来看，箍筋既有集中标注，又有原位标注。

在既有箍筋集中标注的前提下：如果某跨没有原位标注时，就执行集中标注的内容；如果某跨有不同于集中标注的原位标注时，便执行原位标注的内容。

图 5-10 中两个较小跨的箍筋原位标注的内容，就与集中标注的内容不一样。此时就要执行原位标注的内容。

从图 5-10 中可以看出，大跨梁中的箍筋直径是 $\phi 8$，小跨的箍筋直径是 $\phi 6$。此外梁高和构造筋（梁侧面纵向筋）及梁的截面高度，大跨梁和小跨梁之间也不一样。这就是当集中标注的内容，与原位标注的内容不一致时，原位标注的内容优先原则。

（5）井字梁通常由非框架梁构成，并以框架梁为支座（特殊情况下以专门设置的非框架大梁为支座）。在此情况下，为明确区分井字梁与作为井字梁支座的梁，井字梁用单粗虚线表示（当井字梁顶面高出板面时可用单粗实线表示），作为井字梁支座的梁用双细虚线表示（当梁顶面高出板面时可用双细实线表示）。

《混凝土结构施工图平面整体表示方法制图规则和构造详图（现浇混凝土框架、剪力墙、梁、板）》11G101－1图集中所规定的井字梁，系指在同一矩形平面内相互正交所组成的结构构件，井字梁所分布范围称为“矩形平面网格区域”（简称“网格区域”）。当在结构平面布置中仅有由四根框架梁框起的一片网格区域时，所有在该区域相互正交的井字梁均为单跨；当有多片网格区域相连时，贯通多片网格区域的井字梁为多跨，且相邻两片网格区域分界处即为该井字梁的中间支座。对某根井字梁编号时，其跨数为其总支座数减1；在该梁的任意两个支座之间，无论有几根同类梁与其相交，均不作为支座，如图5-11所示。

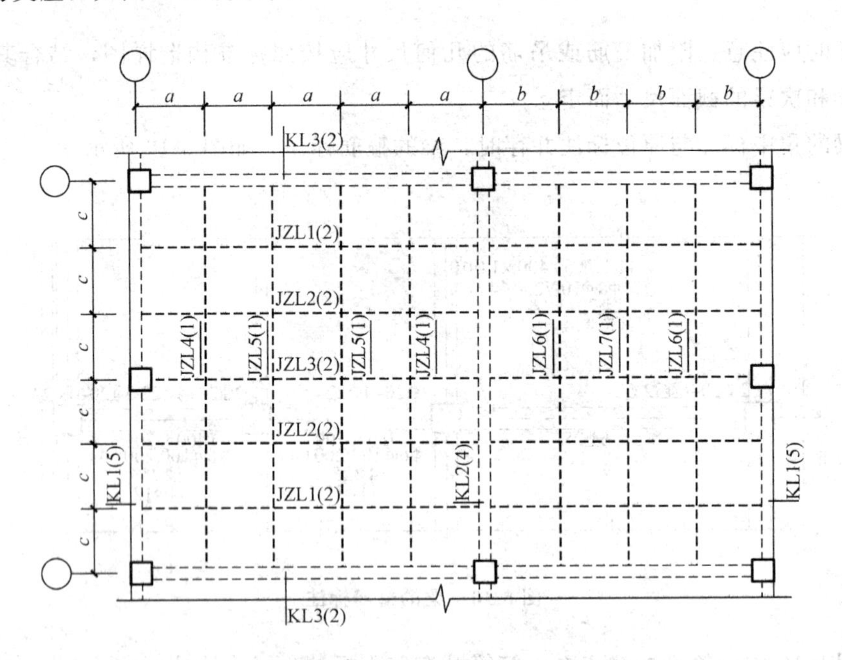

图5-11　井字梁矩形平面网格区域示意

井字梁的注写规则见《混凝土结构施工图平面整体表示方法制图规则和构造详图（现浇混凝土框架、剪力墙、梁、板）》11G101－1图集第4.2.1～4.2.4条的规定。除此之外，设计者应注明纵横两个方向梁相交处同一层面钢筋的上下交错关系（指梁上部或下部的同层面交错钢筋何梁在上何梁在下），以及在该相交处两方向梁箍筋的布置要求。

（6）井字梁的端部支座和中间支座上部纵筋的伸出长度 a_0 值，应由设计者在原位加注具体数值予以注明。

当采用平面注写方式时，则在原位标注的支座上部纵筋后面括号内加注具体伸出长度值，如图 5-12 所示。

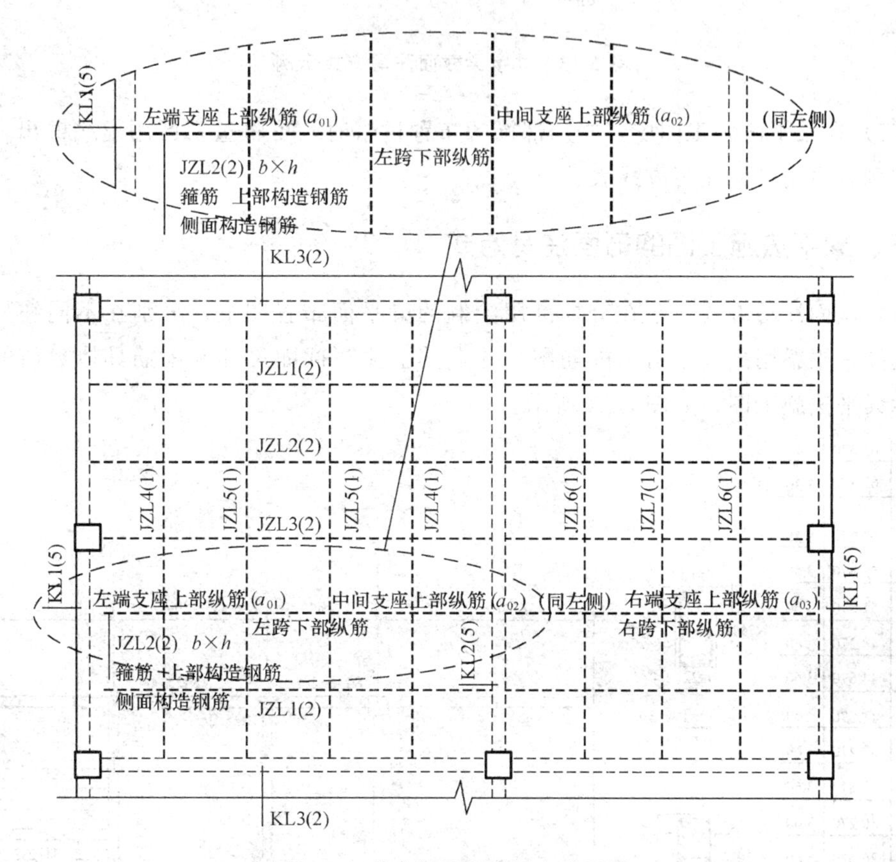

图 5-12　井字梁平面注写方式示例

注：本图仅示意井字梁的注写方法，未注明截面几何尺寸 $b\times h$，支座上部纵筋伸出长度 $a_{01}\sim a_{03}$，以及纵筋与箍筋的具体数值。

【例】贯通两片网格区域采用平面注写方式的某井字梁，其中间支座上部纵筋注写为 6⏀25　4/2（3200/2400），表示该位置上部纵筋设置两排，上一排纵筋为 4⏀25，自支座边缘向跨内伸出长度 3200mm；下一排纵筋为 2⏀25，自支座边缘向跨内伸出长度为 2400mm。

当为截面注写方式时，则在梁端截面配筋图上注写的上部纵筋后面括号内加注具体伸出长度值，如图 5-13 所示。

设计时应注意：当井字梁连续设置在两片或多排网格区域时，才具有上面提及的井字梁中间支座。当某根井字梁端支座与其所在网格区域之外的非框架梁相连时，该位置上部钢筋的连续布置方式需由设计者注明。

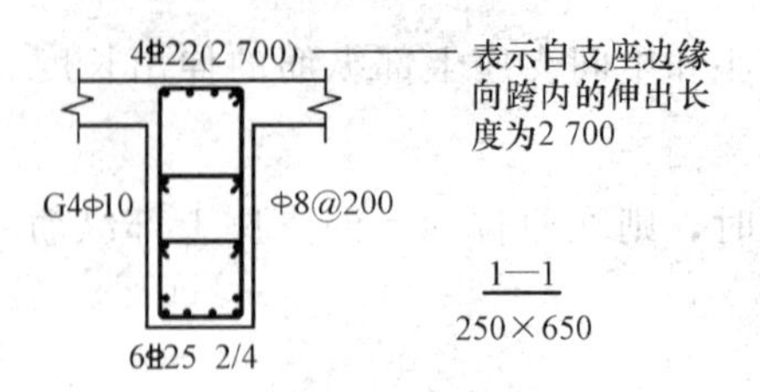

图 5-13 井字梁截面注写方式示例

(7) 在梁平法施工图中，当局部梁的布置过密时，可将过密区用虚线框出，适当放大比例后再用平面注写方式表示。

三、梁平法施工图的截面注写方式

(1) 截面注写方式，系在分标准层绘制的梁平面布置图上，分别在不同编号的梁中各选择一根梁用剖面号引出配筋图，并在其上注写截面尺寸和配筋具体数值的方式来表达梁平法施工图，如图 5-14 所示。

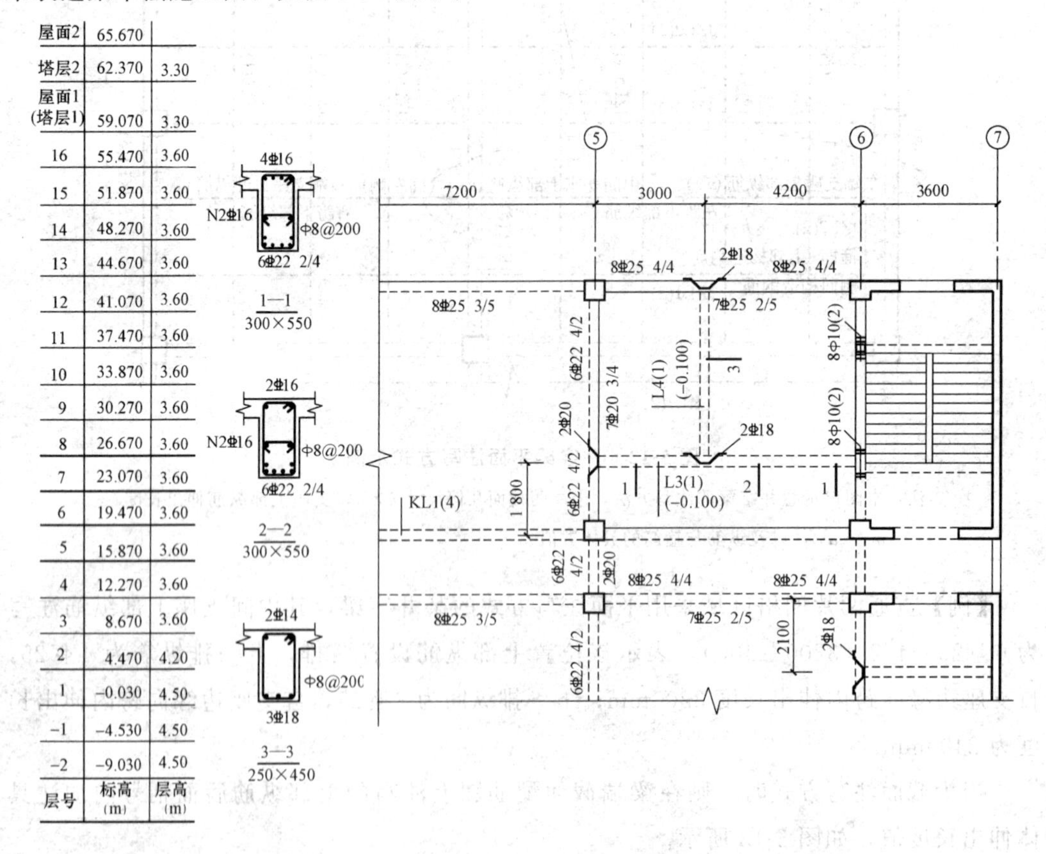

层号	标高(m)	层高(m)
屋面2	65.670	
塔层2	62.370	3.30
屋面1(塔层1)	59.070	3.30
16	55.470	3.60
15	51.870	3.60
14	48.270	3.60
13	44.670	3.60
12	41.070	3.60
11	37.470	3.60
10	33.870	3.60
9	30.270	3.60
8	26.670	3.60
7	23.070	3.60
6	19.470	3.60
5	15.870	3.60
4	12.270	3.60
3	8.670	3.60
2	4.470	4.20
1	-0.030	4.50
-1	-4.530	4.50
-2	-9.030	4.50

图 5-14 梁平法施工图截面注写方式示例

(2) 对所有梁按表 5-1 的规定进行编号，从相同编号的梁中选择一根梁，先将“单边截面号”画在该梁上，再将截面配筋详图画在本图或其他图上。当某梁的顶面标高与结构层的楼面标高不同时，尚应继其梁编号后注写梁顶面标高高差（注写规定与平面注写方式相同）。

(3) 在截面配筋详图上注写截面尺寸 $b \times h$、上部筋、下部筋、侧面构造筋或受扭筋以及箍筋的具体数值时，其表达形式与平面注写方式相同。

(4) 截面注写方式既可以单独使用，也可与平面注写方式结合使用。在梁平法施工图的平面图中，当局部区域的梁布置过密时，除了采用截面注写方式表达外，也可将过密区用虚线框出，适当放大比例后再用平面注写方式表示的措施来表达。当表达异形截面梁的尺寸与配筋时，用截面注写方式相对比较方便。

图 5-15 为某梁配筋效果图。

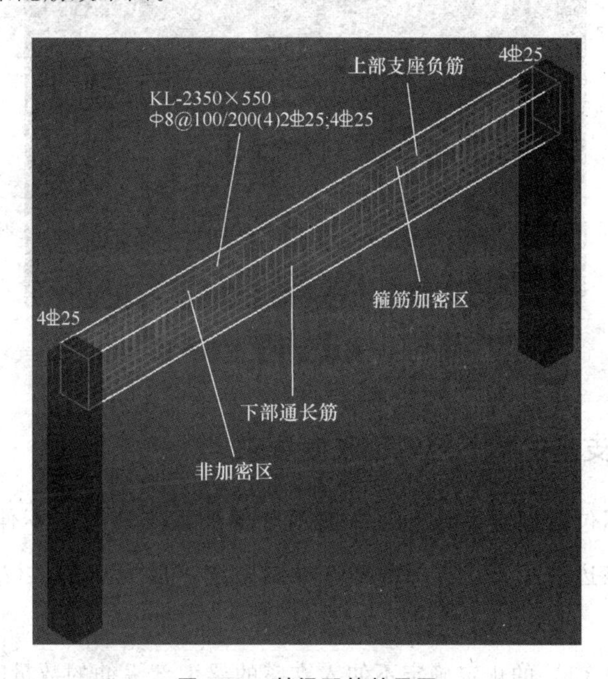

图 5-15 某梁配筋效果图

四、梁支座上部纵筋长度要求

(1) 为方便施工，凡框架梁的所有支座和非框架梁（不包括井字梁）的中间支座上部纵筋的伸出长度 a_0 值在标准构造详图中统一取值为：第一排非通长筋及与跨中直径不同的通长筋从柱（梁）边起伸出至 $l_n/3$ 位置；第二排非通长筋伸出至 $l_n/4$ 位置。l_n 的取值规定为：对于端支座，l_n 为本跨的净跨值；对于中间支座，l_n 为支座两边较大一跨的净跨值。

(2) 悬挑梁（包括其他类型梁的悬挑部分）上部第一排纵筋伸出至梁端头并下弯，第二排伸出至 $3l/4$ 位置，l 为自柱（梁）边算起的悬挑净长。当具体工程需要将悬挑梁中的部分上部钢筋从悬挑梁根部开始斜向弯下时，应由设计者另加注明。

(3) 设计者在执行上述（1）、（2）条关于梁支座端上部纵筋伸出长度的统一取值规定时，特别是在大小跨相邻和端跨外为长悬臂的情况下，还应注意按《混凝土结构设计规范》（GB 50010—2010）的相关规定进行校核，若不满足时应根据规范规定进行变更。

图 5-16 为某梁支座负筋效果图。

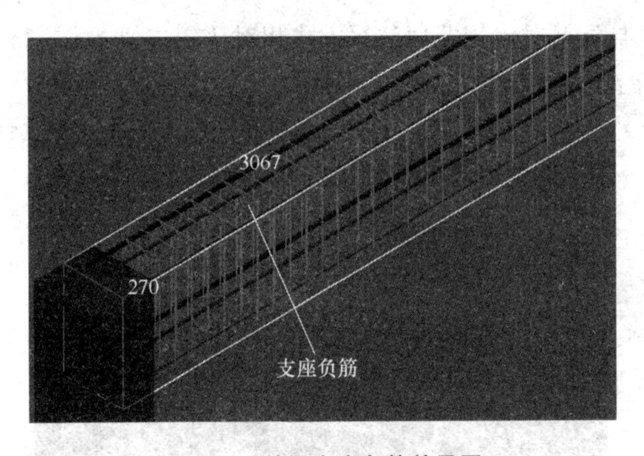

图 5-16 某梁支座负筋效果图

五、不伸入支座的梁下部纵筋长度要求

(1) 当梁（不包括框支梁）下部纵筋不全部伸入支座时，不伸入支座的梁下部纵筋截断点距支座边的距离，在标准构造详图中统一取为 $0.1l_{ni}$（l_{ni} 为本跨梁的净跨值）。

(2) 当按上述（1）的规定确定不伸入支座的梁下部纵筋的数量时，应符合《混凝土结构设计规范》（GB 50010—2010）的有关规定。

六、其他

(1) 非框架梁、井字梁的上部纵向钢筋在端支座的锚固要求，《混凝土结构施工图平面整体表示方法制图规则和构造详图（现浇混凝土框架、剪力墙、梁、板）》11G101-1 图集标准构造详图中规定：当设计按铰接时，平直段伸至端支座对边后弯折，且平直段长度 $\geqslant 0.35l_{ab}$，弯折段长度 $15d$（d 为纵向钢筋直径）；当充分利用钢筋的抗拉强度时，直段伸至端支座对边后弯折，且平直段长度 $\geqslant 0.6l_{ab}$，弯折段长度 $15d$。设计者

应在平法施工图中注明采用何种构造，当多数采用同种构造时可在图注中统一写明，并将少数不同之处在图中注明。

（2）非抗震设计时，框架梁下部纵向钢筋在中间支座的锚固长度，《混凝土结构施工图平面整体表示方法制图规则和构造详图（现浇混凝土框架、剪力墙、梁、板）》11G101－1图集的构造详图中按计算中充分利用钢筋的抗拉强度考虑。当计算中不利用该钢筋的强度时，其伸入支座的锚固长度对于带肋钢筋为$12d$，对于光面钢筋为$15d$（d为纵向钢筋直径），此时设计者应注明。

（3）非框架梁的下部纵向钢筋在中间支座和端支座的锚固长度，在本图集的构造详图中规定对于带肋钢筋为$12d$；对于光面钢筋为$15d$（d为纵向钢筋直径）。当计算中需要充分利用下部纵向钢筋的抗压强度或抗拉强度，或具体工程有特殊要求时，其锚固长度应由设计者按照《混凝土结构设计规范》（GB 50010—2010）的相关规定进行变更。

（4）当非框架梁配有受扭纵向钢筋时，梁纵筋锚入支座的长度为l_a，在端支座直锚长度不足时可伸至端支座对边后弯折，且平直段长度$\geqslant 0.6l_{ab}$，弯折段长度$15d$。设计者应在图中注明。

（5）当梁纵筋兼作温度应力钢筋时，其锚入支座的长度由设计确定。

（6）当两楼层之间设有层间梁时（如结构夹层位置处的梁），应将设置该部分梁的区域画出另行绘制梁结构布置图，然后在其上表达梁平法施工图。

（7）《混凝土结构施工图平面整体表示方法制图规则和构造详图（现浇混凝土框架、剪力墙、梁、板）》11G101－1图集KZL用于托墙框支梁，当托柱转换梁采用KZL编号并使用《混凝土结构施工图平面整体表示方法制图规则和构造详图（现浇混凝土框架、剪力墙、梁、板）》11G101－1图集构造时，设计者应根据实际情况进行判定，并提供相应的构造变更。

七、某梁平法施工图示例

图5-17为某工程梁平法施工图，请结合上述所讲内容进行识读练习。

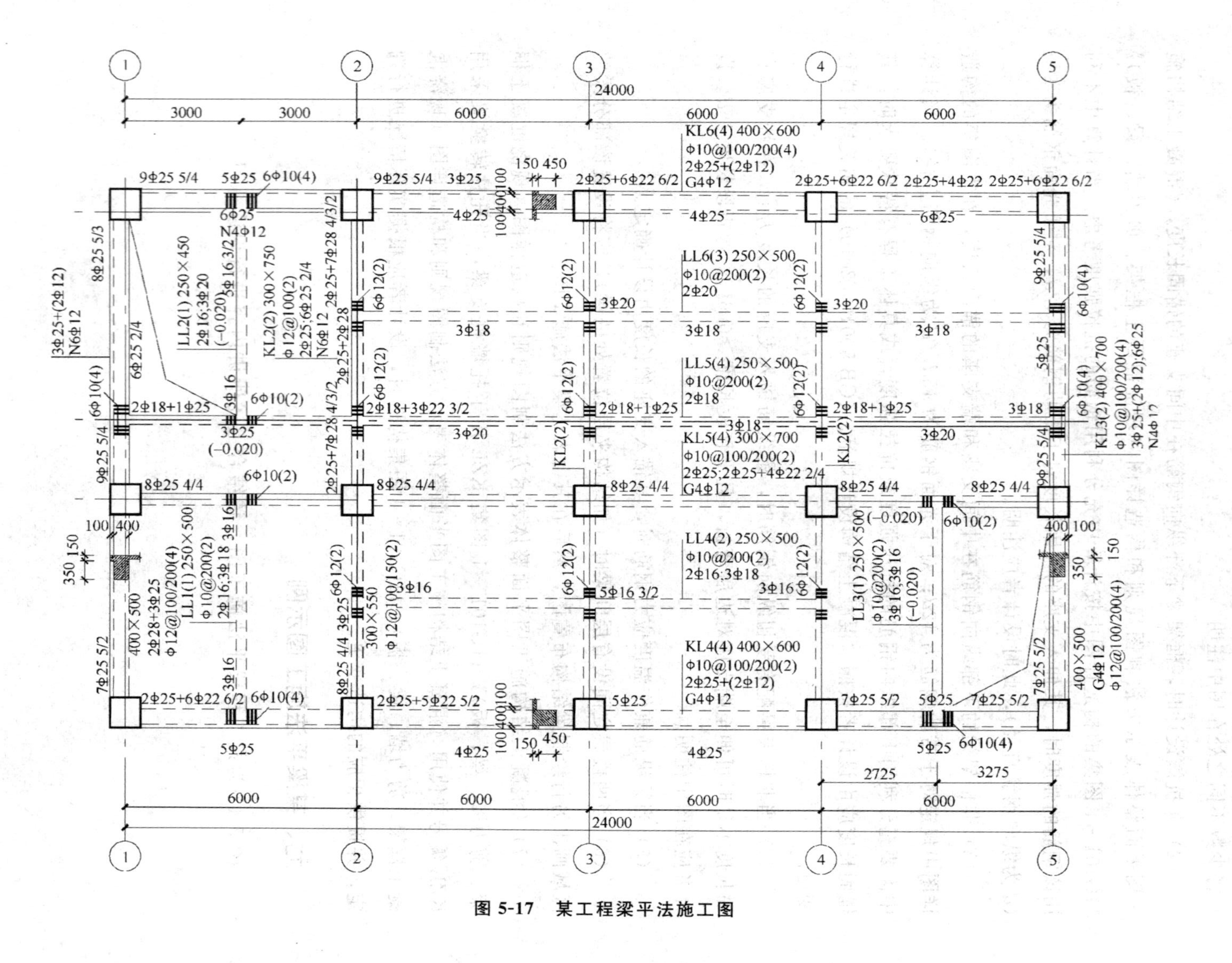

图 5-17 某工程梁平法施工图

第二节　梁平法施工图标准构造详图

一、抗震楼层框架梁

1. 抗震楼层框架梁 KL 纵向钢筋构造及纵向钢筋弯折要求

抗震楼层框架梁 KL 纵向钢筋构造及纵向钢筋弯折要求，如图 5-18 所示。

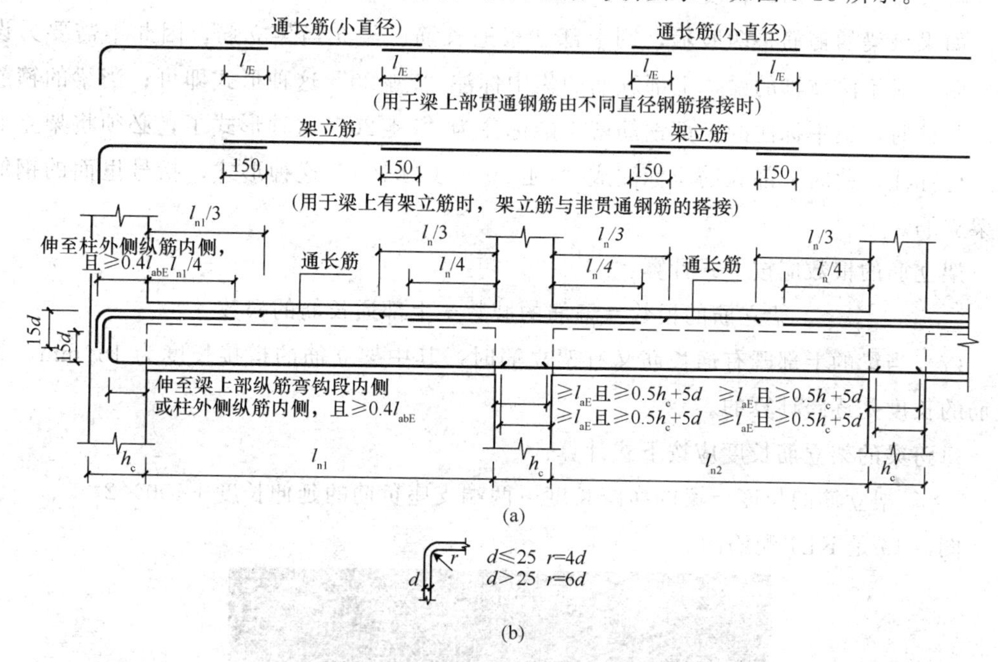

图 5-18　抗震楼层框架梁 KL 纵向钢筋构造及纵向钢筋弯折要求

（a）抗震层框架梁 KL 纵向钢筋构造；（b）纵向钢筋弯折要求

当框架梁和连续梁的相邻跨度不相同时，上部非通长钢筋的长度的确定：

（1）上部非通长钢筋向两跨内延伸的长度是按弯矩包络图计算配置确定的。

（2）相邻跨度相同或接近时（净跨跨度相差不大于 20％时，认为是等跨的）钢筋的截断长度，按相邻较大跨度计算。

（3）相邻跨长度相差较大时，根据弯矩包络图，短跨是正弯矩图，所以较小跨的上部通长钢筋应通长设置，原位标注优先，设计上应标注，集中标注满足要求时，不需要进行原位标注。

（4）对不等跨的框架梁和连续梁，相对较小跨内的支座和跨中往往有负弯矩，在较小跨的上部通长钢筋应按图中的原位标注设置，按两支座中较大纵向受力钢筋的面积贯通。

(5) 非抗震的框架梁及连续梁，包括次梁，不需要设置上部通长钢筋。在非抗震设计且相邻梁的跨度相差不大时，支座负筋延伸长度为（1/3～1/4）l_n，为施工方便，通常上部第一排钢筋的截断点取相邻较大跨度净跨长度 l_n 的 1/3 处，第二排在钢筋的截断点取相邻较大跨度净跨长度 l_n 的 1/4 处。

(6) 架立筋是梁的一种纵向构造钢筋。当梁顶面箍筋转角处无纵向受力钢筋时，应设置架立筋，其作用是形成钢筋骨架和承受温度收缩应力。当设有架立筋时，架立筋与非贯通钢筋的搭接长度为 150mm，架立筋的长度是逐跨计算的，则每跨梁的架立筋长度为：架立筋的长度＝梁的净跨长度－两端支座负筋的延伸长度＋150×2；当梁为等跨梁时，架立筋的长度＝l_n/3＋150×2。

如果该梁的箍筋是两肢箍，则上部 2 根通长筋已经充当架立筋，因此不需要另设架立筋。对于两肢箍的梁，上部纵筋的集中标注“7 ⏀ 20”这种形式即可；当梁的箍筋是四肢箍时，集中标注的上部钢筋就不能标注为“7 ⏀ 20”这种形式了，必须将架立筋也进行标注，此时上部纵筋应标注成“7 ⏀ 20＋（2 ϕ10）”这种形式，括号里面的钢筋为架立筋。

架立筋的根数应按下式计算：

架立筋的根数＝箍筋的肢数－上部通长筋的根数

(7) 当梁的上部既有通长筋又有架立筋时，其中架立筋的搭接长度为 150mm，架立筋的长度是逐跨计算的。

每跨梁的架立筋长度应按下式计算：

架立筋的长度＝梁的净跨长度－两端支座负筋的延伸长度＋150×2

图 5-19 是 KL1 配筋图。

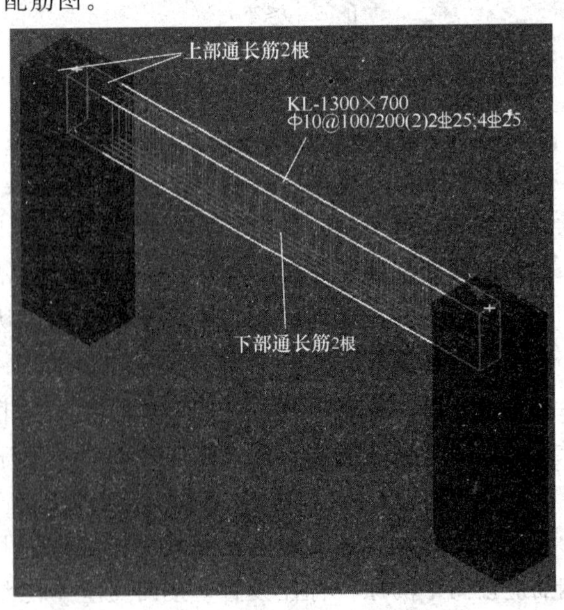

图 5-19 KL1 配筋图

2. 框架梁上部钢筋在端支座的锚固构造

（1）加锚头（锚板）锚固。水平长度不满足 $0.4l_{abE}$（$0.4l_{ab}$）时，不能用加长直钩达到总长度满足 l_{abE}（l_{ab}）的做法，在实际工程中，由于框架梁的纵向钢筋直径较粗，框架柱的截面宽度较小，会出现水平段长度不满足要求的情况，这种情况不得采用通过增加垂直段的长度来补偿使总长度满足锚固要求的做法。

端支座加锚头（锚板）锚固，如图 5-20 所示。柱截面尺寸不足时，可以采用减小主筋的直径，或采用钢筋端部加锚头（锚板，按预埋铁件考虑）的锚固方式；钢筋宜伸至柱外侧钢筋内侧，含机械锚头在内的水平投影长度应≥$0.4l_{aE}$（$0.4l_a$），过柱中心线水平尺寸不小于 $5d$。

（2）直锚。端支座直锚，如图 5-21 所示。直锚的长度应不小于 l_{aE}（l_a）要求，且应伸过柱中心线 $5d$，取 $0.5h_c+5d$ 和 l_{aE} 较大值。直锚的长度不足时，梁上部钢筋可采用 90°弯折锚固，水平段应伸至柱外侧钢筋内侧并向节点内弯折，含弯弧在内的水平投影长度≥$0.4l_{abE}$（$0.4l_{ab}$）且包括弯弧在内的投影长度不应小于 $15d$ 的竖向直线段。

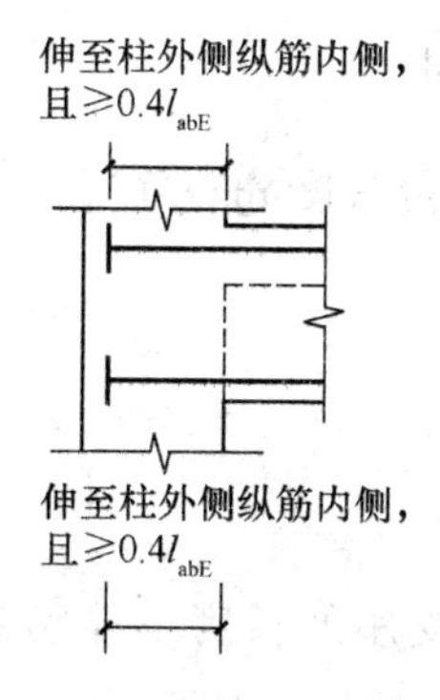

图 5-20　端支座加锚头（锚板）锚固

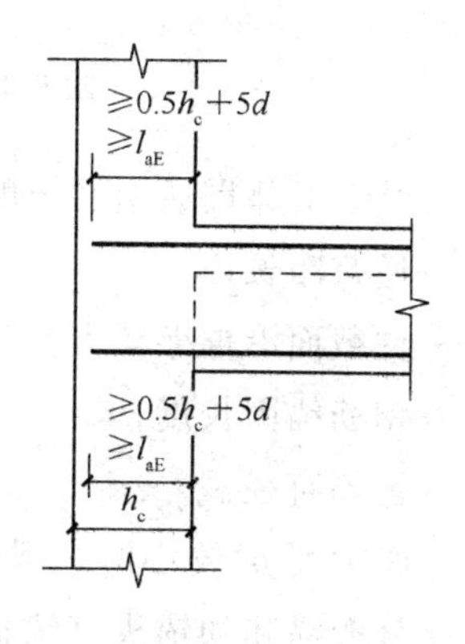

图 5-21　端支座直锚

3. 中间层中间节点梁下部筋在节点外搭接构造

中间层中间节点梁下部筋在节点外搭接，如图 5-22 所示。梁下部钢筋不能在柱内锚固时，可在节点外搭接。相邻跨钢筋直径不同时，搭接位置位于较小直径一跨。

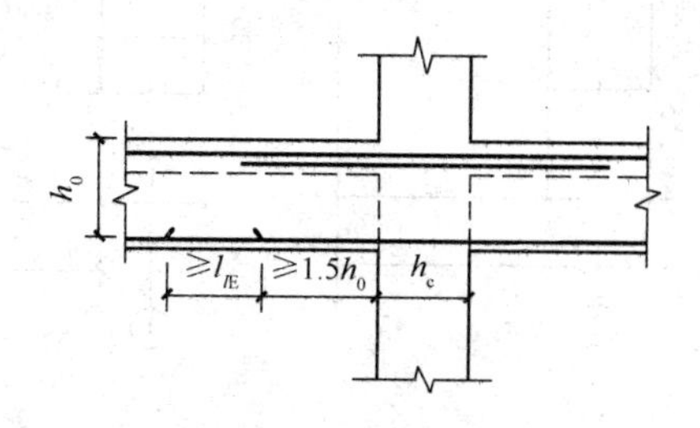

图 5-22　中间层中间节点梁下部筋在节点外搭接

4. 框架梁纵筋计算

(1) 楼层框架梁上、下部贯通筋

当梁的支座 h_c（h_c为柱截面沿框架方向的高度）足够宽时，梁上、下部纵筋伸入支座的长 $l \geqslant l_{aE}$，且 $l \geqslant 0.5h_c+5d$ 时，纵筋直锚于支座内，如图 5-23 所示。

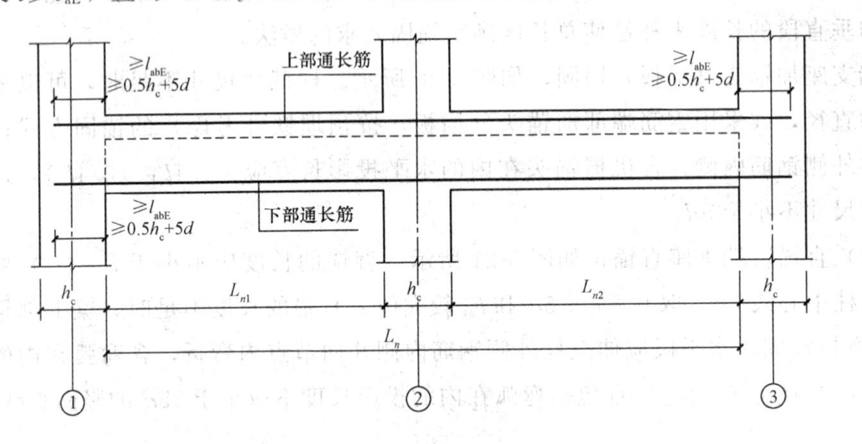

图 5-23 梁端钢筋直锚示意图

楼层框架梁上下部贯通钢筋长度$=L_n$左右锚人支座内长度 max（l_{aE}，$0.5h_c+5d$）

式中 L_n——通跨净长；

h_c——柱截面沿框架梁方向的宽度；

l_{aE}——钢筋锚固长度；

d——钢筋直径。

当梁的支座宽度 h_c较小时，梁上、下部纵筋伸入支座的长度不能满足锚固要求，钢筋在端支座分弯锚和加锚头（锚板）两种方式锚固，如图 5-24 所示。

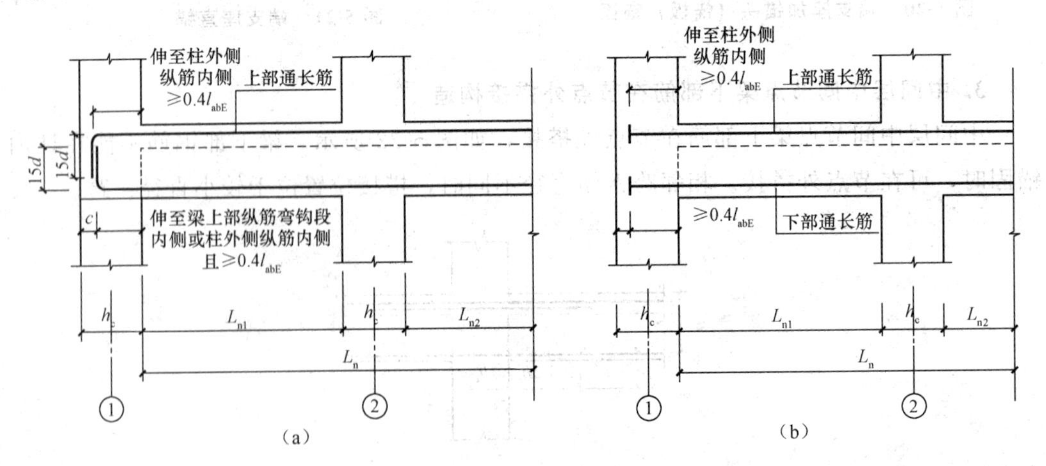

图 5-24 钢筋在端支座锚固长度<l_{aE}时构造图

(a) 端支座钢筋弯锚构造；(b) 端支座钢筋加锚头（锚板）

弯折锚固长度＝max（l_{aE}，0.4l_{aE}＋15d，支座宽 h_c－保护层＋15d）

端支座加锚板时，梁纵筋伸至柱外侧纵筋内侧且伸入柱中长度≥0.4l_{abE}，同时在钢筋端头加锚头或锚板，如图 5-25 所示。

弯锚时，

楼层框架梁上部贯通筋长度＝通跨净跨长 L_n＋左右锚入支座内长度 max（l_{aE}，0.4l_{aE}＋15d，支座宽 h_c－保护层＋15d）

钢筋端头加锚头或锚板时，

楼层框架梁上、下部贯通筋长度＝通跨净跨长 L_n＋左右锚入支座内长度 max（0.4l_{abE}，支座宽 h_c－保护层）＋锚头长度

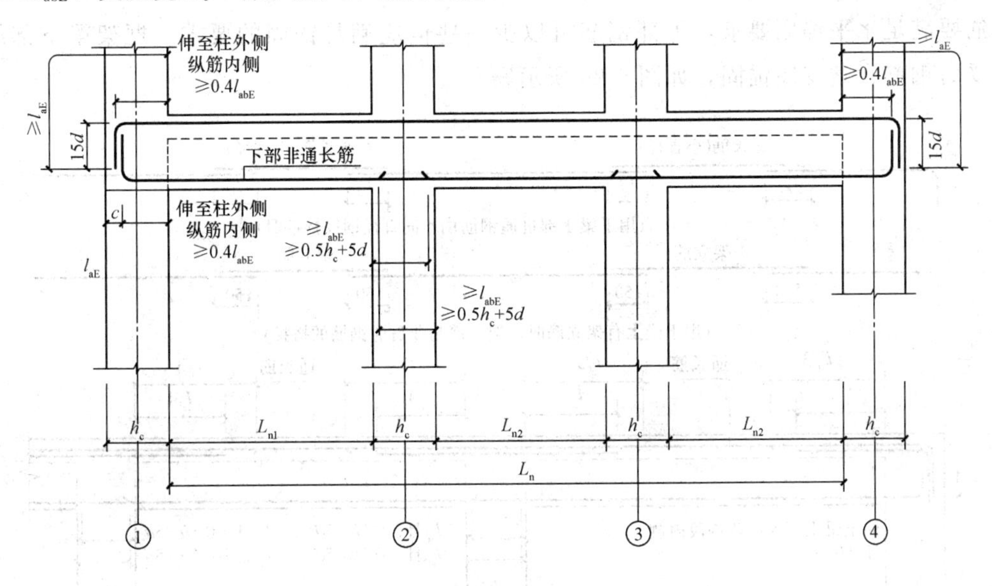

图 5-25　梁下部非通长筋计算示意

（2）楼层框架梁下部非贯通筋长度计算

1）当梁端支座足够宽时，端支座下部钢筋直锚在支座内：

端支座锚固长度为 max（l_{aE}，0.5h_c＋5d），中间支座锚固长度为 max（l_{aE}，0.5h_c＋5d）。

边跨下部非贯通筋长度＝净跨 L_n＋中间支座锚固长度 max（l_{aE}，0.5h_c＋5d）＋端支座锚固长度 max（l_{aE}，0.5h_c＋5d）

中间跨下部非贯通筋长度＝净跨 L_n＋左支座锚固长度 max（l_{aE}，0.5h_c＋5d）＋右支座锚固长度 max（l_{aE}，0.5h_c＋5d）

2）当梁端支座不能满足直锚长度时，端支座下部钢筋应弯锚在支座内，如图 5-24 所示。

端支座锚固长度为 max（l_{aE}，0.4l_{abE}＋15d，支座宽－保护层厚度＋15d）；

中间支座锚固长度为 max（l_{aE}，0.5h_c＋5d）。

边跨下部非贯通筋长度＝净跨 L_n＋端支座锚固长度 max（l_{aE}，$0.4l_{abE}+15d$，支座宽－保护层厚度＋$15d$）＋中间支座锚固长度 max（l_{aE}，$0.5h_c+5d$）

中间跨下部非贯通筋长度＝净跨 L_n＋左支座锚固长度 max（l_{aE}，$0.5h_c+5d$）＋右支座锚固长度 max（l_{aE}，$0.5h_c+5d$）

二、抗震屋面框架梁

1. 抗震屋面框架梁下部纵向受力钢筋在端支座的锚固构造

框架梁在支座处，正弯矩在上方，在地震的作用下，竖向荷载与水平地震力作用产生的弯矩叠加，柱端在竖向荷载弯矩比例小，则梁端的下部不会产生正弯矩，上部钢筋要满足水平锚固要求，下部钢筋可以少一些但应满足锚固的要求。框架梁下部纵向受力钢筋在端支座锚固，如图 5-26 所示。

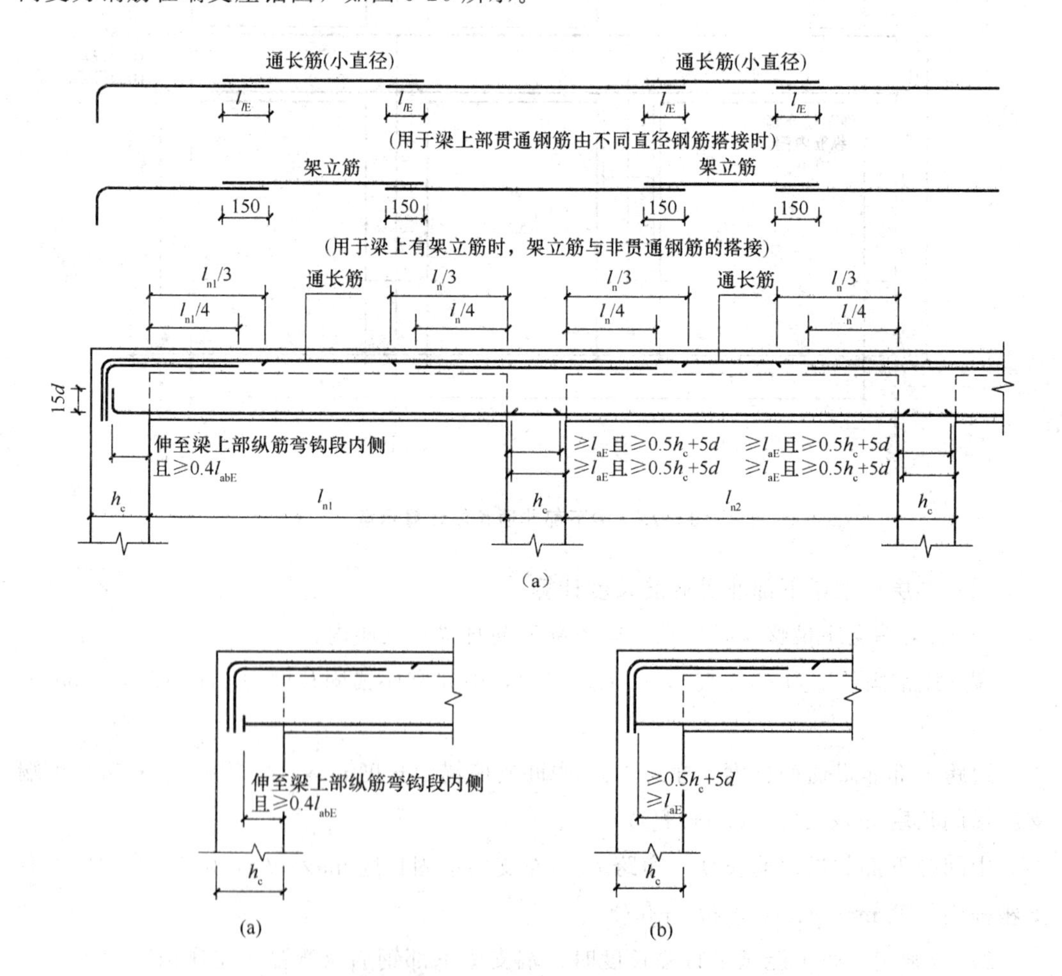

图 5-26　抗震屋面框架梁下部纵向受力钢筋在端支座锚固

（a）抗震屋面框架梁 WKL 纵向钢筋构造；（b）顶层端节点梁下部钢筋端头加锚头（锚板）锚固；（c）顶层端支座梁下部钢筋直锚

（1）直线锚固长度不应小于 l_{aE}（l_a）时，且过柱中心线 $5d$；

（2）柱截面尺寸不足时，也可以采用减小钢筋直径或采用钢筋端部加锚头的锚固方式，其水平段投影长度不小于 $0.4l_{abE}$（$0.4l_{ab}$），伸至柱纵向钢筋的内侧；

（3）不可以使总锚固长度满足 l_{aE}（l_a）的要求，而减少水平段的长度；

（4）弯折锚固时，伸至上部下弯纵向钢筋的内侧或柱纵筋内侧上弯，水平段投影长度不小于 $0.4l_{abE}$（$0.4l_{ab}$）时，竖直段投影长度不应小于 $15d$；

（5）水平段应伸至支座对边柱钢筋内侧，不可以在满足 $0.4l_{abE}$（$0.4l_{ab}$）后就向上弯折，要过柱中心线，向上弯折要弯折在节点核心区，不要弯折在竖向构件中，不宜向下弯折锚固。

2. 顶层中间节点梁下部筋在节点外的搭接构造及纵向钢筋弯折要求

顶层中间节点梁下部筋在节点外搭接，如图 5-27 所示。梁下部钢筋不能在柱内锚固时，可在节点外搭接，相邻跨钢筋直径不同时，搭接位置位于较小直径一跨。纵向钢筋弯折要求，如图 5-28 所示。

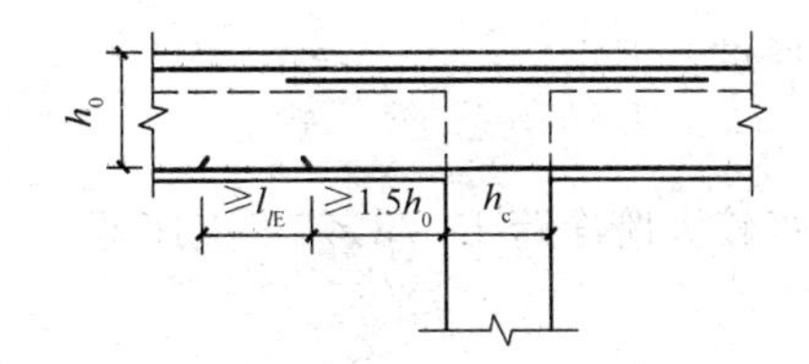

图 5-27　顶层中间节点梁下部筋在节点外搭接

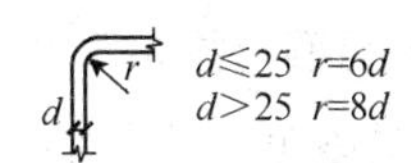

图 5-28　纵向钢筋弯折要求

3. 屋面框架梁钢筋计算

屋面框架梁中梁上部通长筋和端支座负筋在柱中弯折锚固长度分以下四种情况：

（1）柱外侧纵筋配筋率不大于 1.2%，边柱外侧纵筋全部锚入梁内，锚固长度为 $1.5l_{abE}$，梁上部纵筋在柱中伸至梁底截断，下部纵筋在柱中弯折 $15d$ 截断，如图 5-29 所示。

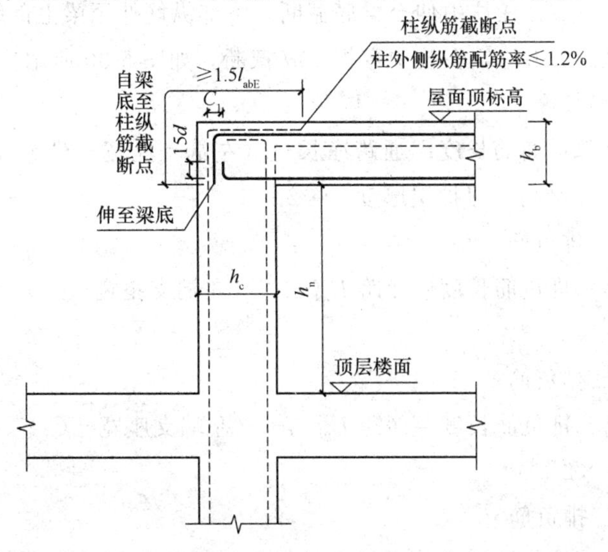

图 5-29　屋面抗震框架梁纵向钢筋构造（一）

1）上部贯通筋长度

屋面框架梁上部贯通筋长度＝通跨净长＋（左端支座宽－C_1）＋（右端支座宽－C_2）＋弯折长度（梁高－保护层厚度）×2

式中 C_1——梁左端支座上部通长钢筋外皮至混凝土表面的距离；

C_2——梁左端支座上部通长钢筋外皮至梁端混凝土表面的距离。

2）端支座第一排负筋

屋面框架梁第一排负筋长度＝净跨 $L_{n1}/3$＋（左端支座宽－C_1）＋弯折长度×（梁高－保护层厚度）×2

3）端支座第二排负筋

屋面框架梁第二排负筋长度＝净跨 $L_{n1}/4$＋（左端支座宽－C_1）＋弯折长度×（梁高－保护层厚度）×2

4）端支座第三排负筋

屋面框架梁第三排负筋长度＝图纸设计梁支座内侧至钢筋截断处长度＋（左端支座宽－C_1）＋弯折长度×（梁高－保护层厚度）×2

5）中间支座第一排负筋

屋面框架梁第一排负筋长度＝相邻两跨较大跨净跨 $L_{n1}/3\times2$＋支座宽

6）中间支座第二排负筋

屋面框架梁第二排负筋长度＝相邻两跨较大跨净跨 $L_{n1}/4\times2$＋支座宽

7）中间支座屋面框架梁第三排负筋

屋面框架梁第三排负筋长度＝两端图纸设计梁支座内侧至钢筋截断处长度×2＋支座宽

（2）当柱外侧纵向钢筋配筋率大于1.2%时，边柱外侧纵筋分两批锚入梁内，50%根数锚固长度为 $1.5l_{abE}$，50%根数锚固长度为（$1.5l_{abE}+20d$），梁上部纵筋伸至柱外侧纵筋内侧且$\geqslant 0.4l_{abE}$，在柱中伸至梁底截断，下部纵筋伸至梁上部纵筋弯钩段内侧或柱外侧纵筋内侧且$\geqslant 0.4l_{abE}$，在柱中弯折15d截断，如图5-30所示。

1）上部贯通筋长度

屋面框架梁上部贯通筋长度＝通跨净长＋（左端支座宽－C_1）＋（右端支座宽－C_2）＋弯折长度×（梁高－保护层厚度）×2

2）端支座第一排负筋

屋面框架梁第一排负筋长度＝净跨 $L_{n1}/3$＋（左端支座宽－C_1）＋弯折长度×（梁高－保护层厚度）×2

3）端支座第二排负筋

屋面框架梁第二排负筋长度＝净跨 $L_{n1}/4$＋（左端支座宽－C_1）＋弯折长度×（梁高－保护层厚度）×2

4）端支座第三排负筋

屋面框架梁第二排负筋长度＝图纸设计梁支座内侧至钢筋截断处长度＋（左端支

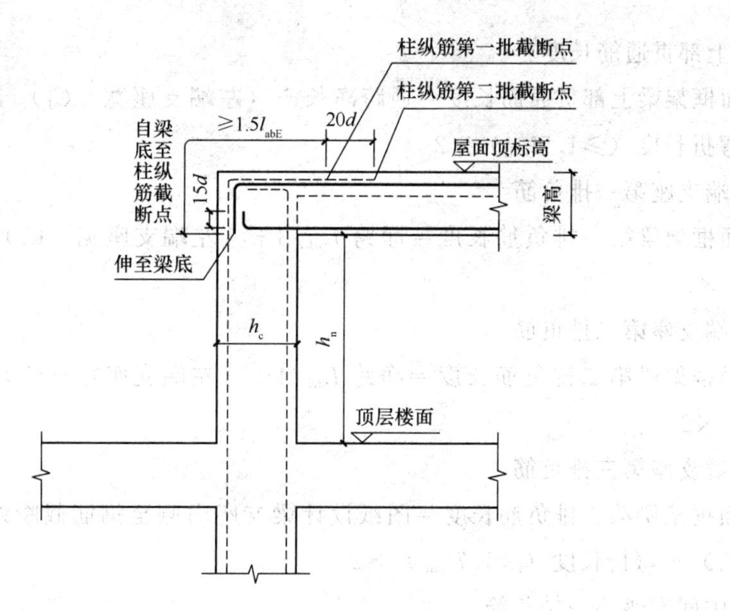

图 5-30　屋面抗震框架梁纵向钢筋构造（二）

座宽$-C_1$）＋弯折长度×（梁高－保护层厚度）×2

5）中间支座第一排负筋

屋面框架梁第一排负筋长度＝相邻两跨较大跨净跨 $L_{n1}/3\times2$＋支座宽

6）中间支座第二排负筋

屋面框架梁第二排负筋长度＝相邻两跨较大跨净跨 $L_{n1}/4\times2$＋支座宽

7）中间支座屋面框架梁第三排负筋

屋面框架梁第三排负筋长度＝图纸设计梁内侧至钢筋截断处长度×2＋支座宽

（3）当梁上部纵向钢筋配筋率不大于 1.2%时，梁上部全部钢筋在柱中锚固长度≥$1.7l_{abE}$，下部纵筋在柱中弯折 15d 截断，如图 5-31 所示。

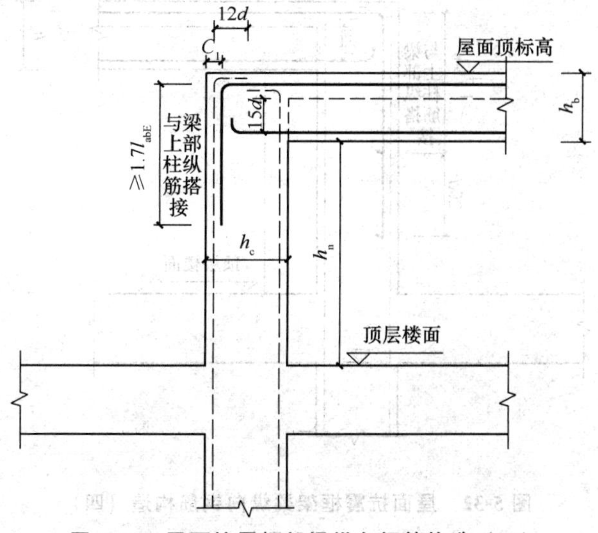

图 5-31　屋面抗震框架梁纵向钢筋构造（三）

1）上部贯通筋长度

屋面框架梁上部贯通筋长度＝通跨净长＋（左端支座宽$-C_1$）＋（右端支座宽$-C_2$）＋弯折长度（$\geqslant 1.7l_{abE}$）×2

2）端支座第一排负筋

屋面框架梁第一排负筋长度＝净跨$L_{n1}/3$＋（左端支座宽$-C_1$）＋弯折长度（$\geqslant 1.7l_{abE}$）×2

3）端支座第二排负筋

屋面框架梁第二排负筋长度＝净跨$L_{n1}/4$＋（左端支座宽$-C_1$）＋弯折长度（$\geqslant 1.7l_{abE}$）×2

4）端支座第三排负筋

屋面框架梁第二排负筋长度＝图纸设计梁支座内侧至钢筋截断处长度＋（左端支座宽$-C_1$）＋弯折长度（$\geqslant 1.7l_{abE}$）×2

5）中间支座第一排负筋

屋面框架梁第一排负筋长度＝相邻两跨较大跨净跨$L_{n1}/3$×2＋支座宽

6）中间支座第二排负筋

屋面框架梁第二排负筋长度＝相邻两跨较大跨净跨$L_{n1}/4$×2＋支座宽

7）中间支座屋面框架梁第三排负筋

屋面框架梁第三排负筋长度＝图纸设计梁支座内侧钢筋截断处长度×2＋支座宽

（4）当梁上部纵向钢筋配筋率大于1.2%时，梁上部部分钢筋在柱中锚固长度为$\geqslant 1.7l_{abE}$，部分钢筋在柱中锚固长度为$\geqslant 1.7l_{abE}+20d$，下部纵筋在柱中弯折$15d$截断，边柱外侧纵筋全部锚入梁内，锚入长度为$12d$，如图5-32所示。

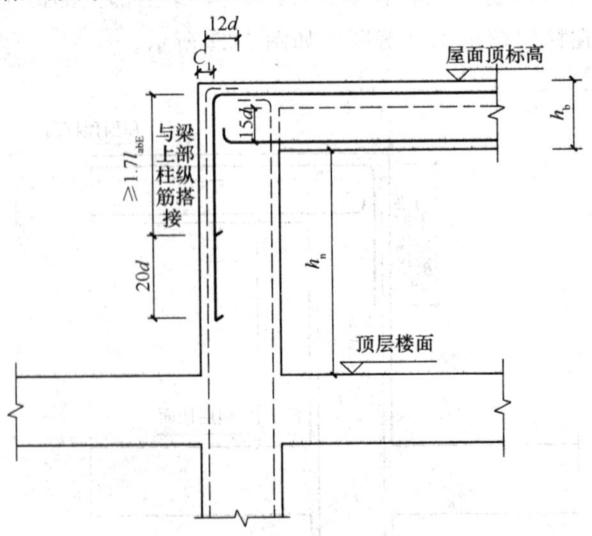

图5-32 屋面抗震框架梁纵向钢筋构造（四）

1）上部贯通筋长度

屋面框架梁上部部分贯通筋长度＝通跨净长＋（左端支座宽－C_1）＋（右端支座宽－C_2）＋弯折长度（≥$1.7l_{abE}$或≥$1.7l_{abE}+20d$）×21

2）端支座第一排负筋

屋面框架梁第一排负筋长度＝净跨 $L_{n1}/3$＋（左端支座宽－C_1）＋弯折长度（≥$1.7l_{abE}$或≥$1.7l_{abE}+20d$）×2

3）端支座第二排负筋

屋面框架梁第二排负筋长度＝净跨 $L_{n1}/4$＋（左端支座宽－C_1）＋弯折长度（≥$1.7l_{abE}$或≥$1.7l_{abE}+20d$）×2

4）端支座第三排负筋

屋面框架梁第二排负筋长度＝图纸设计梁支座内侧至钢筋截断处长度＋（左端支座宽－C_1）＋弯折长度（≥$1.7l_{abE}$或≥$1.7l_{abE}+20d$）×2

5）中间支座第一排负筋

屋面框架梁第一排负筋长度＝相邻两跨较大跨净跨 $L_{n1}/3×2$＋支座宽

6）中间支座第二排负筋

屋面框架梁第二排负筋长度＝相邻两跨较大跨净跨 $L_{n1}/4×2$＋支座宽

7）屋面框架梁第三排负筋

屋面框架梁第三排负筋长度＝图纸设计梁支座内侧至钢筋截断处长度×2＋支座宽

三、非抗震楼层框架梁 KL 纵向钢筋构造

非抗震楼层框架梁 KL 纵向钢筋构造，如图 5-33 所示。

非抗震楼层框架梁 KL 纵向钢筋构造与抗震楼层框架梁 KL 纵向钢筋构造的不同之处在于：

（1）非抗震楼层框架梁 KL 纵向钢筋构造与抗震楼层框架梁 KL 纵向钢筋构造大体相同，是把 l_{abE} 换成 l_{ab}、把 l_{aE} 换成 l_a（非抗震的锚固长度）。

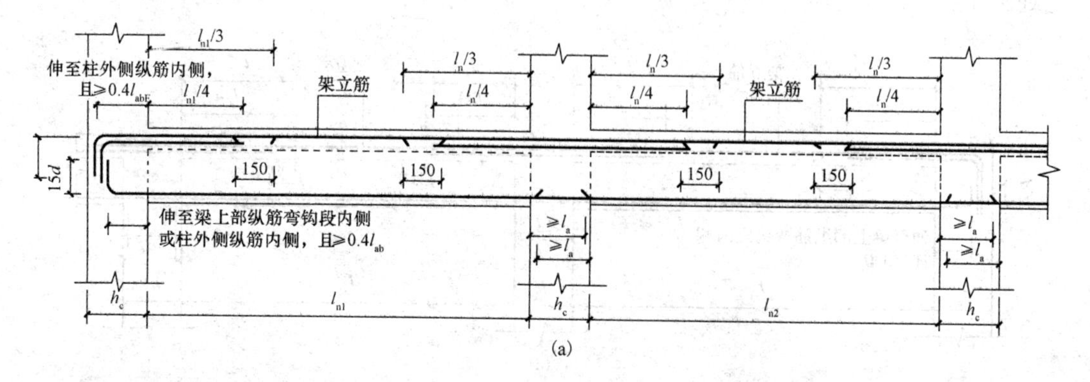

图 5-33　非抗震楼层框架梁 KL 纵向钢筋构造

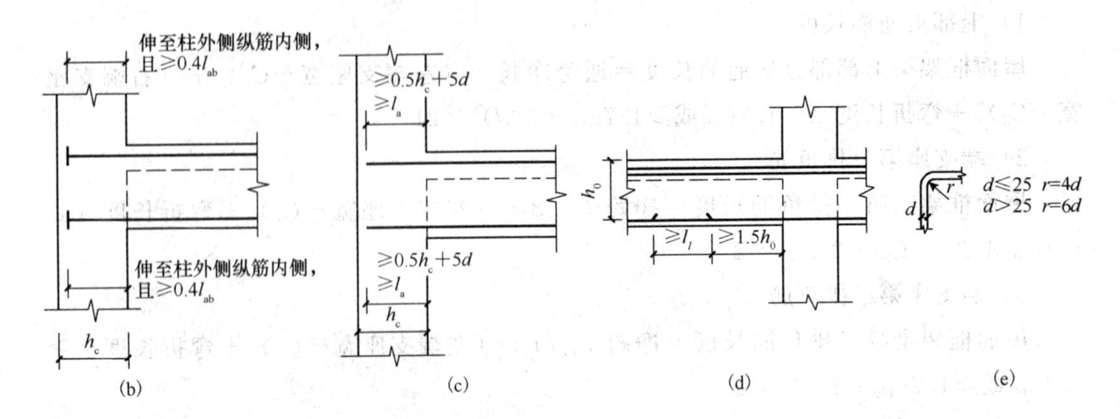

图 5-33 非抗震楼层框架梁 KL 纵向钢筋构造（续）

（a）非抗震楼层框架梁 KL 纵向钢筋构造；（b）端支座加锚头（锚板）锚固；（c）端支座直锚；（d）中间层中间节点梁下部筋在节点外搭接（梁下部钢筋不能在柱内锚固时，可在节点外搭接。相邻跨钢筋直径不同时，搭接位置位于较小直径一跨）；（e）纵向钢筋弯折要求

注：1. 跨度值 l_n为左跨 l_{ni}和右跨 $l_{ni}+1$ 之较大值，其中 $i=1$，2，3，…。

2. 图 5-33 中 h_c为柱截面沿框架方向的高度。

3. 当梁上部有通长钢筋时，连接位置宜位于跨中 $l_{ni}/3$ 范围内；梁下部钢筋连接位置宜位于支座 $l_{ni}/3$ 范围内；且在同一连接区段内钢筋接头面积百分率不宜大于 50%。

4. 当具体工程对框架梁下部纵筋在中间支座或边支座的锚固长度要求不同时，应由设计者指定。

（2）梁纵筋在支座或节点内部可以直锚，也可以弯锚。

（3）下部纵筋在中间支座的直锚长度只要求≥l_a，未要求超过柱中心线 5d。

（4）上部纵筋和下部纵筋在端支座的直锚长度要求≥l_a，且超过柱中心线 5d。

四、非抗震屋面框架梁 WKL 纵向钢筋构造

非抗震屋面框架梁 WKL 纵向钢筋构造，如图 5-34 所示。

非抗震屋面框架梁 WKL 纵向钢筋构造与抗震屋面框架梁 WKL 纵向钢筋构造不同之处在于：

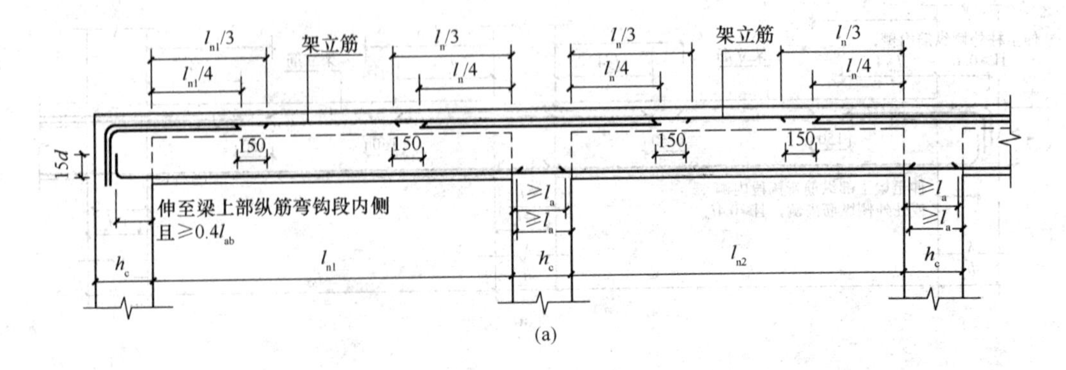

图 5-34 非抗震屋面框架梁 WKL 纵向钢筋构造

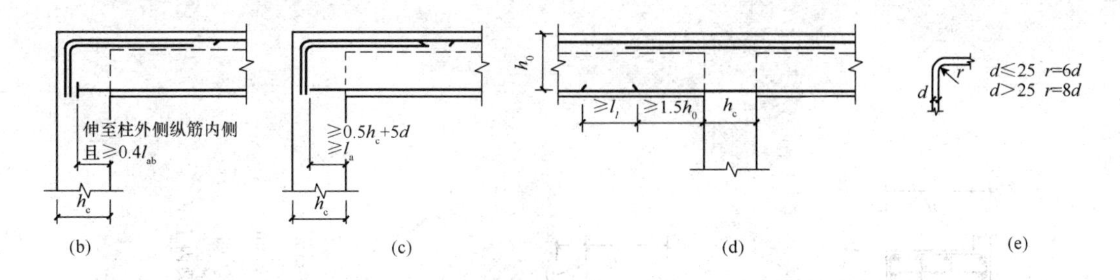

图 5-34　非抗震屋面框架梁 WKL 纵向钢筋构造

(a) 非抗震屋面框架梁 WKL 纵向钢筋构造；

(b) 顶层端节点梁下部钢筋端头加锚头（锚板）锚固；

(c) 顶层端支座梁下部钢筋直锚；

(d) 顶层中间节点梁下部筋在节点外搭接（梁下部钢筋不能在柱内锚固时，可在节点外搭接。相邻跨钢筋直径不同时，搭接位置位于较小直径一跨）；

(e) 纵向钢筋弯折要求

注：1. 跨度值 l_n 为左跨 l_{ni} 和右跨 $l_{ni}+1$ 之较大值，其中 $i=1, 2, 3, \cdots$。

2. 图中 h_c 为柱截面沿框架方向的高度。

3. 当梁上部有通长钢筋时，连接位置宜位于跨中 $l_{ni}/3$ 范围内；梁下部钢筋连接位置宜位于支座 $l_{ni}/3$ 范围内；且在同一连接区段内钢筋接头面积百分率不宜大于 50%。

4. 当具体工程对框架梁下部纵筋在中间支座或边支座的锚固长度要求不同时，应由设计者指定。

(1) 非抗震屋面框架梁 KL 纵向钢筋构造与抗震屋面框架梁 WKL 纵向钢筋构造大体相同，只是把 l_{aE} 换成 l_a（非抗震的锚固长度）。

(2) 当屋面框架梁的下部纵筋在端支座的直锚长度 $>l_a$ 时，可不必向上弯锚，即不超过柱中心线 5d。

(3) 下部纵筋在中间支座的直锚长度只要求 $\geqslant l_a$，不要求超过柱中心线 5d。

五、框架梁水平、竖向加腋构造

框架梁水平、竖向加腋构造，如图 5-35 所示。

(1) 水平加腋

1) 加腋尺寸由设计注明，加腋部分高度同梁高，水平尺寸按设计要求，水平加腋的构造做法同竖向加腋，一般坡度为 1∶6。

2) 加腋区箍筋需要加密，梁端箍筋加密区长度从弯折点计；除加腋范围内需要加密外，加腋以外也应满足框架梁端箍筋加密的要求。

3) 水平加腋部位的配筋设计，在平法施工图中未给出时，其梁腋上下部斜纵筋（仅设置第一排）直径分别同梁内上下纵筋，水平间距不宜大于 200mm；水平加腋部位侧面纵向构造筋的设置及构造要求同梁内侧面纵向构造筋。

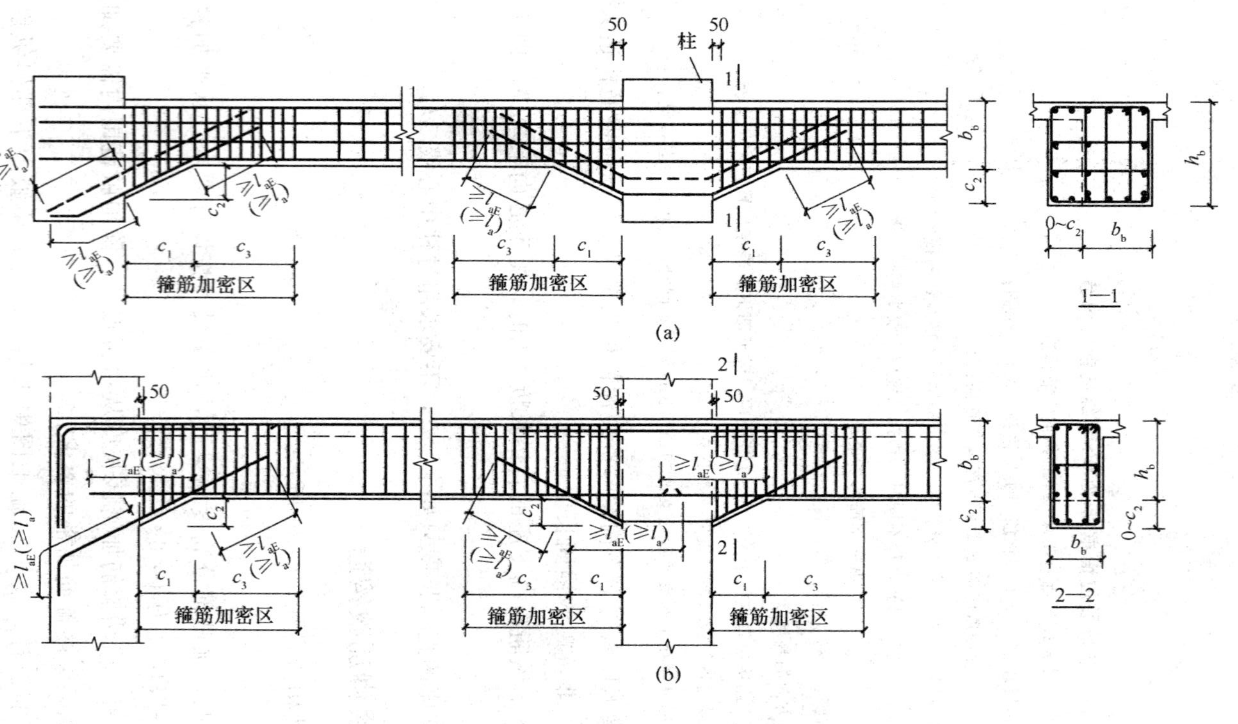

图 5-35 框架梁水平、竖向加腋构造

(a) 框架梁水平加腋构造：图中 c_3 取值：抗震等级为一级：$\geqslant 2.0h_b$ 且 $\geqslant 500$mm；抗震等级为二～四级：$\geqslant 1.5h_b$ 且 $\geqslant 500$mm；

(b) 框架梁竖向加腋构造：图中 c_3 取值：抗震等级为一级：$\geqslant 2.0h_b$ 且 $\geqslant 500$mm；抗震等级为二～四级：$\geqslant 1.5h_b$ 且 $\geqslant 500$mm

注：1. 括号内为非抗震梁纵筋的锚固长度。

2. 当梁结构平法施工图中，水平加腋部位的配筋设计未给出时，其梁腋上下部斜纵筋（仅设置第一排）直径分别同梁内上下纵筋，水平间距不宜大于 200mm；水平加腋部位侧面纵向构造筋的设置及构造要求同梁内侧面纵向构造筋。

3. 图中框架梁竖向加腋构造适用于加腋部分参与框架梁计算，配筋由设计标注；其他情况设计应另行给出做法。

4. 加腋部位箍筋规格及肢距与梁端部的箍筋相同。

(2) 垂直加腋

1) 加腋尺寸由设计注明，一般坡度为1∶6。

2) 加腋区箍筋需要加密，当图纸未注明时，可同框架梁端箍筋加密要求的直径和间距；梁端箍筋加密区长度从弯折点（加腋端）开始计算，而不是从柱边开始，两端加腋是一样的构造；注意在梁加腋端与梁下纵筋相交处应增设一道箍筋。

3) 框架梁下部纵向钢筋锚固点位置发生改变，梁的下部钢筋伸入到支座的锚固点应是从加腋端开始计算锚固长度，而不是从柱边开始，直锚时应满足 l_{aE}、l_a 且过柱中心线 $5d$。

4) 在中间节点处钢筋能贯通的贯通，如果不能贯通，也要满足从加腋端开始计算锚固长度，满足直线段长度，还要过柱中心 $5d$（两侧要求一样）；加腋范围内增设纵向钢筋不少于2根并锚固在框架梁和框架柱内；垂直加腋的纵向钢筋由设计确定，为方便施工放置，插空布置，一般比梁下部伸入框架内锚固的纵向钢筋减少1根。

(3) 设计水平加腋、垂直加腋的原因

1) 设计水平加腋的原因。

①由于柱的断面比较大，梁的断面比较小，梁、柱中心线不能重合，梁偏心对梁柱节点核芯区会产生不利影响。

②当梁、柱中心线之差（偏心距 e）大于该方向柱宽（b_c）的1/4时，宜在梁支座处设置水平加腋，可明显改善梁柱节点的承受反复荷载性能，减小偏心对梁柱节点核心区受力的不利影响。

③在计算时要考虑偏心的影响，要考虑一个附加弯矩，有很多结构计算时都是忽略的，这对结构是不安全的，根据试验结果，要采用水平加腋方法。

④在非抗震设计和6～8度抗震设计时也可采取增设梁的水平加腋措施减小偏心对梁柱节点核心区受力的不利影响，对于抗震设防烈度为9度时不会采取水平加腋的方法。

2) 设计垂直加腋的原因。设计垂直加腋目的在于弥补支座处抗剪能力的不足，特别是对托墙梁，托柱梁，增加梁的承载能力，加强梁的抗震性能。

六、KL、WKL中间支座纵向钢筋构造

KL、WKL中间支座纵向钢筋构造，如图5-36所示。除注明外，括号内为非抗震梁纵筋的锚固长度；图中标注可直锚的钢筋，当支座宽度满足直锚要求时可直锚。

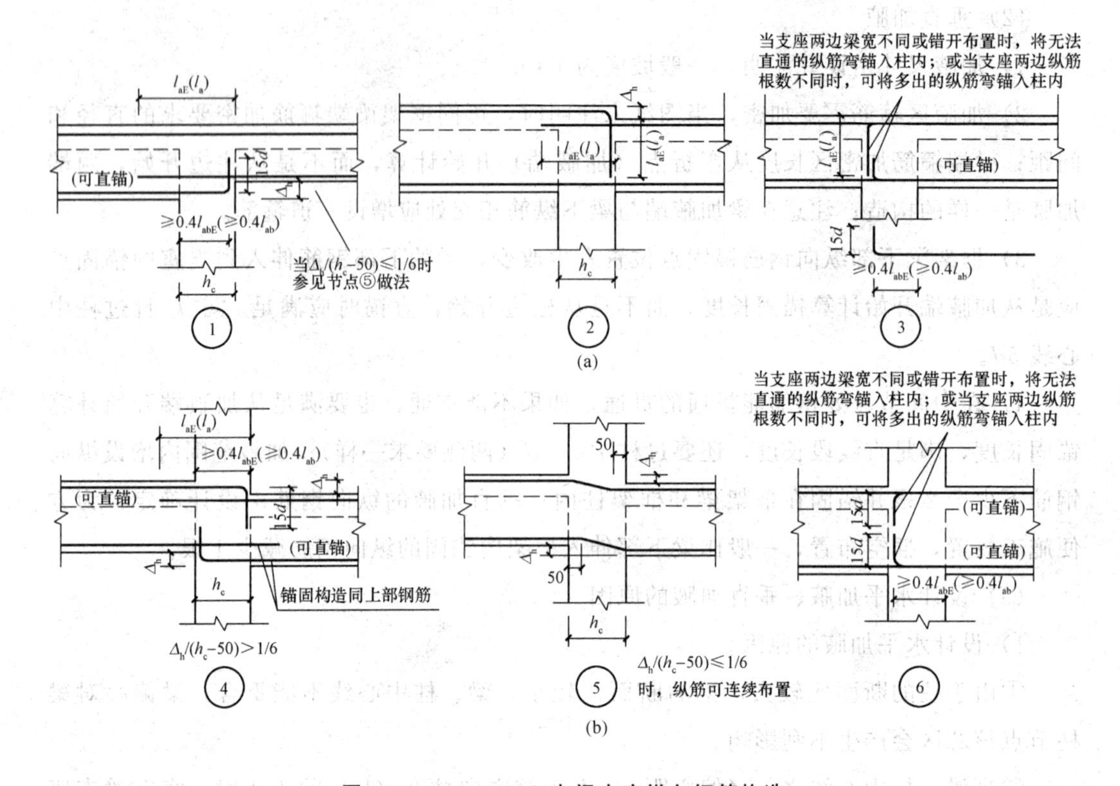

图 5-36　KL、WKL 中间支座纵向钢筋构造

(a) WKL 中间支座纵向钢筋构造（节点①～③）；(b) KL 中间支座纵向钢筋构造（节点④～⑥）

(1) 框架梁的下部纵向受力钢筋在中间支座的锚固要求。

1) 对于无抗震设防要求的框架梁，下部纵向钢筋应锚固在节点内，采用直线锚固形式，伸入框架柱支座内，直线锚固长度为 l_a，也可以采用带 90°的弯折锚固形式，弯折前水平段为 $0.4l_{ab}$，弯折后竖直段为 $15d$。

2) 有抗震设防要求时，下部纵向钢筋伸入支座内的长度为 l_{aE}，且过柱中心线加 $5d$。

(2) 柱断面尺寸不满足直锚长度要求，可伸入另侧梁内，满足总锚长度。

(3) 当两侧梁不等高时，低梁锚入另一侧梁中，高梁可采用弯折锚固，水平段投影长度不少于 $0.4l_{abE}$ ($0.4l_{ab}$)，且伸至柱远端纵筋内侧向上弯折，垂直段水平投影长度不少于 $15d$。

七、非抗震框架梁 KL、WKL 箍筋构造

非抗震框架梁 KL、WKL 箍筋的构造，如图 5-37 所示。

图 5-38 为 WKL1 配筋图。

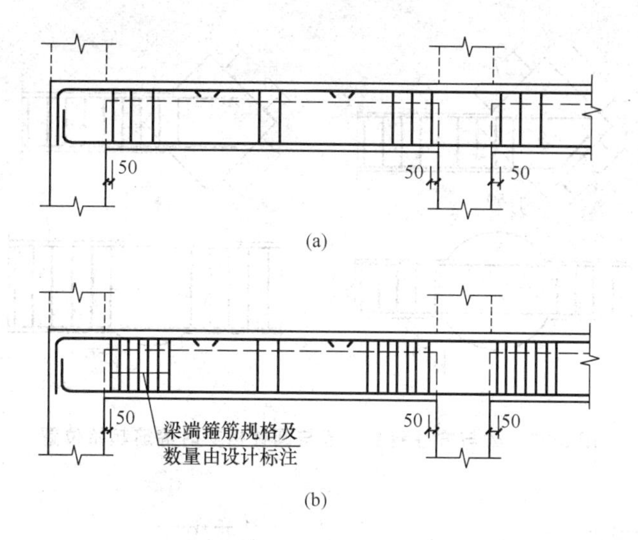

图 5-37　非抗震框架梁 KL、WKL 箍筋的构造

（弧形梁沿梁中心线展开，箍筋间距沿凸面线量度）

（a）一种箍筋间距；（b）两种箍筋间距

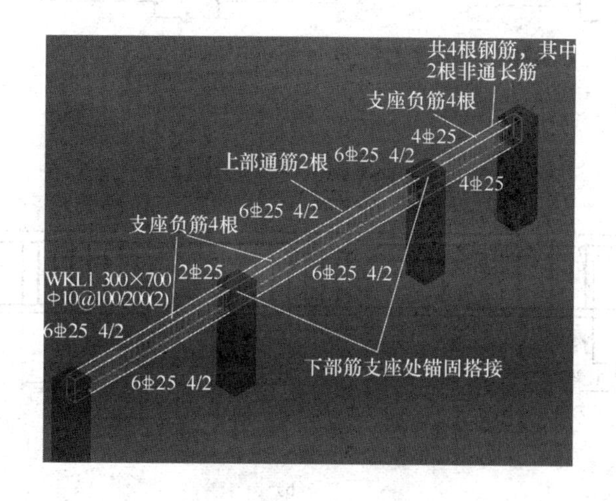

图 5-38　WKL1 配筋图

八、梁与方柱斜交，或与圆柱相交时箍筋起始位置

梁与方柱斜交，或与圆柱相交时箍筋起始位置，如图 5-39 所示。为便于施工，梁在柱内的箍筋在现场可用 2 个半套箍搭接或焊接。

九、抗震框架梁 KL、WKL 和 KL、WKL（尽端为梁）箍筋加密区范围

抗震框架梁 KL、WKL 和 KL、WKL（尽端为梁）箍筋加密区范围，如图 5-40 所示。

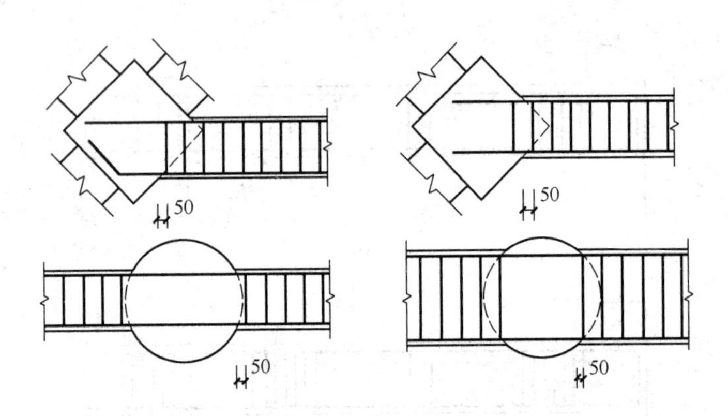

图 5-39　梁与方柱斜交，或与圆柱相交时箍筋起始位置

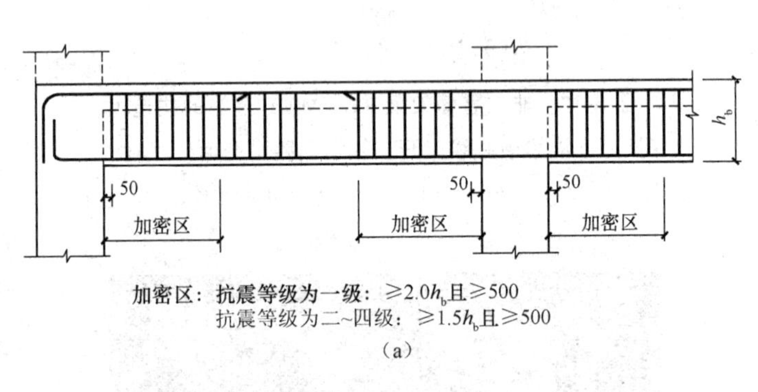

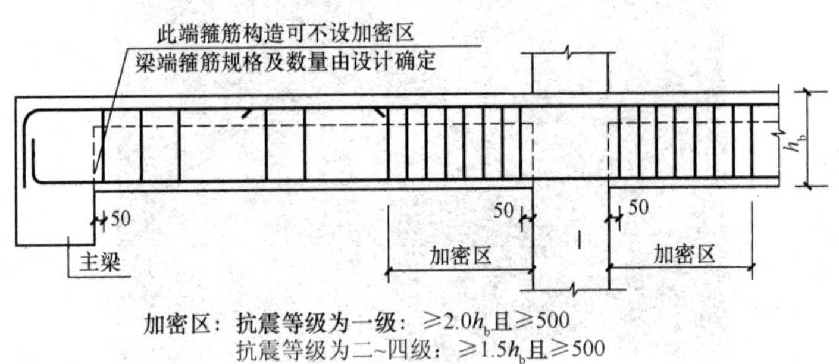

图 5-40　抗震框架梁 KL、WKL 和 KL、WKL（尽端为梁）箍筋加密区范围

（弧形梁沿梁中心线展开，箍筋间距沿凸面线量度，h_b为梁截面高度）

（a）抗震框架梁 KL、WKL 箍筋加密区范围；（b）抗震框架梁 KL、WKL（尽端为梁）箍筋加密区范围

（1）梁端箍筋加密要求，见表5-2。

表5-2　框架梁端部箍筋加密区的构造要求　　（单位：mm）

抗震等级	加密区长度（采用较大值）	箍筋最大间距（采用最小值）	箍筋最小直径
一	$2h_b$，500	$h_b/4$，$6d$，100	10
二	$1.5h_b$，500	$h_b/4$，$8d$，100	8
三	$1.5h_b$，500	$h_b/4$，$8d$，100	8
四	$1.5h_b$，500	$h_b/4$，$8d$，100	6

注：1. d为纵向钢筋直径，h_b为梁截面高度。

2. 箍筋直径大于12mm、数量不少于4肢且肢距不大于150mm时，一、二级抗震等级的框架梁箍筋加密的最大间距允许适当放宽，但不得大于150mm。第一个箍筋距框架节点边缘不应大于50mm。

（2）梁端加密区的箍筋肢距：一级不宜大于200mm和20倍箍筋直径的较大值；二、三级不宜大于250mm和20倍箍筋直径的较大值；四级不宜大于300mm。

（3）KL、WKL的梁尽端以梁为支座，此端箍筋可不加密。要结合实际工程中的具体设计要求，对支座条件加以考虑，确定钢筋构造。

注意：扁梁（扁梁不宜用于一级框架结构）和宽扁梁（以争取更大的建筑设计空间）容易忽略箍筋肢距的要求，详具体设计。框架梁因填充墙设置而形成短梁，可通长加密配置箍筋或采取有效措施。

（4）《混凝土结构施工图平面整体表示方法制图规则和构造详图（现浇混凝土框架、剪力墙、梁、板）》11G101－1图集中抗震框架梁箍筋加密区构造有两种形式：尽端为柱和尽端为梁。

1）尽端为柱。梁支座附近设箍筋加密区，当框架梁抗震等级为一级时，加密区长度≥$2.0h_b$且≥500mm；当框架梁抗震等级为二～四级时，加密区长度≥$2.0h_b$且≥500mm（h_b为梁截面宽度）。第一个箍筋在距支座边缘50mm处开始设置。弧形梁沿中心线展开，箍筋间距沿凸面线量度。当箍筋为复合箍时，应采用大箍套小箍的形式。

2）尽端为梁。梁支座附近设箍筋加密区，当框架梁抗震等级为一级时，加密区长度≥$2.0h_b$且≥500mm；当框架梁抗震等级为二～四级时，加密区长度≥$2.0h_b$且≥500mm（h_b为梁截面宽度）。但尽端主梁附近箍筋可不设加密区，其规格及数量由设计确定。第一个箍筋在距支座边缘50mm处开始设置。弧形梁沿中心线展开，箍筋间距沿凸面线量度。当箍筋为复合箍时，应采用大箍套小箍的形式。

十、非框架梁L配筋构造与主次梁斜交箍筋构造

1. 非框架梁L配筋构造

非框架梁L配筋构造，如图5-41所示。非框架梁的下部纵向钢筋在中间支座和端支座的锚固长度，在《混凝土结构施工图平面整体表示方法制图规则和构造详图（现浇混凝土框架、剪力墙、梁、板）》11G101-1图集的构造详图中是按不利用钢筋的抗拉强度考虑的。当计算中充分利用下部纵向钢筋的抗压强度或抗拉强度，或具体工程有特殊要求时，其锚固长度由设计者按照《混凝土结构设计规范》（GB 50010—2010）的相关规定进行变更。

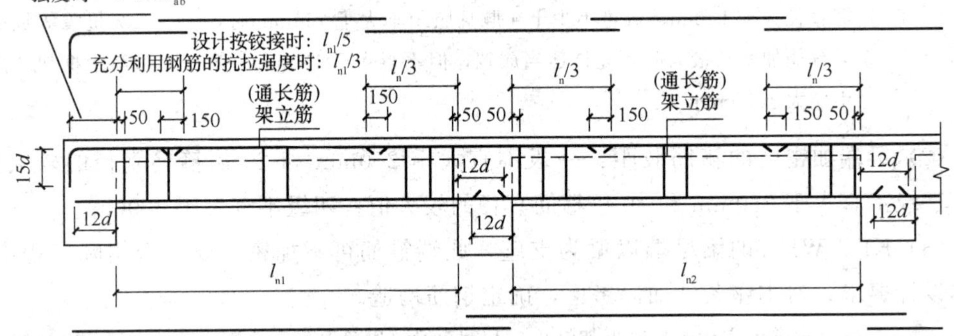

图5-41 非框架梁L配筋构造

（1）非框架梁在支座的锚固长度按一般梁考虑。

（2）次梁不需要考虑抗震构造措施；在设计上考虑到支座处的抗剪力较大，需要加密处理。

（3）上部钢筋满足直锚长度l_a可不弯折，不满足时，可采用90°弯折锚固，弯折时含弯钩在内的投影长度可取0.6l_{ab}（当设计按铰接时，不考虑钢筋的抗拉强度，取0.35l_{ab}），弯钩内半径不小于4d，弯后直线段长度为12d（投影长度为15d）。

（4）对于弧形和折线形梁，下部纵向受力钢筋在支座的直线锚固长度应满足l_a，也可以采用弯折锚固；注意弧形和折线形梁下部纵向钢筋伸入支座的长度与直线形梁的区别，直线形梁下部纵向钢筋伸入支座的长度：带肋钢筋应满足12d，光面钢筋应满足15d；弧形和折线形梁下部纵向钢筋伸入支座的长度同上部钢筋。

（5）锚固长度在任何时候均不应小于基本锚固长度l_{ab}的60%及200mm。

2. 主次梁斜交箍筋构造

主次梁斜交箍筋构造，如图5-42所示。

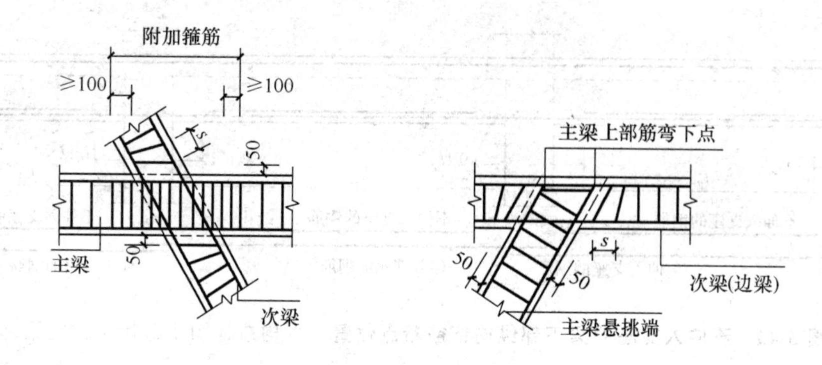

图 5-42　主次梁斜交箍筋构造（s 为次梁中箍筋间距）

3. 非框架梁钢筋计算

非框架梁除端支座负筋和下部钢筋算法与框架梁不同外，其他钢筋布置、算法与框架梁均相同。

（1）直形非框架梁

1）下部非贯通筋直锚长度＝通跨净长＋$12d$

2）当梁配有受扭纵向钢筋时，梁下部纵筋锚人支座的长度为 l_a，在端支座直锚长度不足时可弯锚，伸入支座水平长度≥$0.6l_{ab}$，垂直弯锚长度为 $15d$。

3）下部非贯通筋弯锚长度＝通跨净长＋max（l_a，$0.4l_{ab}+15d$，支座宽－保护层＋$15d$）＋$12d$

4）端支座第一排负筋长度＝净跨 $L_{n1}/3$＋max（l_a，$0.4l_{ab}+15d$，支座宽－保护层＋$15d$）

5）端支座第二排负筋长度＝净跨 $L_{n1}/4$＋max（l_a，$0.4l_{ab}+15d$，支座宽－保护层＋$15d$）

（2）弧形非框架梁

1）下部非贯通筋直锚长度＝通跨净长＋$2l_a$

2）下部非贯通筋弯锚长度＝通跨净长＋max（l_a，$0.4l_{ab}+15d$，支座宽－保护层＋$15d$）＋l_a

3）端支座负筋长度＝净跨 $l_{n1}/3$＋max（l_a，$0.4l_{ab}+15d$，支座宽－$5d$）

4）端支座第二排负筋长度＝净跨 $l_{n1}/4$＋max（l_a，$0.4l_{ab}+15d$，支座宽－保护层＋$15d$）

十一、不伸入支座的梁下部纵向钢筋断点位置

不伸入支座的梁下部纵向钢筋断点位置，如图 5-43 所示。

框架梁下部纵向钢筋不伸入支座的做法：

（1）由结构工程师根据计算和构造来确定，并在原位标注处用符号表示数量。

（2）框支梁一般为偏心受拉构件，并承受较大的剪力。

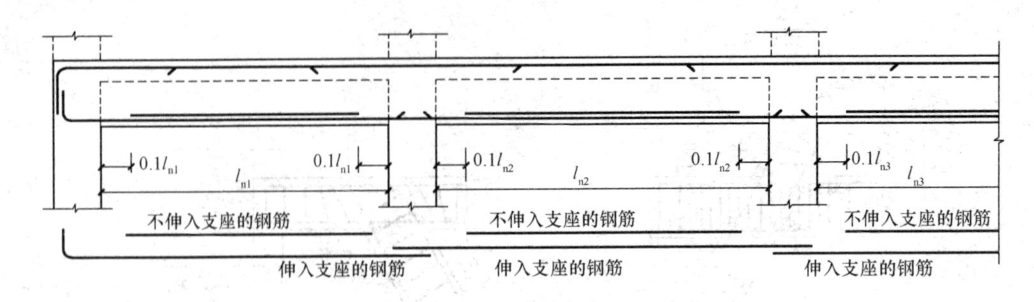

图 5-43 不伸入支座的梁下部纵向钢筋断点位置（本构造详图不适用于框支梁）

（3）框支梁纵向钢筋的连接应采用机械连接接头，框支梁中的下部钢筋应全部伸入支座内锚固，不可以截断。

（4）标准构造详图给出的断点距支座边 $0.1l_{ni}$ 为统一取值，具体数量和位置要结构工程师确定。

（5）箍筋（包括复合箍筋）的角部纵向钢筋（与箍筋四角绑扎的纵筋）应全部伸入支座内。

（6）不可以随意截断钢筋而不伸入支座内锚固，要按结构设计而定。

十二、附加箍筋范围及附加吊筋构造

附加箍筋范围及附加吊筋构造，如图 5-44 所示。

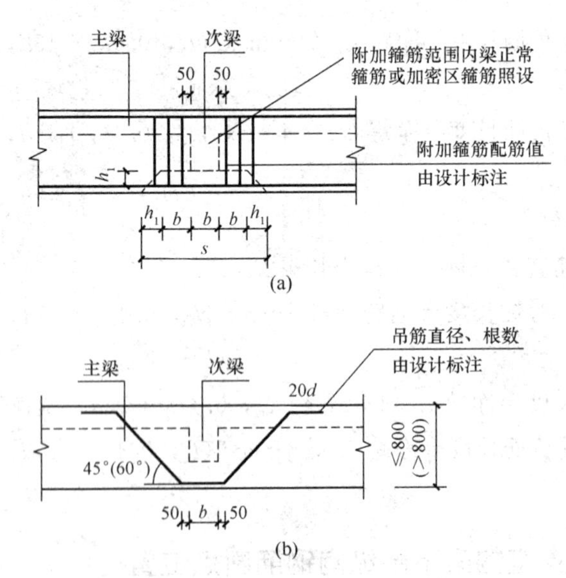

图 5-44 附加箍筋范围及附加吊筋构造

（a）附加箍筋范围；（b）附加吊筋构造

梁的顶部不需要考虑配置附加横向钢筋，由于有集中荷载，故梁的中间或下部要考虑附加横向钢筋，集中力处的抗剪全部由附加横向钢筋承担。附加横向钢筋有两种

形式：吊筋和箍筋。

附加横向钢筋要有一个配置范围 s，不能超出这个范围。采用加密箍筋时，除附加箍筋外，梁内原箍筋不应减少，照常设置，不得用布置在集中荷载影响区内的受剪箍筋代替附加横向钢筋。

如图 5-44 所示，附加箍筋应在集中力两侧布置，每侧不小于 2 个，附加横向钢筋第一个箍筋距次梁外边的距离为 50mm，配置范围为 $s=2h_1$（h_1 为次梁高）$+3b$（b 为次梁宽）；采用吊筋，每个集中力外吊筋不少于 2ϕ12；吊筋下端水平段应伸至梁底部的纵向钢筋处，上端伸入梁上部的水平段为 $20d$（不是锚固的概念）；吊筋的弯起角度：梁高 800mm 以下为 45°，梁高 800mm 以上为 60°。

附加横向钢筋宜采用箍筋，在配置范围 s 内，也可采用吊筋，必要时箍筋和吊筋可同时设置。

主次梁相交范围内，主梁箍筋的设置规定：

（1）次梁宽度小于 300mm 时，可不设置附加横向钢筋；

（2）次梁宽度不小于 300mm 时应设置附加横向钢筋，且间距不宜大于 300mm；

（3）注意宽扁次梁与主梁相交时，应在主次梁相交范围内设置箍筋。

梁总的箍筋数量为：梁两端箍筋加密区箍筋数量加上非加密区箍筋数量，再加上集中荷载处增加的附加箍筋数量三部分。

十三、梁侧面纵向构造筋和拉筋构造

梁侧面纵向构造筋和拉筋的构造，如图 5-45 所示。

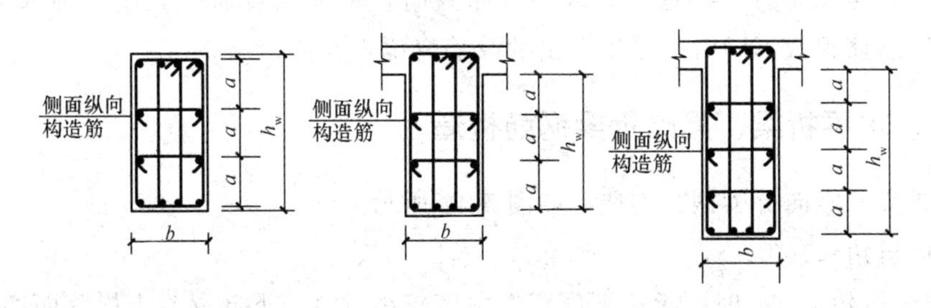

图 5-45　梁侧面纵向构造筋和拉筋的构造

（1）当 $h_w \geqslant 450$mm 时，在梁的两个侧面应沿高度配置纵向构造钢筋；纵向构造钢筋间距 $a \leqslant 200$mm。

当梁的腹板高度 $h_w \geqslant 450$mm（梁有效计算高度：矩形截面，取有效高度；T 形截面，取有效高度减去翼缘高度；工字形截面，取腹板高度）时，要在梁的两侧沿高度配置纵向构造钢筋，以避免梁中出现枣核形裂缝和温度收缩裂缝。

（2）当梁侧面配有直径不小于构造纵筋的受扭纵筋时，受扭钢筋可以代替构造钢筋。

（3）梁侧面构造纵筋的搭接与锚固长度可取 $15d$；梁侧面受扭纵筋的搭接长度为 l_{lE}（l_l），其锚固长度为 l_{aE}（l_a），锚固方式同框架梁下部纵筋。

（4）当梁宽 $b \leqslant 350$mm 时，拉筋直径为 6mm；梁宽 $b > 350$mm 时，拉筋直径为 8mm，拉筋间距为非加密区箍筋间距的 2 倍。当设有多排拉筋时，上下两排拉筋竖向错开设置。

十四、非框架梁 L 中间支座纵向钢筋构造

非框架梁 L 中间支座纵向钢筋构造，如图 5-46 所示。

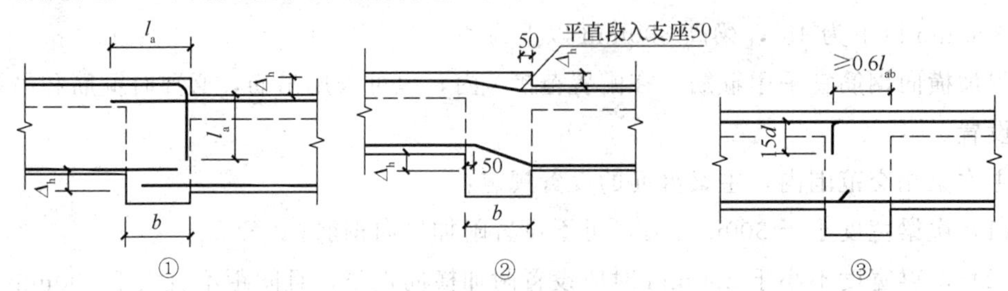

图 5-46 非框架梁 L 中间支座纵向钢筋构造（节点①～③）

节点①：$\Delta_h/(b-50) > 1/6$ 时，支座两边纵筋互锚梁下部纵向筋锚固要求见《混凝土结构施工图平面整体表示方法制图规则和构造详图（现浇混凝土框架、剪力墙、梁、板）》11G101-1 图集第 86 页。

节点②：$\Delta_h/(b-50) \leqslant 1/6$ 时，纵筋连续布置。

节点③：当支座两边梁宽不同或错开布置时，将无法直通的纵筋弯锚入梁内，或当支座两边纵筋根数不同时，可将多出的纵筋弯锚入梁内。

十五、水平折梁、竖向折梁钢筋构造

水平折梁、竖向折梁钢筋构造，如图 5-47 所示。

（1）内折角＜160°。

1）当内折角＜160°时，折梁下部弯折角度较小时会使下部混凝土崩落而产生破坏，因此下部纵向受力钢筋应在弯折角处纵筋断开，各自分别斜向伸入梁的顶部，锚固在梁上部的受压区，并满足直线锚固长度要求；上部钢筋可以弯折配置，如图 5-47（b）所示。考虑到折梁上部钢筋截断后不能在梁上部受压区完全锚固，因此在弯折处两侧各 $S/2$ 的范围内，增设加密箍筋，承担此部分受拉钢筋的合力。

2）当内折角＜160°时，也可在内折角处设置角托，加底托满足直锚长度的要求，斜向钢筋也要满足直线锚固长度要求，箍筋的加密范围比第一种要大，如图 5-47（c）所示。

（2）内折角≥160°。当内折角≥160°时，下部钢筋可以通长配置，采用折线型，不必断开，箍筋加密的长度和做法按无角托计算。

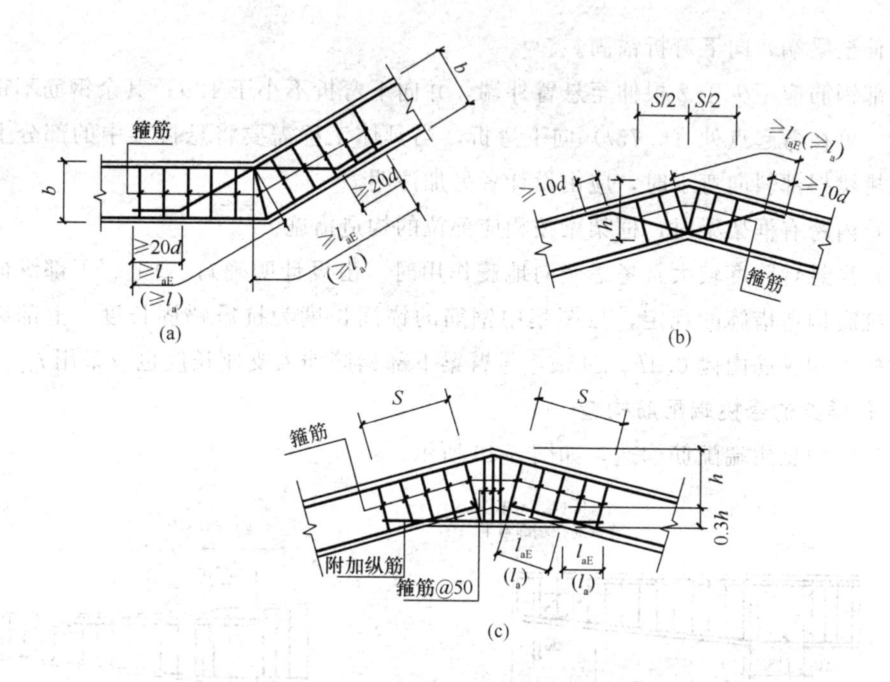

图 5-47　水平折梁、竖向折梁钢筋构造

（a）水平折梁钢筋构造（箍筋具体值由设计指定）；

（b）竖向折梁钢筋构造（一）（S 的范围及箍筋具体值由设计指定）；

（c）竖向折梁钢筋构造（二）（S 的范围、附加纵筋和箍筋具体值由设计指定）

十六、纯悬挑梁 XL 的构造与各类梁的悬挑端配筋构造

1. 纯悬挑梁 XL 的构造

纯悬挑梁 XL 的构造，如图 5-48 所示。

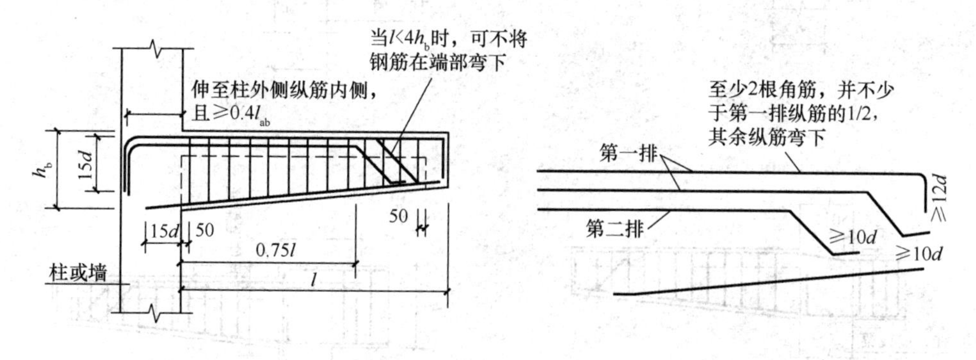

图 5-48　纯悬挑梁 XL 的构造

（1）当梁的跨度较小时，可不考虑抗震构造措施。上部纵向钢筋在支座内的直线锚固长度应满足不小于 l_a，且不小于 1/2 柱宽加 $5d$。下部构造钢筋伸入支座内锚固 $\geqslant 15d$。

（2）悬臂梁的负弯矩纵筋不宜切断，应按弯矩图分批下弯，且必须不少于 2 根边

部纵筋伸至梁端，向下弯折锚固。

上部钢筋应不少于2根伸至悬臂外端，并向下弯折不小于$12d$；其余钢筋不得在上部截断，可在弯起点处（$0.75l$）向下弯折，当具体工程需要将悬挑梁中的部分上部钢筋从悬挑梁根部斜向弯下时，应由设计者另加注明。

（3）内跨有框架梁时，框架梁按相应部位的构造措施。

（4）当悬臂跨度较大且考虑竖向地震作用时（由设计明确），则上、下部纵向钢筋应满足抗震构造措施的规定，按图集中钢筋的锚固长度为抗震锚固长度，上部纵向钢筋伸到柱外侧纵筋内侧$0.4l_{ab}+15d$，悬臂梁下部钢筋伸入支座长度也应采用l_{aE}。

2. 各类梁的悬挑端配筋构造

各类梁的悬挑端配筋构造，如图5-49所示。

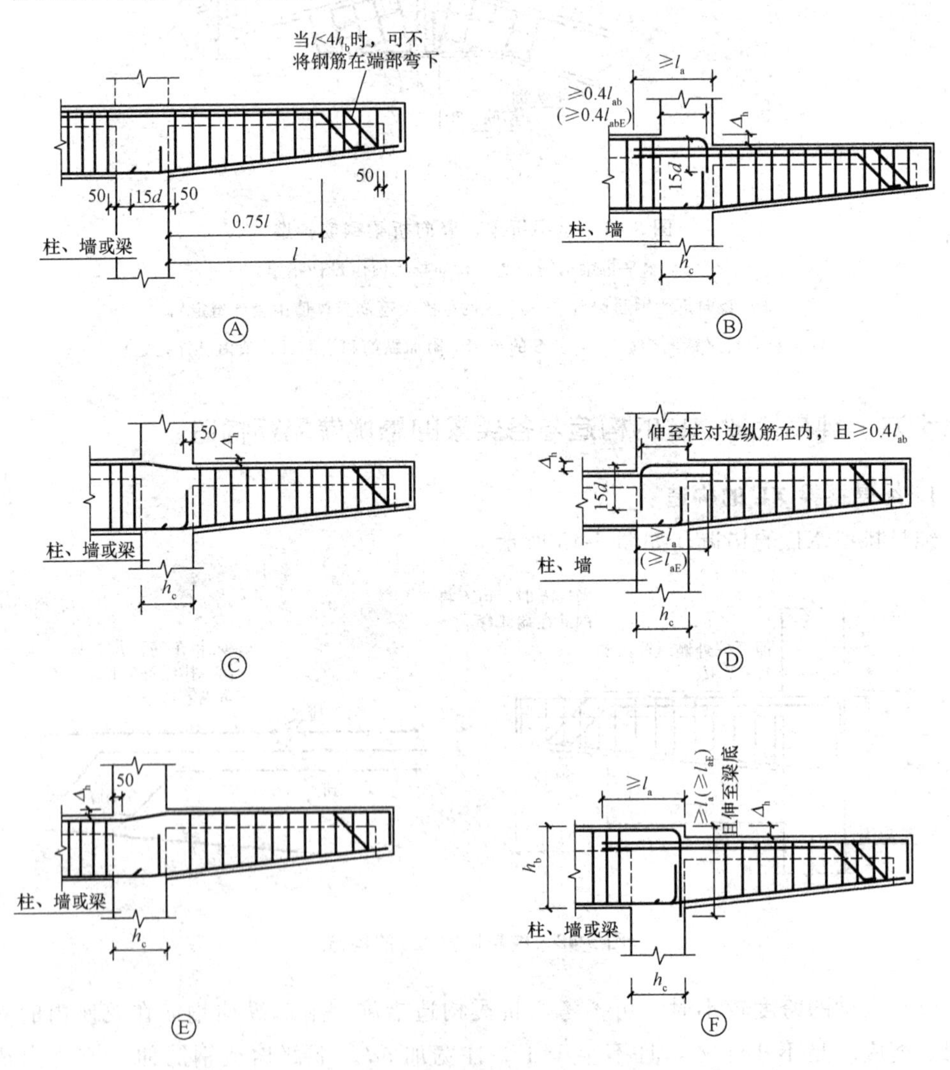

图5-49 各类梁的悬挑端配筋构造

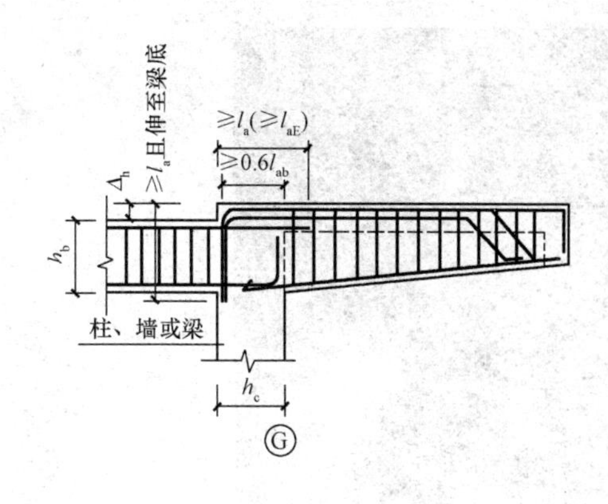

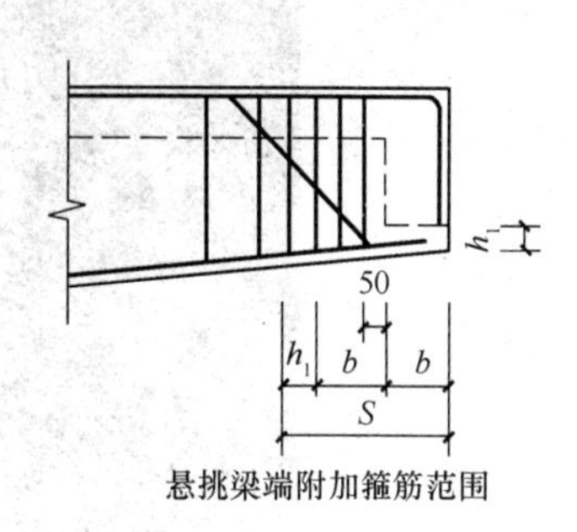

图 5-49　各类梁的悬挑端配筋构造（续）

节点Ⓐ：可用于中间层或屋面。

节点Ⓑ：Δ_h/（h_c−50）＞1/6 仅用于中间层。

节点Ⓒ：当 Δ_h/（h_c−50）≤1/6 时，上部纵筋连续布置用于中间层，当支座为梁时也可用于屋面。

节点Ⓓ：Δ_h/（h_c−50）＞1/6 仅用于中间层。

节点Ⓔ：当 Δ_h/（h_c−50）≤1/6 时，上部纵筋连续布置用于中间层，当支座为梁时也可用于屋面。

节点Ⓕ：$\Delta_h \leqslant h_b/3$ 用于屋面，当支座为梁时也可用于中间层。

节点Ⓖ：$\Delta_h \leqslant h_b/3$ 用于屋面，当支座为梁时也可用于中间层。

不考虑地震作用时，当Ⓓ节点悬挑端的纵向钢筋直锚长度≥l_a且≥$0.5h_c+5d$ 时，可不必往下弯折。

图 5-49 中括号内数字为抗震框架梁纵筋锚固长度。当悬挑梁考虑竖向地震作用时（由设计明确），图中悬挑梁中钢筋锚固长度 l_a、l_{ab}应改为 l_{aE}、l_{abE}，悬挑梁下部钢筋伸入支座长度也应采用 l_{aE}。

Ⓐ、Ⓕ、Ⓖ节点，当屋面框架梁与悬挑端根部底平时，框架柱中纵向钢筋锚固要求可按中柱柱顶节点。

当梁上部设有第三排钢筋时，其伸出长度应由设计者注明。

梁悬挑端有以下构造特点：

（1）悬挑端的上部纵筋全跨贯通，梁的悬挑端在上部跨中位置进行上部纵筋的原位标注。

（2）悬挑端的下部钢筋为受压钢筋，只需较小的配筋即可。

（3）悬挑端的箍筋一般不区分加密区和非加密区，只有一种间距。

（4）在悬挑端进行梁截面尺寸的原位标注。

图 5-50 为悬挑梁及配筋效果图。

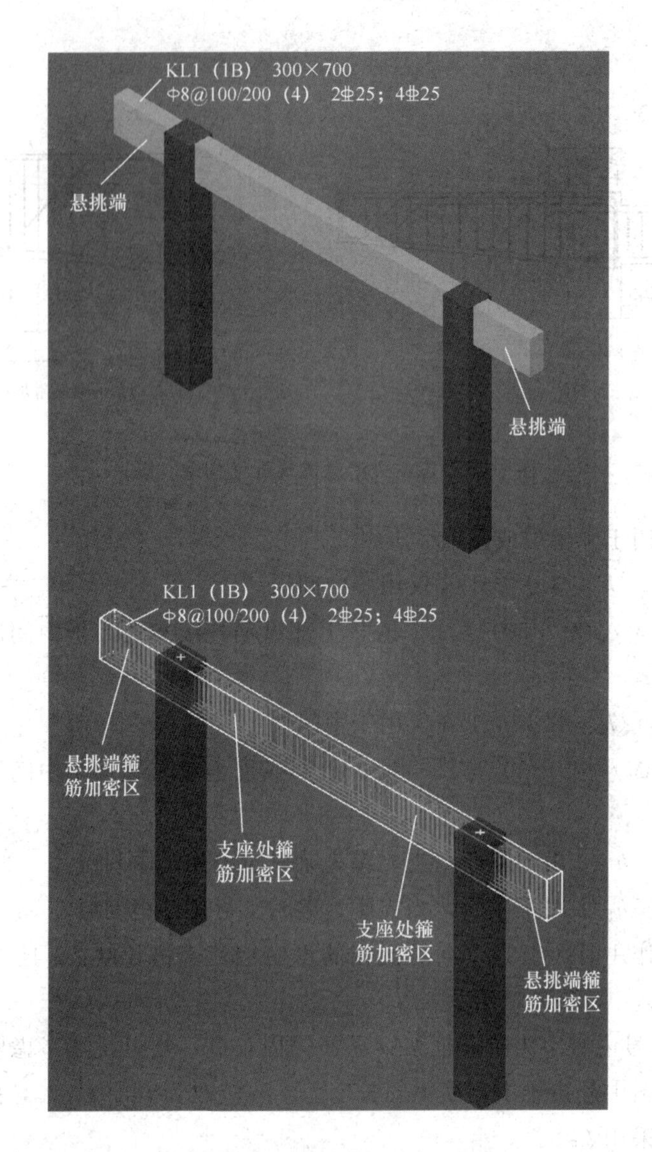

图 5-50 悬挑梁及配筋效果图

3. 纯悬挑梁钢筋计算

纯悬挑梁 XL 直接生根于混凝土墙或混凝土柱，如图 5-51 所示。

当纯悬挑的纵向钢筋直锚长度$\geqslant l_a$且$\geqslant 0.5h_c+5d$时，纵筋可在支座中直锚。反之纵筋应至柱外侧纵筋内侧，且$\geqslant 0.4l_{ab}$。

①号钢筋$=15d+h_c-C_1+l-$保护层厚度$+12d$

②号钢筋$=15d+h_c-C_1+l-$保护层厚度$+(\sqrt{2}-1)\times h_2+10d$

③号钢筋$=15d+h_c-C_1+0.75l-$保护层厚度$+(\sqrt{2}-1)\times h_2+10d$

④号钢筋$=15d+\sqrt{(h_b-h_1)^2+(l-\text{保护层厚度})^2}$

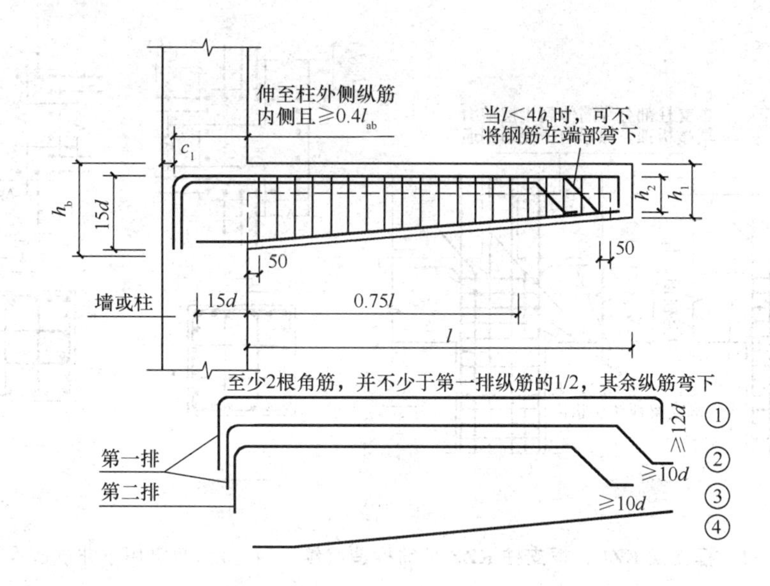

图 5-51　纯悬挑梁配筋图

十七、框支柱 KZZ、框支梁 KZL 配筋构造

框支柱 KZZ、框支梁 KZL 配筋构造，如图 5-52 所示。

(1) 框支梁 KZL。框支梁第一排上部纵筋为通长筋。第二排上部纵筋在端支座附近断在 $l_{n1}/3$ 处，在中间支座附近断在 $l_n/3$ 处（l_{n1} 为本跨的跨度值，l_{n1} 为相邻两跨的较大跨度值）。

框支梁上部纵筋伸入支座对边之后向下弯锚，通过梁底线后再下 l_{aE}（l_a），其直锚水平段≥0.4l_{abE}（≥0.4l_{ab}）。

框支梁侧面纵筋在梁端部直锚长度≥0.4l_{abE}（≥0.4l_{ab}）横向弯锚 15d，全梁贯通。当框支梁的下部纵筋和侧面纵筋直锚长度≥l_{aE}（≥l_a）且≥0.5h_c+5d 时，可不往上或水平弯锚。

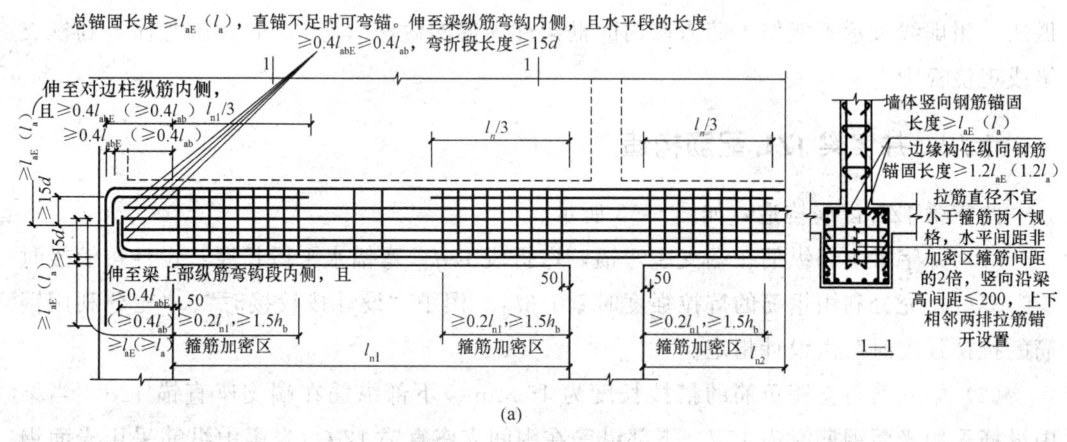

图 5-52　框支梁 KZL、框支柱 KZZ 配筋构造（括号内数字用于非抗震设计）

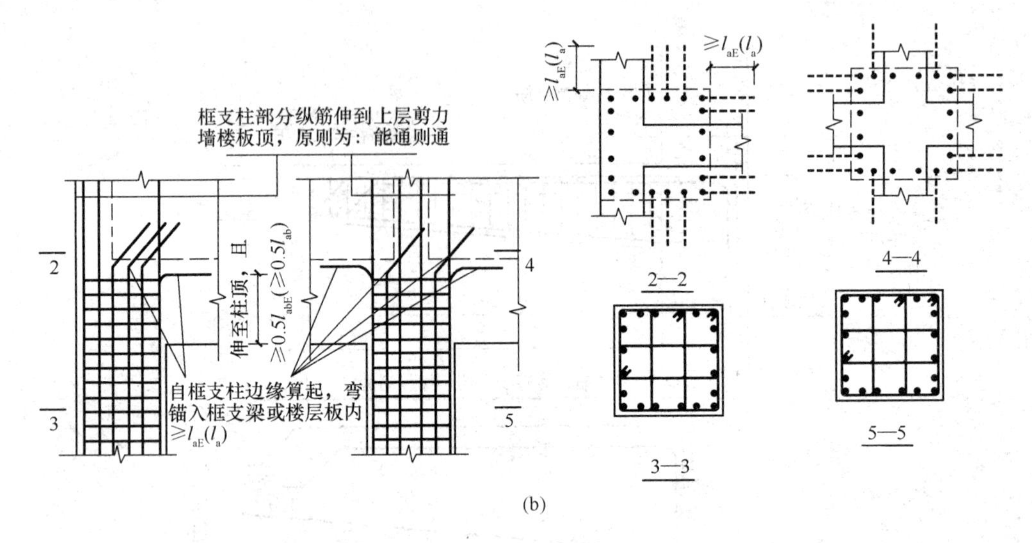

图 5-52 框支梁 KZL、框支柱 KZZ 配筋构造（续）（括号内数字用于非抗震设计）

（a）框支梁 KZL；（b）框支柱 KZZ

h_b—梁截面的高度；h_c—框支柱截面沿框支框架方向的高度

框支梁箍筋加密区长度为$\geqslant 0.2l_{n1}$且$\geqslant 1.5h_b$。

梁纵向钢筋的连接宜采用机械连接接头，同一截面内接头钢筋截面面积不应超过全部纵筋截面面积的50%，接头位置应避开上部墙体开洞部位、梁上托柱部位及受力较大部位。

对框支梁上部的墙体开洞部位，梁的箍筋应加密配置，加密区范围可取墙边两侧各1.5倍转换梁高度。

（2）框支柱 KZZ。框支柱的柱底纵筋的连接构造同抗震框架柱；柱纵筋的连接宜采用机械连接接头。本着能通就通的原则，框支柱部分纵筋延伸到上层剪力墙楼板顶。

图 5-52（b）中 2—2 有 3 个方向的粗虚线，4—4 有 4 个方向的粗虚线，图上的细线代表上层的剪力墙，细线内的小黑点表示框架柱的纵筋在剪力墙内“能通则通”的做法，粗虚线表示不能伸入剪力墙内的框架柱纵筋的做法（弯 90°的直角弯伸入到框支梁或现浇板中）。

十八、井字梁 JZL 配筋构造

井字梁 JZL 配筋构造，如图 5-53 所示。

（1）井字梁上部纵筋在端支座弯锚，弯折段 $15d$，弯锚水平段长度：设计按铰接时$\geqslant 0.35l_{ab}$；充分利用钢筋的抗拉强度时$\geqslant 0.6l_{ab}$。图中“设计按铰接时”、“充分利用钢筋的抗拉强度时”由设计指定。

（2）架立筋与支座负筋的搭接长度为 150mm。下部纵筋在端支座直锚 $12d$，当梁中纵筋采用光面钢筋时为 $15d$。下部纵筋在中间支座直锚 $12d$，当梁中纵筋采用光面钢筋时为 $15d$。

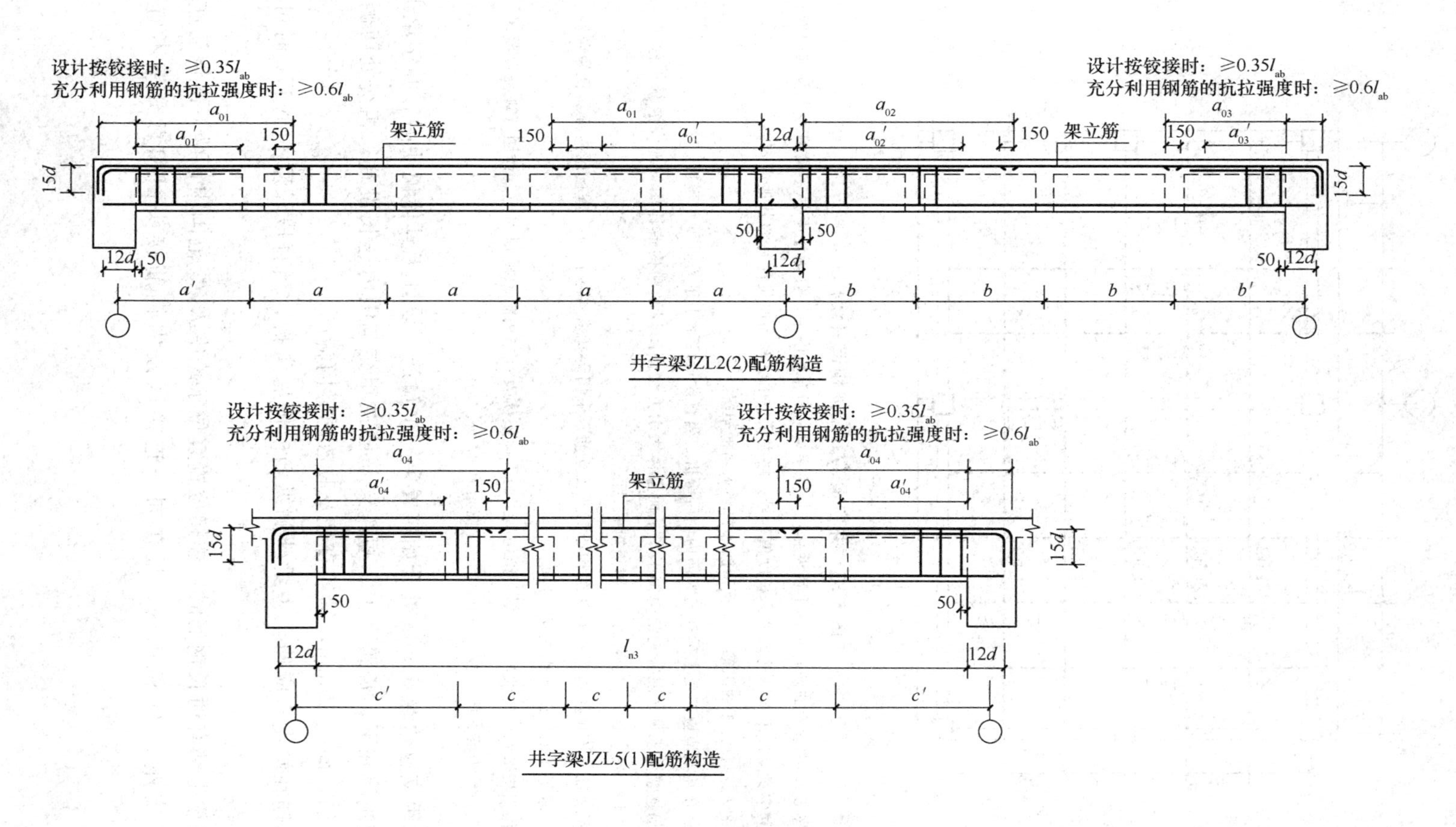

图 5-53　井字梁 JZL 配筋构造

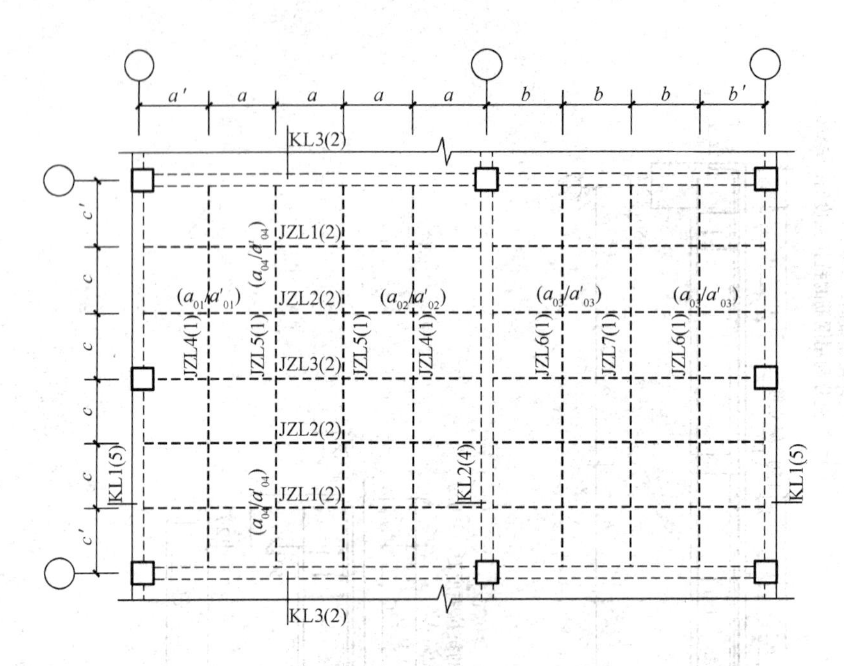

图 5-53 井字梁 JZL 配筋构造（续）

注：1. 在图 5-53 中表示的两片矩形平面网格区域井字梁平面布置图中，仅标注了井字梁编号以及其中两根井字梁支座上部钢筋的伸出长度值代号，略去了集中注写与原位注写的其他内容。

2. JZL3（2）在柱子的纵筋锚固及箍筋加密要求同框架梁。

3. 纵筋在端支座应伸至主梁外侧纵筋内侧后弯折，当直段长度不小于 l_a时可不弯折。

4. 钢筋连接要求见《混凝土结构施工图平面整体表示方法制图规则和构造详图（现浇混凝土框架、剪力墙、梁、板）》11G101-1 图集第 55 页。

5. 当梁纵筋（不包括侧面 G 打头的构造筋及架立筋）采用绑扎搭接接长时，搭接区内箍筋直径及间距要求见 11G101-1 图集第 56 页。

6. 梁侧面构造钢筋要求见《混凝土结构施工图平面整体表示方法制图规则和构造详图（现浇混凝土框架、剪力墙、梁、板）》11G101-1 图集第 87 页。

（3）从距支座边缘 50mm 处开始布置第一个箍筋。设计无具体说明时，井字梁上、下部纵筋均短跨在下，长跨在上；短跨梁箍筋在相交范围内通长设置；相交处两侧各附加 3 道箍筋，间距 50mm，箍筋直径及肢数同梁内箍筋。

（4）纵筋在端支座应伸至主梁外侧纵筋内侧后弯折，当直段长度不小于 l_a时可不弯折。

（5）当梁上部有通长钢筋时，连接位置宜位于跨中 $l_{ni}/3$ 范围内；梁下部钢筋连接位置宜位于支座 $l_{ni}/4$ 范围内；且在同一连接区段内钢筋接头面积百分率不宜大于 50%。

第三节　梁平法施工图实例

一、识读步骤

梁平法施工图应按下列步骤进行识图：

（1）查看图名、比例。

（2）校核轴线编号及其间距尺寸，要求必须与建筑图、剪力墙施工图、柱施工图保持一致。

（3）与建筑图配合，明确梁的编号、数量和布置。

（4）阅读结构设计总说明或有关说明，明确梁的混凝土强度等级及其他要求。

（5）根据梁的编号，查阅图中平面标注或截面标注，明确梁的截面尺寸、配筋和标高。再根据抗震等级、设计要求和标准构造详图确定纵向钢筋、箍筋和吊筋的构造要求。

（6）其他有关的要求。应注意主、次梁交汇处钢筋的高低位置要求。

二、识读实例

本书中的图 4-46，其部分连梁采用平面注写方式。从中可以了解以下内容：

图名为标准层顶梁配筋平面图，比例为 1∶100；

轴线编号及其间距尺寸与建筑图、标准层墙柱平面布置图一致；

梁的编号从 LL1 至 LL26（其中 LL12、LL13 和 LL18 在 2 号楼图中），标高参照各层楼面，数量每种 1～4 根。

由图纸说明知，梁的混凝土强度为 C30。

以 LL1、LL3、LL14 为例说明：

LL1（1）位于①轴和㉕轴上，1 跨；截面 200mm×450mm；箍筋为直径 8mm 的Ⅰ级钢筋，间距为 100mm，双肢箍；上部 2⌀16 通长钢筋，下部 2⌀16 通长钢筋。梁高≥450mm，需配置侧向构造钢筋，侧面构造钢筋应为剪力墙配置的水平分布筋，其在 3、4 层直径为 12mm、间距为 250mm 的Ⅱ级钢筋，在 5～16 层直径为 10mm、间距为 250mm 的Ⅰ级钢筋。因转换层以上两层（3、4 层）剪力墙，抗震等级为三级，以上各层抗震等级为四级，知 3、4 层（标高 6.950～12.550m）纵向钢筋伸入墙内的锚固长度 l_{aE}为 $31d$，5～16 层（标高 12.550～49.120m）纵向钢筋的锚固长度 l_{aE}为 $30d$。如为顶层，连梁纵向钢筋伸入墙内的长度范围内，应设置间距为 150mm 的箍筋，箍筋直径与连梁跨内箍筋直径相同。

LL3（1）位于②轴和㉔轴上，1跨；截面200mm×400mm；箍筋直径为8mm的Ⅰ级钢筋，间距为200mm，双肢箍；上部2⌀16通长钢筋，下部2⌀22（角筋）+1⌀20通长钢筋；梁两端原位标注显示，端部上部钢筋为3⌀16，要求有一根钢筋在跨中截断，由于LL3两端以梁为支座，按非框架梁构造要求截断钢筋，构造要求如图5-54所示，其中纵向钢筋锚固长度l_{aE}为$30d$。

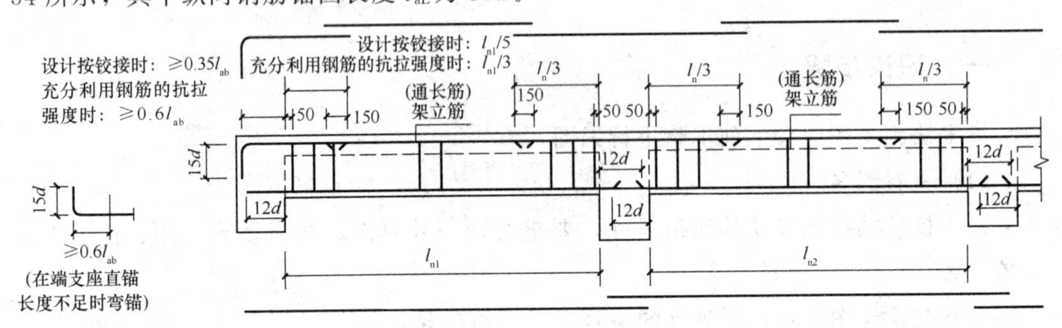

图5-54 梁配筋构造

l_{ab}—受拉钢筋的非抗震基本锚固长度；d—纵向钢筋直径；

l_n—相邻左右两跨中跨度较大一跨的跨度值；l_{n1}—左跨的净跨值；l_{n2}—右跨的净跨值

注：当梁配有受扭纵向钢筋时，梁下部纵筋锚入支座的长度应为l_a，在端支座直锚长度不足时可弯锚。

LL14（1）位于Ⓑ轴线上，1跨；截面200mm×450mm；箍筋为直径8mm的Ⅰ级钢筋，加密区间距为100mm，非加密区间距为150mm，双肢箍，连梁沿梁全长箍筋的构造要求按框架梁梁端加密区箍筋构造要求采用，构造如图5-55所示。图中h_b为梁截面高度；上部2⌀20通长钢筋，下部3⌀22通长钢筋；梁两端原位标注显示，端部上部钢筋为3⌀20，要求有一根钢筋在跨中截断，参考框架梁钢筋截断要求，其中一根钢筋在距梁端1/4静跨处截断。梁高≥450mm，需配置侧向构造钢筋，侧面构造钢筋应为剪力墙上配置水平分布筋，其在3、4层直径为12mm、间距为250mm的Ⅱ级钢筋，在5～16层直径为10mm、间距为250mm的Ⅰ级钢筋。因转换层以上两层（3、4层）剪力墙，抗震等级为三级，以上各层抗震等级为四级，知3、4层（标高6.950～12.550m）纵向钢筋伸入墙内的锚固长度l_{aE}为$31d$，5～16层（标高12.550～49.120m）纵向钢筋的锚固长度l_{aE}为$30d$。如为顶层，连梁纵向钢筋伸入墙内的长度范围内，应设置间距为150mm的箍筋，箍筋直径与连梁跨内箍筋直径相同。

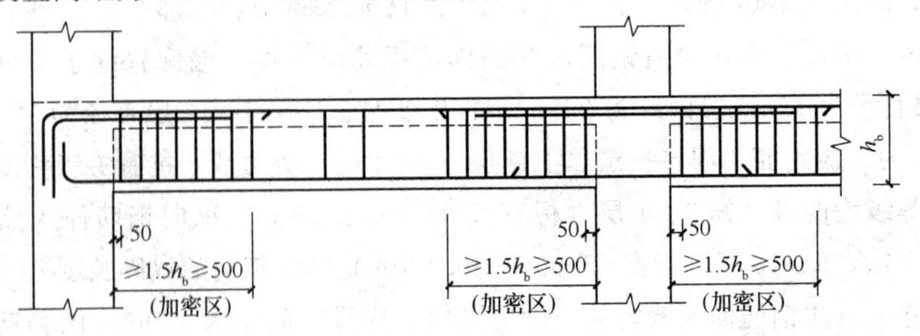

图5-55 梁箍筋构造

此外，图 5-55 中梁的纵、横交汇处设置附加箍筋，如 LL3 与 LL14 交汇处，在 LL14 上设置附加箍筋 6 根直径为 16mm 的Ⅰ级钢筋，双肢箍。

需要注意的是，主、次梁交汇处上部钢筋主梁在上，次梁在下。

三、计算实例

某框架梁跨度为 6m，抗震等级为一级抗震，设防烈度为 8 度，柱截面尺寸为 600×600，如图 5-46 所示。计算该梁钢筋工程量。

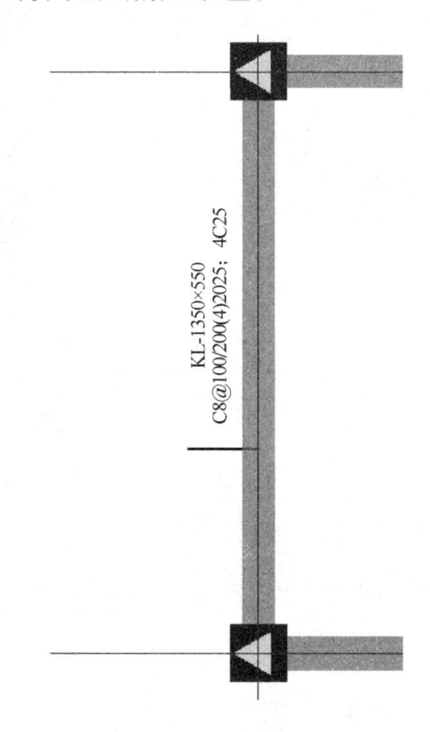

图 5-56　某框架梁

如钢筋工程量计算见表 5-3。

表 5-3　钢筋工程量计算表

筋号	直径(mm)	级别	图形	计算公式	公式描述	长度(mm)	根
1 跨上通长筋 1	25	虫	375 6560 375	600－20＋15×d＋5400＋600－20＋15×d	支座宽－保护层＋弯折＋净长＋支座宽－保护层＋弯折	7310	2
1 跨下部钢筋 1	25	虫	375 6560 375	600－20＋15×d＋5400＋600－20＋15×d	支座宽－保护层＋弯折＋净长＋支座宽－保护层＋弯折	7310	4
1 跨箍筋 1	8	虫	510 310	2×（350－2×20）＋（550－2×20）＋2×（11.9×d）		1830	39

（续表）

筋号	直径（mm）	级别	图形	计算公式	公式描述	长度（mm）	根
1跨箍筋2	8	Φ	510 [131]	2×［（350－2×20－2×d－25）/3×1＋25＋2×d＋(550－2×20)］＋2×（11.9×d）		1472	39

第六章 有梁（无梁）楼盖平法识图及构造

第一节 有梁（无梁）楼盖平法施工图制图规则

一、有梁楼盖平法施工图制图规则

1. 有梁楼盖平法施工图的表示方法

板构件的平法表达方式为平面表达方式，不像梁构件分为平面注写和截面注写两种平法表达方式。板构件的平法表达方式，就是在板平面布置图上，直接注写板构件的各数据项。具体标注时，按板块分别标注其集中标注和原位标注的数据项。

有梁楼盖平法施工图，系在楼面板和屋面板布置图上，采用平面注写的表达方式，如图 6-1 所示。

板平面注写主要包括板块集中标注和板支座原位标注。为方便设计表达和施工识图，规定结构平面的坐标方向为：

（1）当两向轴网正交布置时，图面从左至右为 X 向，从下至上为 Y 向；

（2）当轴网转折时，局部坐标方向顺轴网转折角度做相应转折；

（3）当轴网向心布置时，切向为 X 向，径向为 Y 向。

此外，对于平面布置比较复杂的区域，如轴网转折交界区域、向心布置的核心区域等，其平面坐标方向应由设计者另行规定并在图上明确标示。

2. 有梁楼盖板块的集中标注

（1）板块集中标注的内容为：板块编号、板厚、贯通纵筋，以及当板面标高不同时的标高高差。

对于普通楼面，两向均以一跨为一板块；对于密肋楼盖，两向主梁（框架梁）均以一跨为一板块（非主梁密肋不计）。所有板块应逐一编号，相同编号的板块可择其一做集中标注。

其他仅注写置于圆圈内的板编号，以及当板面标高不同时的标高高差。

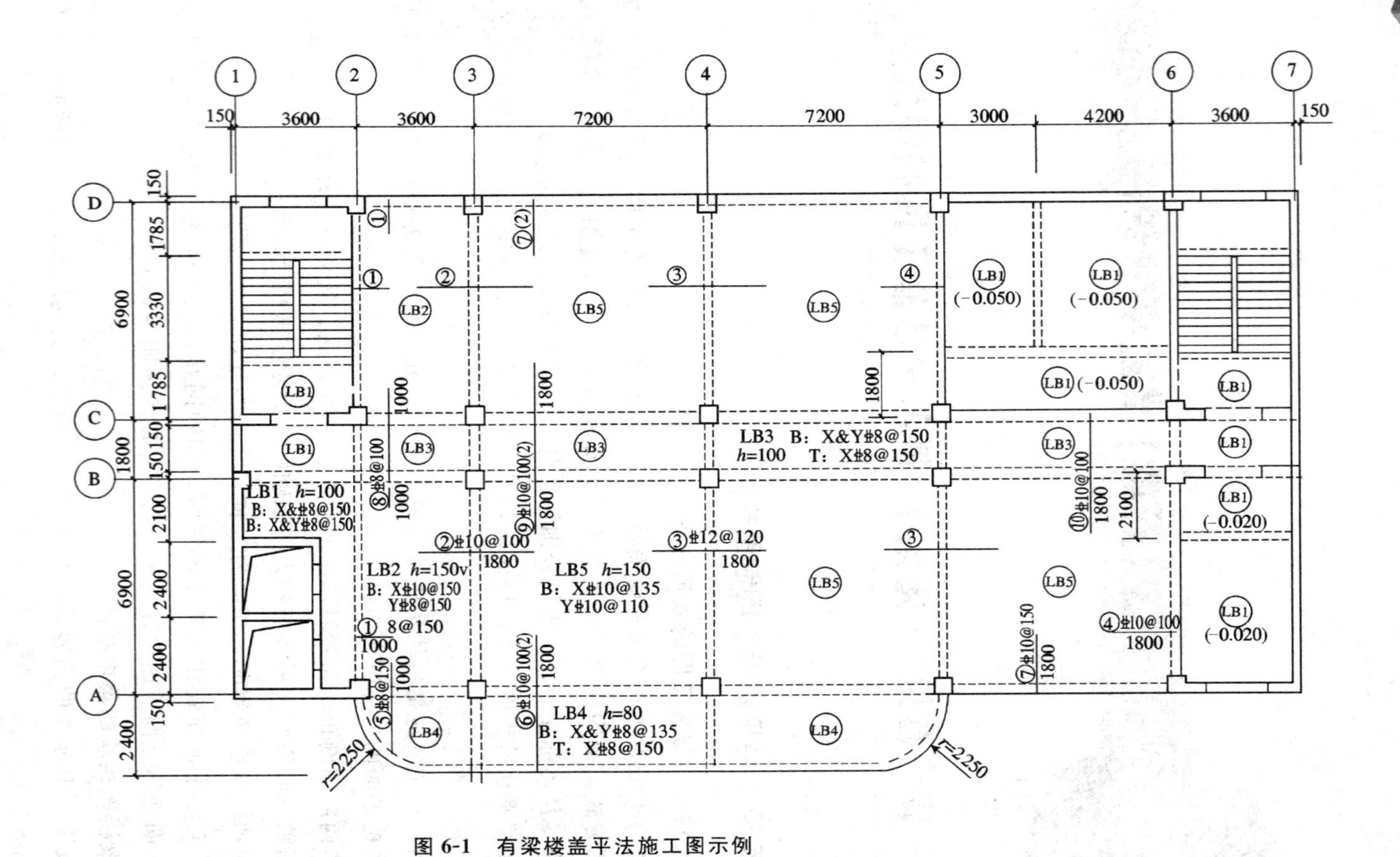

层号	标高（m）	层高（m）
屋面2	65.670	
塔层2	62.370	3.30
屋面1（塔层1）	59.070	3.30
16	55.470	3.60
15	51.870	3.60
14	48.270	3.60
13	44.670	3.60
12	41.070	3.60
11	37.470	3.60
10	33.870	3.60
9	30.270	3.60
8	26.670	3.60
7	23.070	3.60
6	19.470	3.60
5	15.870	3.60
4	12.270	3.60
3	8.670	3.60
2	4.470	4.20
1	−0.030	4.50
−1	−4.530	4.50
−2	−9.030	4.50

结构层楼面标高
结构层高

图 6-1　有梁楼盖平法施工图示例

1）板块编号。按表 6-1 的规定。

表 6-1　板块编号

板类型	代号	序号
楼面板	LB	××
屋面板	WB	××
悬挑板	XB	××

2）板厚。注写为 h=×××（为垂直于板面的厚度）；当悬挑板的端部改变截面厚度时，用斜线分隔根部与端部的高度值，注写为 h=×××/×××；当设计已在图注中统一注明板厚时，此项可不注。

3）贯通纵筋。按板块的下部和上部分别注写（当板块上部不设贯通纵筋时则不注），并以 B 代表下部，以 T 代表上部，B&T 代表下部与上部；X 向贯通纵筋以 X 打头，Y 向贯通纵筋以 Y 打头，两向贯通纵筋配置相同时则以 X&Y 打头。

当为单向板时，分布筋可不必注写，而在图中统一注明。

当在某些板内（例如在悬挑板 XB 的下部）配置有构造钢筋时，则 X 向以 Xc，Y 向以 Yc 打头注写。

当 Y 向采用放射配筋时（切向为 X 向，径向为 Y 向），设计者应注明配筋间距的定位尺寸。

当贯通筋采用两种规格钢筋“隔一布一”方式时，表达为ϕ××/yy@×××，表示直径为××的钢筋和直径为 yy 的钢筋二者之间间距为×××，直径××的钢筋的间距为×××的 2 倍，直径 yy 的钢筋的间距为×××的 2 倍。

板面标高高差，系指相对于结构层楼面标高的高差，应将其注写在括号内，且有高差则注，无高差不注。

【例】有一楼面板块注写为：LB5　h=110

B：X⏀12@120；Y⏀10@110

表示 5 号楼面板，板厚 110mm，板下部配置的贯通纵筋 X 向为⏀12@120，Y 向为⏀10@110；板上部未配置贯通纵筋。

例如：有一楼面板块注写为：LB5　h=110

B：X⏀10/12@100；Y⏀10@110

表示 5 号楼面板，板厚 110mm，板下部配置的贯通纵筋 X 向为⏀10、⏀12 隔一布一，⏀10 与⏀12 之间距为 100mm；Y 向为⏀10@110；板上部未配置贯通纵筋。

【例】有一悬挑板注写为：XB2　h=150/100

B：Xc&Yc⏀8@200

表示 2 号悬挑板，板根部厚 150mm，端部厚 100mm，板下部配置构造钢筋双向均为⏀8@200（上部受力钢筋见板支座原位标注）。

（2）同一编号板块的类型、板厚和贯通纵筋均应相同，但板面标高、跨度、平面形状以及板支座上部非贯通纵筋可以不同，如同一编号板块的平面形状可为矩形、多边形及其他形状等。施工预算时，应根据其实际平面形状，分别计算各块板的混凝土与钢材用量。

（3）注意事项。单向或双向连续板的中间支座上部同向贯通纵筋，不应在支座位置连接或分别锚固。当相邻两跨的板上部贯通纵筋配置相同，且跨中部位有足够空间连接时，可在两跨任意一跨的跨中连接部位连接；当相邻两跨的上部贯通纵筋配置不同时，应将配置较大者越过其标注的跨数终点或起点伸至相邻跨的跨中连接区域连接。

设计应注意板中间支座两侧上部贯通纵筋的协调配置，施工及预算应按具体设计和相应标准构造要求实施。等跨与不等跨板上部贯通纵筋的连接有特殊要求时，其连接部位及方式应由设计者注明。

3. 板支座原位标注

（1）板支座原位标注的内容为：板支座上部非贯通纵筋和悬挑板上部受力钢筋。

板支座原位标注的钢筋，应在配置相同跨的第一跨表达（当在梁悬挑部位单独配置时则在原位表达）。在配置相同跨的第一跨（或梁悬挑部位），垂直于板支座（梁或墙）绘制一段适宜长度的中粗实线（当该筋通长设置在悬挑板或短跨板上部时，实线段应画至对边或贯通短跨），以该线段代表支座上部非贯通纵筋，并在线段上方注写钢筋编号（如①、②等）、配筋值、横向连续布置的跨数（注写在括号内，且当为一跨时可不注），以及是否横向布置到梁的悬挑端。

【例】（××）为横向布置的跨数，（××A）为横向布置的跨数及一端的悬挑梁部位，（××B）为横向布置的跨数及两端的悬挑梁部位。

板支座上部非贯通筋自支座中线向跨内的伸出长度，注写在线段的下方位置。

当中间支座上部非贯通纵筋向支座两侧对称伸出时，可仅在支座一侧线段下方标注伸出长度，另一侧不注，如图6-2所示。

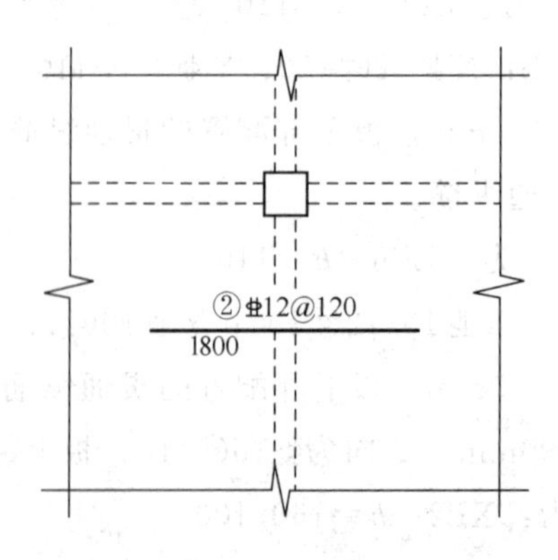

图6-2 板支座上部非贯通筋对称伸出

当向支座两侧非对称伸出时，应分别在支座两侧线段下方注写伸出长度，如图 6-3 所示。

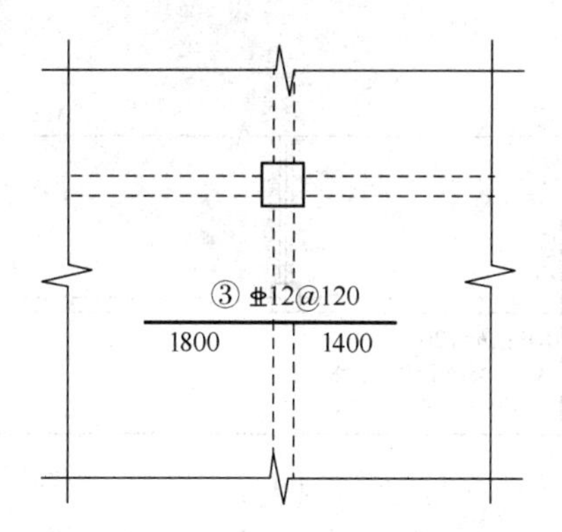

图 6-3　板支座上部非贯通筋非对称伸出

对线段画至对边贯通全跨或贯通全悬挑长度的上部通长纵筋，贯通全跨或伸出至全悬挑一侧的长度值不注，只注明非贯通筋另一侧的伸出长度值，如图 6-4 所示。

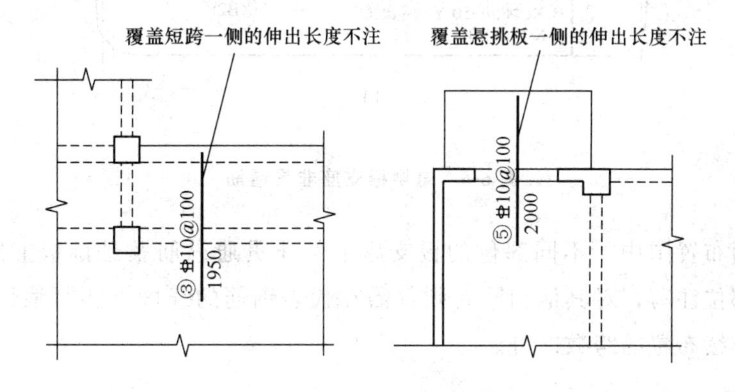

图 6-4　板支座非贯通筋贯通全跨或伸出至悬挑端

当板支座为弧形，支座上部非贯通纵筋呈放射状分布时，设计者应注明配筋间距的度量位置并加注“放射分布”四字，必要时应补绘平面配筋图，如图 6-5 所示。

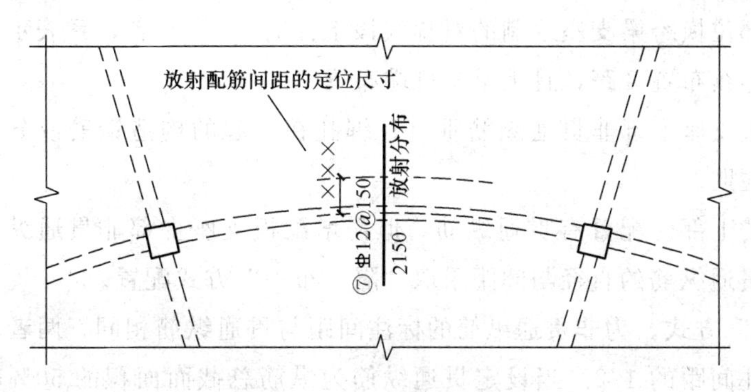

图 6-5　弧形支座处放射配筋

关于悬挑板的注写方式，如图6-6所示。当悬挑板端部厚度不小于150mm时，设计者应指定板端部封边构造方式，当采用U形钢筋封边时，尚应指定U形钢筋的规格、直径。

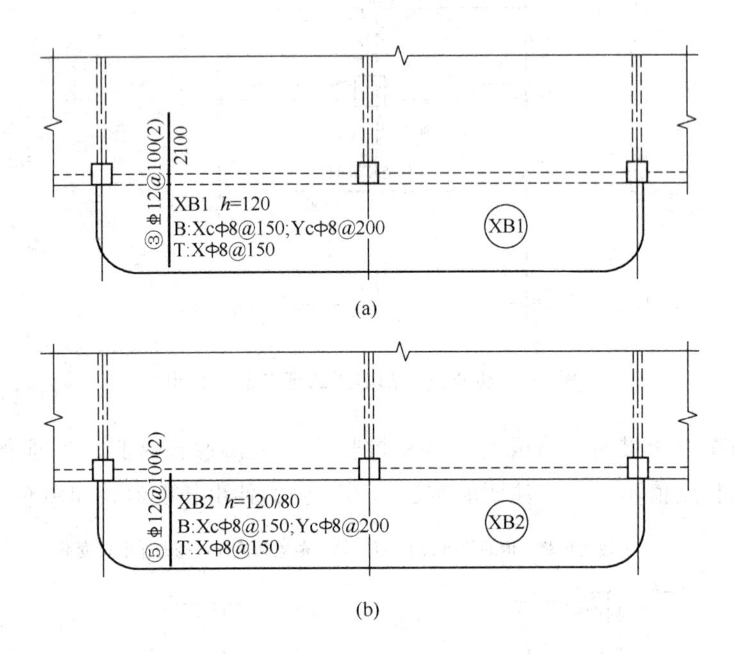

图6-6　悬挑板支座非贯通筋

在板平面布置图中，不同部位的板支座上部非贯通纵筋及悬挑板上部受力钢筋，可仅在一个部位注写，对其他相同者则仅需在代表钢筋的线段上注写编号及按本条规则注写横向连续布置的跨数即可。

例如：

在板平面布置图某部位，横跨支承梁绘制的对称线段上注有⑦⏀12@100（5A）和1500，表示支座上部⑦号非贯通纵筋为⏀12@100，从该跨起沿支承梁连续布置5跨加梁一端的悬挑端，该筋自支座中线向两侧跨内的伸出长度均为1500mm，在同一板平面布置图的另一部位横跨梁支座绘制的对称线段上注有⑦（2）者，系表示该筋同⑦号纵筋，沿支承梁连续布置2跨，且无梁悬挑端布置。

此外，与板支座上部非贯通纵筋垂直且绑扎在一起的构造钢筋或分布钢筋，应由设计者在图中注明。

（2）当板的上部已配置有贯通纵筋，但需增配板支座上部非贯通纵筋时，应结合已配置的同向贯通纵筋的直径与间距采取“隔一布一”方式配置。

“隔一布一”方式，为非贯通纵筋的标注间距与贯通纵筋相同，两者组合后的实际间距为各自标注间距的1/2。当设定贯通纵筋为纵筋总截面面积的50%时，两种钢筋应取相同直径；当设定贯通纵筋大于或小于总截面面积的50%时，两种钢筋则取不同

直径。

【例】板上部已配置贯通纵筋⌀12@250，该跨同向配置的上部支座非贯通纵筋为⑤⌀12@125，其中1/2为贯通纵筋，1/2为⑤号非贯通纵筋（伸出长度值略）。

【例】板上部已配置贯通纵筋⌀10@250，该跨配置的上部同向支座非贯通纵筋为③⌀12@250，表示该跨实际设置的上部纵筋为⌀10和⌀12间隔布置，二者之间间距为125mm。

板支座原位标注在施工中应注意：当支座一侧设置了上部贯通纵筋（在板集中标注中以T打头），而在支座另一侧仅设置了上部非贯通纵筋时，如果支座两侧设置的纵筋直径、间距相同，应将二者连通，避免各自在支座上部分别锚固。

4. 其他注意事项

（1）板上部纵向钢筋在端支座（梁或圈梁）的锚固要求，《混凝土结构施工图平面整体表示方法制图规则和构造详图（现浇混凝土框架、剪力墙、梁、板）》11G101－1图集标准构造详图中规定：当设计按铰接时，平直段伸至端支座时边后弯折，且平直段长度≥$0.35l_{ab}$，弯折段长度$15d$（d为纵向钢筋直径）；当充分利用钢筋的抗拉强度时，直段伸至端支座对边后弯折，且平直段长度≥$0.6l_{ab}$，弯折段长度$15d$。设计者应在平法施工图中注明采用何种构造，当多数采用同种构造时可在图注中写明，并将少数不同之处在图中注明。

（2）板纵向钢筋的连接可采用绑扎搭接、机械连接或焊接，其连接位置详见《混凝土结构施工图平面整体表示方法制图规则和构造详图（现浇混凝土框架、剪力墙、梁、板）》11G101－1图集中相应的标准构造详图。当板纵向钢筋采用非接触方式的绑扎搭接连接时，其搭接部位的钢筋净距不宜小于30mm，且钢筋中心距不应大于$0.2l_l$及150mm的较小者。

注：非接触搭接使混凝土能够与搭接范围内所有钢筋的全表面充分粘接，可以提高搭接钢筋之间通过混凝土传力的可靠度。

二、无梁楼盖平法施工图制图规则

1. 无梁楼盖平法施工图的表示方法

无梁楼盖平法施工图，系在楼面板和屋面板布置图上，采用平面注写的表达方式，如图6-7所示。

板平面注写主要有板带集中标注、板带支座原位标注两部分内容。

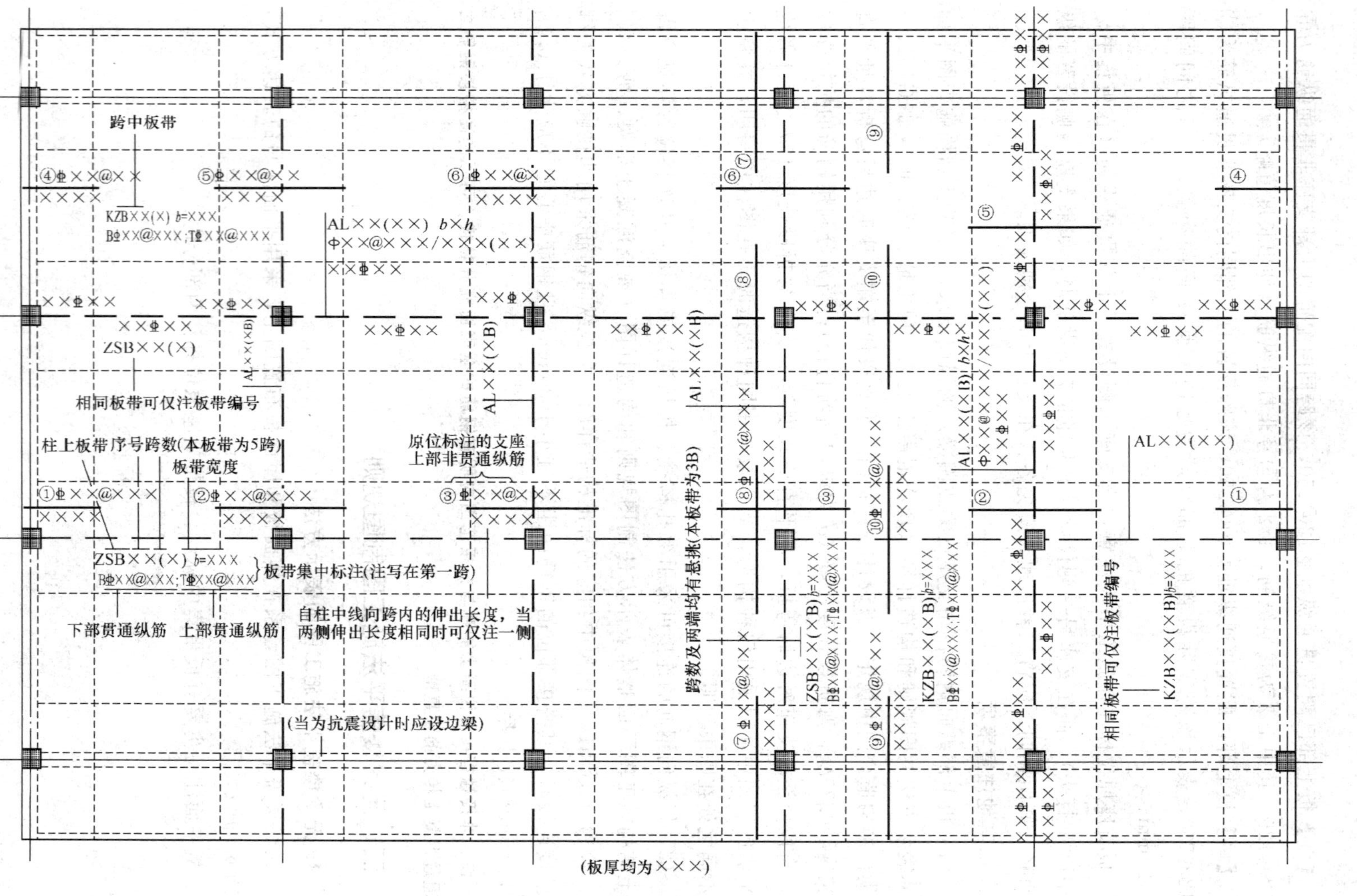

图 6-7　无梁楼盖平法施工图示例

2. 板带集中标注

(1) 集中标注应在板带贯通纵筋配置相同跨的第一跨（X 向为左端跨，Y 向为下端跨）注写。相同编号的板带可择其一做集中标注，其他仅注写板带编号（注在圆圈内）。

板带集中标注的具体内容为：板带编号，板带厚及板带宽和贯通纵筋。

1）板带编号。按表 6-2 的规定。

表 6-2　板带编号

板带类型	代号	序号	跨数及有无悬挑
柱上板带	ZSB	××	(××)、(××A) 或 (××B)
跨中板带	KZB	××	(××)、(××A) 或 (××B)

注：1. 跨数按柱网轴线计算（两相邻柱轴线之间为一跨）。

2. (××A) 为一端有悬挑，(××B) 为两端有悬挑，悬挑不计入跨数。

2）板带厚及板带宽。板带厚注写为 h=×××，板带宽注写为 b=×××。当无梁楼盖整体厚度和板带宽度已在图中注明时，此项可不注。

3）贯通纵筋。按板带下部和板带上部分别注写，并以 B 代表下部，T 代表上部，B&T 代表下部和上部。当采用放射配筋时，设计者应注明配筋间距的度量位置，必要时补绘配筋平面图。

【例】设有一板带注写为：ZSB2 (5A)　h=300　b=3000

B=⌀16@100；T⌀18@200

表示 2 号柱上板带，有 5 跨且一端有悬挑；板带厚 300mm，宽 3000mm；板带配置贯通纵筋下部为⌀16@100，上部为⌀18@200。

设计与施工应注意：相邻等跨板带上部贯通纵筋应在跨中 1/3 净跨长范围内连接；当同向连续板带的上部贯通纵筋配置不同时，应将配置较大者越过其标注的跨数终点或起点伸至相邻跨的跨中连接区域连接。设计应注意板带中间支座两侧上部贯通纵筋的协调配置，施工及预算应按具体设计和相应标准构造要求实施。等跨与不等跨板上部贯通纵筋的连接构造要求见相关标准构造详图；当具体工程对板带上部纵向钢筋的连接有特殊要求时，其连接部位及方式应由设计者注明。

（2）当局部区域的板面标高与整体不同时，应在无梁楼盖的板平法施工图上注明板面标高高差及分布范围。

3. 板带支座原位标注

（1）板带支座原位标注的具体内容为：板带支座上部非贯通纵筋。

以一段与板带同向的中粗实线段代表板带支座上部非贯通纵筋；对柱上板带，实线段贯穿柱上区域绘制；对跨中板带，实线段横贯柱网轴线绘制。在线段上注写钢筋编号（如①、②等）、配筋值及在线段的下方注写自支座中线向两侧跨内的伸出长度。

当板带支座非贯通纵筋自支座中线向两侧对称伸出时，其伸出长度可仅在一侧标注；当配置在有悬挑端的边柱上时，该筋伸出到悬挑尽端，设计不注。当支座上部非贯通纵筋呈放射分布时，设计者应注明配筋间距的定位位置。

不同部位的板带支座上部非贯通纵筋相同者，可仅在一个部位注写，其余则在代表非贯通纵筋的线段上注写编号。

【例】设有平面布置图的某部位，在横跨板带支座绘制的对称线段上注有⑦⏀18@250，在线段一侧的下方注有1500，系表示支座上部⑦号非贯通纵筋为⏀18@250，自支座中线向两侧跨内的伸出长度均为1500mm。

（2）当板带上部已经配有贯通纵筋，但需增加配置板带支座上部非贯通纵筋时，应结合已配同向贯通纵筋的直径与间距，采取“隔一布一”的方式配置。

【例】设有一板带上部已配置贯通纵筋⏀18@240，板带支座上部非贯通纵筋为⏀18@240，则板带在该位置实际配置的上部纵筋为⏀18@120，其中1/2为贯通纵筋，1/2为⑤号非贯通纵筋（伸出长度略）。

4. 暗梁的表示方法

（1）暗梁平面注写包括暗梁集中标注、暗梁支座原位标注两部分内容。施工图中在柱轴线处画中粗虚线表示暗梁。

（2）暗梁集中标注：包括暗梁编号、暗梁截面尺寸（箍筋外皮宽度×板厚）、暗梁箍筋、暗梁上部通长筋或架立筋四部分内容。暗梁编号按表6-3，其他注写方式同梁集中标注的内容要求。

表 6-3　暗梁编号

构件类型	代号	序号	跨数及有无悬挑
暗梁	AL	××	(××)、(××A) 或 (××B)

注：1. 跨数按柱网轴线计算（两相邻柱轴线之间为一跨）。

2. (××A) 为一端有悬挑，(××B) 为两端有悬挑，悬挑不计入跨数。

(3) 暗梁支座原位标注：包括梁支座上部纵筋、梁下部纵筋。当在暗梁上集中标注的内容不适用于某跨或某悬挑端时，则将其不同数值标注在该跨或该悬挑端，施工时按原位注写取值。

(4) 当设置暗梁时，柱上板带及跨中板带标注方式与无梁楼盖中板带集中标注、板带支座原位标注一致。柱上板带标注的配筋仅设置在暗梁之外的柱上板带范围内。

(5) 暗梁中纵向钢筋连接、锚固及支座上部纵筋的伸出长度等要求同轴线处柱上板带中纵向钢筋。

5. 无梁楼盖的其他注意事项

(1) 无梁楼盖跨中板带上部纵向钢筋在端支座的锚固要求。当设计按铰接时，平直段伸至端支座对边后弯折，且平直段长度$\geqslant 0.35l_{ab}$，弯折段长度 $15d$（d 为纵向钢筋直径）；当充分利用钢筋的抗拉强度时，直段伸至端支座对边后弯折，且平直段长度$\geqslant 0.6l_{ab}$，弯折段长度 $15d$。设计者应在平法施工图中注明采用何种构造，当多数采用同种构造时可在图注中写明，并将少数不同之处在图中注明。

(2) 板纵向钢筋的连接可采用绑扎搭接、机械连接或焊接。当板纵向钢筋采用非接触方式的绑扎搭接连接时，其搭接部位的钢筋净距不宜小于 30mm，且钢筋中心距不应大于 $0.2l_l$ 及 150mm 的较小者。

注：非接触搭接使混凝土能够与搭接范围内所有钢筋的全表面充分粘接，可以提高搭接钢筋之间通过混凝土传力的可靠度。

三、某楼板平法施工图示例

图 6-8 为某工程中楼板平法表示的施工图，请根据以上讲述内容自行练习识读。

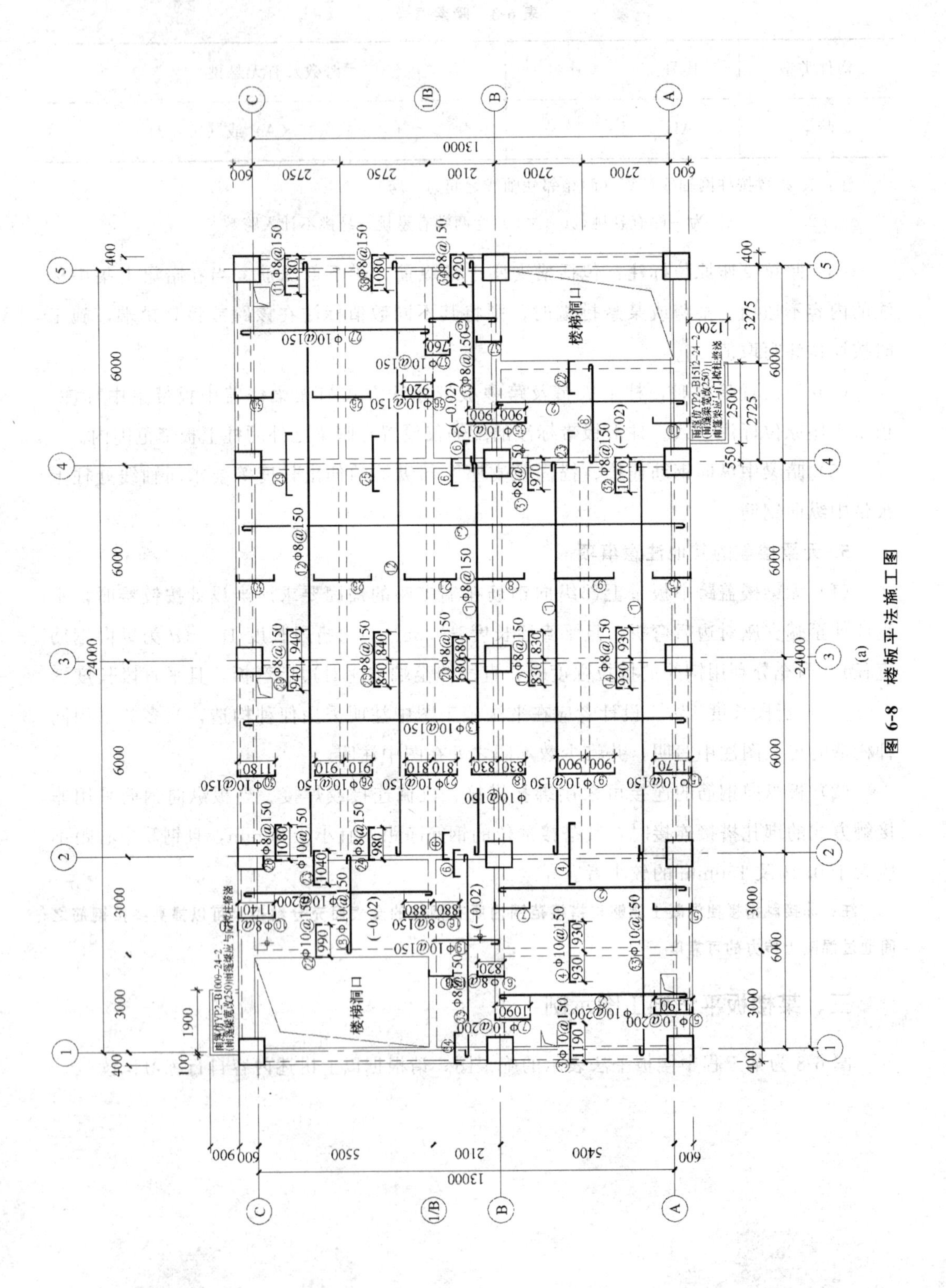

(a)

图 6-8 楼板平法施工图

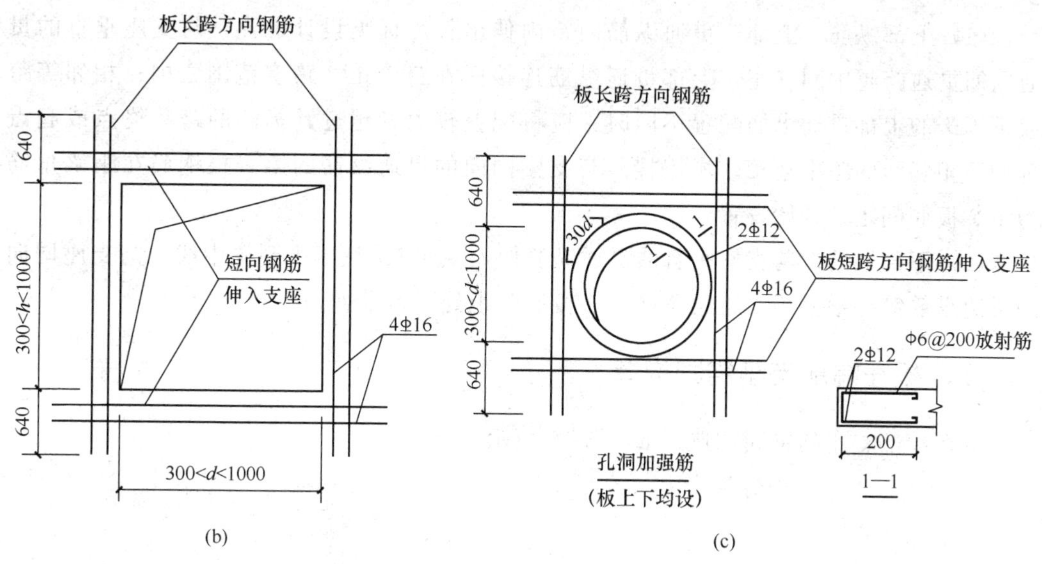

图 6-8　楼板平法施工图（续）

第二节　有梁（无梁）楼盖平法施工图标准构造详图

一、有梁楼盖楼面板 LB 和屋面板 WB 钢筋构造

有梁楼盖楼面板 LB 和屋面板 WB 钢筋构造，如图 6-9 所示。

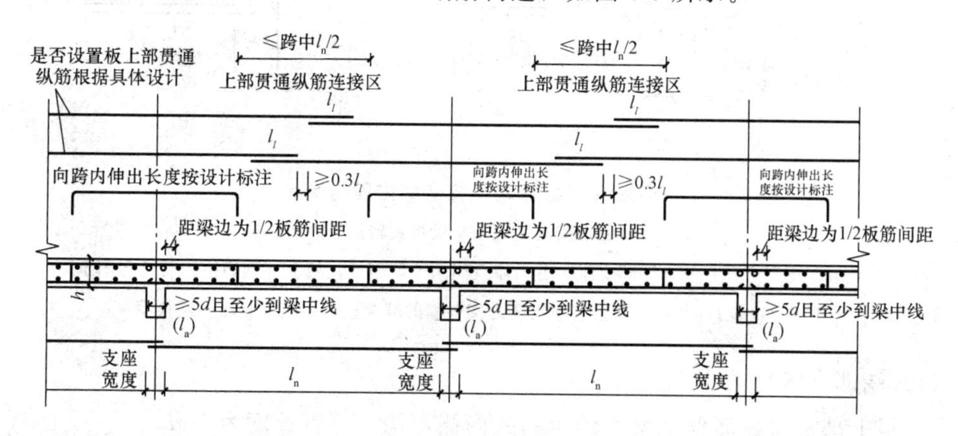

图 6-9　有梁楼盖楼面板 LB 和屋面板 WB 钢筋构造

（括号内的锚固长度 l_a 用于梁板式转换层的板）

（1）上部纵筋。上部非贯通纵筋向跨内伸出长度详见设计标注。与支座垂直的贯通纵筋贯通跨越中间支座，上部贯通纵筋连接区在跨中 1/2 跨度范围之内；相邻等跨或不等跨的上部贯通纵筋配置不同时，应将配置较大者越过其标注的跨数终点或起点延伸至相邻跨的跨中连接区域连接。与支座同向的贯通纵筋的第一根钢筋在距梁角筋为 1/2 板筋间距处开始设置。

（2）下部纵筋。与支座垂直的贯通纵筋伸入支座 $5d$ 且至少到梁中线。与支座同向的贯通纵筋第一根钢筋在距梁角筋 1/2 板筋间距处开始设置。

二、板在端部支座锚固构造

板在端部支座的锚固构造，如图 6-10 所示。

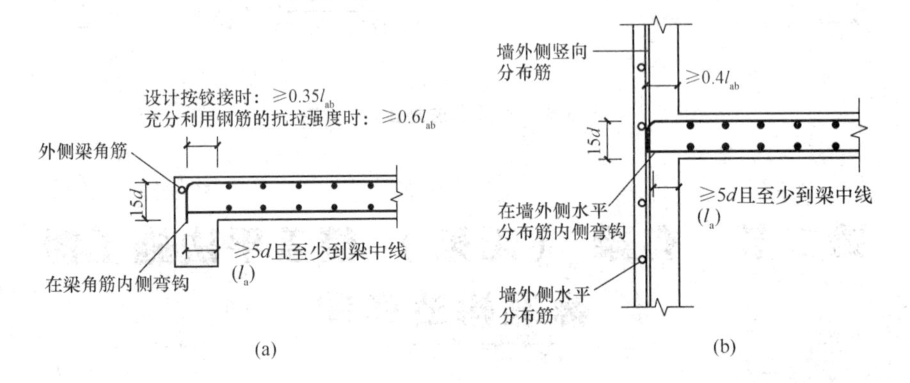

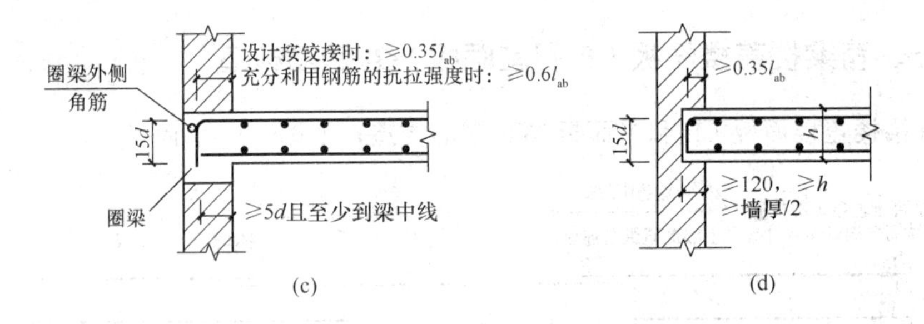

图 6-10　板在端部支座的锚固构造

（括号内的锚固长度 l_a 用于梁板式转换层的板）

（a）端部支座为梁；（b）端部支座为剪力墙（当用于屋面处，板上部钢筋锚固要求与图示不同时由设计明确）；（c）端部支座为砌体墙的圈梁；（d）端部支座为砌体墙

（1）端部支座为梁［图 6-10（a）］。

1）板上部贯通纵筋伸至梁外侧角筋的内侧弯钩，弯折长度为 $15d$。

2）板下部贯通纵筋在端部制作的直锚长度≥$5d$ 且至少到梁中线；梁板式转换层的板，下部贯通纵筋在端部支座的直锚长度为 l_a。

（2）端部支座为剪力墙［图 6-10（b）］。上部贯通纵筋伸至墙身外侧水平分布筋的

内侧弯钩，弯折长度为 15d。

（3）端部支座为砌体墙的圈梁［图 6-10（c）］。板上部贯通纵筋伸至圈梁外侧角筋的内侧弯钩，弯折长度为 15d。板下部贯通纵筋在开标支座的直锚长度≥5d 且至少到梁中线。

（4）端部支座为砌体墙［图 6-10（d）］。板在端部支座的支承长度≥120mm，≥h（楼板的厚度）且≥1/2 墙厚。板上部贯通纵筋伸至板端部（扣减一个保护层），然后弯折 15d。板下部贯通纵筋伸至板端部（扣减一个保护层）。

三、板上部贯通纵筋的计算

1. 端支座为梁时板上部贯通纵筋的计算

（1）计算板上部贯通纵筋的长度

板上部贯通纵筋两端伸至梁外侧角筋的内侧，再弯直钩 15d；当直锚长度≥l_a时可不弯折。具体的计算方法是：

1）先计算直锚长度。

直锚长度＝梁截面宽度－保护层－梁角筋直径

2）若直锚长度≥l_a则不弯折，否则弯直钩 15d。

以单块板上部贯通纵筋的计算为例：

板上部贯通纵筋的直段长度＝净跨长度＋两端的直锚长度

（2）计算板上部贯通纵筋的根数

按照《混凝土结构施工图平面整体表示方法制图规则和构造详图（现浇混凝土框架、剪力墙、梁、板）》（11G101－1）图集的规定，第一根贯通纵筋在距梁边为 1/2 板筋间距处开始设置。这样，板上部贯通纵筋的布筋范围就是净跨长度。在这个范围内除以钢筋的间距，所得到的“间隔个数”就是钢筋的根数。

2. 端支座为剪力墙时板上部贯通纵筋的计算

（1）计算板上部贯通纵筋的长度

板上部贯通纵筋两端伸至剪力墙外侧水平分布筋的内侧，弯锚长度为 l_a。具体的计算方法是：

1）先计算直锚长度。

直锚长度＝墙厚度－保护层－墙身水平分布筋直径

2）再计算弯钩长度。

弯钩长度＝l_a－直锚长度

以单块板上部贯通纵筋的计算为例：

板上部贯通纵筋的直段长度＝净跨长度＋两端的直锚长度

（2）计算板上部贯通纵筋的根数

按照《混凝土结构施工图平面整体表示方法制图规则和构造详图（现浇混凝土框

架、剪力墙、梁、板)》(11G101-1)图集的规定，第一根贯通纵筋在距墙边为1/2板筋间距处开始设置。这样，板上部贯通纵筋的布筋范围=净跨长度。

在这个范围内除以钢筋的间距，所得到的“间隔个数”就是钢筋的根数。

图6-11为某板上部钢筋布置图。

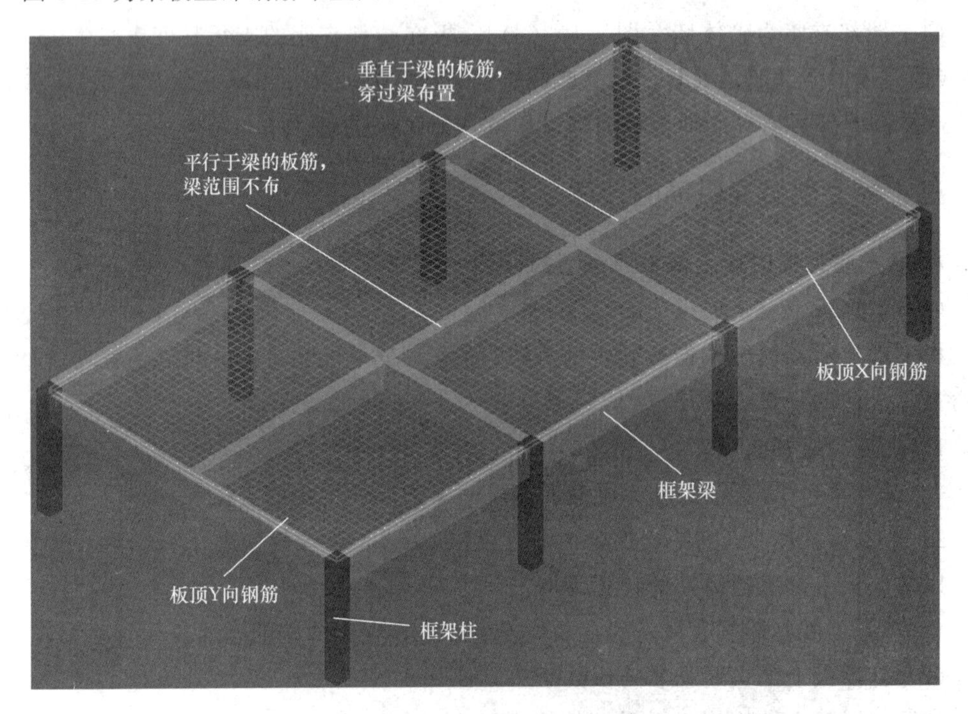

图6-11 某板上部钢筋布置图

【例】板LB1的集中标注为：LB1 h=100；B：X&Y ϕ8@150；T：X&Y ϕ8@150。这块板LB1的尺寸为7000mm×6800mm，X方向的梁宽度为300mm，Y方向的梁宽度为250mm，均为正中轴线。X方向的KL1上部纵筋直径为25mm，Y方向的KL2上部纵筋直径为20mm。混凝土强度等级C25，二级抗震等级。试计算板上部贯通纵筋的工程量。

(1) LB1板X方向上部贯通纵筋的计算。

支座直锚长度=梁宽－保护层－梁角筋直径=250－25－20=205mm

弯钩长度=l_a－直锚长度=27d－205=27×8－205=11mm

上部贯通纵筋的直段长度=净跨长+两端直锚长度=(7000－250)+205×2=7160mm

梁KL1角筋中心到混凝土内侧的距离=25/2+25=37.5mm

板上部纵筋布筋范围=净跨长+37.5×2=(6800－300)+37.5×2=6575mm

X方向的上部贯通纵筋的根数=6575/150=44根

(2) LB1板Y方向上部贯通纵筋的计算。

支座直锚长度=梁宽－保护层－梁角筋直径=300－25－25=250mm>27d=216mm。

因此，上部贯通纵筋在支座的直锚长度就取定为216mm，不设弯钩。

上部贯通纵筋的直段长度＝净跨长＋两端直锚长度＝（6800－300）＋216×2＝6932mm。

梁KL2角筋中心到混凝土内侧的距离＝20/2＋25＝35mm。

板上部贯通纵筋的布筋范围＝净跨长度＋35×2＝（7000－250）＋35×2＝6820mm。

Y方向的上部贯通纵筋根数＝6820/150＝46根。

图6-12为LB1上部配筋图。

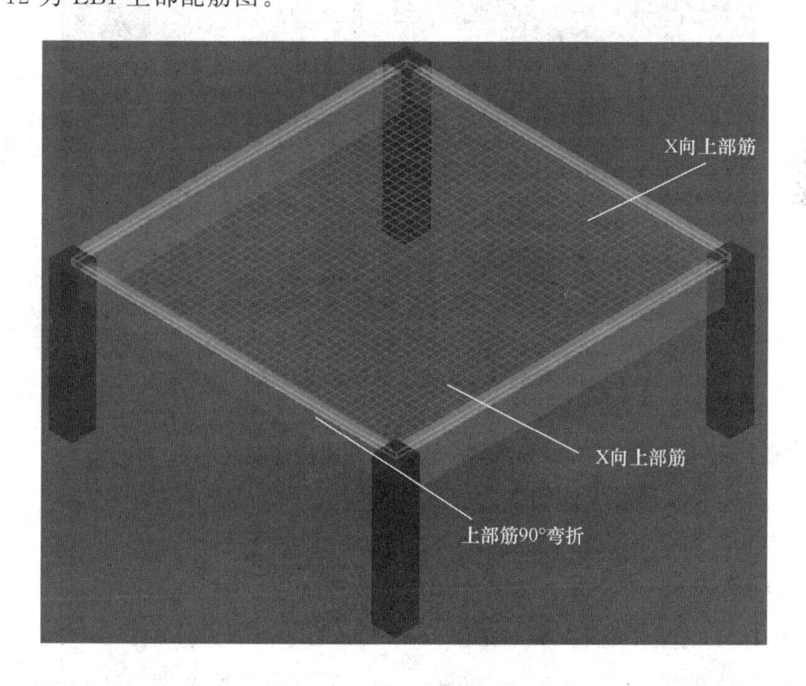

图6-12　LB1上部配筋图

四、板下部贯通纵筋的计算

1. 板下部贯通纵筋的配筋特点

（1）横跨一个整跨或几个整跨。

（2）两端伸至支座梁（墙）的中心线，且直锚长度≥$5d$。包括下列两种情况之一：

1）伸入支座的直锚长度为1/2的梁厚（墙厚），此时已经满足≥$5d$；

2）满足直锚长度≥$5d$的要求，此时直锚长度已经大于1/2的梁厚（墙厚）。

2. 端支座为梁时板下部贯通纵筋的计算

（1）计算板下部贯通纵筋的长度。

具体的计算方法一般为：

1）先选定直锚长度＝梁宽/2；

2）验算一下此时选定的直锚长度是否≥$5d$。如果满足“直锚长度≥$5d$”，则没有问题；如果不满足“直锚长度≥$5d$”，则取定$5d$为直锚长度。

图6-13为某板下部钢筋布置图。

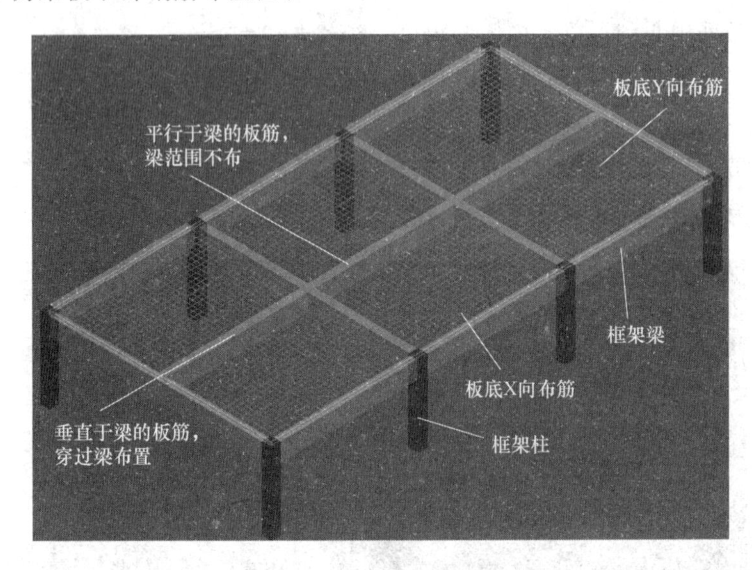

图6-13 某板下部钢筋布置图

以单块板下部贯通纵筋的计算为例：

板下部贯通纵筋的直段长度＝净跨长度＋两端的直锚长度

（2）计算板下部贯通纵筋的根数。

计算方法和前面介绍的板上部贯通纵筋根数算法是一致的。

【例】板LB1的集中标注为：LB1 $h=100$；B：X&Y ϕ8@150；T：X&Y ϕ8@150。这块板LB1的尺寸为7000mm×6800mm，X方向的梁宽度为300mm，Y方向的梁宽度为250mm，均为正中轴线。X方向的KL1上部纵筋直径为25mm，Y方向的KL2上部纵筋直径为20mm。混凝土强度等级C25，二级抗震等级。求板的下部贯通纵筋工程量。

（1）LB1板X方向的下部贯通纵筋的计算。

支座直锚长度＝梁宽/2＝250/2＝125mm＞$5d$＝5×8＝40mm

梁KL1角筋中心到混凝土内侧的距离＝25/2＋25＝37.5mm

板下部纵筋布筋范围＝净跨长＋37.5×2＝（6800－300）＋37.5×2＝6575mm

X方向的下部贯通纵筋的根数＝6575/150＝44根

（2）LB1板Y方向的下部贯通纵筋的计算。

直锚长度＝梁宽/2＝300/2＝150mm＞$5d$＝5×8＝40mm

下部贯通纵筋的直线段长度＝净跨长度＋两端直锚长度

＝（6800－300）＋150×2＝6800mm

梁 KL2 角筋中心到混凝土内侧的距离＝20/2＋25＝35mm

板下部贯通纵筋的布筋范围＝净跨长度＋35×2＝（7000 － 250）＋35×2＝6820mm

Y 方向的下部贯通纵筋根数＝6820/150＝46 根

图 6-14 为 LB1 底部受力钢筋效果图。

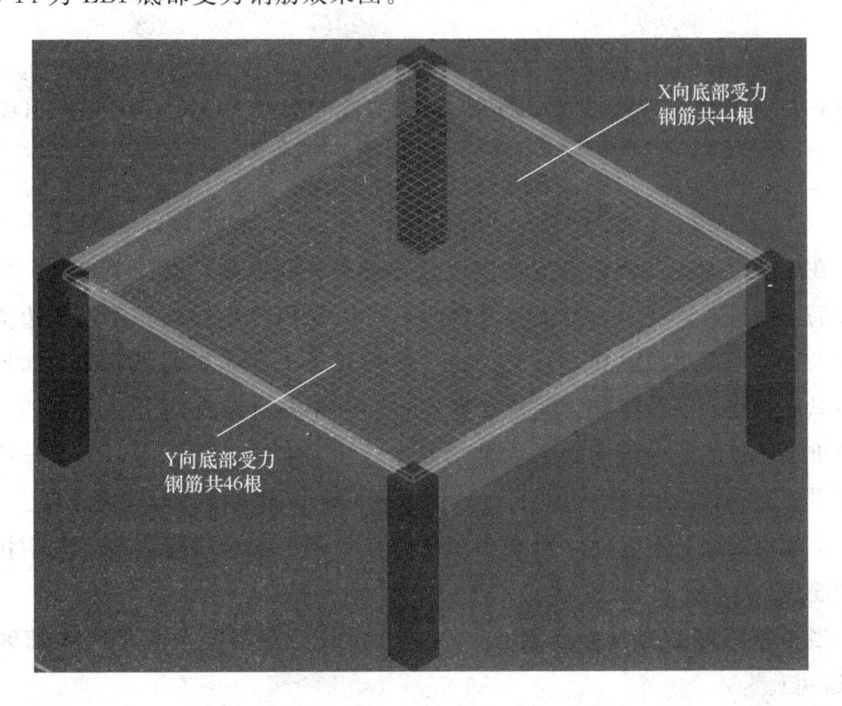

图 6-14　LB1 底部受力钢筋效果图

五、有梁楼盖不等跨板上部贯通纵筋连接构造

有梁楼盖不等跨板上部贯通纵筋连接构造，如图 6-15 所示。

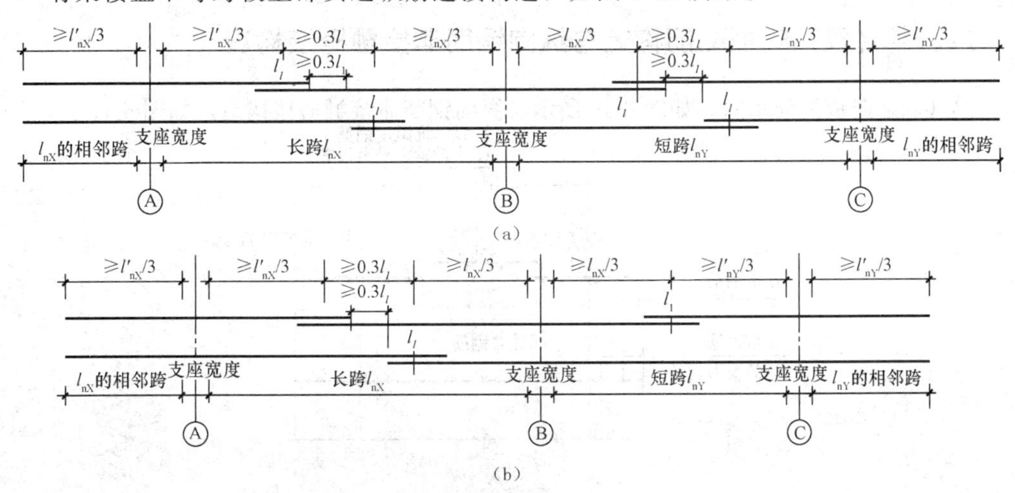

图 6-15　有梁楼盖不等跨板上部贯通纵筋连接构造（当钢筋足够长时能通则通）

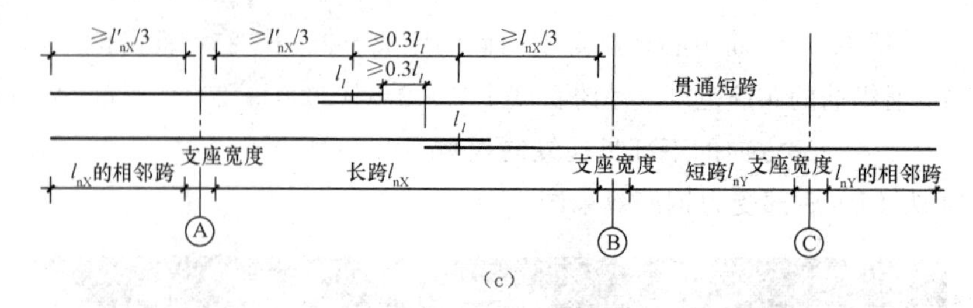

图 6-15 有梁楼盖不等跨板上部贯通纵筋连接构造（当钢筋足够长时能通则通）（续）

（a）不等跨板上部贯通纵筋连接构造（一）；（b）不等跨板上部贯通纵筋连接构造（二）；

（c）不等跨板上部贯通纵筋连接构造（三）

l'_{nX}—轴线Ⓐ左右两跨的较大净跨度值；l'_{nY}—轴线Ⓒ左右两跨的较大净跨度值

（1）在中间支座应贯通，不应在支座处连接和分别锚固，设计上应避免在中间支座两面配筋不一样，如遇两边楼板存在高差，可以采用分别锚固，相当于边支座。当支座一侧设置了上部贯通纵筋，在支座另一侧设置了上部非贯通纵筋时，如果支座两侧设置的纵筋直径、间距相同，应将二者连通，避免各自在支座上部分别锚固；板支座上部非贯通筋自支座中线向跨内的伸出长度，注写在线段的下方，两侧长度外伸一样时，只需标注一边表示另一边同长度，两侧不一样长时需两边都标注长度。

（2）上部钢筋通长配置时，可在相邻两跨任意跨中部位搭接连接，包括构造钢筋和分布钢筋。

（3）当相邻两跨上部钢筋配置不同时，应将较大配筋伸至相邻跨中部区域连接（设计应避免）。

（4）相邻不等跨上部钢筋的连接。相邻跨度相差不大（≤20%）时，应按较大跨计算截断长度，在较小跨内搭接连接；相邻跨度相差较大时，较大配筋宜在短跨内拉通设置，也可在短跨内搭接连接；当对连接有特殊要求时，应在设计文件中注明连接方式和部位等。

六、单（双）向板配筋构造与纵向钢筋非接触搭接构造

单（双）向板配筋示意，如图 6-16 所示。纵向钢筋非接触搭接构造，如图 6-17 所示。

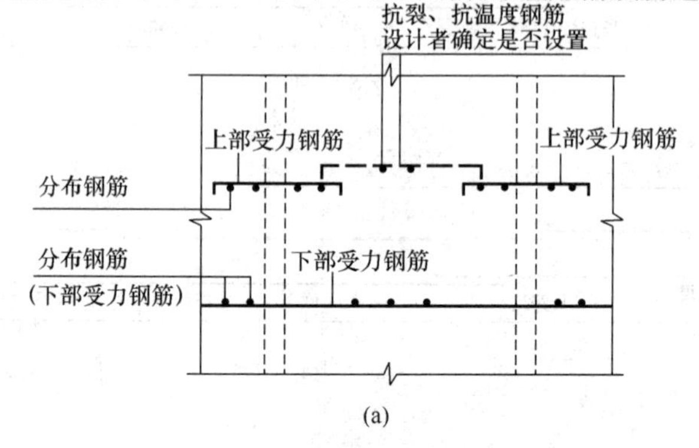

图 6-16 单（双）向板配筋示意

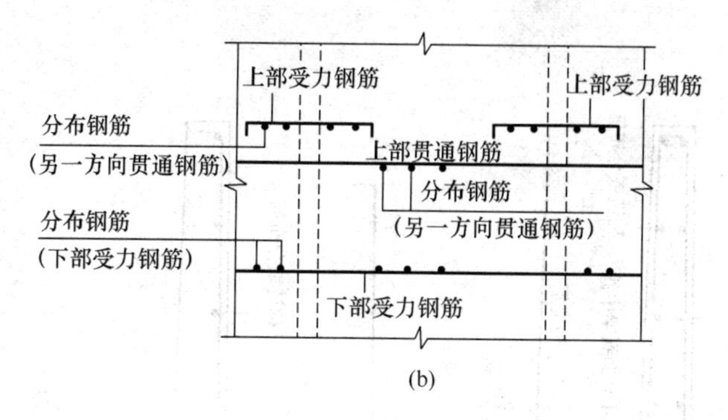

图 6-16　单（双）向板配筋示意（续）

（a）分离式配筋；（b）部分贯通式配筋

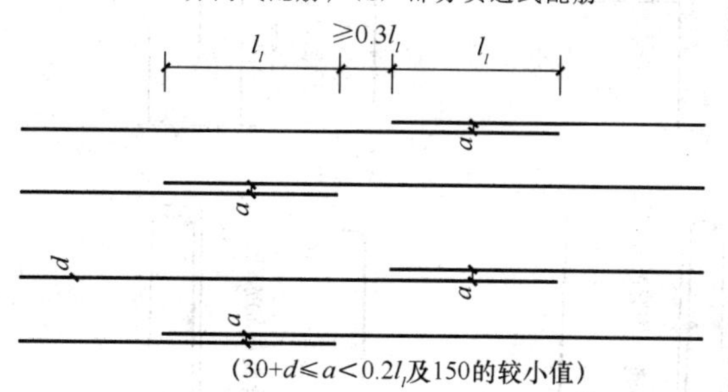

图 6-17　纵向钢筋非接触搭接构造

（1）在搭接范围内，相互搭接的纵筋与横向钢筋的每个交叉点均应进行绑扎。

（2）抗裂构造钢筋自身及其与受力主筋搭接长度为 150mm，抗温度筋自身及其与受力主筋搭接长度为 l_l。

（3）板上下贯通筋可兼作抗裂构造筋和抗温度筋。当下部贯通筋兼作抗温度钢筋时，其在支座的锚固由设计者确定。抗裂、抗温度钢筋与上部受力钢筋搭接时，除水平搭接外还需向下弯折。

（4）分布筋自身及与受力主筋、构造钢筋的搭接长度为 150mm；当分布筋兼作抗温度筋时，其自身及与受力主筋、构造钢筋的搭接长度为 l_l；其在支座的锚固按受拉要求考虑。

（5）单、双向板的界定。

1）四边有支承的板，板的长边与短边之比小于或等于 2 时为双向板。

2）板的长边与短边之比大于 2 而小于 3 时，短边按图纸要求配置受力钢筋，长边宜按双向板配置构造钢筋（宜按双向板的要求配置钢筋）。

3）板的长边与短边之比大于或等于 3 时，为单向板，按短边配置受力钢筋，长边为分布钢筋。

4）两对边支承的板为单向板。

5）双向板两个方向的钢筋都是根据计算需要而配置的受力钢筋，短方向的受力比长方向大。

七、悬挑板 XB 钢筋构造

悬挑板 XB 钢筋构造，如图 6-18 所示。

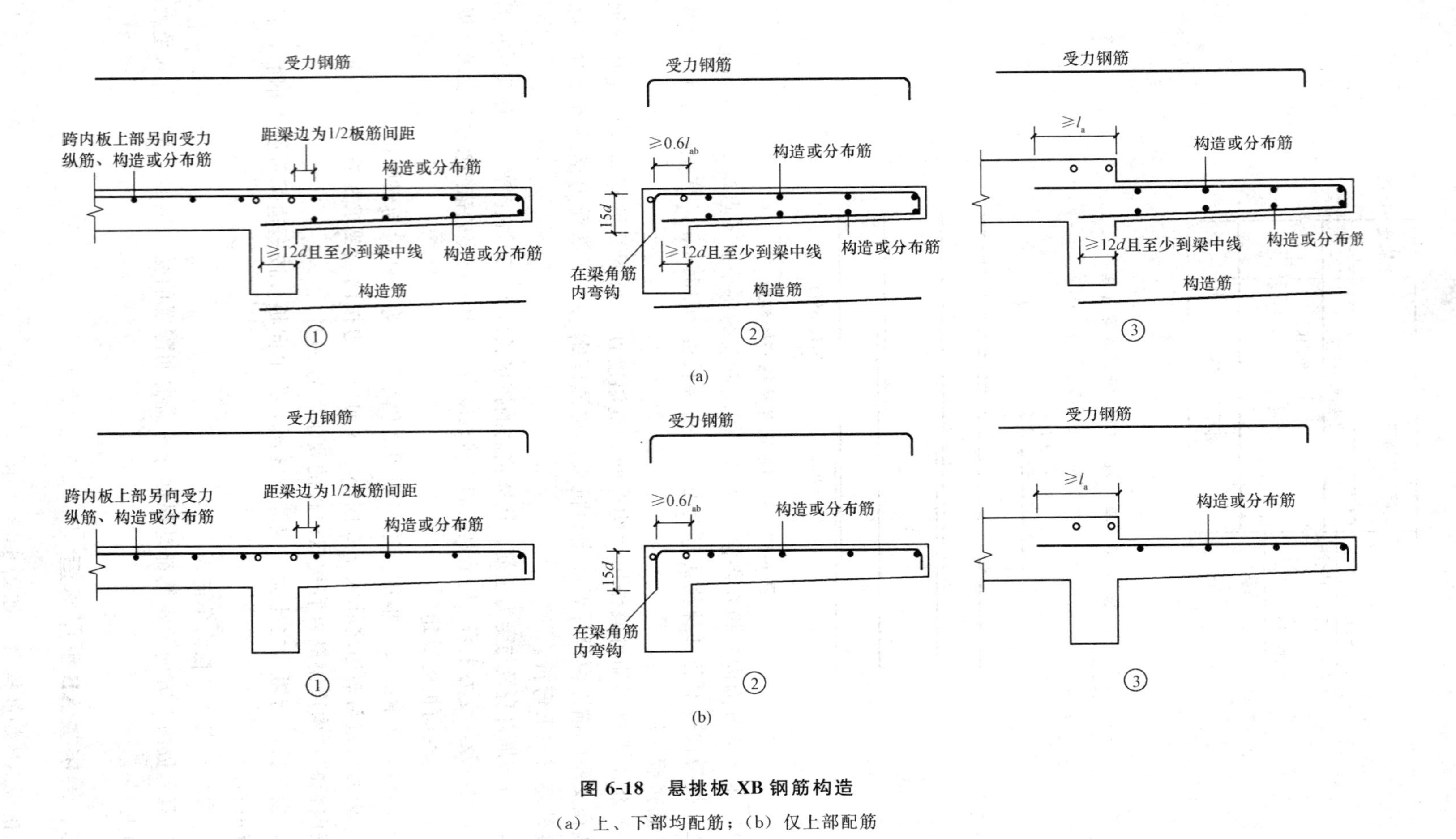

图 6-18 悬挑板 XB 钢筋构造

(a) 上、下部均配筋；(b) 仅上部配筋

（1）上、下部均配筋

①悬挑板的上部纵筋与相邻板同向的顶部贯通纵筋或顶部非贯通纵筋贯通，下部构造筋伸至梁内长度≥12d且至少到梁中线。

②悬挑板的上部纵筋伸至梁内，在梁角筋内侧弯直钩，弯折长度为15d，下部构造筋伸至梁内长度≥12d且至少到梁中线。

③悬挑板的上部纵筋锚入与其相邻板内，直锚长度≥l_a，下部构造筋伸至梁内长度≥12d且至少到梁中线。

（2）仅上部配筋

①悬挑板的上部纵筋与相邻板同向的顶部贯通纵筋或顶部非贯通纵筋贯通。

②悬挑板的上部纵筋伸至梁内，在梁角筋内侧弯直钩，弯折长度为15d。

③悬挑板的上部纵筋锚入与其相邻板内，直锚长度≥l_a。

（3）纯悬挑板钢筋计算

1）纯悬挑板上部钢筋计算

①上部受力钢筋长度

a. 当为直锚情况时：

上部受力钢筋长度＝悬挑板净跨＋max（锚固长度l_a，250）＋（h－保护层×2）＋弯钩

b. 当为弯锚情况时：

上部受力钢筋长度＝悬挑板净跨＋（支座宽－保护层＋15d）＋（h_1－保护层×2）＋15d＋弯钩

注：上面的计算，当为二级钢筋时，均不加弯钩。

②上部受力钢筋根数

纯悬挑板上部受力钢筋根数＝（悬挑板长度l－保护层×2）/上部受力钢筋间距＋1

③上部分布筋长度

纯悬挑板上部分布筋长度＝（悬挑板长度l－保护层×2）＋弯钩×2

④上部分布筋根数

纯悬挑板上部分布筋根数＝（悬挑板净跨－保护层）/分布筋间距

2）纯悬挑板下部钢筋计算

①下部构造钢筋长度

纯悬挑板下部构造钢筋长度＝（悬挑板净跨－保护层）＋max（支座宽/2，12d）＋弯钩×2（二级钢筋不加）

②下部构造钢筋根数

纯悬挑板下部构造钢筋根数＝（悬挑板长度l－保护层×2）/下部构造钢筋间距＋1

③下部分布筋长度

纯悬挑板下部分布筋长度＝（悬挑板长度l－保护层×2）＋弯钩×2

④下部分布筋根数

纯悬挑板下部分布筋根数＝（悬挑板净跨－保护层）/分布筋间距弯钩长度＝6.25d

【例】某一纯悬挑板，挑板净宽为1400mm，下部构造钢筋间距为200mm，保护层厚度为15mm，混凝土强度等级为C30，非抗震等级，下部钢筋剖面图，如图6-19所示。试计算下部的钢筋量。

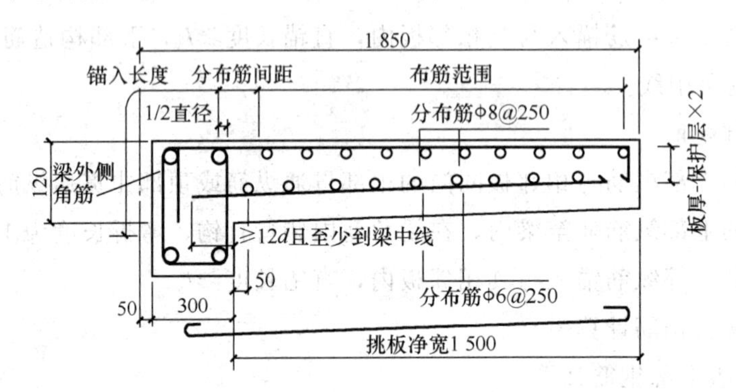

图6-19 纯悬挑板下部钢筋剖面图

下部构造钢筋长度：

弯钩长度＝6.25d

下部构造钢筋长度＝（悬挑板净跨－保护层）＋max（支座宽/2，12d）＋弯钩×2（二级钢筋不加）＝（1400－15）＋max（300/2，12×10）＋6.25×10×2＝1660（mm）

下部构造钢筋根数：

下部构造钢筋根数＝（悬挑板长度l－保护层×2－1/2×10×2）/下部构造钢筋间距＋1＝（6750－15×2－1/2×10×2）/200＋1＝35（根）

下部分布筋长度：

纯悬挑板下部分布筋长度＝（悬挑板长度l－保护层×2）＋弯钩×2

＝（6750－15×2）＋6.25×10×2＝6845（mm）

下部分布筋根数：

纯悬挑板下部分布筋根数＝（悬挑板净跨－50）/分布筋间距＋1

＝（1400－50）/250＋1＝7（根）

八、无支撑板端部封边的构造与折板配筋构造

1. 无支撑板端部封边的构造

无支撑板端部封边的构造，如图6-20所示。

当悬挑板板端部厚度不小于150mm时，设计者应指定板端部封边构造方式，当采用U型钢筋封边时，尚应指定U型钢筋的规格、直径。

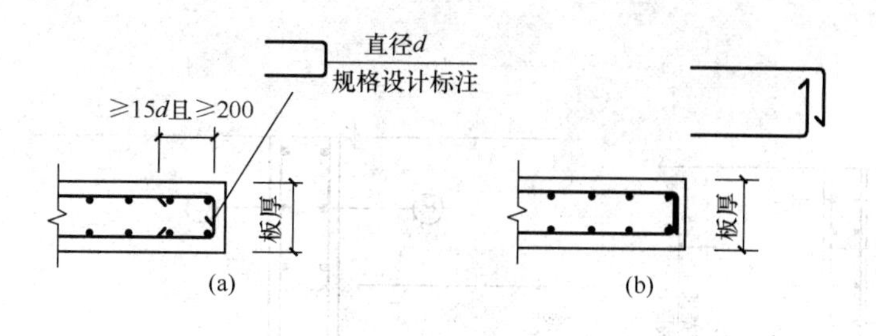

图 6-20　无支撑板端部封边的构造（当板厚≥150mm 时）

2. 折板配筋构造

折板配筋构造，如图 6-21 所示。

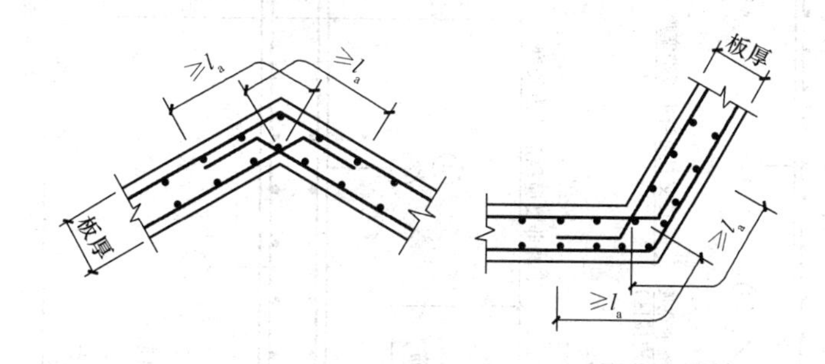

图 6-21　折板配筋构造

九、无梁楼盖柱上板带 ZSB 与跨中板带 KZB 纵向钢筋构造

无梁楼盖柱上板带 ZSB 与跨中板带 KZB 纵向钢筋构造，如图 6-22 所示。

（1）当相邻等跨或不等跨的上部贯通纵筋配置不同时，应将配置较大者越过其标注的跨数终点或起点伸出至相邻跨的跨中连接区域连接。

（2）板贯通纵筋在连接区域内也可采用机械连接或焊接连接。

（3）板带上部贯通纵筋的连接区在跨中区域；上部非贯通纵筋向跨内延伸长度按设计标注；非贯通纵筋的端点就是上部贯通纵筋连接区的起点。

（4）板位于同一层面的两向交叉纵筋何向在下何向在上，应按具体设计说明。

（5）图 6-22 的构造同样适用于无柱帽的无梁楼盖。

（6）抗震设计时，无梁楼盖柱上板带内贯通纵筋搭接长度应为 l_{lE}。无柱帽柱上板带的下部贯通纵筋，宜在距柱面 2 倍板厚以外连接，采用搭接时钢筋端部宜设置垂直于板面的弯钩。

（7）板带上部贯通纵筋连接区在跨中区域；下部贯通纵筋连接区的位置就在正交方向柱上板带的下方，如图 6-22（b）所示。

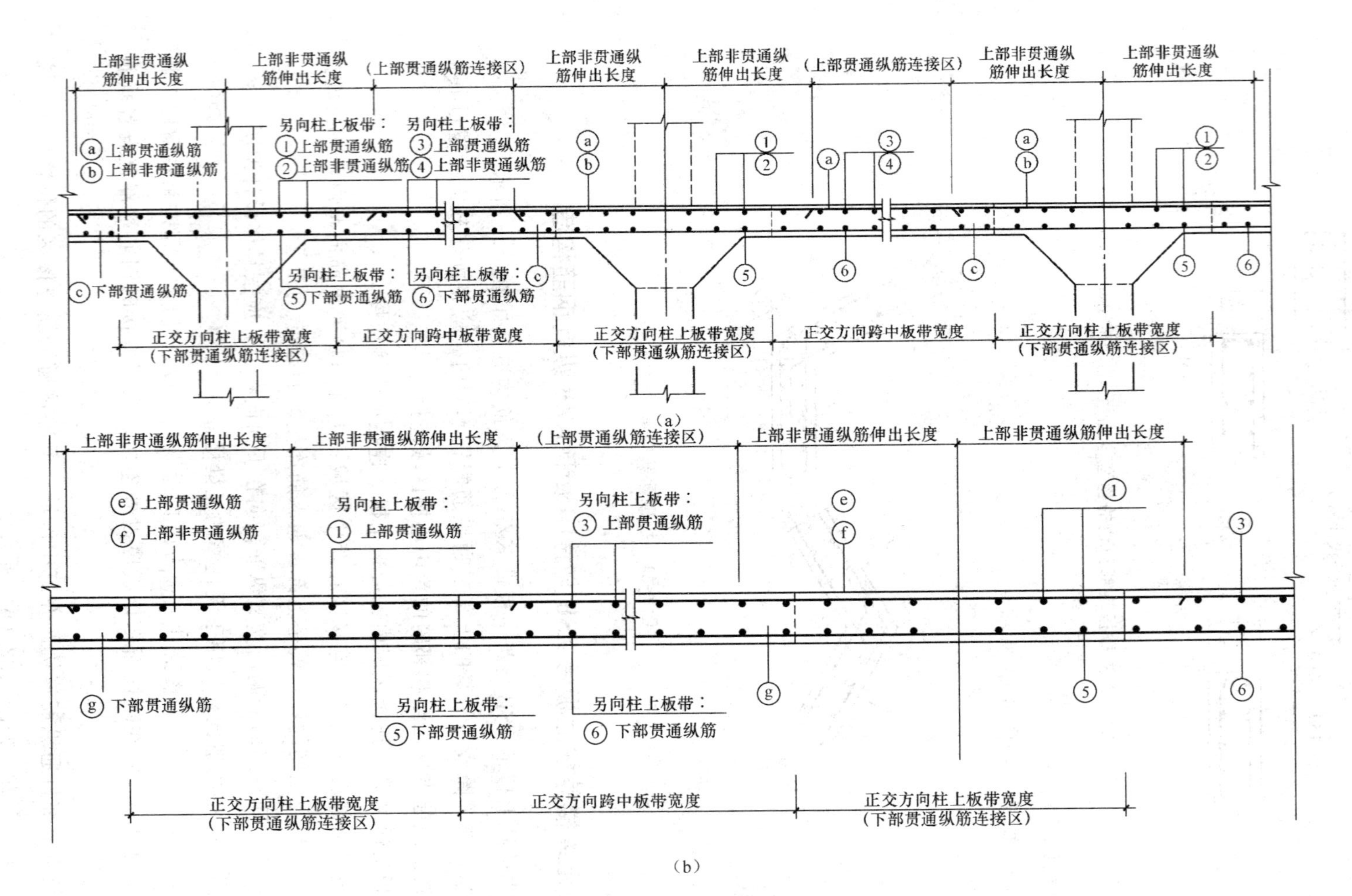

图 6-22 无梁楼盖柱上板带 ZSB 与跨中板带 KZB 纵向钢筋构造

（板带上部非贯通纵筋向跨内伸出长度按设计标注）

（a）柱上板带 ZSB 纵向钢筋构造；（b）跨中板带 KZB 纵向钢筋构造

十、板带端支座纵向钢筋、板带悬挑端纵向钢筋、柱上板带暗梁钢筋的构造

板带端支座纵向钢筋、板带悬挑端纵向钢筋、柱上板带暗梁钢筋的构造，如图 6-23 所示。

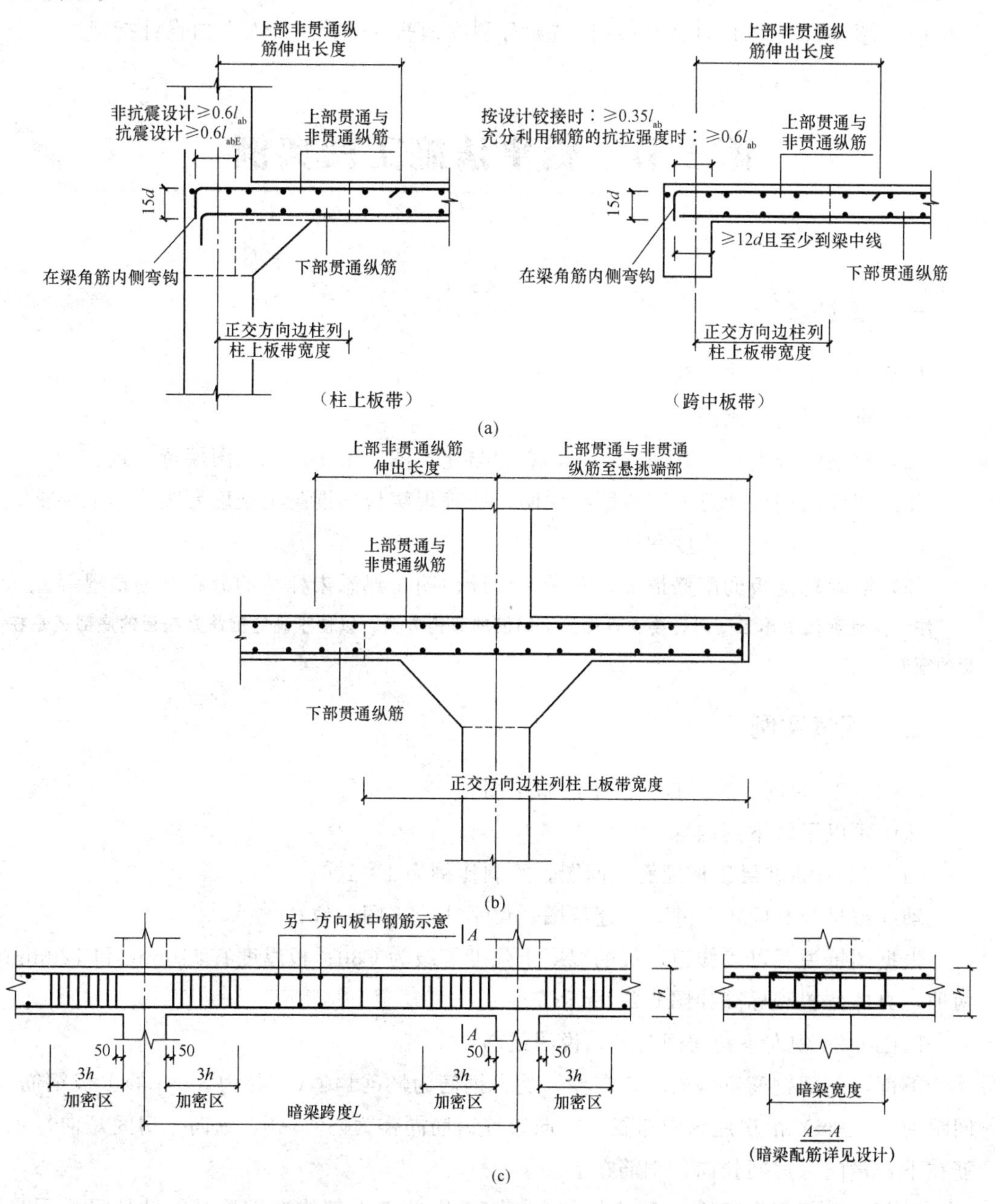

图 6-23　板带端支座纵向钢筋、板带悬挑端纵向钢筋、柱上板带暗梁钢筋的构造

（a）板带端支座纵向钢筋构造（板带上部非贯通纵筋向跨内伸出长度按设计标注）；

（b）板带悬挑端纵向钢筋构造（板带上部非贯通纵筋向跨内伸出长度按设计标注）；

（c）柱上板带暗梁钢筋构造（纵向钢筋做法同柱上板带钢筋）

（1）图 6-23 板带端支座纵向钢筋构造、板带悬挑端纵向钢筋构造同样适用于无柱帽的无梁楼盖，且仅用于中间楼层。屋面处节点构造由设计者补充。

（2）柱上板带暗梁［图 6-23（b）］仅用于无柱帽的无梁楼盖，箍筋加密区仅用于抗震设计时。

（3）图 6-23 中“设计按铰接时”“充分利用钢筋的抗拉强度时”由设计指定。

第三节　板平法施工图实例

一、识读步骤

板平法施工图应按下列步骤进行识图：

（1）查看图名、比例。

（2）校核轴线编号及其间距尺寸，必须与建筑图、梁平法施工图保持一致。

（3）阅读结构设计总说明或图纸说明，明确现浇板的混凝土强度等级及其他要求。

（4）明确现浇板的厚度和标高。

（5）明确现浇板的配筋情况，并参阅设计说明，熟悉未标注的分布钢筋情况等。

注：识读现浇板施工图时，要注意现浇板钢筋的弯钩方向，以便于确定钢筋是在板的底部还是在板的顶部。

二、识读实例

以图 6-24 为例，进行板构件平法施工图。

从中可以了解下列内容：

图 6-24 为标准层顶板配筋平面图，绘制比例为 1：100；

轴线编号及其间距尺寸，与建筑图、梁平法施工图一致；

根据图纸说明可以知道，板的混凝土强度等级为 C30；板厚度有 110mm 和 120mm 两种，具体位置和标高如图 6-24 所示。

以图 6-24 中左下角房间为例，说明配筋。

下部：下部钢筋弯钩向上或向左，受力钢筋为ϕ8@140（直径为 8mm 的Ⅰ级钢筋，间距为 140mm）沿房屋纵向布置，横向布置钢筋同样为ϕ8@140，纵向（房间短向）钢筋在下，横向（房间长向）钢筋在上。

上部：上部钢筋弯钩向下或向右，与墙相交处有上部构造钢筋，①轴处沿房屋纵向设ϕ8@140（未注明，根据图纸说明配置），伸出墙外 1020mm；②轴处沿房屋纵向设ϕ12@200，伸出墙外 1210mm；①轴处沿房屋横向设ϕ8@140，伸出墙外 1020mm；②轴处沿房屋横向设ϕ12@200，伸出墙外 1080mm。上部钢筋作直钩顶在板底。

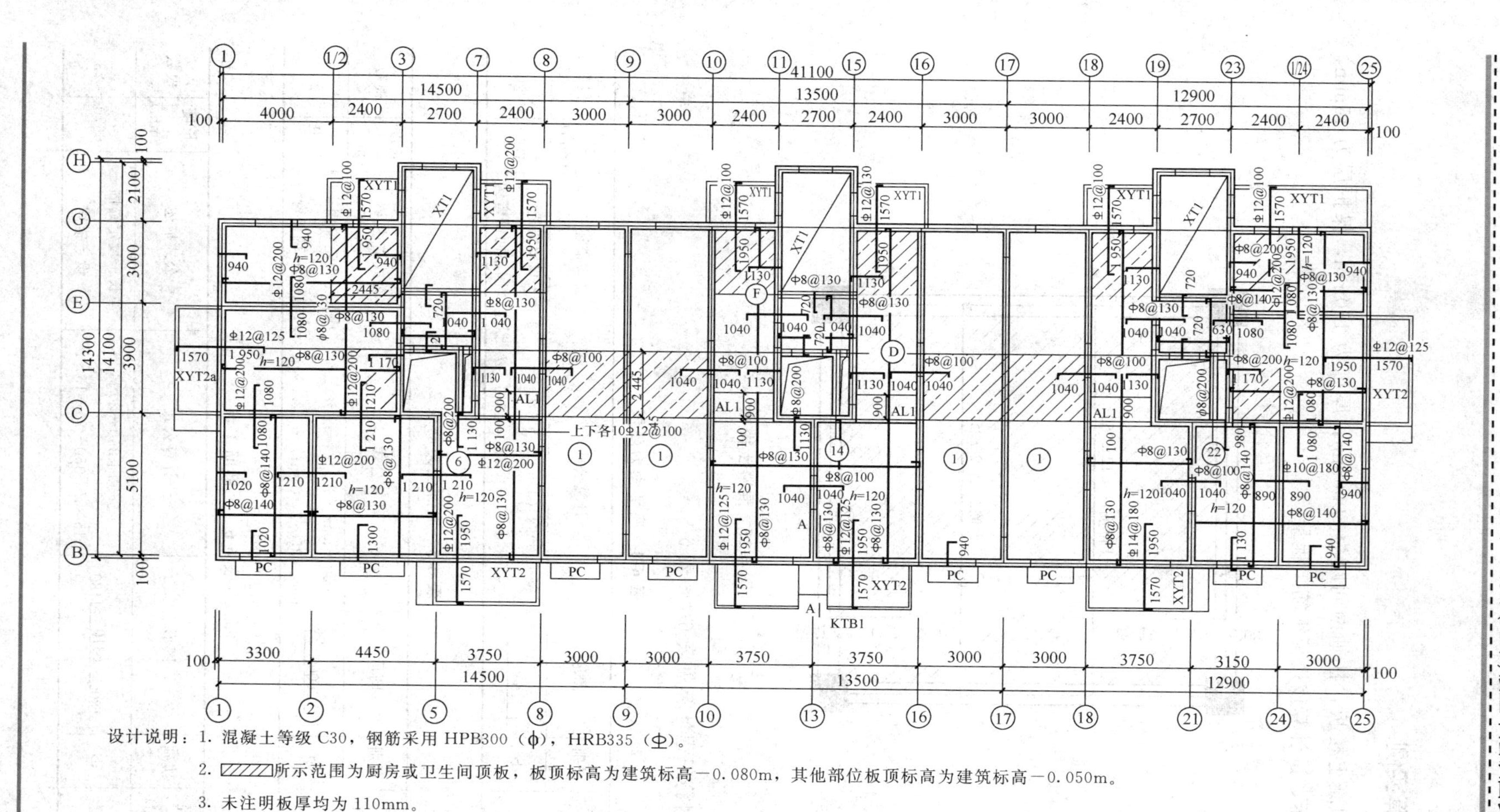

设计说明：1. 混凝土等级 C30，钢筋采用 HPB300（ϕ），HRB335（Φ）。

2. ▨所示范围为厨房或卫生间顶板，板顶标高为建筑标高－0.080m，其他部位板顶标高为建筑标高－0.050m。

3. 未注明板厚均为 110mm。

4. 未注明钢筋的规格为ϕ8@140。

图 6-24 标准层顶板配筋平面图

三、计算实例

某C30混凝土楼板，柱轴网间距为6000mm，厚度为150mm，保护层为15mm，如图6-25所示，试计算该楼板钢筋工程量。

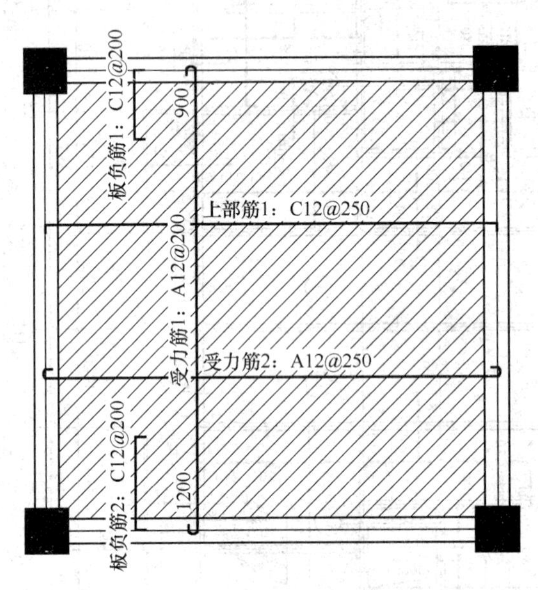

图6-25 混凝土楼板

该楼板钢筋工程计算见表6-4～表6-8。

表6-4 底部受力筋表1

筋号	直径(mm)	级别	图形	计算公式	公式描述	长度(mm)	根数
受力筋1	12	ф	6000	5650+max（350/2，5×d）+max（350/2，5×d）+12.5×d	净长+设定锚固+设定锚固+两倍弯钩	6150	29

表6-5 底部受力筋表2

筋号	直径(mm)	级别	图形	计算公式	公式描述	长度(mm)	根数
受力筋2	12	ф	6000	5650+max（350/2，5×d）+max（350/2，5×d）+12.5×d	净长+设定锚固+设定锚固+两倍弯钩	6150	23

表6-6 上部筋1表

筋号	直径(mm)	级别	图形	计算公式	公式描述	长度(mm)	根数
上部筋1	12	ф	180 6310 180	5650+350−20+15×d+350−20+15×d	净长+设定锚固+设定锚固	6670	23

表 6-7　板负筋 1 表

筋号	直径(mm)	级别	图形	计算公式	公式描述	长度(mm)	根数
板负筋 1	12	Φ	120 1055 180	725＋120＋350－20＋15×d	左净长＋弯折＋设定锚固	1355	29

表 6-8　板负筋 2 表

筋号	直径(mm)	级别	图形	计算公式	公式描述	长度(mm)	根数
板负筋 1	12	Φ	180 1355 120	1025＋350－20＋15×d＋120	左净长＋设定锚固＋弯折	1655	29

第七章　楼板相关构造制图及识图

第一节　楼板相关构造制图规则

一、楼板相关构造类型与表示方法

（1）楼板相关构造的平法施工图设计，系在板平法施工图上采用直接引注方式表达。

（2）楼板相关构造编号按表 7-1 的规定。

表 7-1　楼板相关构造类型与编号

构造类型	代号	序号	说明
纵筋加强带	JQD	××	以单向加强纵筋取代原位置配筋
后浇带	HJD	××	有不同的留筋方式
柱帽	ZMx	××	适用于无梁楼盖
局部升降板	SJB	××	板厚及配筋与所在板相同；构造升降高度≤300
板加腋	JY	××	腋高与腋宽可选注
板开洞	BD	××	最大边长或直径＜1m；加强筋长度有全跨贯通和自洞边锚固两种
板翻边	FB	××	翻边高度≤300
角部加强筋	Crs	××	以上部双向非贯通加强钢筋取代原位置的非贯通配筋
悬挑板阳角放射筋	Ces	××	板悬挑阳角上部放射筋
抗冲切箍筋	Rh	××	通常用于无柱帽无梁楼盖的柱顶
抗冲切弯起筋	Rb	××	通常用于无柱帽无梁楼盖的柱顶

二、楼板相关构造直接引注

1. 纵筋加强带 JQD 引注

纵筋加强带的平面形状及定位由平面布置图表达，加强带内配置的加强贯通纵筋等由引注内容表达。

纵筋加强带设单向加强贯通纵筋，取代其所在位置板中原配置的同向贯通纵筋。根据受力需要，加强贯通纵筋可在板下部配置，也可在板下部和上部均设置。纵筋加强带的引注，如图 7-1 所示。

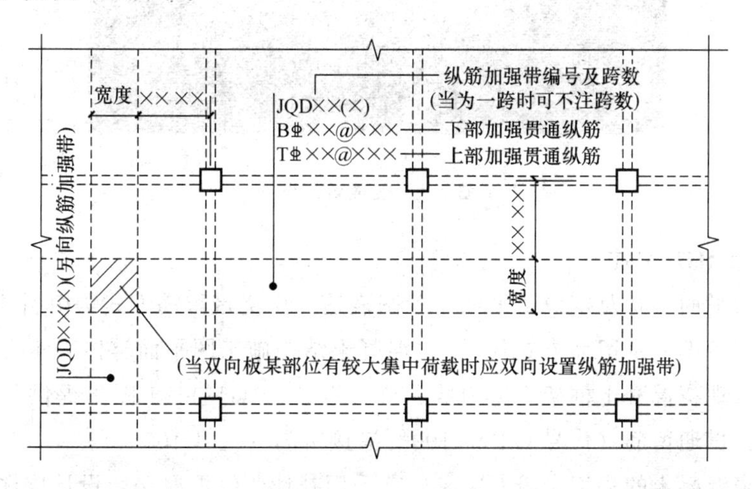

图 7-1　纵筋加强带 JQD 引注图示

当板下部和上部均设置加强贯通纵筋，而板带上部横向无配筋时，加强带上部横向配筋应由设计者注明。

当将纵筋加强带设置为暗梁型式时应注写箍筋，其引注如图 7-2 所示。

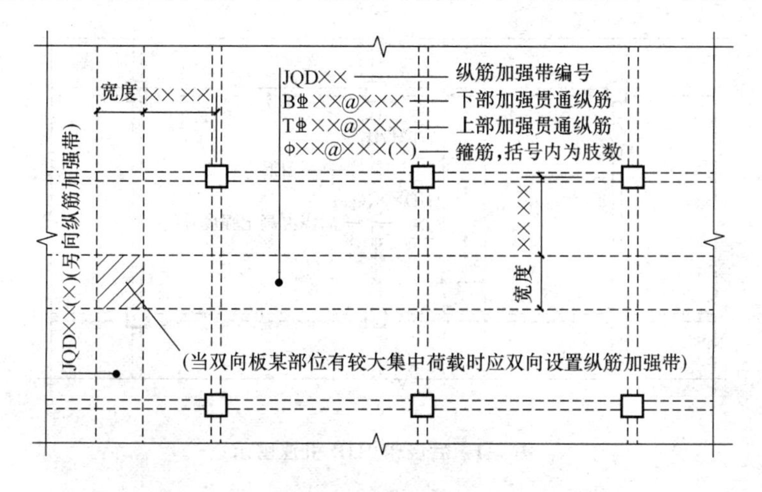

图 7-2　纵筋加强带 JQD 引注图示（暗梁形式）

图 7-3 为楼板效果图。

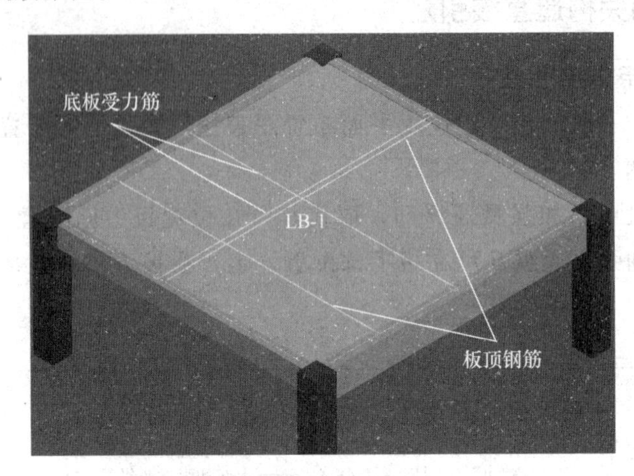

图 7-3 楼板效果图

2. 后浇带 HJD 引注

后浇带的平面形状及定位由平面布置图表达，后浇带留筋方式等由引注内容表达。

(1) 后浇带编号及留筋方式代号。《混凝土结构施工图平面整体表示方法制图规则和构造详图（现浇混凝土框架、剪力墙、梁、板）》11G101－1 图集提供了两种留筋方式，分别为：贯通留筋（代号 GT），100％搭接留筋（代号 100％）。

(2) 后浇混凝土的强度等级 C××。宜采用补偿收缩混凝土，设计应注明相关施工要求。

(3) 当后浇带区域留筋方式或后浇混凝土强度等级不一致时，设计者应在图中注明与图示不一致的部位及做法。

后浇带引注，如图 7-4 所示。

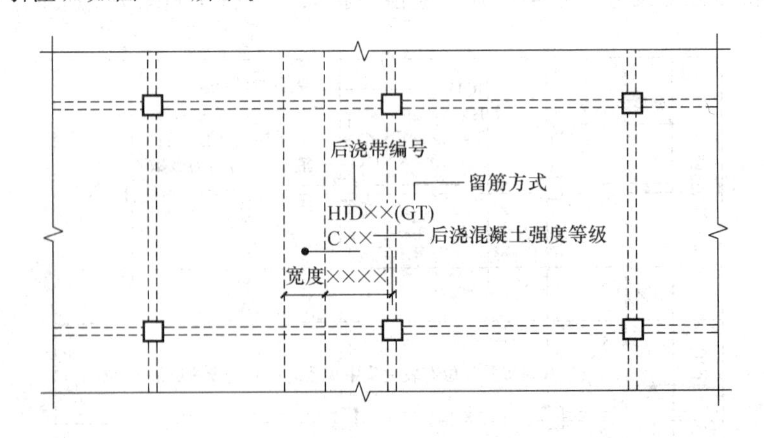

图 7-4 后浇带 HJD 引注图示

贯通留筋的后浇带宽度通常取大于或等于 800mm；100％搭接留筋的后浇带宽度通

常取 800mm 与（l_l＋60mm）的较大值（l_l为受拉钢筋的搭接长度）。

3. 柱帽 ZMx 引注

柱帽 ZMx 的引注，如图 7-5～图 7-8 所示。柱帽的平面形状有矩形、圆形或多边形等，其平面形状由平面布置图表达。

柱帽的立面形状有单倾角柱帽 ZMa（图 7-5）、托板柱帽 ZMb（图 7-6）、变倾角柱帽 ZMc（图 7-7）和倾角托板柱帽 ZMab（图 7-8）等，其立面几何尺寸和配筋由具体的引注内容表达。图 7-5～图 7-8 中 c_1、c_2 当 X、Y 方向不一致时，应标注（$c_{1,X}$，$c_{1,Y}$）、（$c_{2,X}$，$c_{2,Y}$）。

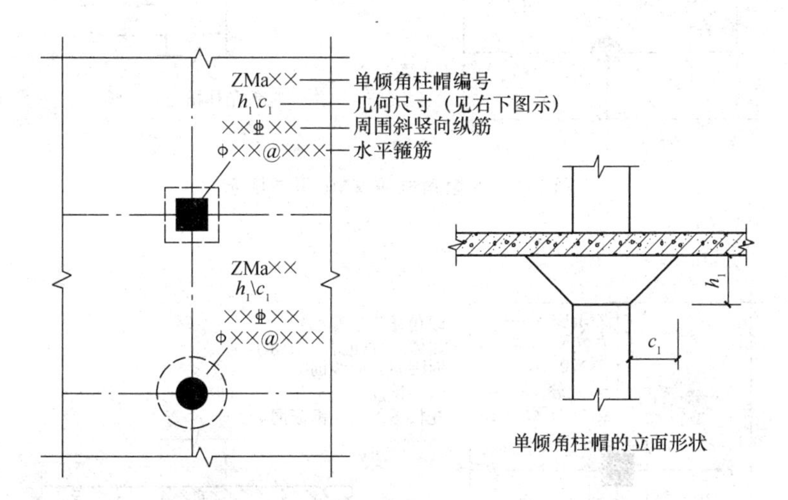

图 7-5　单倾角柱帽 ZMa 引注图示

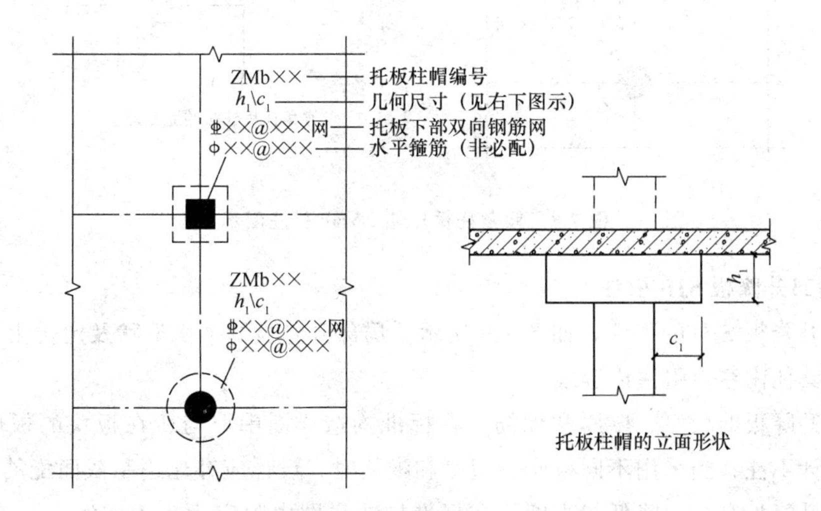

图 7-6　托板柱帽 ZMb 引注图示

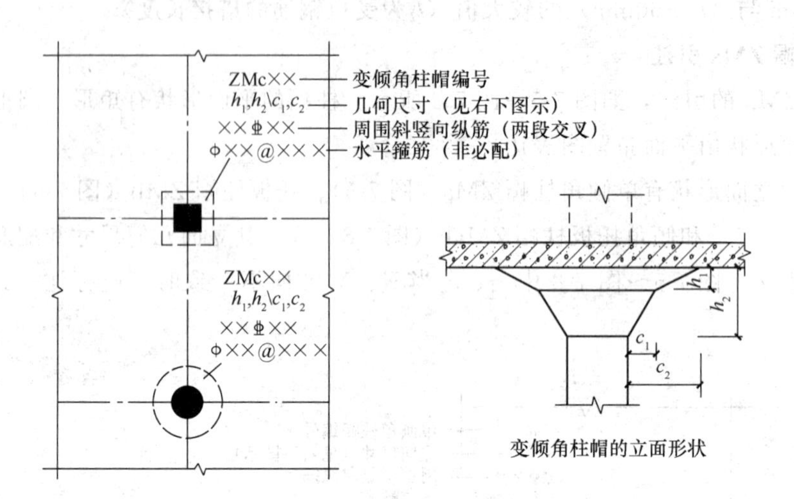

图 7-7　变倾角柱帽 ZMc 引注图示

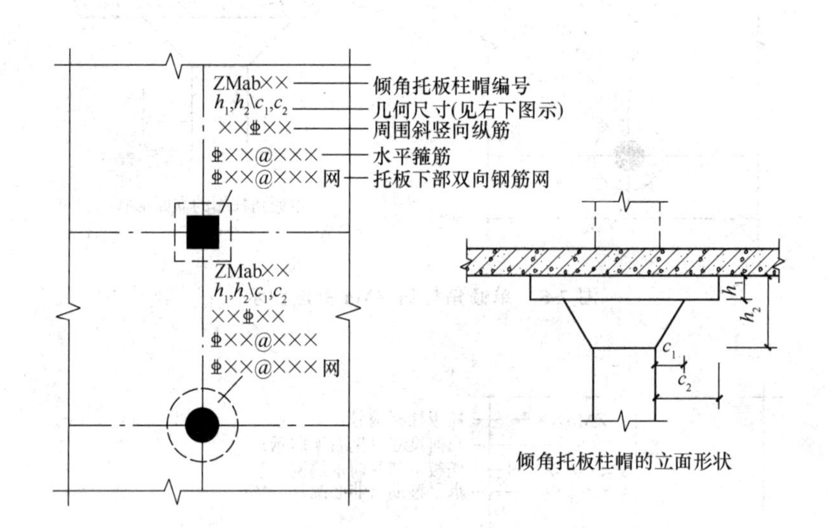

图 7-8　倾角托板柱帽 ZMab 引注图示

4. 局部升降板 SJB 引注

局部升降板 SJB 的引注，如图 7-9 所示。局部升降板的平面形状及定位由平面布置图表达，其他内容由引注内容表达。

局部升降板的板厚、壁厚和配筋，在标准构造详图中取与所在板块的板厚和配筋相同，设计不注；当采用不同板厚、壁厚和配筋时，设计应补充绘制截面配筋图。

局部升降板升高与降低的高度，在标准构造详图中限定为小于或等于 300mm，当高度大于 300mm 时，设计应补充绘制截面配筋图。

设计应注意：局部升降板的下部与上部配筋均应设计为双向贯通纵筋。

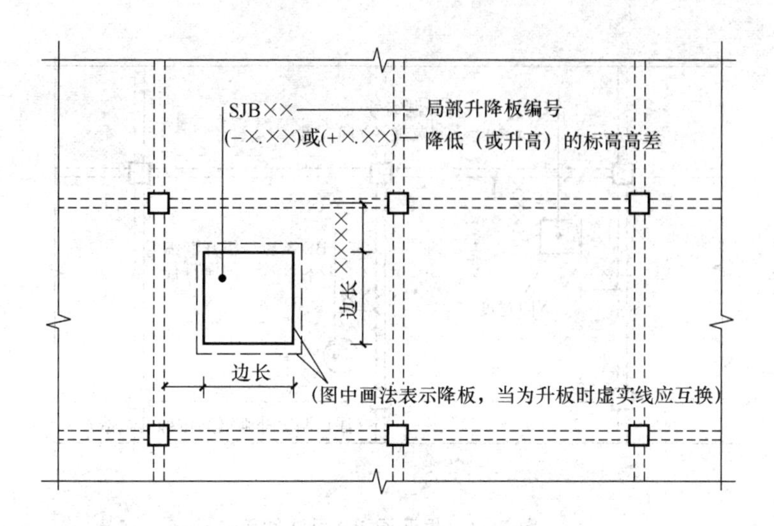

图 7-9　局部升降板 SJB 引注图示

5. 板加腋 JY 引注

板加腋 JY 的引注，如图 7-10 所示。板加腋的位置与范围由平面布置图表达，腋宽、腋高及配筋等由引注内容表达。

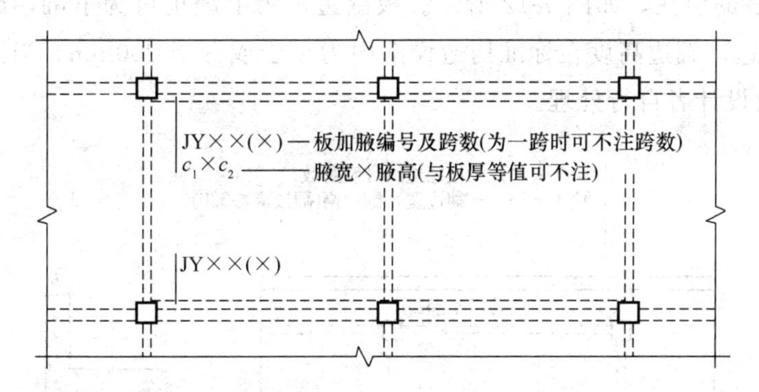

图 7-10　板加腋 JY 引注图示

当为板底加腋时腋线应为虚线，当为板面加腋时腋线应为实线；当腋宽与腋高同板厚时，设计不注。加腋配筋按标准构造，设计不注；当加腋配筋与标准构造不同时，设计应补充绘制截面配筋图。

6. 板开洞 BD 引注

板开洞 BD 的引注，如图 7-11 所示。板开洞的平面形状及定位由平面布置图表达，洞的几何尺寸等由引注内容表达。

当矩形洞口边长或圆形洞口直径小于或等于 1000mm，且当洞边无集中荷载作用时，洞边补强钢筋可按标准构造的规定设置，设计不注；当洞口周边加强钢筋不伸至支座时，应在图中画出所有加强钢筋，并标注不伸至支座的钢筋长度。当具体工程所需要的补强钢筋与标准构造不同时，设计应加以注明。

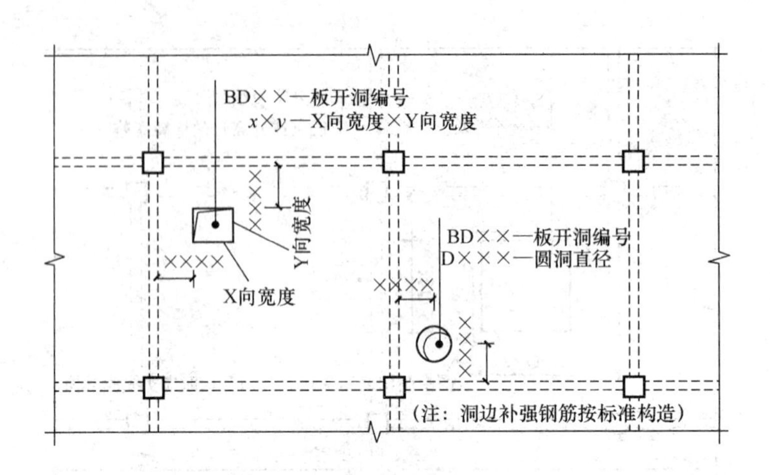

图 7-11 板开洞 BD 引注图示

当矩形洞口边长或圆形洞口直径大于1000mm，或虽小于或等于1000mm但洞边有集中荷载作用时，设计应根据具体情况采取相应的处理措施。

7. 板翻边 FB 引注

板翻边FB的引注，如图7-12所示。板翻边可为上翻也可为下翻，翻边尺寸等在引注内容中表达，翻边高度在标准构造详图中为小于或等于300mm。当翻边高度大于300mm时，由设计者自行处理。

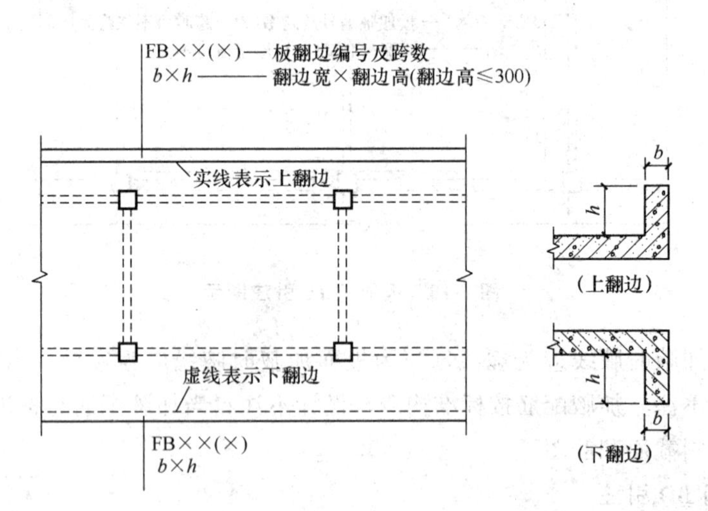

图 7-12 板翻边 FB 引注图示

8. 角部加强筋 Crs 引注

角部加强筋Crs的引注，如图7-13所示。角部加强筋通常用于板块角区的上部，根据规范规定的受力要求选择配置。角部加强筋将在其分布范围内取代原配置的板支座上部非贯通纵筋，且当其分布范围内配有板上部贯通纵筋时则间隔布置。

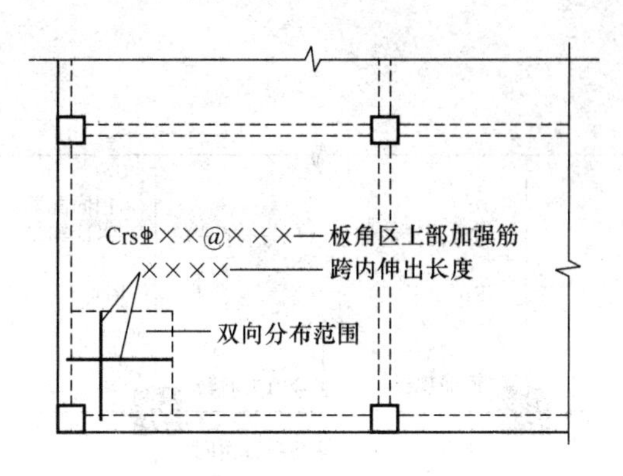

图 7-13　角部加强筋 Crs 引注图示

9. 悬挑板阳角附加筋 Ces 引注

悬挑板阳角附加筋 Ces 的引注，如图 7-14 所示。

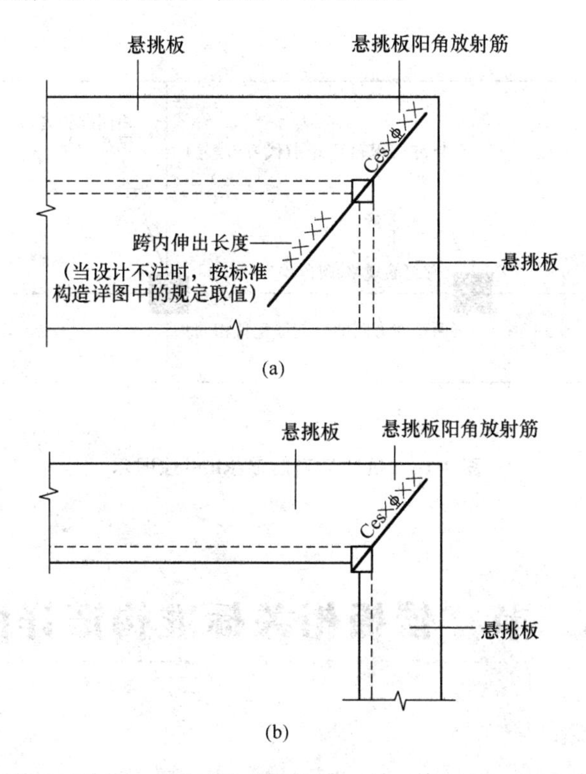

图 7-14　悬挑板阳角附加筋 Ces 引注图示

10. 抗冲切箍筋 Rh、抗冲切弯起筋 Rb 引注

（1）抗冲切箍筋 Rh 的引注，如图 7-15 所示。抗冲切箍筋通常在无柱帽无梁楼盖的柱顶部位设置。

（2）抗冲切弯起筋 Rb 的引注，如图 7-16 所示。抗冲切弯起筋通常在无柱帽无梁楼盖的柱顶部位设置。

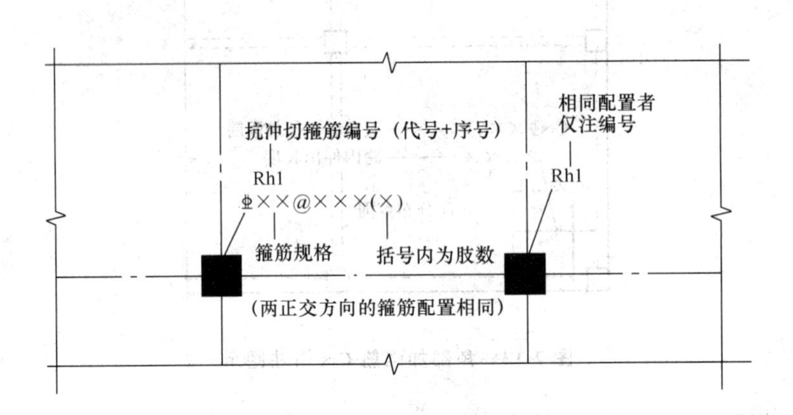

图 7-15 抗冲切箍筋 Rh 引注图示

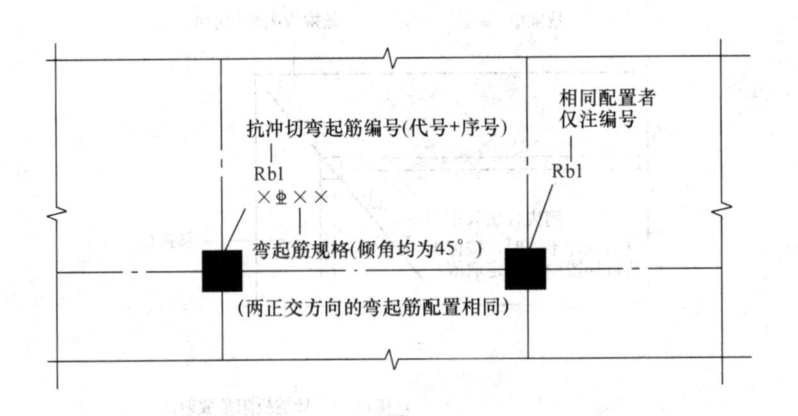

图 7-16 抗冲切弯起筋 Rb 引注图示

第二节 楼板相关标准构造详图

一、板后浇带 HJD 钢筋构造、墙后浇带 HJD 钢筋构造、梁后浇带 HJD 钢筋构造

板后浇带 HJD 钢筋构造、墙后浇带 HJD 钢筋构造、梁后浇带 HJD 钢筋构造，如图 7-17 所示。

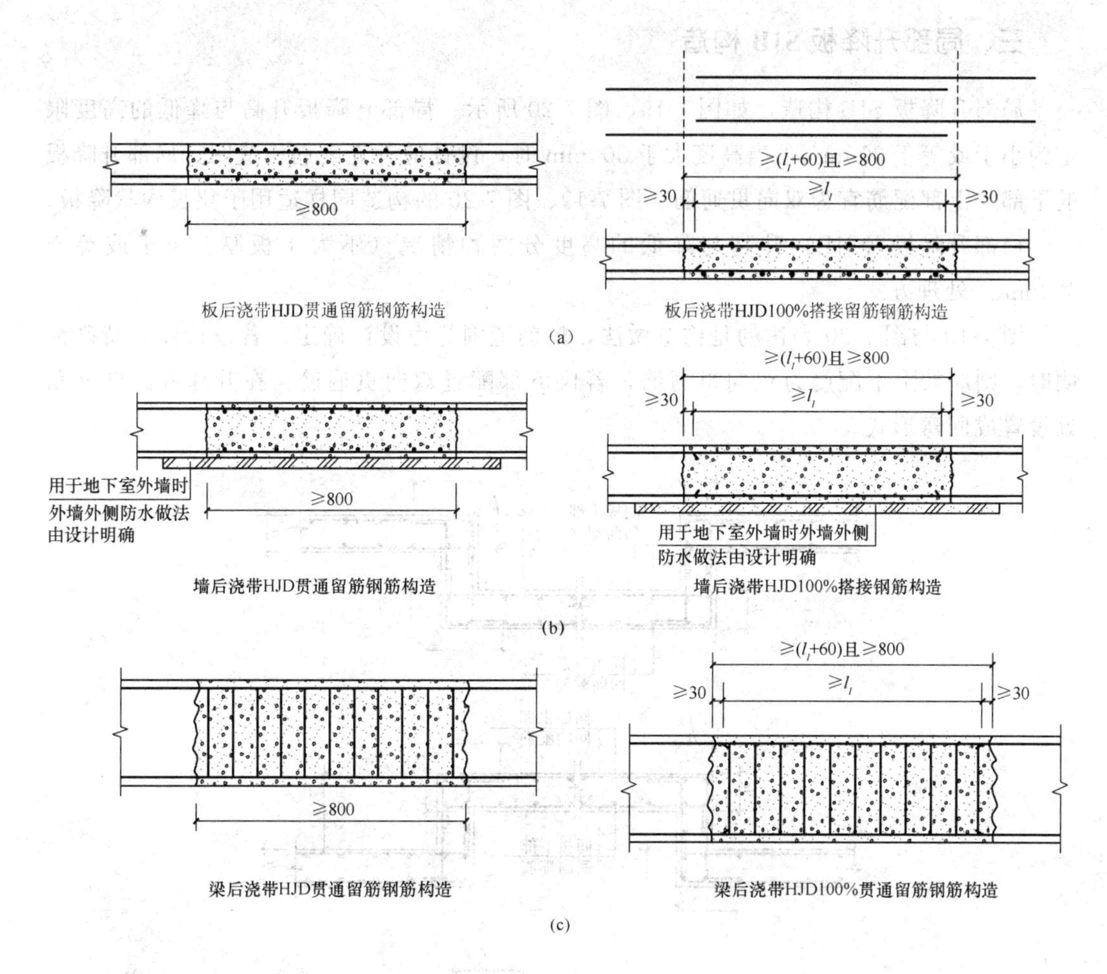

图 7-17　板后浇带 HJD 钢筋构造、墙后浇带 HJD 钢筋构造、梁后浇带 HJD 钢筋构造

(a) 板后浇带 HJD 钢筋构造；(b) 墙后浇带 HJD 钢筋构造；(c) 梁后浇带 HJD 钢筋构造

二、板加腋 JY 构造

板加腋 JY 构造，如图 7-18 所示。

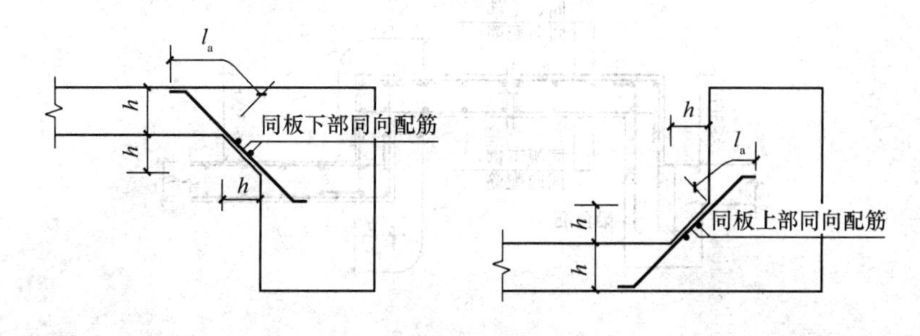

图 7-18　板加腋 JY 构造

三、局部升降板 SJB 构造

局部升降板 SJB 构造，如图 7-19、图 7-20 所示。局部升降板升高与降低的高度限定为小于或等于 300mm，当高度大于 300mm 时，设计应补充配筋构造图。局部升降板的下部与上部配筋宜为双向贯通筋。图 7-19、图 7-20 的构造同样适用于狭长沟状降板。

局部升降板（SJB）升高与降低的高度分两种情况（不大于板厚、小于或等于 300mm）处理方式。

图 7-19 与图 7-20 表达的是构造做法，配筋范围等由设计确定；若设计没有特殊注明时，则应按上下配筋为双向贯通筋，若仅下部配置双向贯通筋，在升降板高低转角处设置成回弯形式。

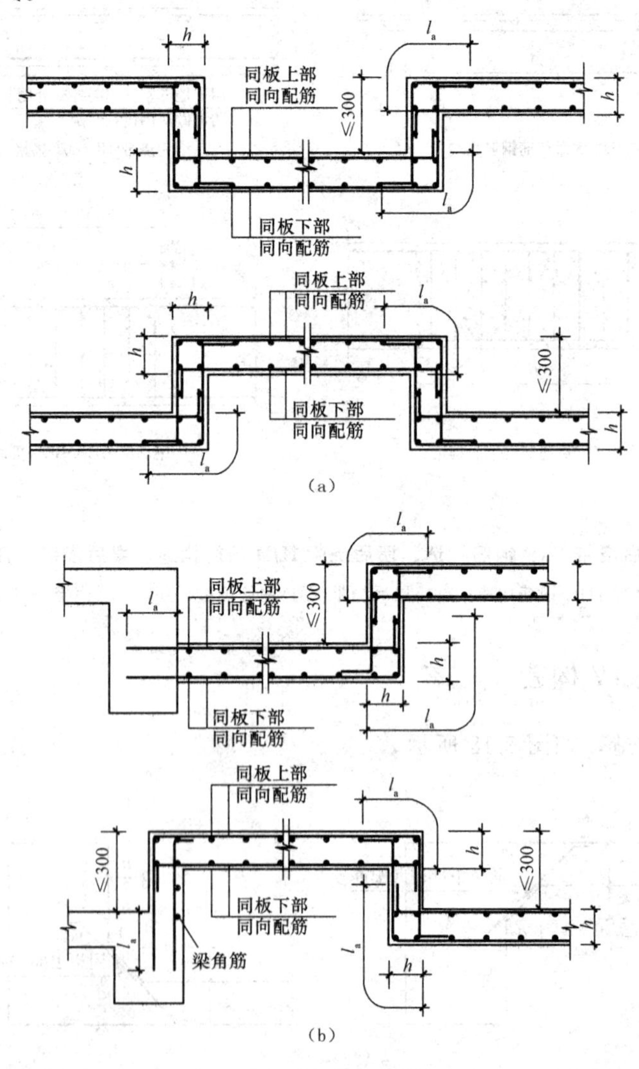

图 7-19 局部升降板 SJB 构造（一）

(a) 板中升降；(b) 侧边为梁

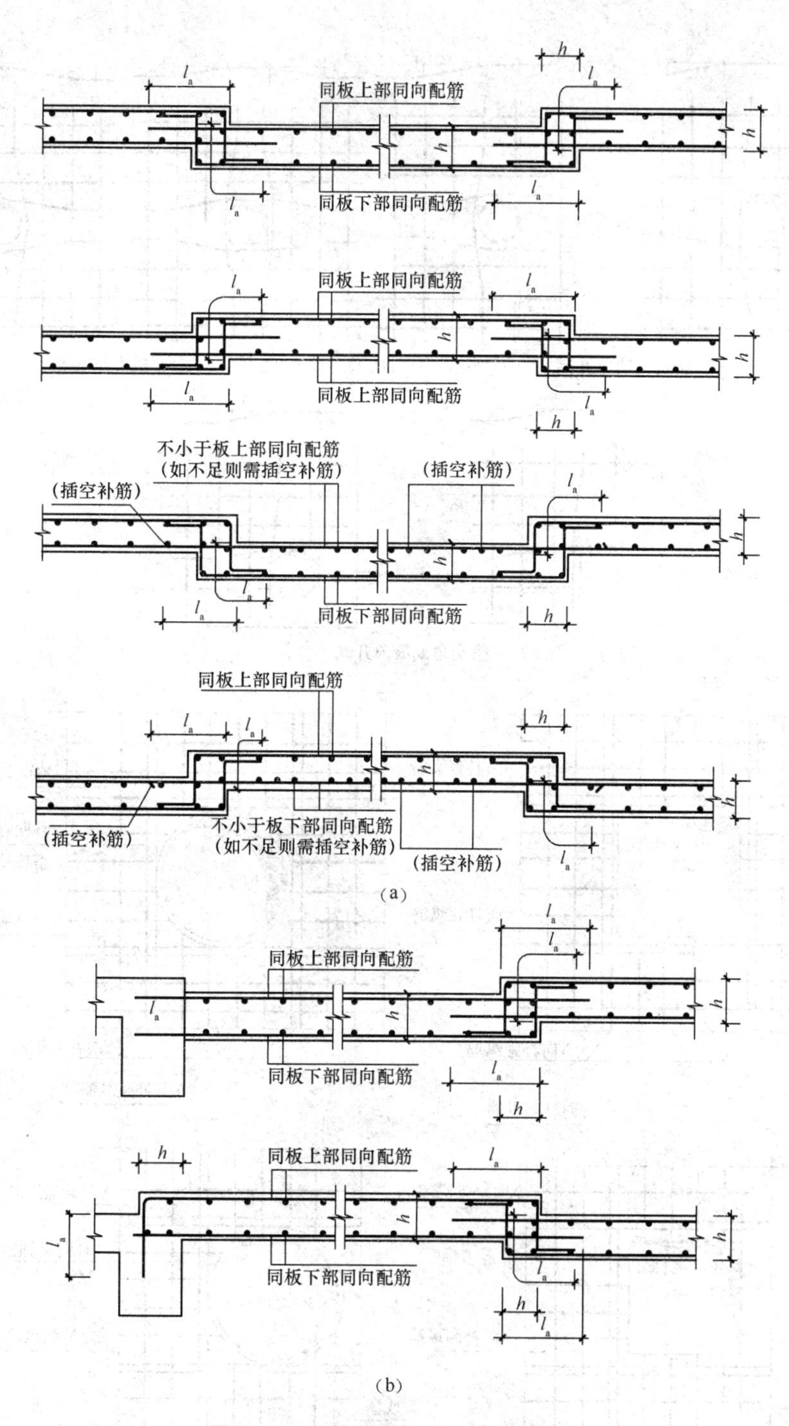

图 7-20　局部升降板 SJB 构造（二）

（a）板中升降；（b）侧边为梁

四、板开洞 BD 与洞边加强钢筋构造（洞边无集中荷载）

板开洞 BD 与洞边加强钢筋构造（洞边无集中荷载），如图 7-21 所示。

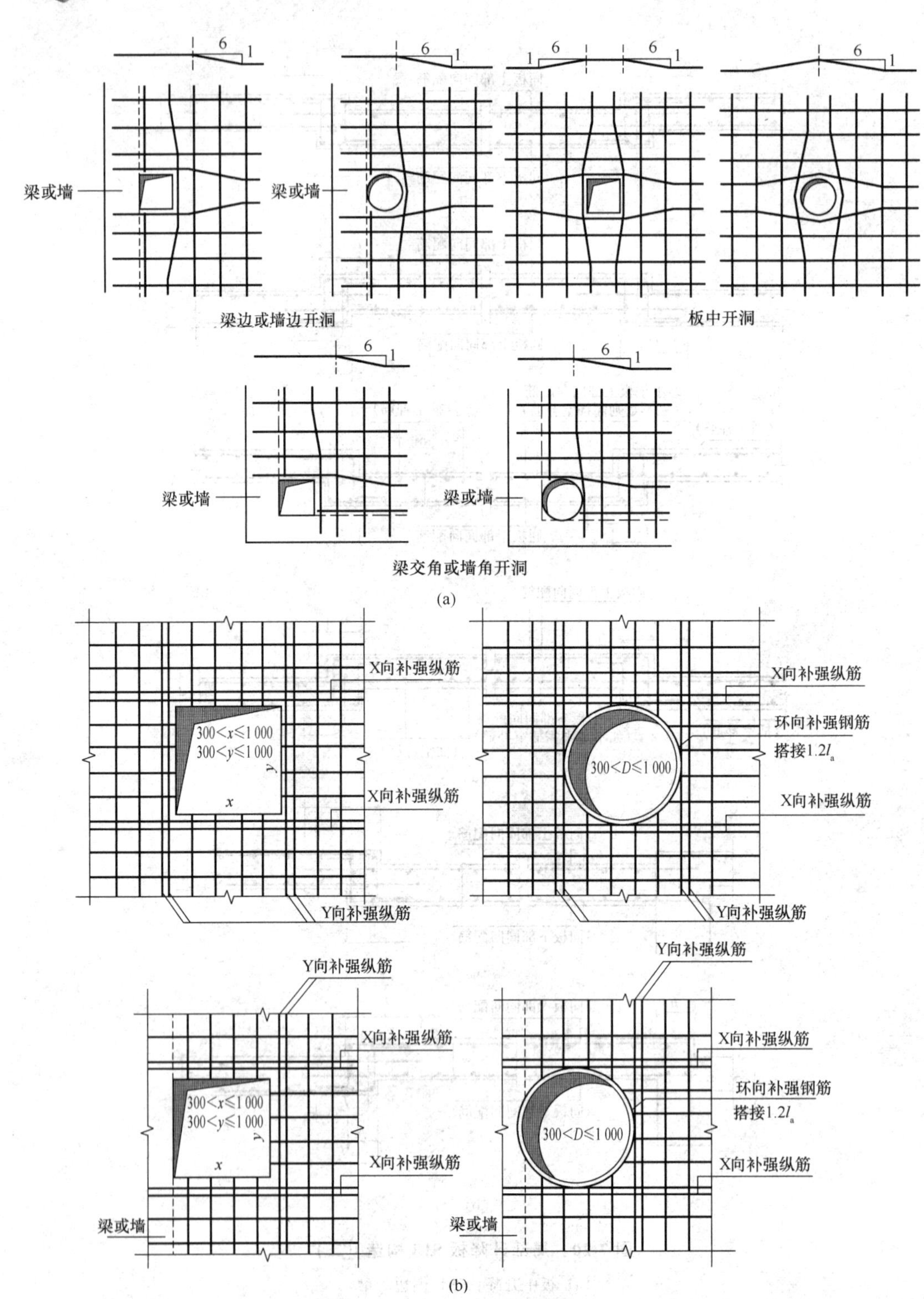

图 7-21 板开洞 BD 与洞边加强钢筋构造（洞边无集中荷载）

（a）矩形洞边长和圆形洞直径不大于 300mm 时钢筋构造；

（b）矩形洞边长和圆形洞直径大于 300mm 但不大于 1000mm 时钢筋构造

当设计注写补强钢筋时，应按注写的规格、数量与长度值补强。当设计未注写时，X向、Y向分别按每边配置两根直径不小于12mm且不小于同向被切断纵向钢筋总面积的50%补强。两根补强钢筋净距为30mm，环向上下各配置一根直径不小于10mm的钢筋补强。补强钢筋的强度等级与被切断钢筋相同。X向、Y向补强钢筋伸入支座的锚固方式同板中钢筋，当不伸入支座时，设计应标注。

（1）当洞口直径D或矩形洞口的最大长边尺寸大于300mm，但不大于1000mm时，洞口边设置的附加加强钢筋的根数及直径按设计图纸中的规定，如图7-21（a）所示。当矩形洞口边长或圆形洞口直径大于1000mm，或不大于1000mm但洞边有集中荷载作用时，设计应根据具体情况采取相应的处理措施。

（2）单向板洞口边受力方向的附加加强钢筋应伸入支座内，该钢筋与板受力钢筋在同一层面上。另一方向的附加钢筋应伸过洞边的长度大于l_a并放置在受力钢筋之上，如图7-21（b）所示。较大圆形洞口边除配置附加加强钢筋外，按构造要求还应在洞边设置环形钢筋和放射形钢筋，放射形钢筋伸入板内不小于200mm。

（3）板洞边附加钢筋可采用平行受力钢筋做法，也可采用斜向放置。

五、洞边被切断钢筋端部构造

洞边被切断钢筋端部构造，如图7-22所示。

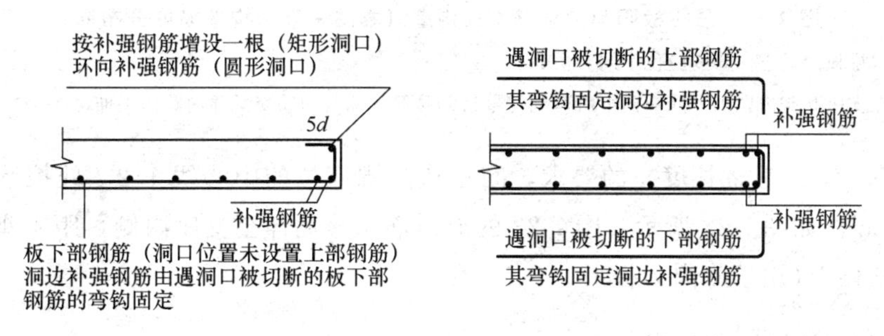

图7-22　洞边被切断钢筋端部构造

被切断的上下层钢筋应在端部弯折封闭，当上部无配筋时，下部钢筋应上弯至板顶面后，水平弯折$5d$。

六、悬挑板阳角放射筋Ces构造

悬挑板阳角放射筋Ces构造，如图7-23所示。

阳角附加钢筋配置有两种形式：平行板角和放射状。

（1）平行板角。平行板角方式时，平行于板角对角线配置上部加强钢筋，在转角板的垂直于板角对角线配置下部加强钢筋，配置宽度取悬挑长度，其加强钢筋的间距应与板支座受力钢筋相同，平行板角方式，施工难度大。

（2）放射状。放射配置方式时，伸入支座内的锚固长度，不能小于300mm，要满

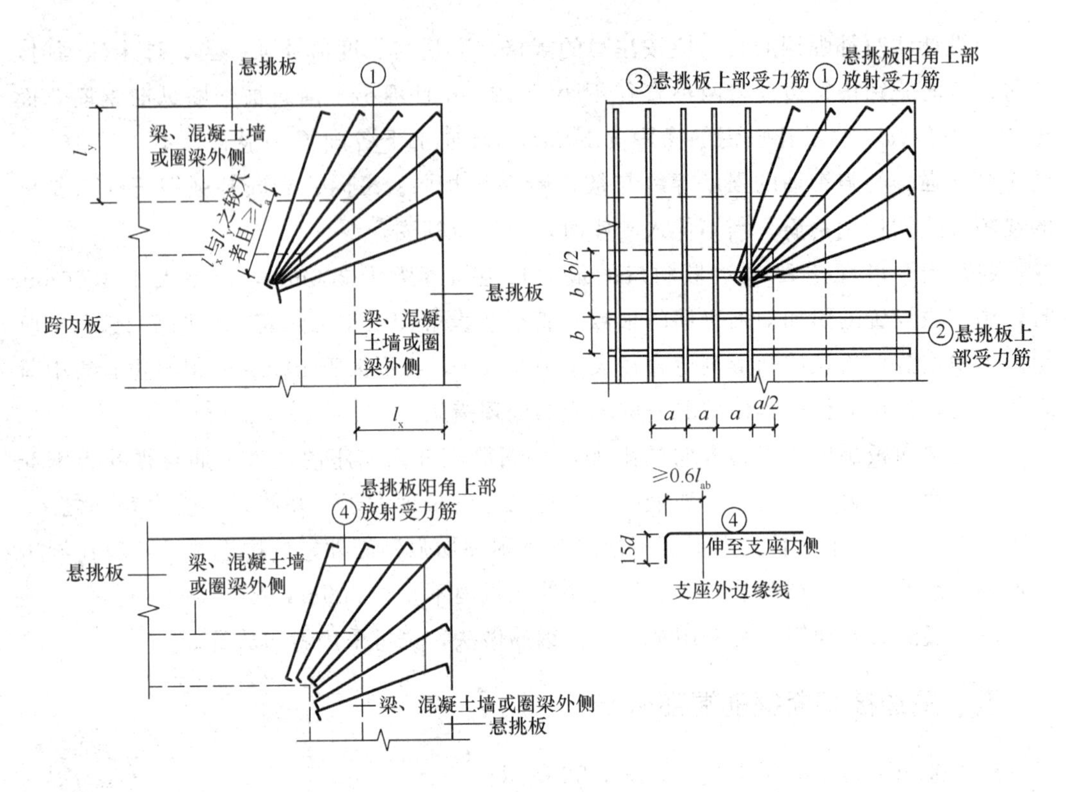

图 7-23 悬挑板阳角放射筋 Ces 构造（本图未表示构造筋或分布筋）

注：1. 悬挑板内，①～③筋应位于同一层面。

2. 在支座和跨内，①号筋应向下斜弯到②号与③号筋下面与两筋交叉并向跨内平伸。

足锚固长度（l_a>悬挑长度）的要求，间距从悬挑部位的中心线 1/2 l 处控制，一般不小于 200mm，如图 7-23 所示。图 7-23 的放射筋④号筋伸至支座内侧，距支座外边线弯折 $0.6l_{ab}+15d$（用于跨内无板）。

七、板内纵筋加强带 JQD 构造

板内纵筋加强带 JQD 构造，如图 7-24 所示。

（1）纵筋加强带设单向加强贯通纵筋，取代其所在位置板中原配置的同向贯通纵筋。根据受力需要，加强贯通纵筋可在板下部配置，也可在板下部和上部均设置。无暗梁时［图 7-24（a）］，纵筋加强带配置应从范围边界起布置第一根钢筋，非加强带配筋则从范围边界一个板筋间距起布。

（2）当板下部和上部均设置加强贯通纵筋，而板带上部横向无配筋时，加强带上部横向配筋应由设计者注明。当将纵筋加强带设置为暗梁型式时应注写箍筋，纵筋加强带范围是指暗梁箍筋外皮尺寸，非加强带配筋则从范围边界一个板筋间距起布，而不是箍筋按加强带宽度扣除保护层。

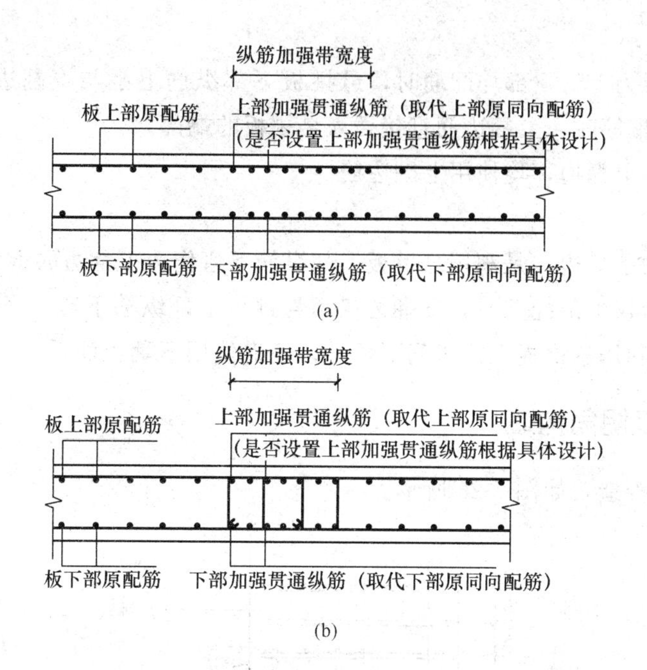

图 7-24　板内纵筋加强带 JQD 构造

（a）无暗梁时；（b）有暗梁时

八、板翻边 FB 构造

板翻边 FB 构造，如图 7-25 所示。

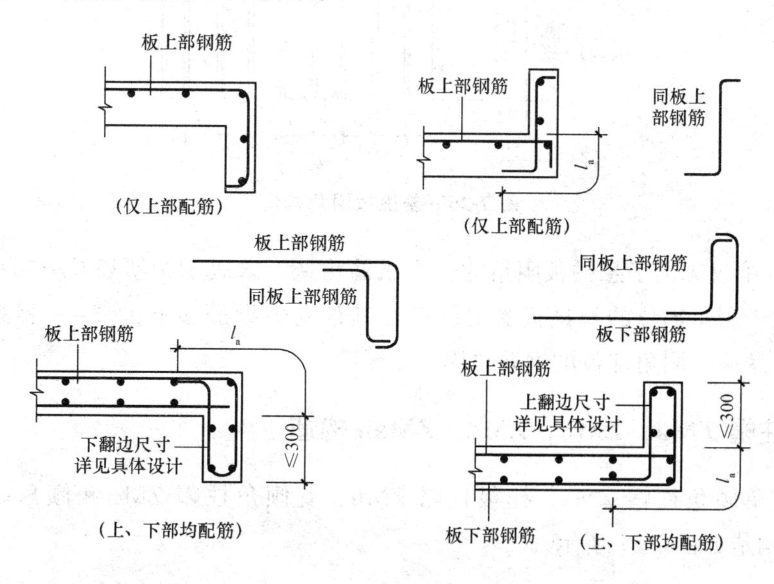

图 7-25　板翻边 FB 构造

（1）上翻边

1）当悬挑板为上、下部均配筋时，悬挑板下部纵筋上翻与上翻边筋的上沿相接；当悬挑板仅上部配筋时，上翻边筋直接插入悬挑板的端部。

2）悬挑板的上翻边，均使用上翻边筋。

（2）下翻边

1）悬挑板的下翻边，是利用悬挑板上部纵筋下弯作为下翻边的钢筋。

2）当悬挑板仅上部配筋时，下翻边仅用悬挑板上部纵筋下弯；当悬挑板为上、下部均配筋时，除利用悬挑板上部纵筋下弯外，还需使用下翻边筋。

九、悬挑板阴角构造

悬挑板阴角构造，如图 7-26 所示。

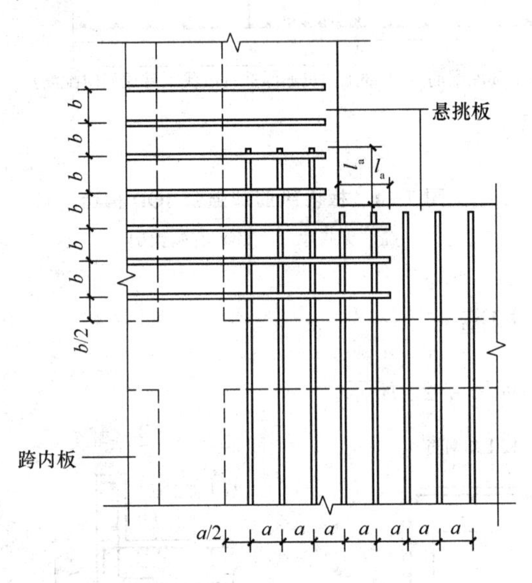

图 7-26 悬挑板阴角构造

图 7-26 中仅画出了悬挑板阴角的受力纵筋构造，未表示构造筋及分布筋，其构造特点是：位于阴角部位的悬挑板受力纵筋比其他受力纵筋多伸出“l_a＋保护层”的长度，加强了悬挑板阴角部位的钢筋锚固。

十、柱帽 ZMa、ZMb、ZMc、ZMab 构造

柱帽有单倾角柱帽 ZMa、托板柱帽 ZMb、变倾角柱帽 ZMc 和倾角联托板柱帽 ZMab，其构造如图 7-27 所示。

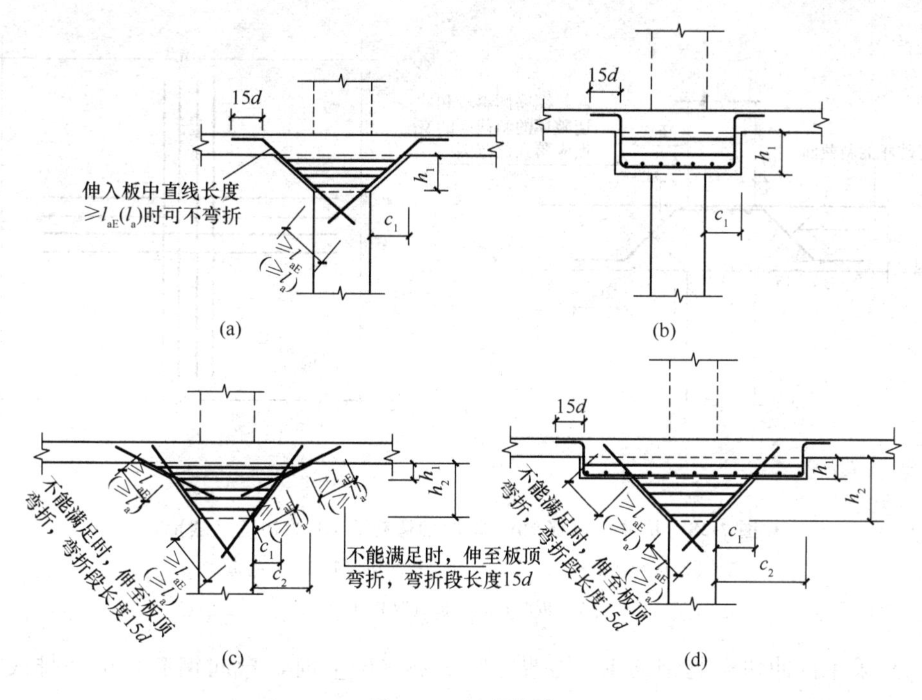

图 7-27　柱帽构造

（a）单倾角柱帽 ZMa；（b）托板柱帽 ZMb；（c）变倾角柱帽 ZMc；（d）倾角联托板柱帽 ZMab

十一、抗冲切箍筋 Rh、抗冲切弯起筋 Rb 构造

抗冲切箍筋 Rh、抗冲切弯起筋 Rb 构造，如图 7-28 所示。

（1）采用抗冲切箍筋 Rh 构造、抗冲切弯起钢筋 Rb 构造时，板厚≥150mm。

（2）采用抗冲切箍筋 Rh 构造［（图 7-28（a）］时，除按设计要求在冲切破坏锥体范围内配置所需要的箍筋外，还应从局部或集中荷载的边缘向外延伸 1.5h_0范围内，箍筋间距不大于 100mm 且不大于 $h_0/3$，箍筋直径不应小于 6mm，宜为封闭式，并应箍住架立钢筋。

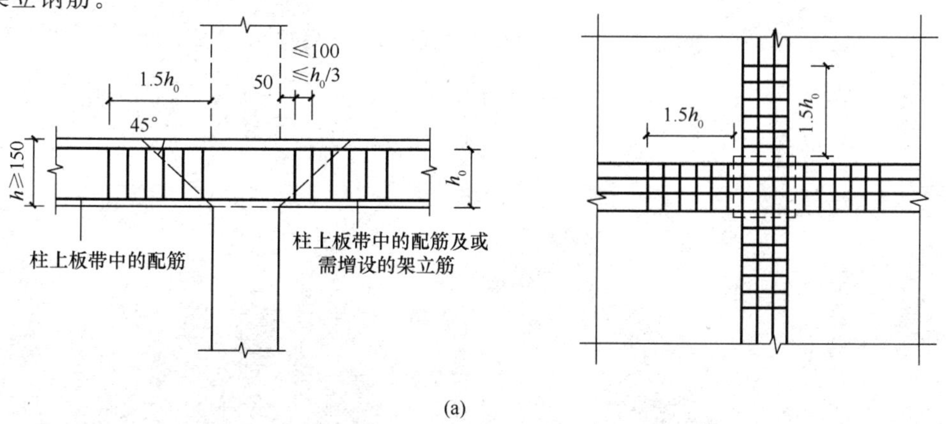

图 7-28　抗冲切箍筋 Rh、抗冲切弯起筋 Rb 的构造

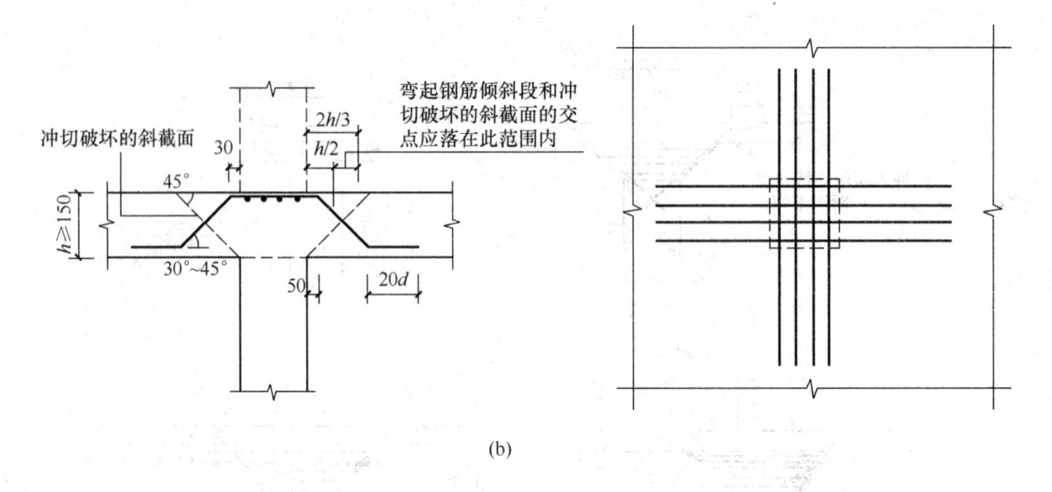

(b)

图 7-28 抗冲切箍筋 Rh、抗冲切弯起筋 Rb 的构造（续）

（a）抗冲切箍筋 Rh 构造；（b）抗冲切弯起筋 Rb 构造

h—板厚；h_0—板有效高度

（3）采用抗冲切弯起钢筋 Rb 构造［图 7-28（b）］时，弯起钢筋可由一排或二排组成。

1）第一排弯起钢筋的倾斜段与冲切破坏斜截面的交点，选择在距局部荷载或集中荷载作用面积周边以外 $h/2$～$2h/3$ 范围内。

2）当采用双排弯起钢筋时，第二排钢筋应在（1/2～5/6）h 范围内，弯起钢筋直径不应小于 12mm，且每一方向不应小于 3 根。

由于切斜截面的范围扩大，又考虑板厚度的影响，故将弯起钢筋倾斜段的倾角为 30°～45°。

第八章 剪力墙边缘构件平法施工图制图及识图

第一节 剪力墙边缘构件平法施工图制图规则

一、剪力墙边缘构件平法施工图表示方法

（1）剪力墙边缘构件平法施工图有三种注写方式：列表注写、截面注写、平面注写。

（2）剪力墙边缘构件平面布置图可采用适当比例单独绘制，也可与连梁平面布置图合并绘制。当剪力墙较复杂时，可采用平面注写与列表注写或截面注写相结合进行边缘构件的绘制。

（3）在剪力墙平法施工图中，应按《混凝土结构施工图平面整体表示方法制图规则和构造详图（剪力墙边缘构件）》12G101－4 第 1.0.6 条的规定注明各结构层的楼面标高、结构层高及相应的结构层号，并应注明上部结构嵌固部位位置。

（4）对于定位轴线未居中的剪力墙（包括端柱），应标注其偏心定位尺寸。

二、剪力墙边缘构件平面注写方式

（1）剪力墙边缘构件平面注写方式，系在剪力墙平法施工图上，分别在相同编号的剪力墙边缘构件中选取其中一个，在其上注写截面尺寸和配筋数值来表达剪力墙边缘构件的平法施工图；设计人员在边缘构件平面布置图中，应将边缘构件阴影区进行填充，以便施工人员确认边缘构件形状，然后按照图集中的钢筋排布规则即可完成钢筋的施工。

剪力墙边缘构件平面注写方式包括集中标注与原位标注，边缘构件配筋采用集中标注，边缘构件尺寸采用原位标注。

（2）编号规定。由墙柱类型代号和序号组成，表达形式应符合表 8-1 的规定。

表 8-1 边缘构件编号

边缘构件类型	代号	序号
约束边缘构件	YBZ	××
构造边缘构件	GBZ	××

（3）剪力墙边缘构件包括约束边缘构件和构造边缘构件两类。约束边缘构件包括约束边缘暗柱、约束边缘端柱、约束边缘翼墙、约束边缘转角墙四种标准类型，如图 8-1 所示。

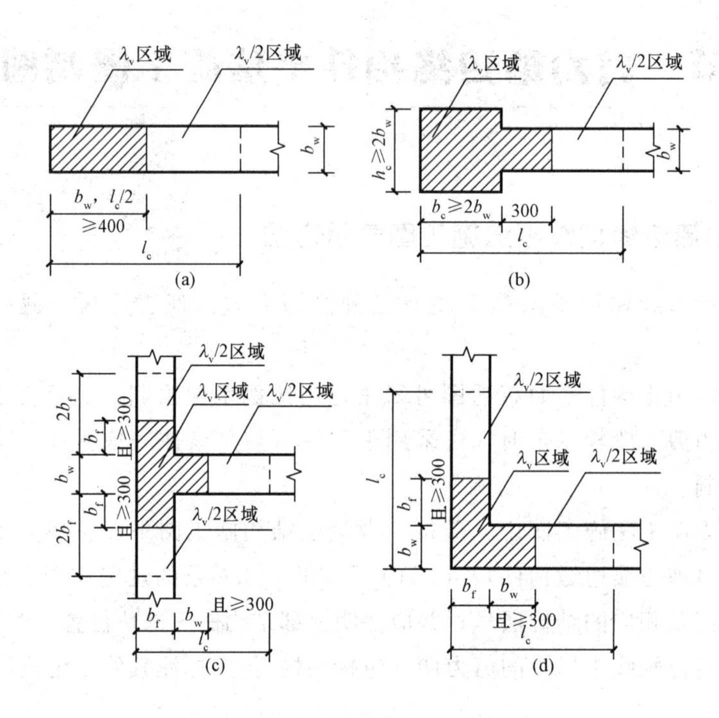

图 8-1 约束边缘构件（标准类型）

（a）约束边缘暗柱；（b）约束边缘端柱；（c）约束边缘翼墙；（d）约束边缘转角墙

构造边缘构件包括构造边缘暗柱、构造边缘端柱、构造边缘翼墙、构造边缘转角墙四种标准类型，如图 8-2 所示。

但在实际工程中，存在很多非标准类型的边缘构件，这主要是因为剪力墙开洞或者相邻边缘构件距离太小需要合并而产生。

（4）剪力墙边缘构件平面注写方式，主要包括两方面内容：

1）集中标注内容。对同一编号的剪力墙边缘构件，如图 8-3 中的 YBZ1，在其中一处集中注写 YBZ1 的阴影区的纵筋根数、直径、钢筋等级，箍（拉）筋直径、间距、钢筋等级。

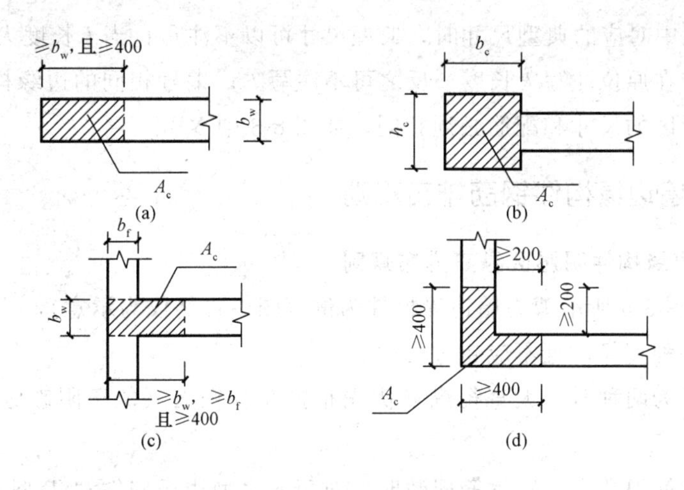

图 8-2　构造边缘构件（标准类型）

（a）构造边缘暗柱；（b）构造边缘端柱；（c）构造边缘翼墙；（d）构造边缘转角墙

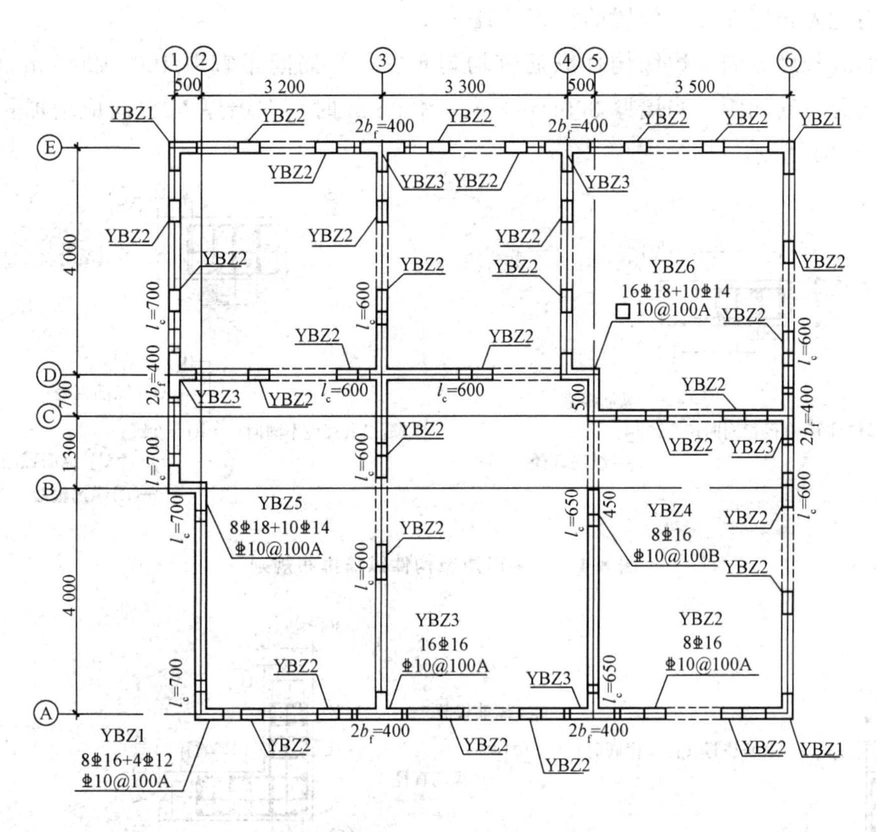

图 8-3　剪力墙边缘构件平法施工图平面注写方式示例

2）原位标注内容。原位标注内容包括阴影区尺寸和 l_c 长度；当阴影区中的尺寸符合《混凝土结构施工图平面整体表示方法制图规则和结构详图（剪力墙边缘构件）》

12G101－4图集中对应的典型尺寸时，典型尺寸可以不注写；当l_c长度大于对应的阴影区长度时，均应在原位注写l_c长度，反之可不注写l_c；编号相同的边缘构件，l_c长度可以不同，但阴影区的尺寸和配筋必须相同，如图8-3中YBZ1。

三、剪力墙边缘构件钢筋排布规则

1. 剪力墙边缘构件阴影区纵筋排布规则

以图8-4～图8-6所示剪力墙边缘构件为例（图中箍筋仅为示意），边缘构件阴影区纵筋宜采用同一种直径，且不应超过两种。

当纵筋直径为两种时，大直径纵筋优先布置在Ⓒ钢筋（位于阴影区端部和交叉部位）位置。

当大直径纵筋根数少于Ⓒ钢筋根数时，对于一字型边缘构件和T型构造边缘构件，大直径纵筋优先布置在靠近剪力墙端头位置的Ⓒ钢筋处，对于其他类型边缘构件，大直径纵筋优先布置在交叉位置的Ⓒ钢筋处。

沿墙肢长度方向，边缘构件纵筋宜均匀布置，纵筋间距宜取100～200mm且不大于墙竖向分布筋间距；当墙厚300mm≤b_w≤400mm时，在墙厚b_w方向应增加Ⓒ纵筋，如图8-4（b）所示。

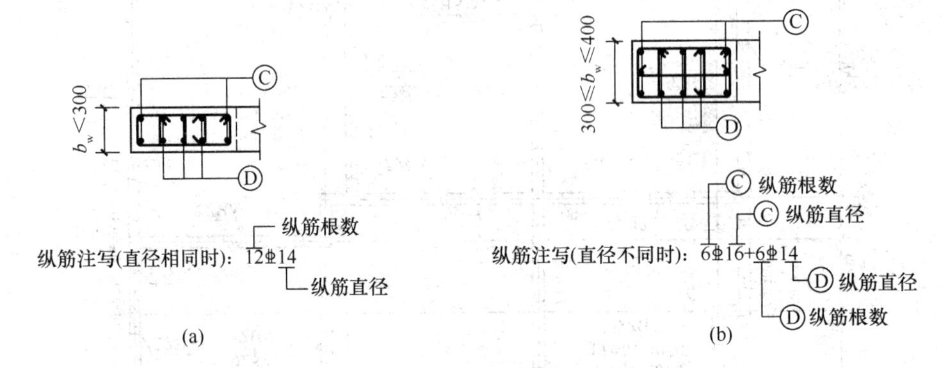

图8-4 一字形边缘构件纵筋排布规则

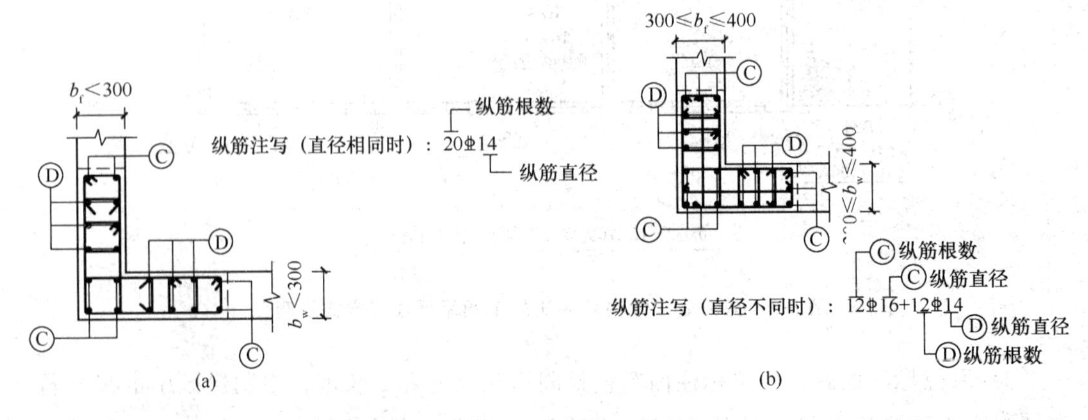

图8-5 L形边缘构件纵筋排布规则

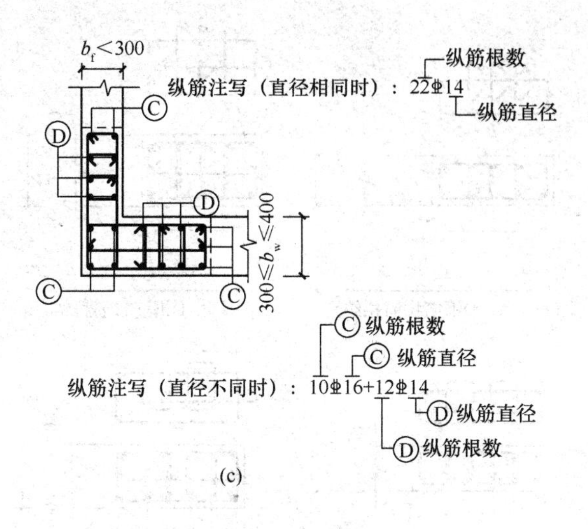

图 8-5　L 形边缘构件纵筋排布规则（续）

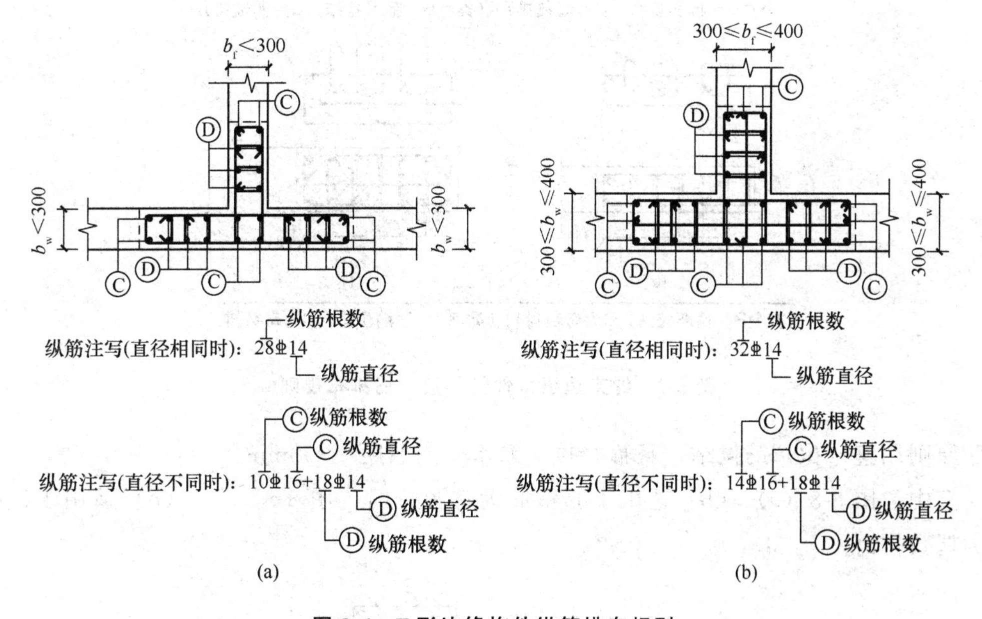

图 8-6　T 形边缘构件纵筋排布规则

2. 剪力墙边缘构件阴影区箍（拉）筋排布规则

（1）约束边缘构件采用箍筋或拉筋逐排拉结，根据Ⓓ钢筋拉结方式不同，分为类型 A 和类型 B，以图 8-7 所示约束边缘构件为例：当采用类型 A 时，若 $l_1>3l_2$，则与Ⓓ钢筋拉结的拉筋应同时钩住纵筋和外围箍筋。

图 8-7（e）、（f）中的拉筋宜在远离边缘构件阴影区端头布置。

在结构施工图中，设计人员应注明约束边缘构件Ⓓ钢筋的拉结方式。

（2）以图 8-8 所示构造边缘构件为例，构造边缘构件中，Ⓓ钢筋一般采用“隔一拉

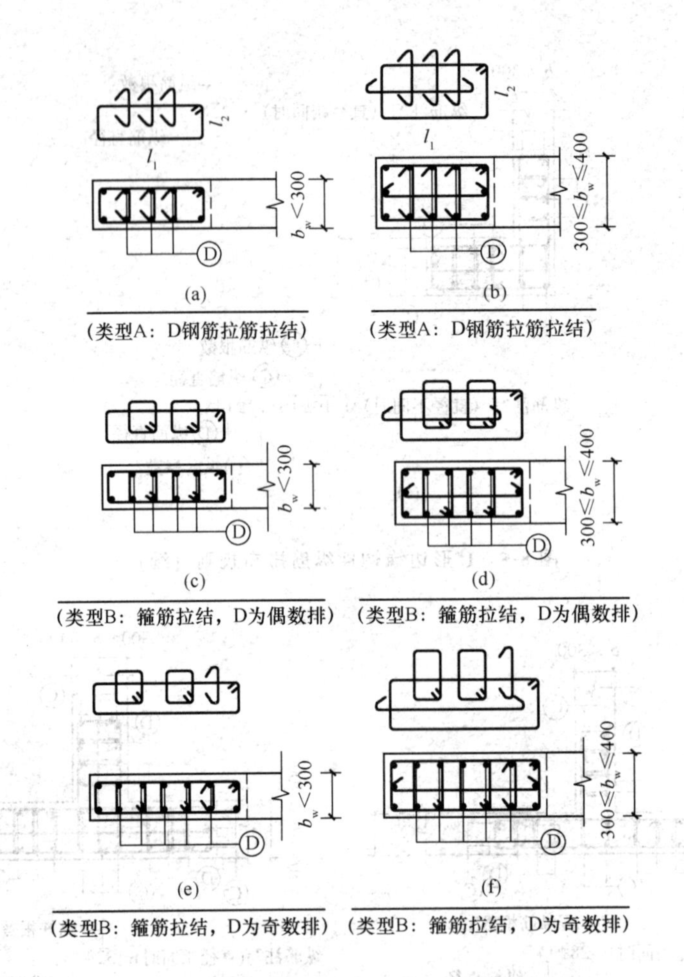

图 8-7 约束边缘构件箍（拉）筋排布规则

一”原则用箍（拉）筋拉结，且箍（拉）筋水平向肢距≤300mm。

其中，图 8-8（a）、（b）适用于Ⓓ钢筋为奇数排时；图 8-8（c）、（d）适用于Ⓓ钢筋为偶数排时。

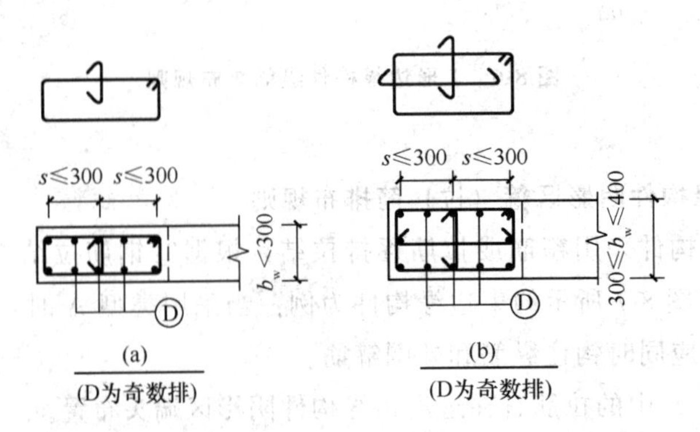

图 8-8 构造边缘构件箍（拉）筋排布规则

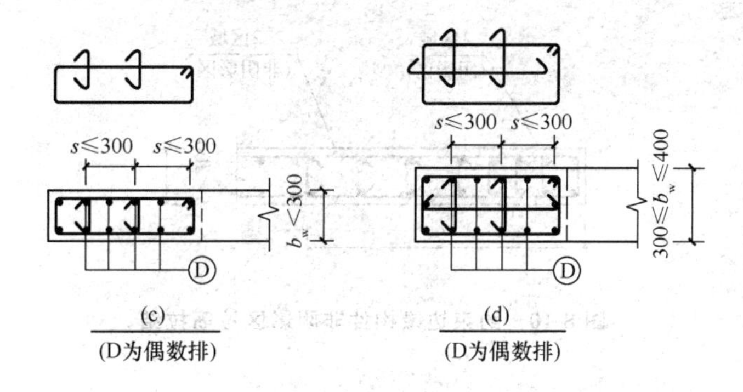

图 8-8　构造边缘构件箍（拉）筋排布规则（续）

（3）边缘构件阴影区箍（拉）筋宜采用同种直径，且不应超过两种，以图 8-9 所示边缘构件为例：当箍（拉）筋直径不同时，直径较大的箍（拉）筋Ⓖ与纵筋Ⓒ拉结，直径较小的箍（拉）筋Ⓛ与纵筋Ⓓ拉结。

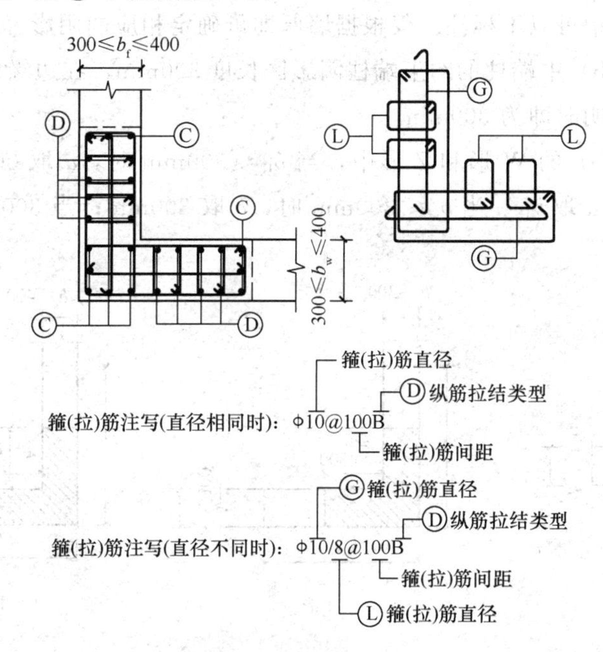

图 8-9　边缘构件箍（拉）筋平面注写规则

3. 剪力墙约束边缘构件非阴影区箍（拉）筋排布规则

约束边缘构件非阴影区可采取在剪力墙竖向和水平向钢筋相交的每个交点处设置拉筋进行拉结，如图 8-10 所示。拉筋应同时钩住剪力墙竖向和水平向钢筋；在满足体积配箍率前提下，非阴影区拉筋直径宜同约束边缘构件阴影区箍（拉）筋直径；当阴影区箍（拉）筋直径不同时，非阴影区拉筋直径同阴影区箍（拉）筋直径的较大值；反之，设计人员应注明非阴影区拉筋直径并满足体积配箍率要求。

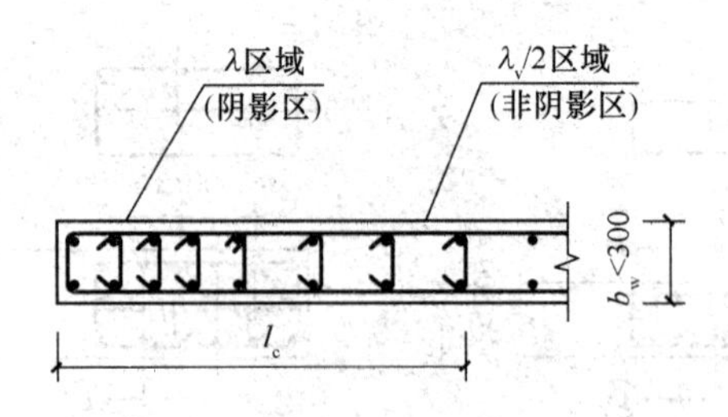

图 8-10 约束边缘构件非阴影区拉筋拉结

四、剪力墙边缘构件典型尺寸（阴影区）

1. 剪力墙约束边缘构件典型尺寸（阴影区）

剪力墙约束边缘构件典型尺寸（阴影区），如图 8-11 所示。

（1）剪力墙约束边缘构件阴影区尺寸，满足图 8-11（a）中要求的边缘构件，其阴影区尺寸在平面图中可以不标注，仅根据墙厚即可确定相应的阴影区尺寸。

（2）图 8-11（b）中端柱的约束端柱阴影区长度 300mm，在边缘构件平面图中，可不标注，未特殊注明时即为 300mm。

（3）图 8-11（b）的 W 形和 Z 形中，当 $b_{f1}\leqslant$300mm 时，a 取 300mm；当 300mm $\leqslant b_{f1}\leqslant$400mm 时，$a$ 取 b_{f1}。当 $b_{f2}\leqslant$300mm 时，b 取 300mm；当 300mm$\leqslant b_{f2}\leqslant$400mm 时，$b$ 取 b_{f2}。

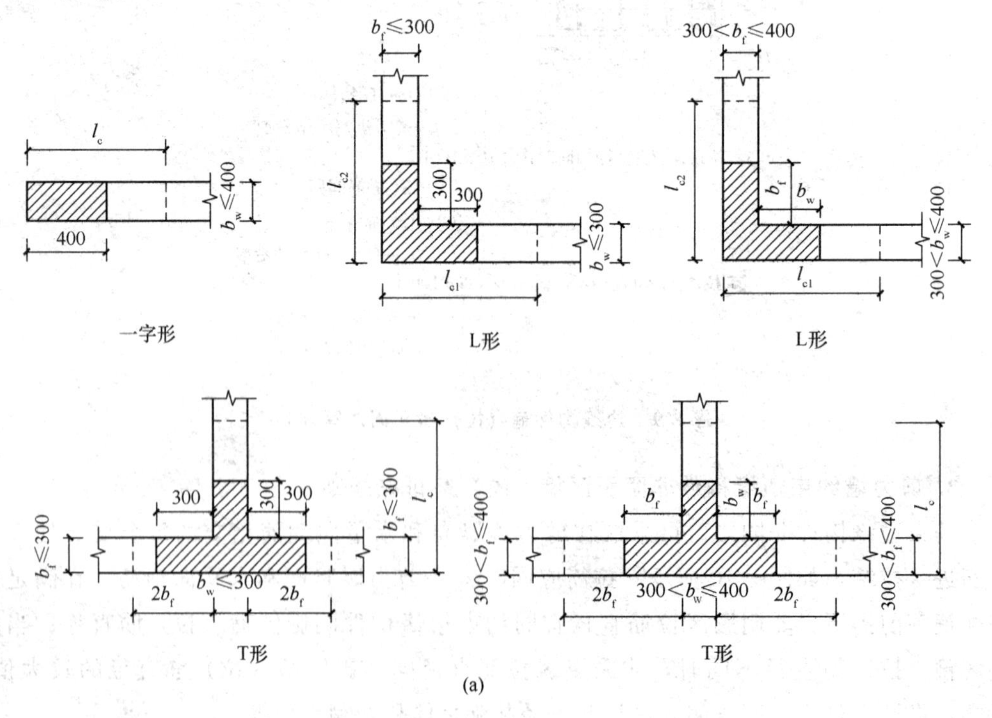

图 8-11 剪力墙约束边缘构件典型尺寸（阴影区）

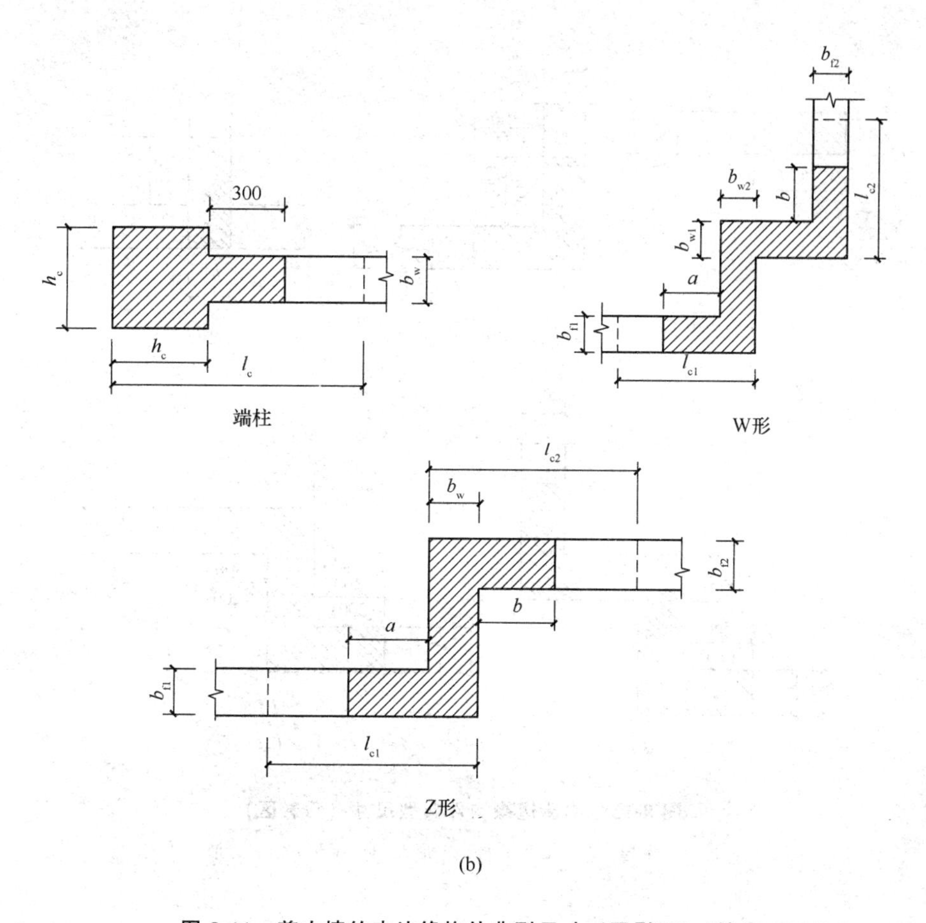

(b)

图 8-11　剪力墙约束边缘构件典型尺寸（阴影区）（续）

（4）图 8-11（b）的 W 形和 Z 形中 a、b 尺寸满足上述（2）、（3）要求时，在边缘构件平面图中可不标注，仅根据墙厚即可确定对应的 a、b 尺寸。

2. 构造边缘构件典型尺寸（阴影区）

构造边缘构件典型尺寸（阴影区），如图 8-12 所示。

图 8-12（a）中阴影区长度 400mm，在构造边缘构件平面图中可不标注，未特殊注明时即为 400mm。

对于高层建筑，图 8-12（b）、（c）、（d）、（e）中阴影区长度 300mm，在构造边缘构件平面图中可不标注，未特殊注明时即为 300mm。

对于设计明确交代可以不按照《高层建筑混凝土结构技术规程》（JGJ 3—2010）中有关剪力墙构造边缘构件要求的建筑，图 8-12（b）、（c）、（d）、（e）中括号内尺寸 200mm，在构造边缘构件平面图中可不标注，未特殊注明时即为 200mm。

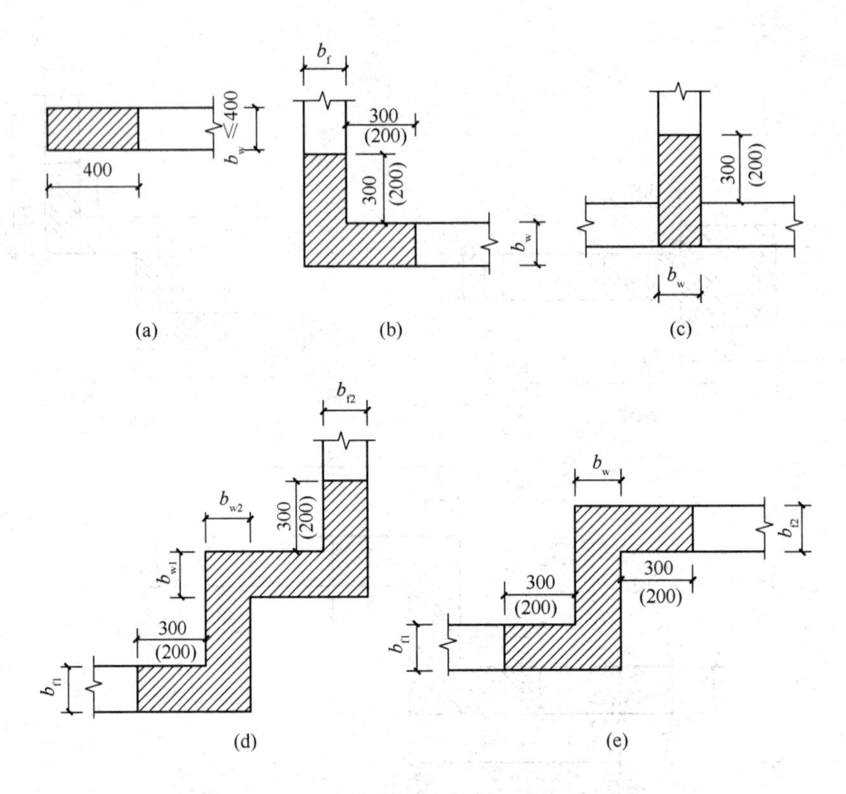

图 8-12 构造边缘构件典型尺寸（阴影区）

（a）一字形；（b）L 形；（c）T 形；（d）W 形；（e）Z 形

五、注意事项

（1）当约束边缘构件体积配箍率计入剪力墙水平分布筋时，设计者应注明。此时还应注明墙身水平分布筋在阴影区域内设置的拉筋。施工时，墙身水平分布钢筋应注意采用相应的构造做法。

（2）当非阴影区外圈设置箍筋时，设计者应注明箍筋的具体数值及其余拉筋。施工时，箍筋应包住阴影区内第二列竖向纵筋。

六、某剪力墙边缘构件平法施工图示例

图 8-13 为某工程剪力墙及边缘构件平面图，可以根据以上讲述内容自行识读练习。

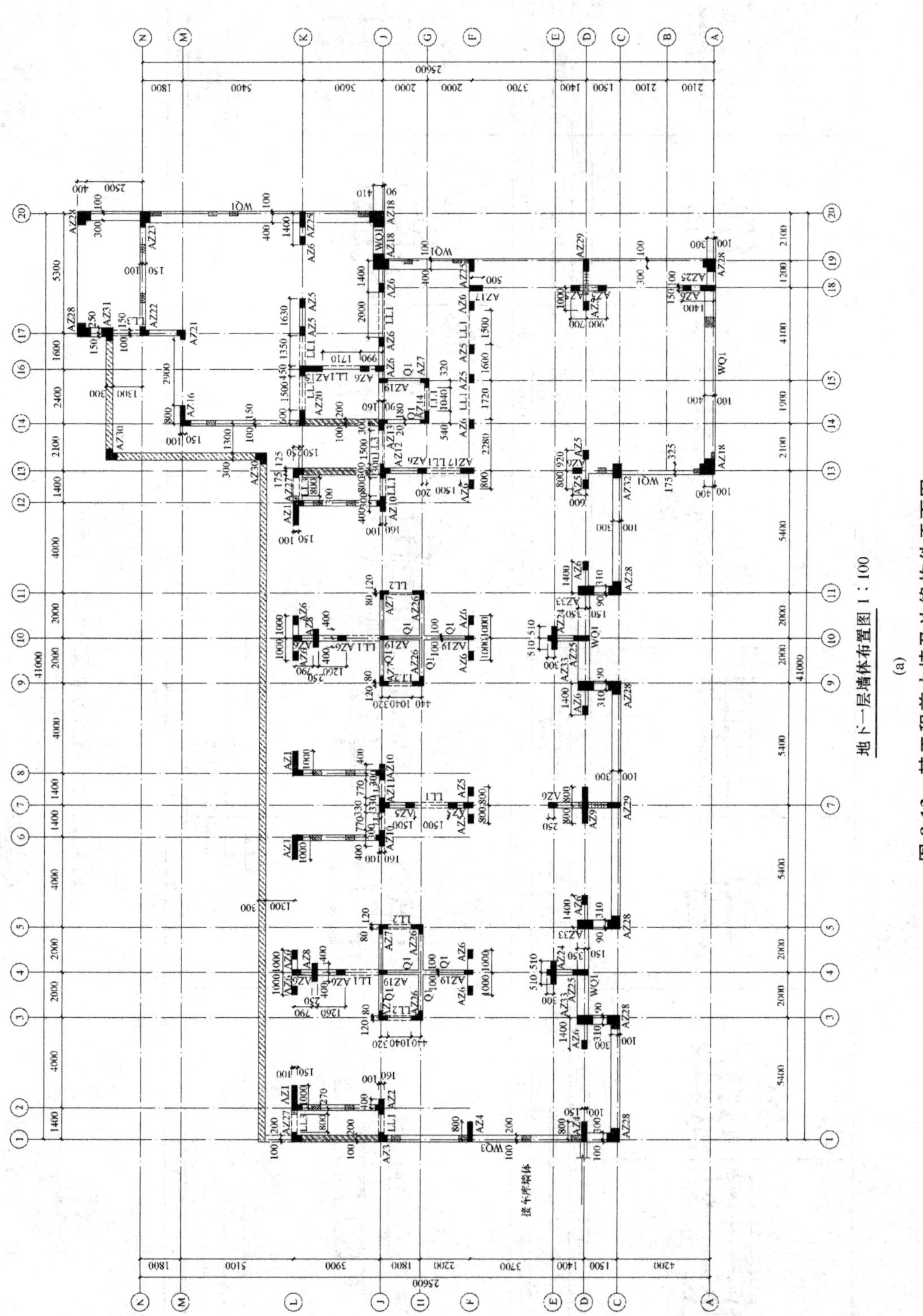

地下一层墙体布置图 1∶100

(a)

图 8-13　某工程剪力墙及边缘构件平面图

表面	250 850 350 220	250 250 50 250 360	300 100 250 50	900 350	400 350	400 350	200 200 200 200	800 350
编号	AZ1	AZ2	AZ3	AZ4	AZ5	AZ6	AZ7	AZ8
标高	基础顶-0.120	基础顶、同各段墙顶标高	基础顶-0.120	基础顶-0.120	基础顶-0.120	基础顶-0.120	基础顶-0.120	基础顶-0.120
纵筋	14Φ14	10Φ12	8Φ20	12Φ14	8Φ18	8Φ12	8Φ12	10Φ14
钢筋	Φ12@200	Φ12@200	Φ12@200	Φ12@200	Φ12@200	Φ12@200	Φ12@200	Φ12@200

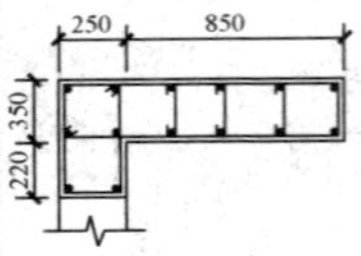

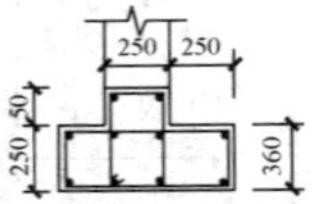

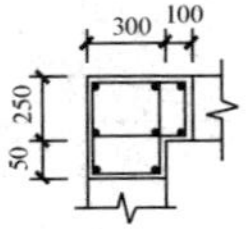

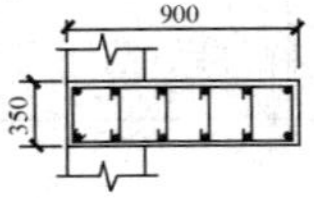

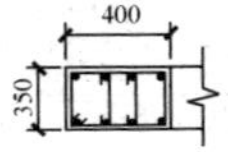

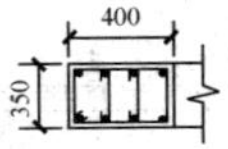

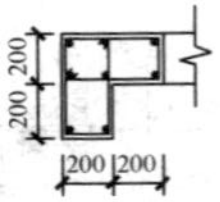

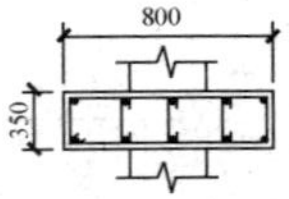

表面	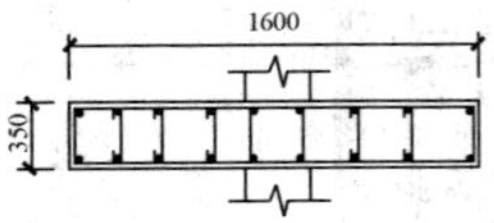 1600 350	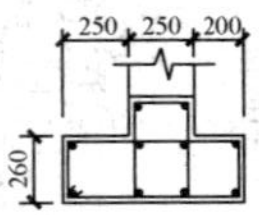 250 250 200 260	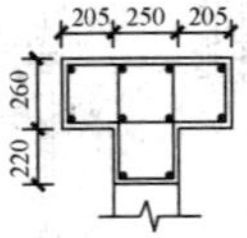 205 250 205 260 220	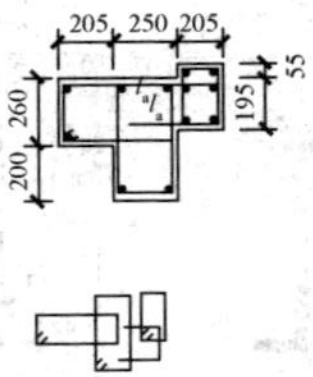 205 250 205 55 195 260 200	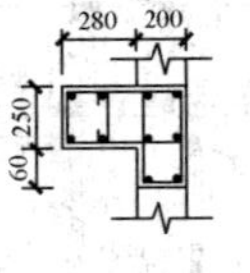 280 200 250 60	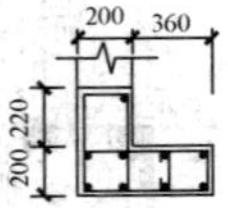 200 360 220 200	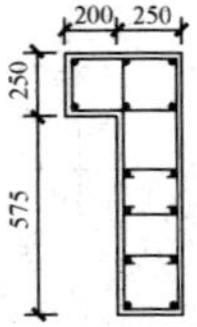 200 250 250 575
编号	AZ9	AZ10	AZ11	AZ12	AZ13	AZ14	AZ15
标高	基础顶-0.120	基础顶-0.120	基础顶-0.120	基础顶-0.120	基础顶-0.120	基础顶-0.120	基础顶-0.120
纵筋	18Φ12	10Φ12	10Φ18	14Φ12	10Φ12	10Φ12	14Φ16
钢筋	Φ12@200	Φ12@200	Φ12@200	Φ12@200	Φ12@200	Φ12@200	Φ12@200

(b)

图 8-13 某工程剪力墙及边缘构件平面图（续）

	250 650 250 220	250 625	500 200 200 500 2Φ27	200 450	700 250	200 250 200 250	250 50 250 50	1Φ27 200 500 250 200
编号	AZ16	AZ17	AZ18	AZ19	AZ20	AZ21	AZ22	AZ23
标高	基础顶-0.120	基础顶-0.120	基础顶-0.120	基础顶-0.120	基础顶-0.120	基础顶-0.120	基础顶-0.120	基础顶-0.120
纵筋	14Φ12	10Φ12	5Φ16	8Φ12	10Φ12	8Φ12	8Φ14	7Φ16
钢筋	Φ12@200	Φ12@200	Φ12@200	Φ12@200	Φ12@200	Φ12@200	Φ12@200	Φ12@200

	305 250 305 175 250	250 700 1Φ25	200 220 240 200	340 130 250 200	400 200 200 400 1Φ25	250 600 2Φ25	300 200 300 200	200 300 240 400
编号	AZ24	AZ25	AZ26	AZ27	AZ28	AZ29	AZ30	AZ31
标高	基础顶-0.120	基础顶-0.120	基础顶-0.120	基础顶±0.000	基础顶±0.000	基础顶±0.000	基础顶-3.200	基础顶、同房顶墙顶标高
纵筋	14Φ16	8Φ16	10Φ12	8Φ14	5Φ18	6Φ18	8Φ16	10Φ16
钢筋	Φ12@200	Φ12@200	Φ12@200	Φ12@200	Φ12@200	Φ12@200	Φ12@200	Φ12@200

(c)

图 8-13　某工程剪力墙及边缘构件平面图（续）

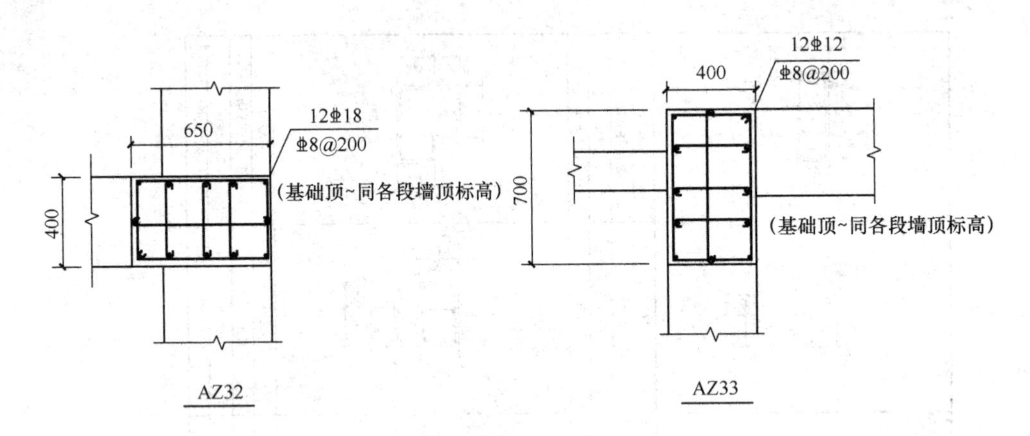

图 8-13 某工程剪力墙及边缘构件平面图（续）

第二节 剪力墙边缘构件钢筋构造

一、一字形约束边缘构件钢筋构造

一字形约束边缘构件钢筋构造，如图 8-14 所示。

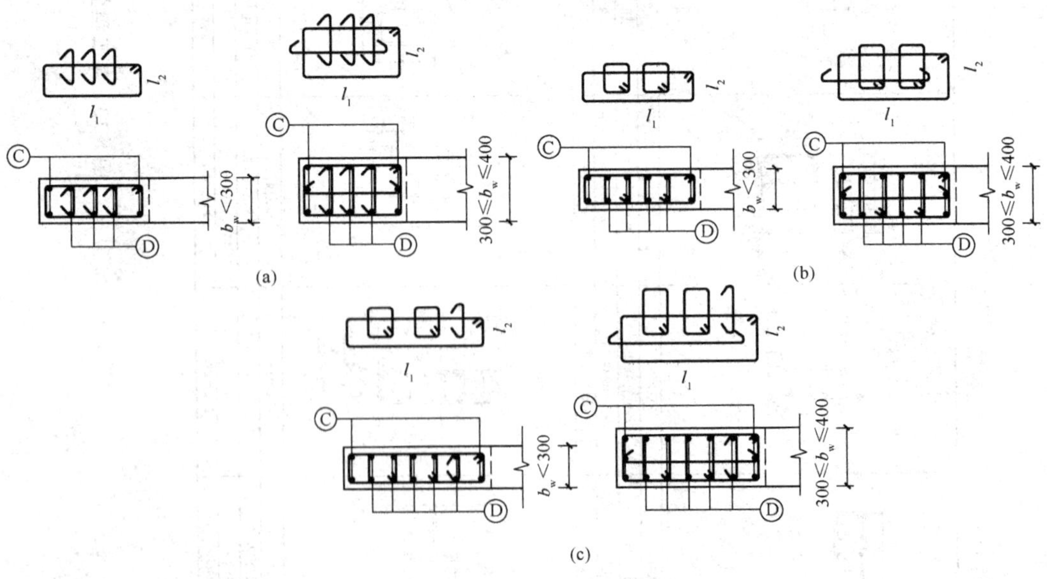

图 8-14 一字形约束边缘构件钢筋构造

（a）拉筋拉结（类型 A）；（b）箍筋拉结（类型 B：D 为偶数排）；

（c）箍筋+1 个拉筋拉结（类型 B：D 为奇数排）

（1）图 8-14 中Ⓒ纵筋为端部纵筋，当边缘构件纵筋直径不同时，大直径纵筋应优先配置在Ⓒ位置。

（2）Ⓓ纵筋应均匀布置，间距宜取 100～200mm，一般不大于剪力墙竖向分布筋间距。

（3）图 8-14（a）为Ⓓ纵筋全部采用拉筋拉结，当 $l_1>3l_2$时，拉筋应同时钩住纵筋和外围箍筋。图 8-14（b）为当Ⓓ纵筋为偶数排时，全部采用箍筋拉结。图 8-13（c）为当Ⓓ纵筋为奇数排时，除其中一排纵筋采用拉筋，其余采用箍筋拉结。

（4）设计人员应指明 A、B 的具体类型。

二、L 形约束边缘构件钢筋构造

L 形约束边缘构件钢筋构造，如图 8-15 所示。

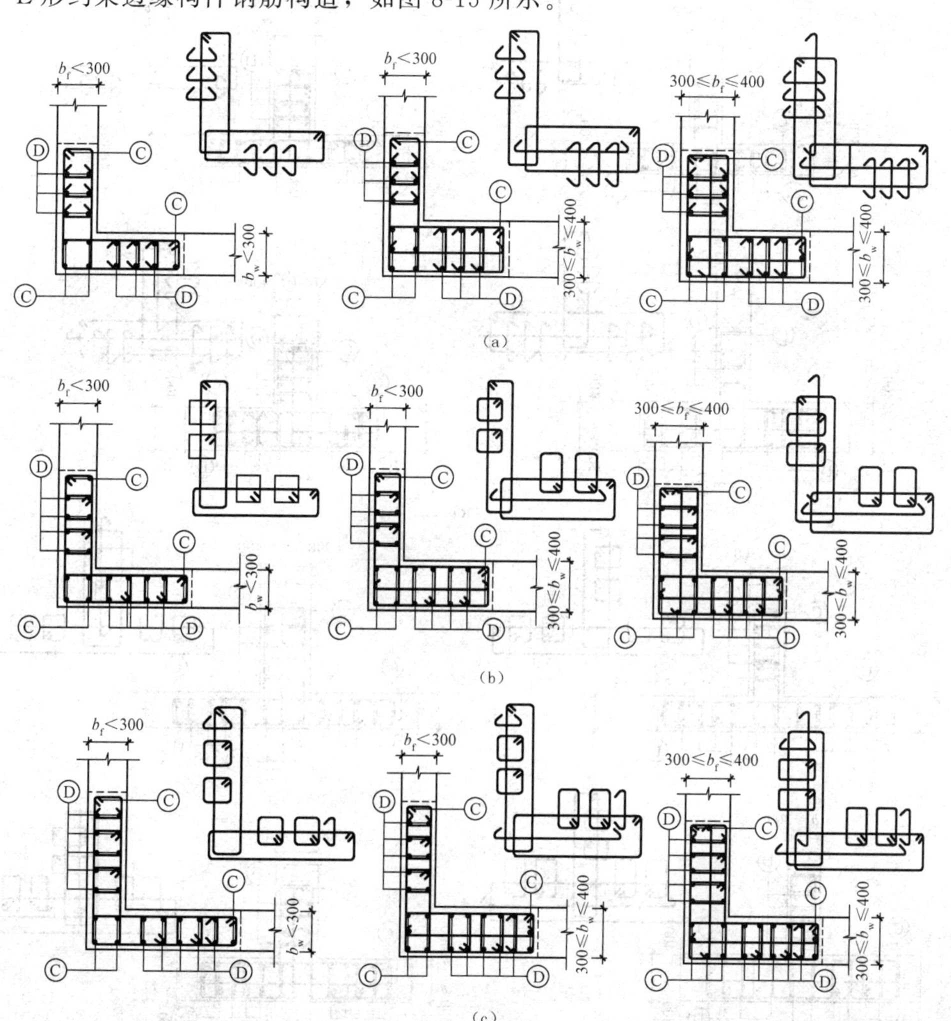

图 8-15　L 形约束边缘构件钢筋构造

(a) 拉筋拉结（类型 A）；(b) 箍筋拉结（类型 B：Ⓓ为偶数排）；(c) 箍筋+1 个拉筋拉结（类型 B：Ⓓ为奇数排）

（1）图8-15中Ⓒ纵筋为端部纵筋和交叉部位纵筋，当边缘构件纵筋直径不同时，大直径纵筋应优先配置在Ⓒ位置。

（2）Ⓓ纵筋应均匀布置，间距宜取100～200mm，一般不大于剪力墙竖向分布筋间距。

（3）图8-15（a）为Ⓓ纵筋全部采用拉筋拉结。图8-15（b）为当Ⓓ纵筋为偶数排时，全部采用箍筋拉结。图8-15（c）为当Ⓓ纵筋为奇数排时，除其中一排纵筋采用拉筋，其余采用箍筋拉结。

三、T形约束边缘构件钢筋构造

T形约束边缘构件钢筋构造，如图8-16、图8-17所示。

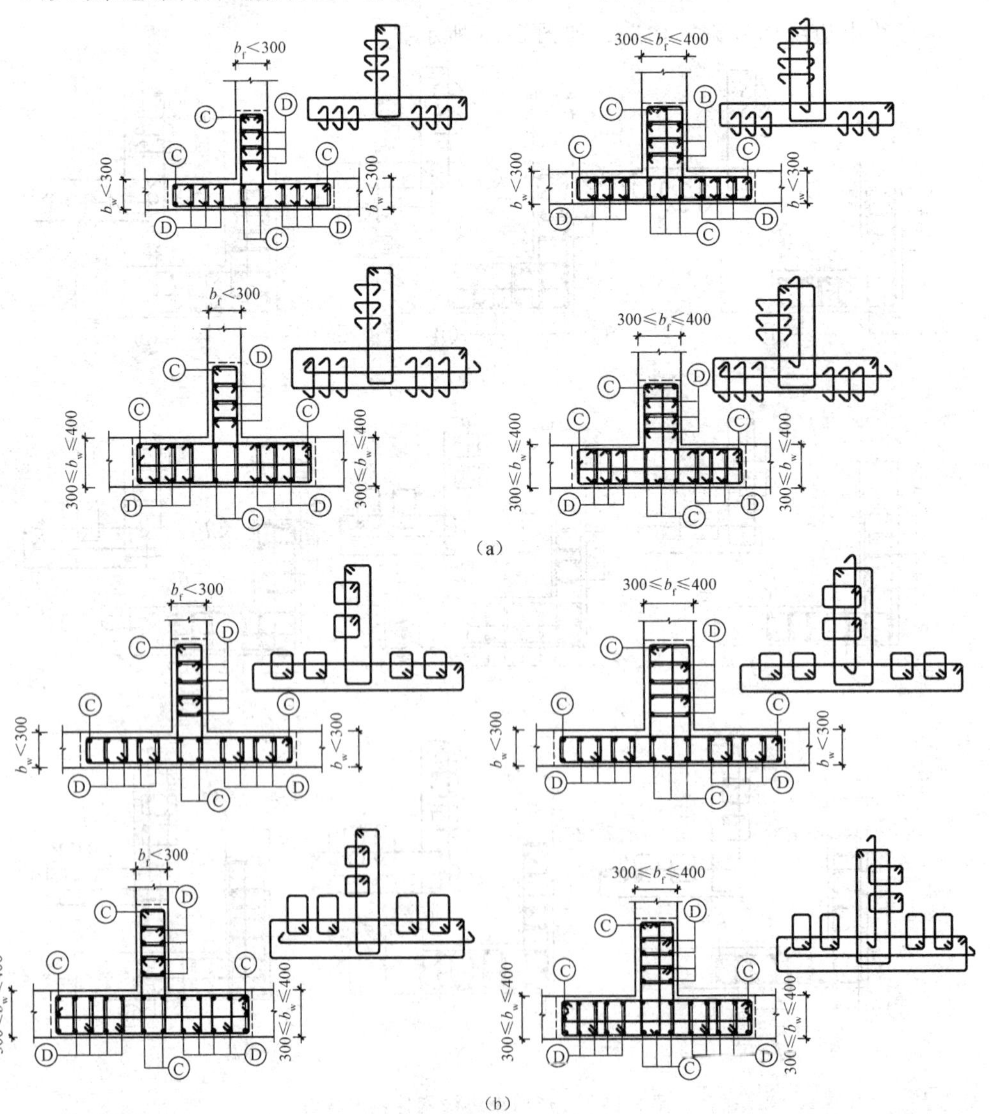

图8-16　T形约束边缘构件钢筋构造（一）

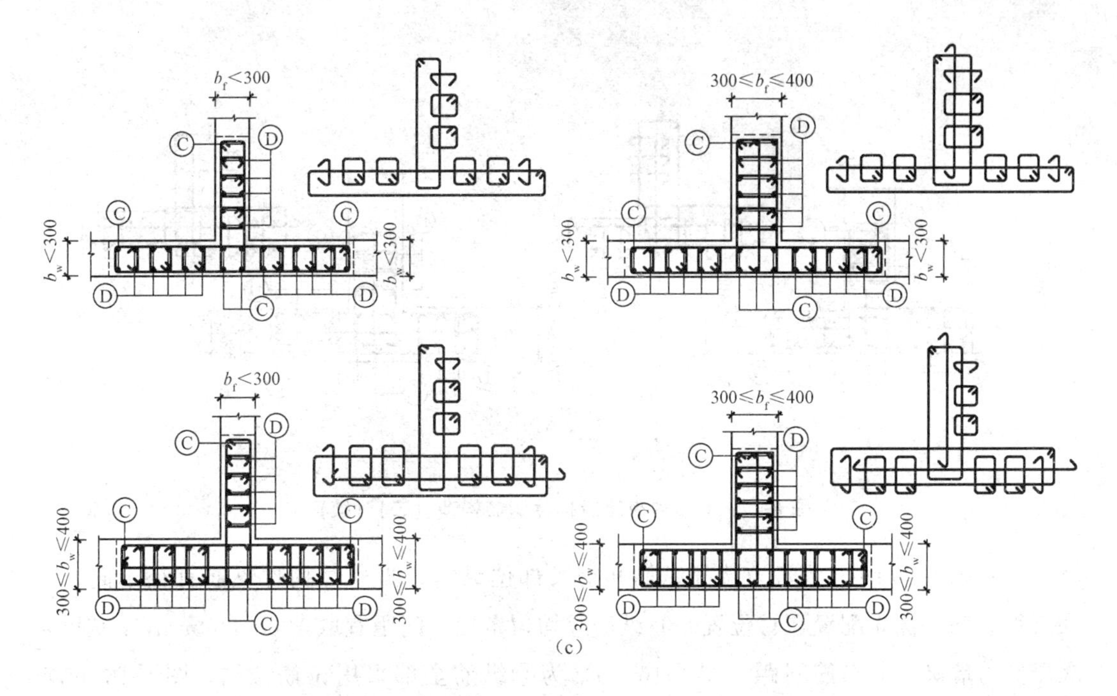

（c）

图 8-16　T 形约束边缘构件钢筋构造（一）（续）

（a）拉筋拉结（类型 A）；（b）箍筋拉结（类型 B：Ⓓ为偶数排）；

（c）箍筋＋1 个拉筋拉结（类型 B：Ⓓ为奇数排）

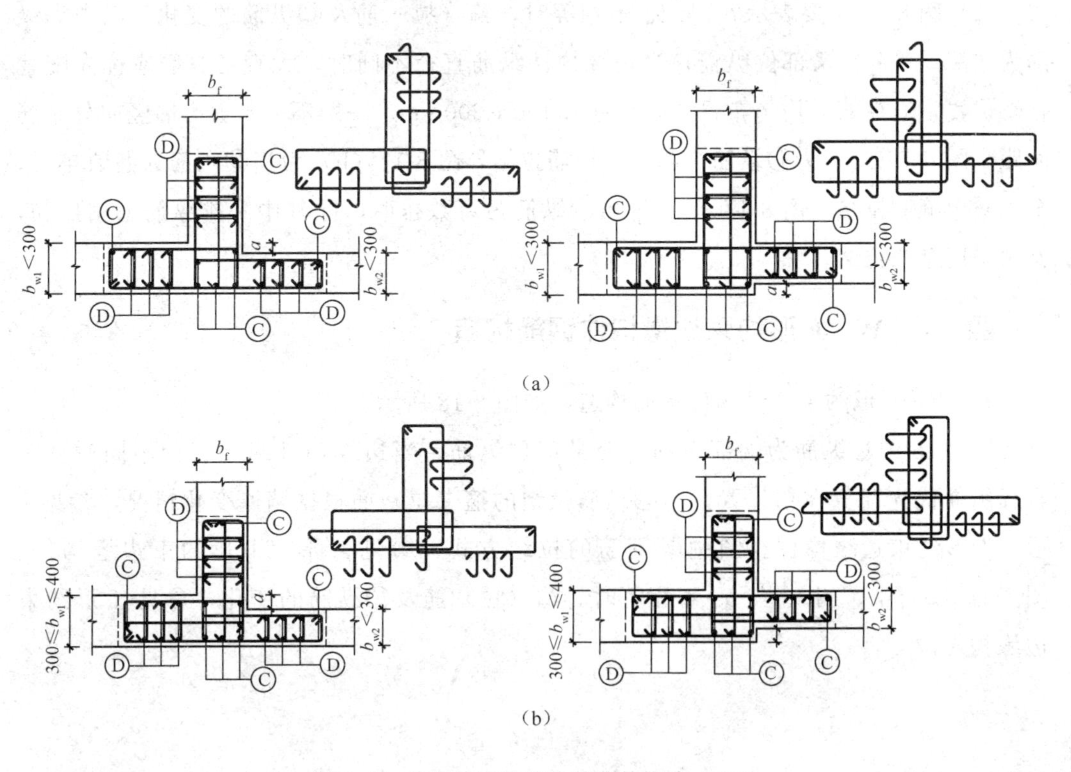

（a）

（b）

图 8-17　T 形约束边缘构件钢筋构造（二）

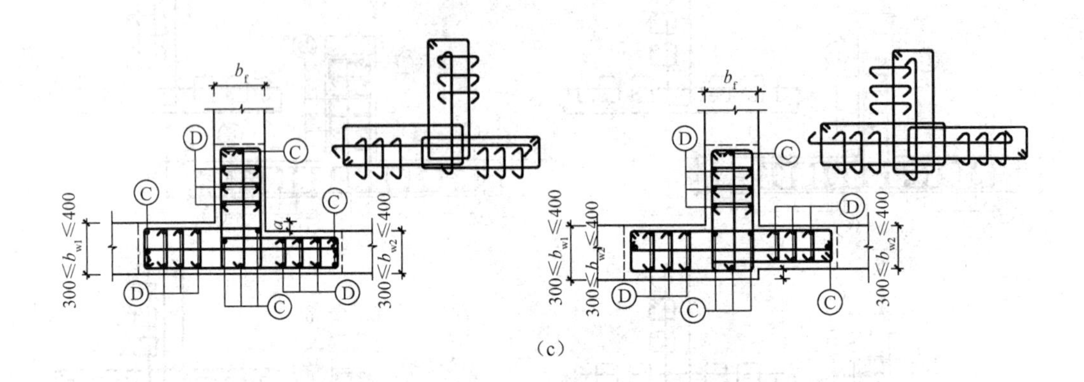

(c)

图 8-17 T形约束边缘构件钢筋构造（二）（续）

（1）图 8-16 中Ⓒ纵筋为端部纵筋和交叉部位纵筋，当边缘构件纵筋直径不同时，大直径纵筋应优先配置在Ⓒ位置。Ⓓ纵筋应均匀布置，间距宜取 100～200mm，一般不大于剪力墙竖向分布筋间距。图 8-16（a）为Ⓓ纵筋全部采用拉筋拉结，图 8-16（b）为当Ⓓ纵筋为偶数排时，全部采用箍筋拉结，图 8-16（c）为当Ⓓ纵筋为奇数排时，除其中一排纵筋采用拉筋，其余采用箍筋拉结。

（2）图 8-16 主要表示 b_{w1} 与 b_{w2} 不相等时，箍（拉）筋及Ⓒ纵筋的变化。图中Ⓒ纵筋为端部纵筋和交叉部位纵筋，当边缘构件纵筋直径不同时，大直径纵筋应优先配置在Ⓒ位置。Ⓓ纵筋应均匀布置，间距宜取 100～200mm，一般不大于剪力墙竖向分布筋间距。图 8-17（a）为Ⓓ纵筋全部采用拉筋拉结，图 8-17（b）为当Ⓓ纵筋为偶数排时，全部采用箍筋拉结，图 8-17（c）为当Ⓓ纵筋为奇数排时，除其中一排纵筋采用拉筋，其余采用箍筋拉结。

四、Z、W、F 形约束边缘构件钢筋构造

Z、W、F 形约束边缘构件钢筋构造，如图 8-18 所示。

图 8-18 中Ⓒ纵筋为端部纵筋和交叉部位纵筋，当边缘构件纵筋直径不同时，大直径纵筋优先配置在Ⓒ位置。与Ⓒ纵筋拉结的箍（拉）筋根据墙厚变化情况，参见 L 形、T 形约束边缘构件。图中Ⓓ钢筋的拉结方式，参见 L 形、T 形约束边缘构件。图 8-18（d）中，当 b_{w1} 与 b_{w2} 不相等时，箍（拉）筋及Ⓒ纵筋的变化，参见 T 形约束边缘构件。

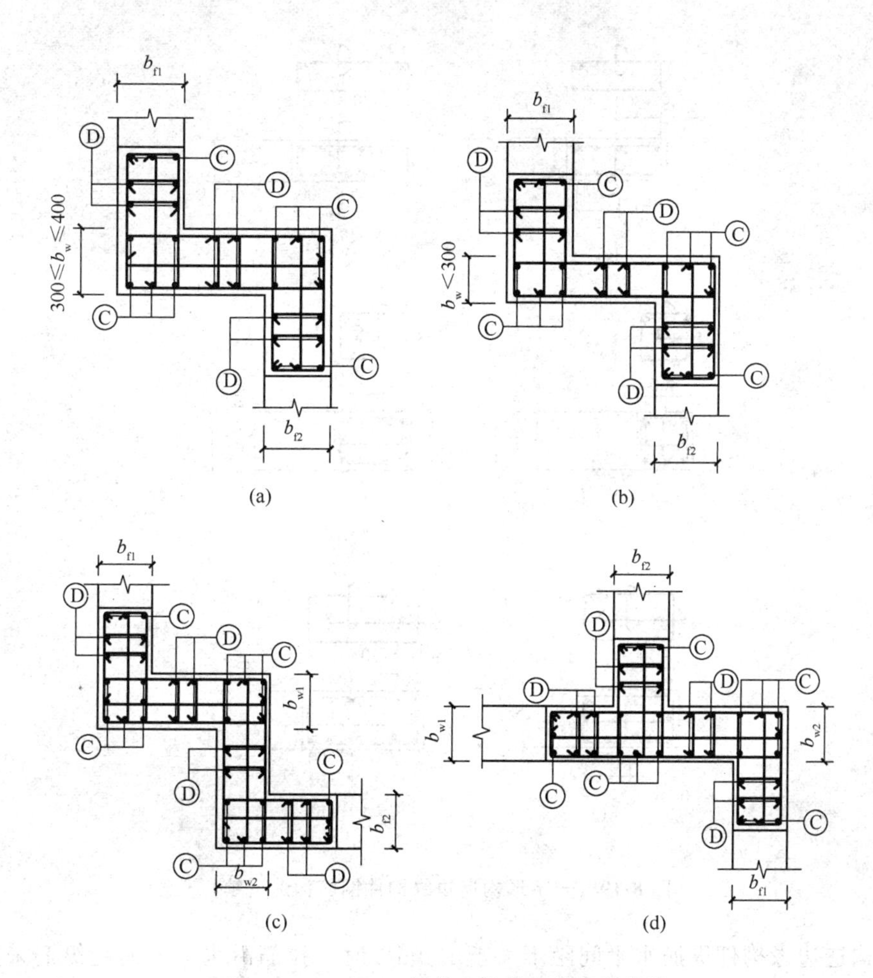

图 8-18　Z、W、F 形约束边缘构件钢筋构造

五、一字形构造边缘构件钢筋构造

一字形构造边缘构件钢筋构造，如图 8-19 所示。

图 8-19 仅表示构造边缘构件纵筋、箍筋、拉筋的排布规则示意。

沿水平方向构造边缘构件纵筋应均匀布置，间距宜取 100～200mm，一般不大于剪力墙竖向分布筋间距。

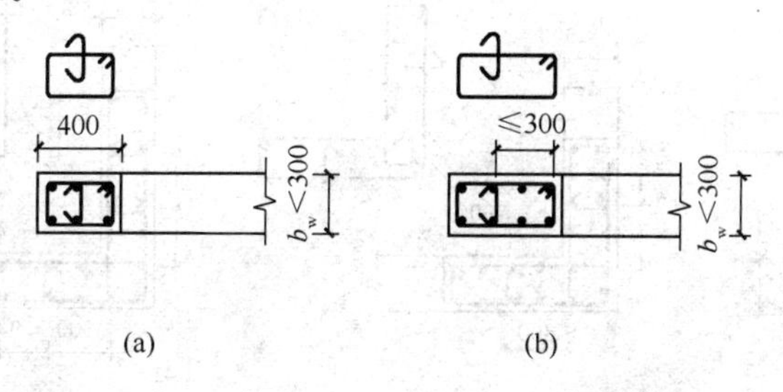

图 8-19　一字形构造边缘构件钢筋构造

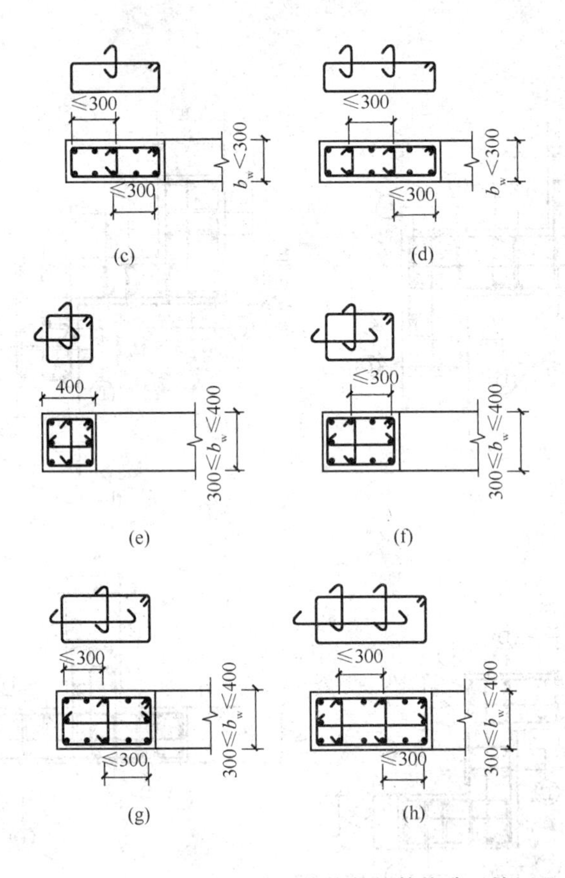

图 8-19 一字形构造边缘构件钢筋构造（续）

当构造边缘构件纵筋水平间距不大于 150mm 时，拉筋沿水平方向与纵筋采用“隔一拉一”的方式拉结，但拉筋水平向肢距不宜大于 300mm 且不大于竖向钢筋间距的 2 倍；当构造边缘构件纵筋水平间距大于 150mm 时，拉筋沿水平方向与纵筋采用“逐一拉结”的方式拉结，且拉筋水平向肢距不宜大于 300mm。

六、L 形构造边缘构件钢筋构造

L 形构造边缘构件钢筋构造，如图 8-20 所示。

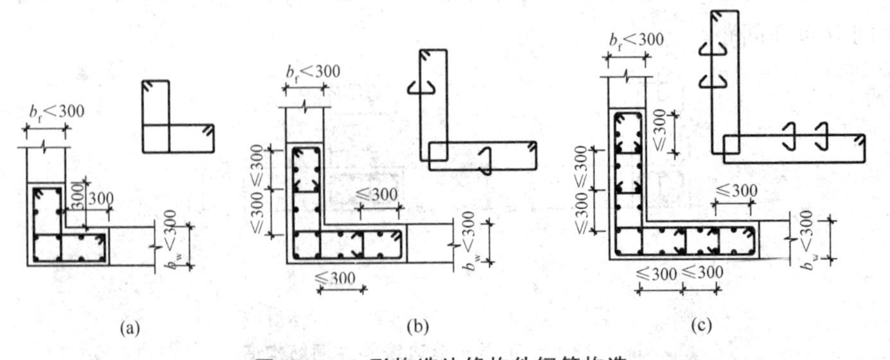

图 8-20 L 形构造边缘构件钢筋构造

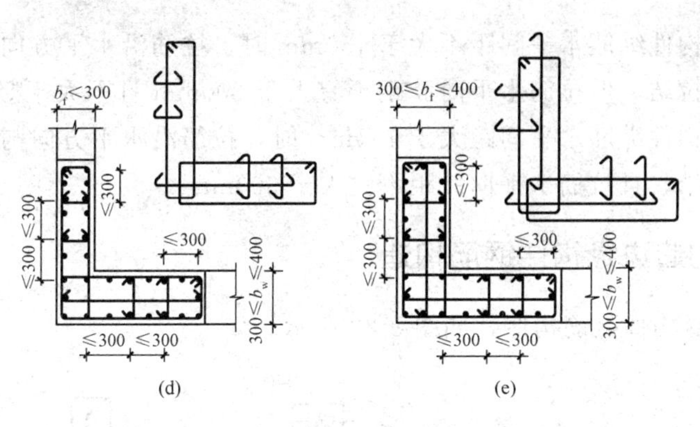

图 8-20　L 形构造边缘构件钢筋构造（续）

当构造边缘构件纵筋水平间距不大于 150mm 时，拉筋沿水平方向与纵筋采用“隔一拉一”的方式拉结，但拉筋水平向肢距不宜大于 300mm 且不大于竖向钢筋间距的 2 倍；当构造边缘构件纵筋水平间距大于 150mm 时，拉筋沿水平方向与纵筋采用“逐一拉结”的方式拉结，且拉筋水平向肢距不宜大于 300mm。

七、T 形构造边缘构件钢筋构造

T 形构造边缘构件钢筋构造，如图 8-22 所示。

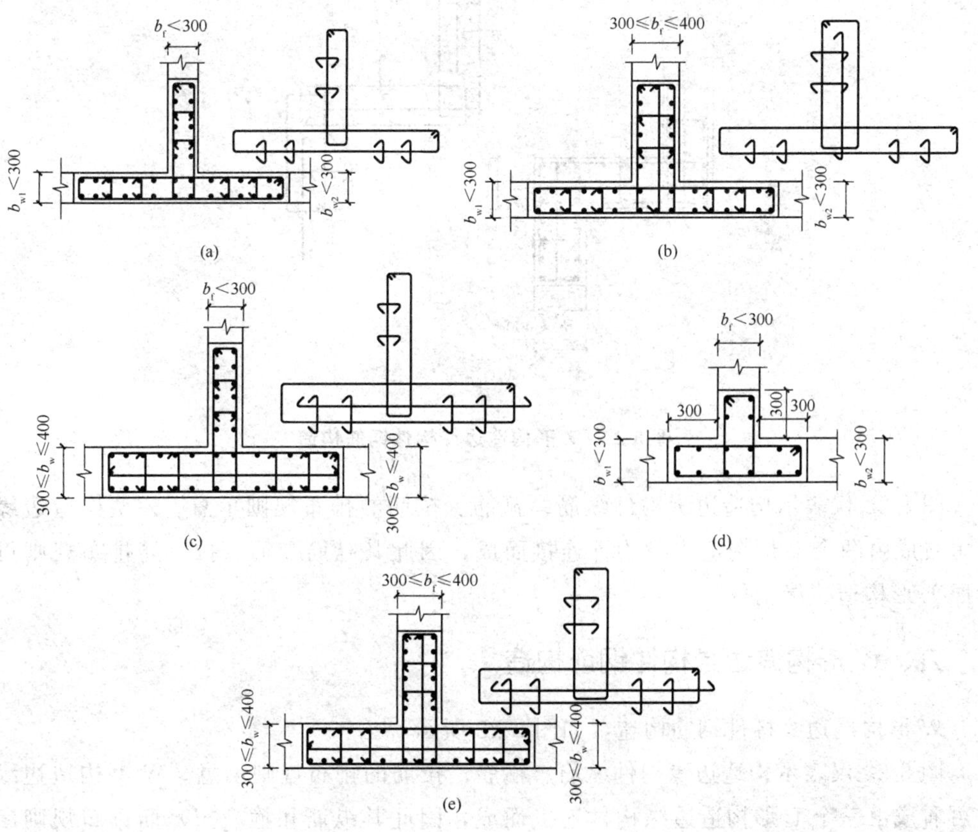

图 8-21　T 形构造边缘构件钢筋构造

当构造边缘构件纵筋水平间距不大于150mm时，拉筋沿水平方向与纵筋采用“隔一拉一”的方式拉结，但拉筋水平向肢距不宜大于300mm且不大于竖向钢筋间距的2倍；当构造边缘构件纵筋水平间距大于150mm时，拉筋沿水平方向与纵筋采用“逐一拉结”的方式拉结，且拉筋水平向肢距不宜大于300mm。

八、Z形构造边缘构件钢筋构造

Z形构造边缘构件钢筋构造，如图8-22所示。

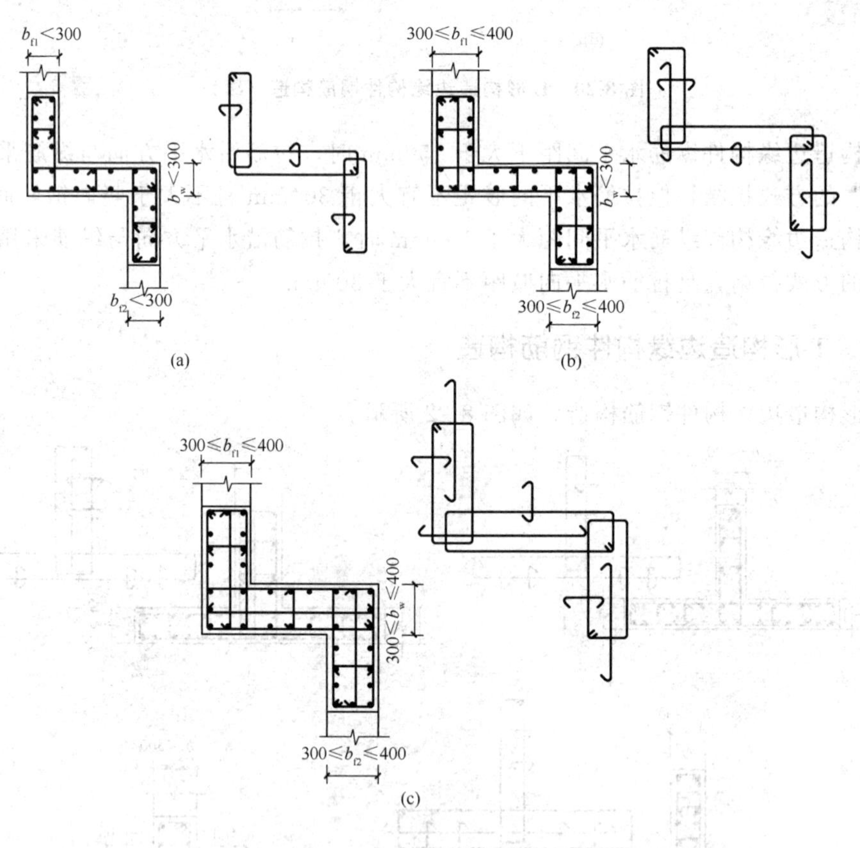

图8-22 Z形构造边缘构件钢筋构造

图8-22仅表示构造边缘构件纵筋、箍筋、拉筋的排布规则示意。Z型构造边缘构件可看成由两个L形构造边缘构件连接而成，因此其纵筋和箍（拉）筋排布规则可以参照L形构造边缘构件。

九、W形构造边缘构件钢筋构造

W形构造边缘构件钢筋构造，如图8-23所示。

图8-23仅表示构造边缘构件纵筋、箍筋、拉筋的排布规则示意。W型构造边缘构件可看成由三个L形构造边缘构件连接而成，因此其纵筋和箍（拉）筋排布规则参照L形构造边缘构件。

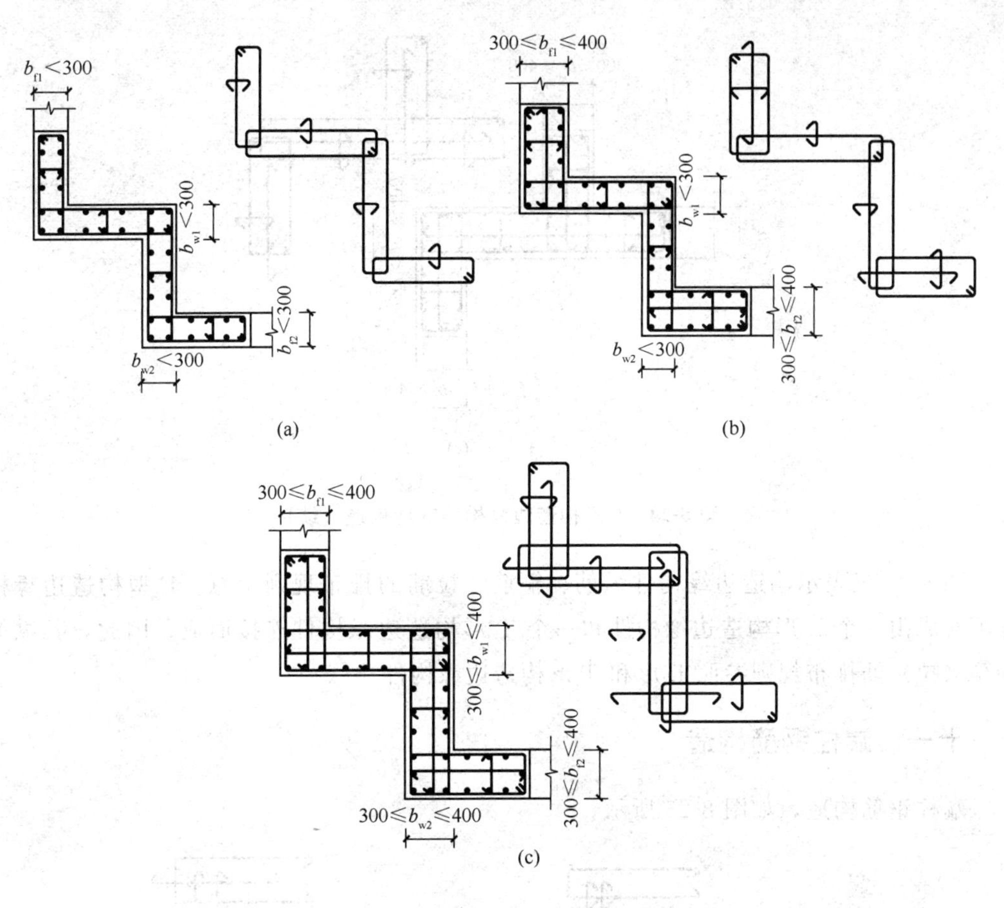

图 8-23　W 形构造边缘构件钢筋构造

十、F 形构造边缘构件钢筋构造

F 形构造边缘构件钢筋构造，如图 8-24 所示。

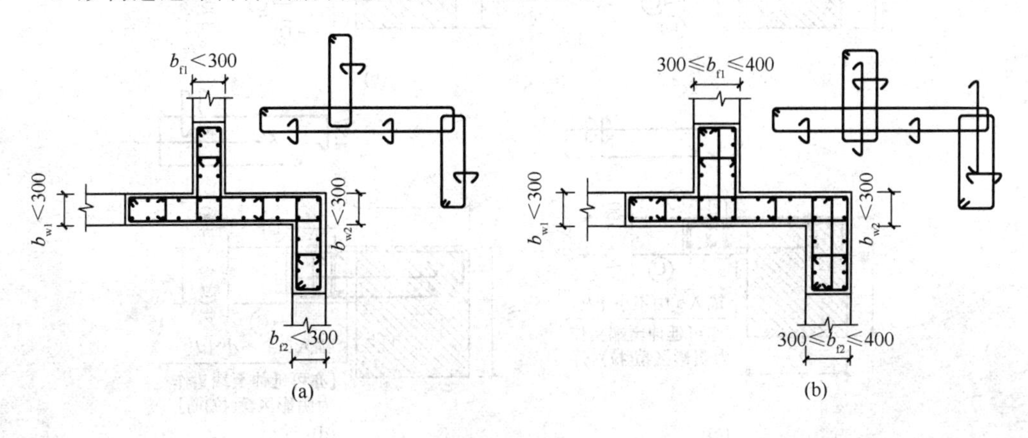

图 8-24　F 形构造边缘构件钢筋构造

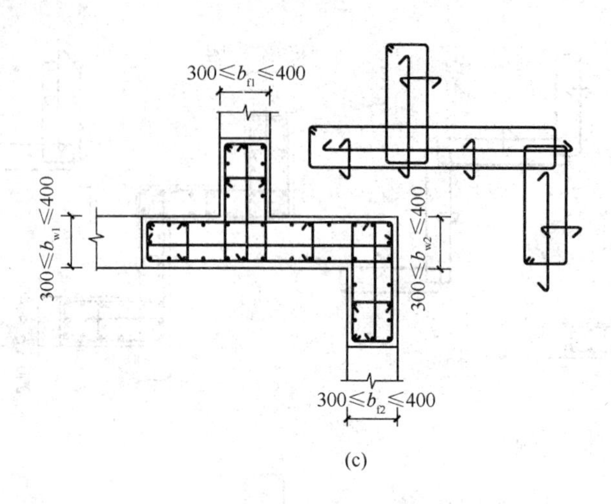

图 8-24　F 形构造边缘构件钢筋构造（续）

图 8-24 仅表示构造边缘构件纵筋、箍筋、拉筋的排布规则示意。F 型构造边缘构件可看成由一个 L 形构造边缘构件和一个 T 形构造边缘构件连接而成，因此，其纵筋和箍（拉）筋排布规则参照 L 形和 T 形构造边缘构件。

十一、端柱钢筋构造

端柱钢筋构造，如图 8-25 所示。

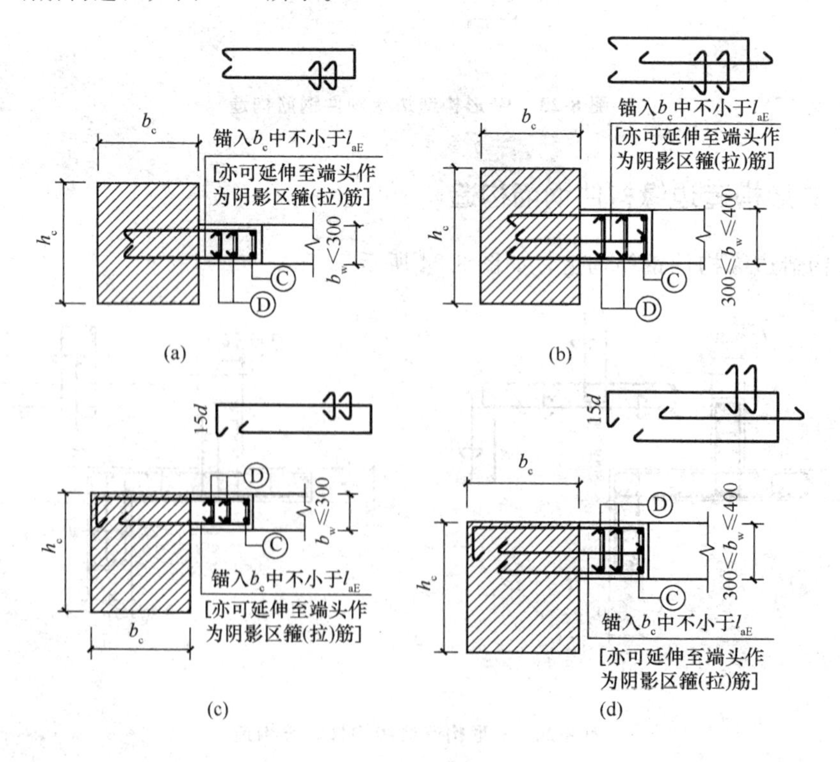

图 8-25　端柱钢筋构造

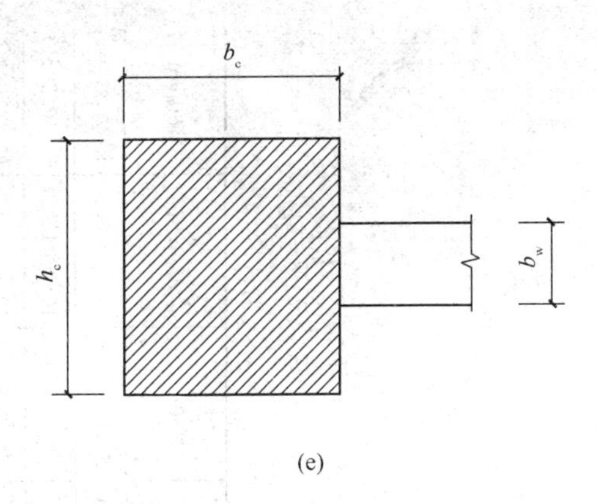

(e)

图 8-25　端柱钢筋构造（续）

(a)、(b)、(c)、(d) 约束端柱钢筋排布；(e) 构造端柱钢筋排布

图 8-25 中端柱 $b_c \times h_c$ 范围纵筋和箍筋表示方法与《混凝土结构施工图平面整体表示方法制图规则和构造详图（现浇混凝土框架、剪力墙、梁、板）》11G101－1 图集中框架柱的表示方法一样。Ⓓ钢筋采用拉筋逐排拉结。

图 8-26 为某剪力墙、端柱、框架柱示意图。

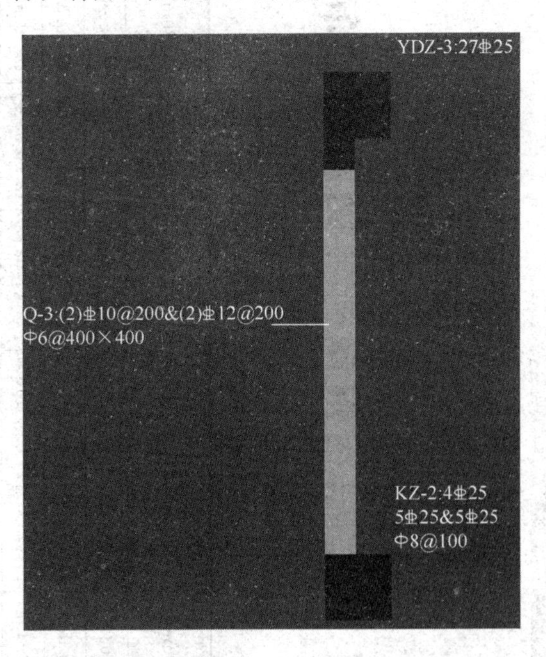

图 8-26　某剪力墙、端柱、框架柱示意图

附录

附录一　剪力墙分布筋选用表

b_w \ s	160mm	180mm	200mm	220mm	250mm	280mm	300mm	320mm	350mm	380mm	400mm
100mm	8（0.63%）	8（0.56%）	8（0.50%）	8（0.45%）	8（0.40%）	8（0.36%）	8（0.33%）	8（0.31%）	8（0.29%）	8（0.26%）	8（0.25%）
	10（0.98%）	10（0.87%）	10（0.78%）	10（0.71%）	10（0.63%）	10（0.56%）	10（0.52%）	10（0.49%）	10（0.45%）	10（0.41%）	10（0.39%）
	12（1.41%）	12（1.25%）	12（1.13%）	12（1.03%）	12（0.90%）	12（0.81%）	12（0.75%）	12（0.70%）	12（0.64%）	12（0.59%）	12（0.56%）
120mm	8（0.52%）	8（0.46%）	8（0.42%）	8（0.38%）	8（0.33%）	8（0.30%）	8（0.28%）	8（0.26%）	10（0.37%）	10（0.34%）	10（0.33%）
	10（0.82%）	10（0.72%）	10（0.65%）	10（0.59%）	10（0.52%）	10（0.47%）	10（0.43%）	10（0.41%）	12（0.54%）	12（0.49%）	10（0.47%）
	12（1.18%）	12（1.04%）	12（0.94%）	12（0.85%）	12（0.75%）	12（0.67%）	12（0.63%）	12（0.59%）	14（0.73%）	14（0.67%）	14（0.64%）
150mm	8（0.42%）	8（0.37%）	8（0.33%）	8（0.30%）	8（0.27%）	10（0.37%）	10（0.35%）	10（0.33%）	10（0.30%）	10（0.27%）	10（0.26%）
	10（0.65%）	10（0.58%）	10（0.53%）	10（0.47%）	10（0.42%）	12（0.54%）	12（0.50%）	12（0.47%）	12（0.43%）	12（0.39%）	12（0.37%）
	12（0.94%）	12（0.84%）	12（0.75%）	12（0.68%）	12（0.60%）	14（0.73%）	14（0.68%）	14（0.64%）	14（0.58%）	14（0.54%）	14（0.51%）

（续表）

b_w \ s	160mm	180mm	200mm	220mm	250mm	280mm	300mm	320mm	350mm	380mm	400mm
180mm	8（0.35%）	8（0.31%）	8（0.28%）	8（0.25%）	10（0.35%）	10（0.31%）	10（0.29%）	10（0.27%）	10（0.25%）	12（0.33%）	12（0.31%）
	10（0.54%）	10（0.48%）	10（0.43%）	10（0.39%）	12（0.50%）	12（0.45%）	12（0.42%）	12（0.39%）	12（0.36%）	14（0.45%）	14（0.43%）
	12（0.78%）	12（0.69%）	12（0.63%）	12（0.57%）	14（0.68%）	14（0.61%）	14（0.57%）	14（0.53%）	14（0.49%）	16（0.59%）	16（0.56%）
200mm	8（0.31%）	8（0.28%）	8（0.25%）	10（0.35%）	10（0.31%）	10（0.2%）	10（0.26%）	10（0.25%）	12（0.32%）	12（0.30%）	12（0.28%）
	10（0.49%）	10（0.43%）	10（0.39%）	12（0.51%）	12（0.45%）	12（0.40%）	12（0.37%）	12（0.35%）	14（0.44%）	14（0.40%）	14（0.38%）
	12（0.70%）	12（0.63%）	12（0.56%）	14（0.70%）	14（0.61%）	14（0.55%）	14（0.51%）	14（0.48%）	16（0.57%）	14（0.53%）	16（0.50%）
220mm	8（0.28%）	8（0.25%）	10（0.35%）	10（0.32%）	10（0.28%）	10（0.25%）	12（0.34%）	12（0.32%）	12（0.29%）	12（0.27%）	12（0.25%）
	10（0.44%）	10（0.40%）	12（0.51%）	12（0.47%）	12（0.41%）	12（0.36%）	14（0.46%）	14（0.44%）	14（0.40%）	14（0.37%）	14（0.35%）
	12（0.64%）	12（0.57%）	14（0.70%）	14（0.63%）	14（0.56%）	14（0.50%）	16（0.61%）	16（0.57%）	16（0.52%）	16（0.48%）	16（0.45%）
250mm	8（0.25%）	10（0.35%）	10（0.31%）	10（0.28%）	10（0.25%）	12（0.32%）	12（0.30%）	12（0.28%）	12（0.26%）	14（0.32%）	14（0.31%）
	10（0.39%）	12（0.50%）	12（0.45%）	12（0.41%）	12（0.36%）	14（0.44%）	14（0.41%）	14（0.38%）	14（0.35%）	16（0.42%）	16（0.40%）
	12（0.56%）	14（0.68%）	14（0.61%）	14（0.56%）	14（0.49%）	16（0.57%）	16（0.53%）	16（0.50%）	16（0.46%）	18（0.53%）	18（0.51%）
280mm	10（0.35%）	10（0.31%）	10（0.28%）	10（0.25%）	12（0.32%）	12（0.29%）	12（0.27%）	12（0.25%）	14（0.31%）	14（0.29%）	14（0.27%）
	12（0.50%）	12（0.45%）	12（0.40%）	12（0.37%）	14（0.44%）	14（0.39%）	14（0.36%）	14（0.34%）	16（0.41%）	16（0.38%）	16（0.36%）
	14（0.68%）	14（0.61%）	14（0.55%）	14（0.50%）	16（0.57%）	16（0.51%）	16（0.48%）	16（0.45%）	18（0.52%）	18（0.48%）	18（0.45%）
300mm	10（0.33%）	10（0.29%）	10（0.26%）	12（0.34%）	12（0.30%）	12（0.27%）	12（0.25%）	14（0.32%）	14（0.29%）	14（0.27%）	14（0.25%）
	12（0.47%）	12（0.42%）	12（0.37%）	14（0.46%）	14（0.41%）	14（0.36%）	14（0.34%）	16（0.42%）	16（0.38%）	16（0.35%）	16（0.33%）
	14（0.64%）	14（0.57%）	14（0.51%）	16（0.61%）	16（0.53%）	16（0.48%）	16（0.44%）	18（0.53%）	18（0.48%）	18（0.44%）	18（0.42%）

注：1. 本表表示剪力墙不同墙厚、分布筋间距、分布筋直径对应的配筋率。

2. 表中 b_w 表示剪力墙厚度，s 表示剪力墙分布筋间距。

3. 表中配筋率均按照剪力墙为 2 排配筋进行计算。

附录二　11G101系列平法图集与03G101系列图集较大变化

1. 适用范围变化

《混凝土结构施工图平面整体表示方法制图规则和构造详图（现浇混凝土框架、剪力墙、梁、板）》11G101－1图集适用于非抗震和抗震设防烈度为6～9度地区的现浇混凝土框架、剪力墙、框架—剪力墙和部分框支剪力墙等主体结构施工图的设计，以及各类结构中的现浇混凝土板（包括有梁楼盖和无梁楼盖）、地下室结构部分现浇混凝土墙体、柱、梁、板结构施工图的设计。包括基础顶面以上的现浇混凝土柱、剪力墙、梁、板（包括有梁楼盖和无梁楼盖）等构件的平法制图规则和标准构造详图两大部分。

2. 受拉钢筋锚固长度等一般构造变化

11G101系列平法图集依据新规范确定受拉钢筋的基本锚固长度l_{ab}、l_{abE}，以及锚固长度l_a、l_{aE}的计算方式。03G101系列平法图集取值方式、修正系数、最小锚固长度都发生了变化。

3. 构件标准构造详图变化

（1）抗震KZ边柱和角柱柱顶纵筋构造

《混凝土结构施工图平面整体表示方法制图规则和构造详图（现浇混凝土框架、剪力墙、梁、板）》11G101－1图集中抗震KZ边柱和角柱柱顶纵筋构造，跟03G101相比有下列变化：

1）新图集中各个节点可以进行组合使用。

2）节点Ⓐ，外侧伸入梁内钢筋不小于梁上部钢筋时，可以弯入梁内作为梁上部纵向钢筋。（新增的构造）

3）所有节点内侧钢筋按中柱节点走。

4）节点Ⓑ、Ⓒ，区分了外侧钢筋从梁底算起$1.5l_{abE}$是否超过柱内侧边缘；超过的，外侧配筋率>1.2%分批截断，错开$20d$；未超过的，弯折部分要≥$15d$，总长>$1.5l_{abE}$，同样错开$20d$。

5）节点Ⓔ是梁、柱纵向钢筋接头沿节点柱顶外侧直线布置的情况，与节点Ⓐ组合使用；外侧柱纵筋到柱顶截断；梁上部钢筋伸入柱$1.7l_{abE}$。

（2）柱变化的点

1）柱根（嵌固部位）：基础顶面或有地下室时地下室顶板；梁上柱梁顶面，墙上柱墙顶面。

2）抗震柱、非抗震柱顶层边角柱节点变化。

3）抗震柱、非抗震柱中柱节点变化。

4）抗震柱、非抗震柱变截面节点变化。

（3）剪力墙变化的点

1）墙梁增加连梁（集中对角斜筋配筋）LL（DX）。

2）剪力墙水平筋端部做法变化。

3）增加了斜交翼墙、端柱转角墙（一、二、三）；端柱翼墙（一、二、三）；水平变截面墙水平钢筋构造。

4）剪力墙竖向钢筋顶部构造变化。

5）剪力墙变截面处钢筋构造。

6）剪力墙上起约束边缘构件纵筋构造。

7）连梁交叉斜筋配筋 JX、集中对角斜筋配筋 DX、对角暗撑配筋 JC 构造变化。

（4）梁变化的点

1）增加了端支座机械锚固节点。

2）梁水平、竖向加腋构造变化。

3）KL、WKL 中间支座高差变化构造变化。

4）增加了抗震框架梁尽端为梁箍筋加密范围构造。

5）增加了水平折梁、竖向折梁钢筋构造。

6）悬挑梁端配筋构造变化。

（5）板变化的点

1）后浇带 HJD，取消了 50％搭接留筋。

2）有梁楼盖板配筋构造变化。

3）悬挑板构造变化。

4）增加了折板构造。

5）取消了局部升降板 SJB 构造三。

参考文献

[1] 中国建筑标准设计研究院．11G101－1混凝土结构施工图平面整体表示方法制图规则和结构详图（现浇混凝土框架、剪力墙、梁、板）[S]．北京：中国计划出版社，2011.
[2] 中国建筑标准设计研究院．12G101－4混凝土结构施工图平面整体表示方法制图规则和结构详图（剪力墙边缘构件）[S]．北京：中国计划出版社，2013.
[3] 中华人民共和国住房和城乡建设部．GB/T 50105—2010建筑结构制图标准[S]．北京：中国建筑工业出版社，2010.
[4] 靳晓勇．土木工程现场施工技术细节丛书—钢筋工[M]．北京：化学工业出版社，2007.
[5] 曹照平．钢筋工程便携手册[M]．北京：机械工业出版社，2007.
[6] 范东利．11G101、11G329系列图集应用精讲[M]．北京：中国建筑工业出版社，2012.
[7] 上官子昌．平法钢筋识图方法与实例[M]．北京：化学工业出版社，2013.
[8] 李文渊，彭波．平法钢筋识图算量基础教程[M]．北京：中国建筑工业出版社，2009.